"十四五"高等职业教育智能制造类系列规划教材

主审　孟繁增

ZHINENG JIANCE JISHU YU YINGYONG

智能检测技术与应用

主　编　吕栋腾
副主编　孙永芳　胡春龙　任源博

学习检测理论
指导检测实践
探究 AI+检测
扫码查看　知识笔记本

西北大学出版社
·西安·

本书共14个模块，包括智能制造概述、检测技术基础、测量与传感器的基本概念、电阻式传感器、电感式传感器、电容式传感器、电涡流式传感器、压电式传感器、超声波传感器、热电偶温度传感器、光电传感器、数字式位置传感器、多传感器融合应用、人工智能导论，着重介绍了在生产、科研、生活等领域各类常用传感器的工作原理、特性参数、选型、安装使用、调试，以及近年来出现的新型传感器和检测技术，力图使读者获得作为生产一线的技术、管理、维护和运行技术人员所必须掌握的传感器技术和自动检测系统等方面的基本知识和基本技能。

本书采用模块化结构设计，并有机融入思政元素，各专业可根据需要选取教学内容。每个模块均配备了大量的立体化教学资源，读者可扫描二维码观看教学视频，还可登录学银在线网站（www.xueyinonline.com）进行自主学习。

本书既可作为大中专院校电气自动化技术、机电一体化技术、机械制造与自动化、数控技术、智能制造装备技术等专业的教材，也可供相关工程技术人员参考使用。

图书在版编目（CIP）数据

智能检测技术与应用 / 吕栋腾主编. -- 西安：西北大学出版社，2024.7. -- ISBN 978-7-5604-5449-8

Ⅰ. TP274

中国国家版本馆CIP数据核字第2024M9C178号

智 能 检 测 技 术 与 应 用

主　　编：吕栋腾

出版发行：西北大学出版社

地　　址：西安市太白北路229号

邮　　编：710069

电　　话：029-88303313

经　　销：全国新华书店

印　　装：西安奇良海德印刷有限公司

开　　本：787毫米×1092毫米　1/16

印　　张：16

字　　数：430千字

版　　次：2024年7月第1版　2024年7月第1次印刷

书　　号：ISBN 978-7-5604-5449-8

定　　价：56.00元

前　言

信息社会的一切活动领域，从日常生活、生产活动到科学实验，都离不开控制与检测技术。自动化的检测手段在很大程度上决定了生产及科学技术的发展水平。随着装备制造产业数智化、高端化发展，人工智能、大数据等先进技术的落地应用，新的技术理论和制造工艺对检测技术提出了更高的要求，自动检测技术在国民经济中的地位日益提高。

深入贯彻现代职教体系下重点工作要求，根据高等职业教育能力培养目标，按照国家"三教"（教师、教材、教法）改革的指导思想，考虑到技术发展和就业岗位，本书在兼顾学习内容深度和广度的同时，从知识应用和技能培养的实际出发，结合自动检测技术最新教学实践编写而成。

本书共 14 个模块，包括智能制造概述、检测技术基础、测量与传感器的基本概念、电阻式传感器、电感式传感器、电容式传感器、电涡流式传感器、压电式传感器、超声波传感器、热电偶温度传感器、光电传感器、数字式位置传感器、多传感器融合应用、人工智能导论，着重介绍了在生产、科研和生活等领域各类常用传感器的工作原理、特性参数、选型、安装使用、调试，以及近年来出现的新型传感器和检测技术。全书采用模块化结构设计，各专业可根据需要选取相关教学内容。每个模块均配备了大量的立体化教学资源，学习者可扫描二维码观看教学视频，还可登录学银在线网站课程平台进行自主学习。各模块均配有扩展阅读，通过讲述中国故事，体现中国发展硬实力，实现思政教育与专业教育协同推进。本书在编写过程中力图使学习者获得作为生产一线的技术、管理、维护和运行人员所掌握的传感器和自动检测系统等方面的基本知识和基本技能。

本书既可作为大中专院校电气自动化技术、机电一体化技术、机械制造与自动化、数控技术、智能制造装备技术等专业的教材，也可供相关工程技术人员参考使用。

本书由陕西国防工业职业技术学院吕栋腾（编写模块模块 1～6）、孙永芳（编写模块 7、8、9、10.1～10.3）担任主编，胡春龙（编写模块 10.4～12.3）、任源博（编写模块 12.4～14.5）担任副主编。陕西国防工业职业技术学院孟繁增担任主审并对书中内容做最终校核。

本书在编写过程中参考和引用了大量的资料和文献，并得到了许多工程技术人员和多家科研单位的无私帮助，在此一并表示衷心的感谢。

由于自动检测技术发展较快，编者水平有限，本书内容难免存在遗漏和不足之处，敬请广大读者和专家批评指正。

编　者

目　录

模块 1　智能制造概述　　　　　　　　　　　　　　　　　　　　/1

　1.1　智能制造的基本概念　　　　　　　　　　　　　　　　/1

　1.2　智能制造技术体系与特征　　　　　　　　　　　　　　/3

　1.3　智能制造系统的结构与模型　　　　　　　　　　　　　/6

　1.4　企业智能制造的需求　　　　　　　　　　　　　　　　/9

　1.5　智能制造的发展趋势　　　　　　　　　　　　　　　　/12

　章节习题　　　　　　　　　　　　　　　　　　　　　　　/13

　扩展阅读　　　　　　　　　　　　　　　　　　　　　　　/13

模块 2　检测技术基础　　　　　　　　　　　　　　　　　　　/14

　2.1　检测技术在国民经济中的地位和作用　　　　　　　　　/14

　2.2　工业检测技术的主要内容　　　　　　　　　　　　　　/15

　2.3　自动检测系统的组成　　　　　　　　　　　　　　　　/16

　2.4　检测技术的发展趋势　　　　　　　　　　　　　　　　/18

　章节习题　　　　　　　　　　　　　　　　　　　　　　　/19

　扩展阅读　　　　　　　　　　　　　　　　　　　　　　　/19

模块 3　测量与传感器的基本概念　　　　　　　　　　　　　　/20

　3.1　测量的基本概念和方法　　　　　　　　　　　　　　　/20

　3.2　测量误差及分类　　　　　　　　　　　　　　　　　　/21

　3.3　传感器及其基本特性　　　　　　　　　　　　　　　　/25

　章节习题　　　　　　　　　　　　　　　　　　　　　　　/29

　扩展阅读　　　　　　　　　　　　　　　　　　　　　　　/30

模块 4　电阻式传感器　　　　　　　　　　　　　　　　　　　/31

　4.1　电阻应变传感器　　　　　　　　　　　　　　　　　　/31

4.2　热电阻式温度传感器　/42

4.3　气敏电阻式传感器　/47

4.4　湿敏电阻式传感器　/49

章节习题　/52

扩展阅读　/54

模块5　电感式传感器　/55

5.1　自感式传感器　/55

5.2　差动变压器式传感器　/59

5.3　电感式传感器的应用　/62

章节习题　/66

扩展阅读　/68

模块6　电容式传感器　/69

6.1　电容式传感器的原理及结构　/70

6.2　电容式传感器的测量转换电路　/73

6.3　电容式传感器的应用　/74

6.4　压力和流量的测量　/79

章节习题　/83

扩展阅读　/85

模块7　电涡流式传感器　/86

7.1　电涡流式传感器的工作原理　/86

7.2　电涡流式传感器的结构及特性　/87

7.3　电涡流式传感器的测量转换电路　/88

7.4　电涡流式传感器的应用　/90

7.5　接近开关及应用　/96

章节习题　/99

扩展阅读　/100

模块8　压电式传感器　/101

8.1　压电式传感器的工作原理　/101

8.2　压电式传感器的测量转换电路　/103

8.3 压电式传感器的结构及应用 /105

8.4 振动测量及频谱分析 /108

章节习题 /114

扩展阅读 /115

模块 9 超声波传感器 /116

9.1 超声波的物理基础 /116

9.2 超声波换能器及耦合技术 /120

9.3 超声波传感器的应用 /122

9.4 无损探伤 /126

章节习题 /129

扩展阅读 /131

模块 10 热电偶温度传感器 /132

10.1 温度测量的基本概念 /132

10.2 热电偶传感器的工作原理 /134

10.3 热电偶的种类及结构 /136

10.4 热电偶冷端的延长和温度补偿 /139

10.5 热电偶的配套仪表及应用 /142

章节习题 /144

扩展阅读 /146

模块 11 光电传感器 /147

11.1 光电效应及光电器件 /148

11.2 光电器件的基本应用电路 /156

11.3 光电传感器的应用 /158

11.4 光电开关与光电断续器 /166

11.5 光导纤维传感器及应用 /168

章节习题 /176

扩展阅读 /179

模块 12 数字式位置传感器 /180

12.1 位置测量的方式 /181

12.2　角编码器　/182

12.3　光栅式传感器　/187

12.4　磁栅式传感器　/193

12.5　容栅式传感器　/196

章节习题　/198

扩展阅读　/201

模块 13　多传感器融合应用　/202

13.1　多传感器信息融合技术　/203

13.2　智能式传感器　/206

13.3　多传感器应用实例　/209

章节习题　/218

扩展阅读　/219

模块 14　人工智能导论　/220

14.1　什么是人工智能　/220

14.2　人工智能的起源与发展历史　/223

14.3　人工智能研究的内容及领域　/227

14.4　人工智能研究的主要学派　/228

14.5　人工智能的应用　/230

章节习题　/245

扩展阅读　/245

参考文献　/246

模块 1　智能制造概述

学习目标

知识目标
1. 了解智能制造的基本概念。
2. 了解智能制造技术的体系与特征。
3. 了解智能制造的关键技术。

能力目标
1. 能选用合适的技术提高企业生产效益。
2. 能设计简单的智能制造系统模型。
3. 能制订简单的企业生产线改造方案。

企业制造过程主要涉及生产、采购、设计、工艺、人力资源、企业管理、质量控制、财务管理、存货控制等业务。智能制造就是针对企业在制造环节通过自动化、精益化、数字化、信息化、柔性化、网络化、可视化实现智能化的过程。在网络化、数字化、信息化制造系统的基础上，引入相关的人工智能技术，可使制造系统得到更加柔性、精细、实时、优质的制造能力。本模块将对智能制造进行简单介绍，主要包括智能制造的基本概念、智能制造技术、智能制造系统、企业智能制造的需求等内容。

1.1　智能制造的基本概念

教学视频

实现智能制造的一种形式是智能制造系统（Intelligent Manufacturing System，IMS），被认为是下一代新型制造系统。在工业自动化时代，IMS 通过互联网使用面向服务的架构（Service-Oriented Architecture，SOA）为最终用户提供协作的、可定制的、灵活的和可重新配置的服务，从而实现高度集成的人机界面制造系统。人机的高度集成合作旨在一个智能制造系统中建立各种制造要素的生态系统，以使组织、管理和技术实现无缝衔接。

1.1.1　智能制造的定义及特点

对于智能制造的定义，各个国家有不同的表述，但其内涵和核心理念大致相同。一种认可度较高的定义是美国国家标准与技术研究院给出的，其将智能制造定义为：完全集成和协作的制造系统，能够实时响应工厂、供应链网络、客户不断变化的需求和条件。换句话说，智能制造技术和系统能够实时响应制造领域复杂多变的情况。我国工业和信息化部将智能制造定义为：基于新一代信息通信技术与先进制造技术深度融合，贯穿于设计、生产、管理、服务等制造活动的各个环节，具有自感知、自学习、自决策、自执行、自适应等功能的新型生产方式。智能制造具有以智能工厂为载体、以关键制造环节智能化为核心、以端到端数据流为基础、以网络互联为支撑等特征，可有效满足产品的动态需求、缩短产品研制周期、降低运营成本、提高生产效率、提升产品质量、降低资源和能源消耗。

智能制造是一种集自动化、智能化和信息化于一体的制造模式，是信息技术特别是互联网技术与制造业的深度融合、创新集成，主要集中在智能设计（智能制造系统）、智能生产（智能制造技术）、智能管理、智能制造服务这四个关键环节，同时还包括一些衍生出来的智能制造产品。智能制造需要实现的目标有四个：产品的智能化、生产的自动化、信息流和物资流合一，以及价值链同步。

从智能制造的定义和智能制造要实现的目标来看，传感技术、测试技术、信息技术、数控技术、数据库技术、数据采集与处理技术、互联网技术、人工智能技术、生产管理等与产品生产全生命周期相关的先进技术均是智能制造的技术内涵。

智能制造的特点体现在以下五个方面：

（1）全面互联。智能源于数据，数据来自互联感知。互联感知是智能制造的第一步，其目的是打破制造流程中物质流、信息流和能量流的壁垒，全面获取制造产品全生命周期所有活动中产生的各种数据。

（2）数据驱动。产品全生命周期的各种活动都需要数据支持并且会产生大量数据，而在科学决策的支持下通过对大数据进行处理分析，提升产品的研发创新、生产过程实时优化、运维服务动态预测等性能。

（3）信息物理融合。制造物理信息空间融合是指将采集到的各类数据同步到信息空间中，在信息空间分析、仿真制造过程中做出智能决策，然后将决策结果反馈到物理空间，对制造资源、服务进行优化控制，实现制造系统的优化运行。

（4）智能自主。通过将专家知识、人工智能与制造过程集成，进而实现制造资源智能化和制造服务智能化，使得制造系统具有更好的判断能力，能够进行自主决策，从而更好地适应生产状况的变化，提高产品质量和生产效率。

（5）开放共享。分散经营的社会化制造方式正在逐步取代集中经营的传统制造方式，制造服务打破了企业边界，实现了制造资源社会化开放共享。企业能够以按需使用的方式充分利用外部优质资源进行协同生产，从而满足顾客个性化的需求。

1.1.2　智能制造与先进制造

智能制造是以智能技术为指导的先进制造，包括智能化、网络化、数字化和自动化为特征的先进制造技术的应用，涉及制造过程中的设计、工艺、装备（结构设计和优化、控制、软件、集成）和管理。智能制造的核心是制造，本质是先进制造，基础是数字化，趋势是（人工）智能，灵魂和难点是工艺，载体（外在表现形式）是智能装备，精神表现形式（内在表现形式）是软件。

先进制造并不等同于智能制造，各种不同的用于描述技术变革的术语使先进制造的定义变得十分混乱。"先进制造"这个表述经常被用来代替"智能制造"。智能制造源于人工智能的研究。一般认为智能是知识和智力的总和，前者是智能的基础，后者是指获取和运用知识求解的能力。智能制造技术和智能制造系统不仅能够在实践中不断地充实知识库,具有自学习功能,还具有搜集与理解环境信息和自身信息,并进行分析判断和规划自身行为的能力。从本质上讲,先进制造包括两个方面的概念:先进产品的制造,以及先进的、基于信息通信技术的生产过程。而智能制造则主要指的是后者,智能制造将制造、生产、使用各个环节的信息同制造相结合。然而智能制造并不是由单一技术和因素组成的,智能制造必须包括产品从设计(包括能量利用以及操作方面的构思)到产品系统运行效率,再到产品应用的智能程度和可持续性等整个产品生命周期中的连续过程的优化。

智能制造是制造业正经历的一次历史性变革,它将重塑全球产业竞争格局,世界上的大部分国家和地区纷纷加紧布局、加快发展智能制造。新一代智能制造是人工智能技术与先进制造技术的深度融合,贯穿于产品设计、制造、服务全生命周期的各个环节及相应系统的优化集成,将不断提升企业的产品质量、效益、服务水平,减少资源能耗,是新一轮工业革命的核心驱动力,是今后数十年制造业转型升级的主要路径。

1.2 智能制造技术体系与特征

1.2.1 智能制造技术的体系

智能制造技术的体系由复杂的系统组成,其复杂性一方面来自智能机器的计算机理,另一方面则来自智能制造网络的形态。智能制造技术体系的框架如图 1-1 所示,主要由信息物理生产系统、物联网、服务互联网、智慧工厂等组成。物联网和服务互联网是智慧工厂的信息技术基础,在典型的工厂控制系统和管理系统信息集成的三层架构基础上,充分利用正在迅速发展的物联网技术和服务互联网技术。与制造生产设备和生产线控制、调度、排产等相关的制造执行系统(Manufacturing Execution System,MES)、过程控制系统(Process Control System,PCS),通过信息物理系统(Cyber Physical Systems,CPS)实现,这一层与物联网紧紧相连。与生产计划、物流、能源和经营相关的企业资源计划(Enterprise Resource Planning,ERP)、供应链管理(Supply Chain Management,SCM)、客户关系管理(Customer Relationship Management,CRM),以及产品设计技术相关的产品全生命周期管理(Product Lifecycle Management,PLM)等处在上层,这一层与服务互联网紧紧相连。从产品形成和产品生命周期服务的维度,智慧工厂还需要和智慧产品的原材料供应、智慧产品的售后服务等环节构成实时互联互通的信息交换。

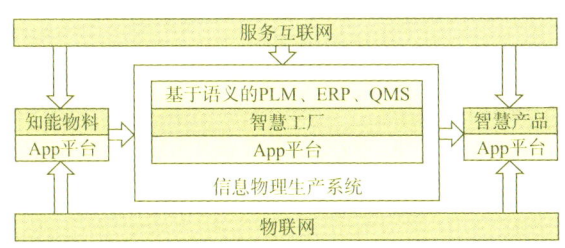

图 1-1 智能制造技术体系的框架

1.2.2　智能制造技术的特征

1. 无人化制造

工业机器人、机械手臂等智能设备的广泛应用,使工厂无人化制造成为可能。数控加工中心、智能机器人和三坐标测量仪及其他柔性制造单元,让"无人工厂"不再遥不可及。

2. 基于大数据分析的生产决策

在智能制造背景下,信息技术渗透到了制造业的各个环节,条形码、二维码、射频识别(Radio Frequency Identification,RFID)、工业传感器、工业自动控制系统、工业物联网、ERP 及 CAD/CAM/CAE/CAI 等技术的广泛应用,使得数据日益丰富。这就要求企业顺应制造领域趋势,利用大数据技术,实时纠偏,建立产品虚拟模型,模拟并优化生产流程,从而降低生产能耗与成本。

3. 生产设备网络化

借助物联网,通过各种信息传感设备,实时采集需要监控、连接、互动物体或过程等的各种信息,实现物与物、物与人,以及所有的物品与网络的连接,以方便识别、管理和控制。

4. 绿色制造

无纸化生产是指构建绿色制造体系、建设绿色工厂,实现生产洁净化、废物资源化、能源低碳化,是我国智能制造的重要战略之一。传统制造业在生产过程中会产生繁多的纸质文件,不仅造成大量的浪费,而且也存在查找不便、共享困难、追踪耗时等问题。实现无纸化管理之后,工作人员在生产现场即可快速查询、浏览、下载所需要的生产信息,大幅减少基于纸质文档的人工传递及流转,从而杜绝了文件、数据丢失,进一步提高了生产准备效率和生产作业效率。

5. 生产过程透明化

建设智能工厂,可促进制造工艺的仿真优化、数字化控制、状态信息实时监测和自适应控制,进而实现整个过程的智能管控。在机械、汽车、航空、船舶、轻工、家用电器和电子信息等行业,企业建设智能工厂模式并推进生产设备(生产线)智能化,目的是拓展产品价值空间,通过生产效率和产品效能的提升,来实现价值增长。

1.2.3　智能制造的关键技术

1. 物联网技术

物联网(Internet of Things,IOT),即"万物相连的互联网",是在互联网基础上延伸和扩展的网络,通过将各种信息传感设备与互联网结合起来而形成一个巨大网络,实现在任何时间、任何地点,人、机、物的互联互通。物联网是通过 RFID、红外线感应器、全球定位系统、激光扫描器等信息传感设备,按约定的协议,把任何物品与互联网相连接,进行信息交换和通信,以实现对物品的智能化识别、定位、跟踪、监控和管理的一种网络。

物联网的基本特征可概括为整体感知、可靠传输和智能处理。整体感知可以利用 RFID、二维码、智能传感器等感知设备来感知、获取物体的各类信息。可靠传输是通过对互联网、无线网络的融合,将物体的信息实时、准确地传送,以便信息交流、分享。智能处理是使用各种智能技术,对感知和传送到的数据、信息进行分析处理,实现监测与控制的智能化。智能制造系统的运行,需要物联网的统筹细化,通过基于无线传感网络、RFID、传感器的现场数据采集应用,使用无线传感网络对生产现场进行实时监控,将与生产有关的各种数据实时传输给控制中心,控制中心再将数据上传给大数据系统进行云计算。为了能有效管理一个跨学科、多企业协同的智能制造系统,物联网是必需的。

2. 识别技术及实时定位技术

识别技术是智能制造服务环节关键的一项技术,识别技术主要有基于深度三维图像识别技术、RFID 技术等。基于深度三维图像识别技术的任务是识别出图像中有什么类型的物体,并给出物体在图像中所反映的位置和方向,是对三维世界的感知和理解。在结合了人工智能科学、计算机科学和信息科学之后,三维图像识别技术在智能制造服务系统中成为识别物体几何情况的关键技术。以 RFID 技术、传感技术、实时定位技术为核心的实时感知技术已广泛用于制造要素信息的识别、采集、监控与管理。RFID 技术是无线通信技术中的一种,通过识别特定目标应用的无线电信号,读写出相关数据,而不需要机械接触或光学接触来识别系统和目标。RFID 可分为低频、高频和超高频三种,RFID 读写器可分为移动式和固定式两种。RFID 标签贴附于物件表面,可自动远距离读取、识别无线电信号,可用于快速、准确记录和收集。使用 RFID 技术能够简化业务流程,增强企业的综合实力。RFID 技术可以在产品全生命周期中为访问、管理和控制产品数据与信息提供可能。

在生产制造现场,企业要对各类别材料、零件和设备等进行实时跟踪管理,监控生产中制品、材料的位置、行踪,包括相关零件和工具的存放等,这就需要建立实时定位管理体系。通常的做法是将有源 RFID 标签贴在跟踪目标上,然后在室内放置三个以上的读写器天线,这样就可以方便地对跟踪目标进行定位查询。

3. 信息物理系统

信息物理系统是一个综合计算、网络和物理环境的多维复杂系统,通过 3C(Computing、Communication、Control)技术的有机融合与深度协作,实现大型工程系统的实时感知、动态控制和信息服务,让物理设备具有计算、通信、精确控制、远程协调和自治五大功能,从而实现虚拟网络世界与现实物理世界的融合。信息物理系统可以将资源、信息、物体及人紧密联系在一起,从而创造物联网及相关服务,并将生产工厂转变为一个智能环境。

信息物理系统取代了以往制造业的逻辑。在该系统中,一个工件能计算出哪些服务是自己所需的,在现有生产设施升级后,该生产系统的体系结构就被彻底改变了。这意味着现有工业可通过不断升级得以改造,从而将以往僵化的中央工业控制系统,转变成智能分布式控制系统,并应用传感器精确记录所处环境,使用生产控制中心独立的嵌入式处理器系统做出决策。信息物理系统作为智能制造系统的关键技术,在实时感知条件下,实现了动态管理和信息服务。信息物理系统被应用于计算、通信和物理系统的一体化设计中,其在实物中嵌入计算与通信的过程,使智能制造系统增加了实物系统的使用功能。

4. 工业大数据

工业大数据是从客户需求到销售、订单、计划、研发、设计、工艺、制造、采购、供应、库存、发货和交付、售后服务、运维、报废或回收再制造等产品全生命周期各个环节所产生的各类数据及相关技术和应用的总称。其以产品数据为核心,极大地延展了传统工业数据的范围,同时包括工业大数据相关技术和应用。工业大数据是智能制造的关键技术,主要作用是打通物理世界和信息世界,推动生产型制造向服务型制造转型。工业大数据技术是使工业大数据中所蕴含的价值得以挖掘和展现的一系列技术与方法,包括数据规划、采集、预处理、存储、分析挖掘、可视化和智能控制等。工业大数据应用则是对特定的工业大数据集,集成应用工业大数据系列技术与方法,获得有价值信息的过程。

依托大数据系统,通过采集现有工厂设计、工艺、制造、管理、监测、物流等环节的信息,可实现生产的快速、高效及精准分析决策。这些数据综合起来,能够帮助发现问题、查找原因、预测类似问题重复发生的概率,帮助完成安全生产、提升服务水平、改进生产水平、提高产品附加值。应用大数据分析系统,可以对生产过程的数据进行分析处理。鉴于制造业已经进入大数据时代,智能制造还需要高性能计算机系统和相应网络设施,如云计算系统。云计算系统能提供计算资源专家库,通过现场数据采集系统和监控系统,将数据上传至云端进行处理、存储和计算,计算后能够发出云指令,对现场设备进行控制(如控制工业机器人)。

5. 传感器技术

智能制造与传感器紧密相关。传感器是支持人们获得信息的重要手段。传感器用得越多,人们可以掌握的信息就越多。传感器体积很小,可以灵活配置。传感器属于基础零部件的一部分,它是工业的基石、性能的关键和发展的瓶颈。传感器的智能化、无线化、微型化和集成化是未来智能制造技术发展的关键之一。

6. 人工智能技术

人工智能是研发用于模拟、延伸和扩展人的智能的理论、方法、技术及应用系统的科学。它企图了解智能的实质,并生产出一种新的能以与人类智能相似的方式做出反应的智能机器,该领域的研究包括机器人、语言识别、图像识别、自然语言处理和专家系统、神经科学等。

7. 网络安全系统

数字化对制造业的促进作用得益于计算机网络技术的进步,但同时也给工厂网络埋下了安全隐患。产品设计、制造和服务的整个过程都用数字化资料呈现出来,整个供应链所产生的信息又可以通过网络成为共享信息,这就需要对其进行信息安全保护。针对网络安全,生产系统可采用 IT 保障技术和相关的安全措施,如设置防火墙、预防被入侵、扫描病毒、控制访问、设立黑白名单、加密信息等。网络安全系统将信息安全理念应用于工业领域,实现对工厂及产品使用维护环节所涵盖的系统及终端的安全防护。其所涉及的终端设备及系统包括工业以太网、监视控制与数据采集(Supervisory Control And Data Acquisition,SCADA)系统、分布式控制系统(Distributed Control System,DCS)、过程控制系统(Process Control System,PCS)、可编程序控制器(Programmable Logic Controller,PLC)、远程监控系统等网络设备及工业控制系统。网络安全系统确保工业网络及工业系统不被未经授权的人员访问、使用、中断、修改和破坏等,为企业正常生产和产品正常使用提供信息服务。

1.3　智能制造系统的结构与模型

1.3.1　智能制造系统的架构

智能制造系统是通过生命周期、系统层级和智能功能三个维度构建完成的。从系统的功能角度,智能制造系统可以看作若干复杂相关子系统的一个整体集成,包括产品全生命周期管理系统、制造执行系统、过程控制系统、企业资源计划,及将各子系统无缝衔接起来的信息物理系统等。如图 1-2 所示,智能制造系统的架构可分为五层。前面所说的几种子系统,贯穿在这五层中，帮助企业实现各个层次的最优管理。

图 1-2　智能制造系统的架构

1. 生产基础自动化系统层

它主要包括生产现场设备及其控制系统。其中生产现场设备主要包括传感器、智能仪表、可编程逻辑控制器、机器人、机床、检测设备、物流设备等。控制系统主要包括适用于流程制造的过程控制系统、适用于离散制造的单元控制系统和适用于运动控制的数据采集与监控系统。

2. 制造执行系统层

它包括不同的子系统功能模块（计算机软件模块），典型的子系统有制造数据管理系统、计划排程管理系统、生产调度管理系统、库存管理系统、质量管理系统、人力资源管理系统、设备管理系统、工具工装管理系统、采购管理系统、成本管理系统、生产看板管理系统、生产过程控制系统、底层数据集成分析系统、上层数据集成分解系统等。

3. 产品全生命周期管理系统层

它主要分为研发设计、生产和服务三个环节。研发设计环节主要包括产品设计、工艺仿真和生产仿真。应用仿真模拟现场形成效果反馈，促使产品改进设计，在研发设计环节产生的数字化产品原型是生产环节的输入要素之一。生产环节涵盖了上述生产基础自动化系统层与制造执行系统层的内容。服务环节主要通过网络进行实时监测、远程诊断和远程维护，并对监测数据进行大数据分析，完成和服务有关的决策、指导、诊断和维护工作。

4. 企业管控与支撑系统层

它包括不同的子系统功能模块，典型的子系统有战略管理、投资管理、财务管理、人力资源管理、资产管理、物资管理、销售管理、健康安全与环保管理等。

5. 企业计算与数据中心层

它包括网络、数据中心设备、数据存储和管理系统、应用软件等，提供企业实现智能制造所需的计算资源、数据服务及具体的应用功能，并具备可视化的应用界面。企业为识别用户需求而建设的各类平台，包括面向用户的电子商务平台、产品研发设计平台、制造执行系统运行平台、服务平台等，都需要以该层为基础，方能实现各类应用软件的有序交互工作，从而实现全体子系统信息共享。

1.3.2　智能制造总体模型

在了解了智能制造系统架构和各个系统层的作用后，就可以清晰地描绘出智能制造总体模型。智能制造总体模型分为以下四个部分,如图 1-3 所示。

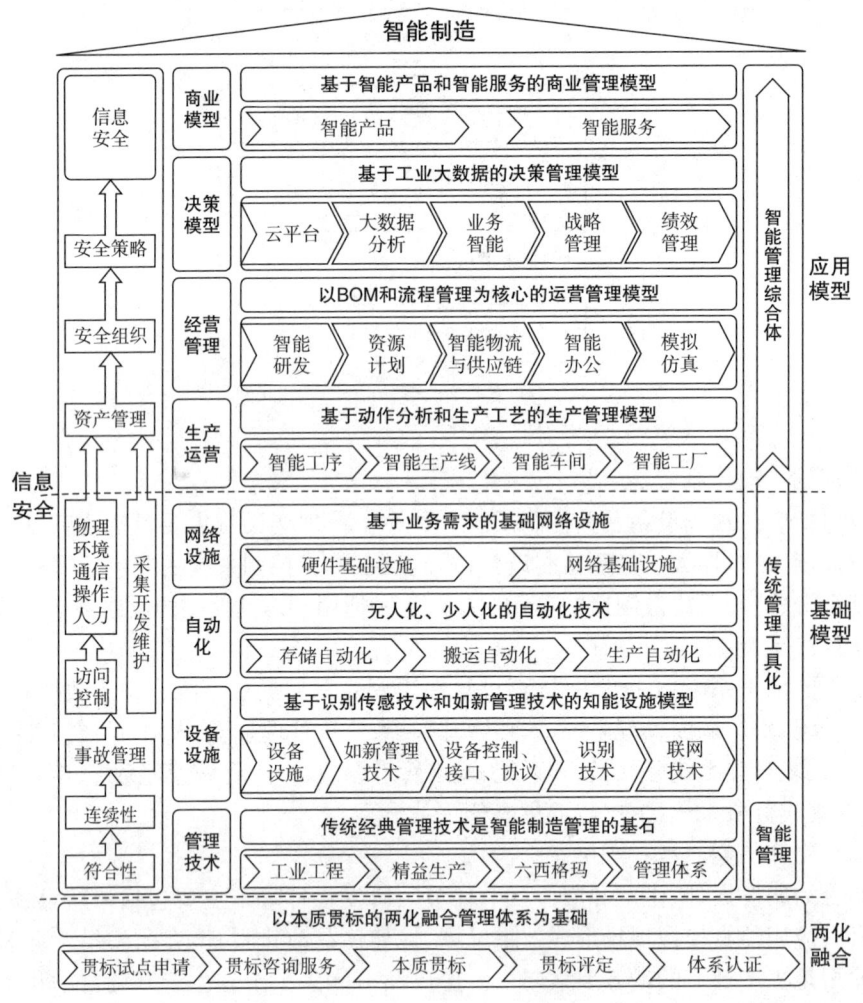

图 1-3　智能制造总体模型

第一部分是以本质贯标的两化融合管理体系为基础,进行智能制造模型构建。此部分请参照两化融合管理体系的贯标、评定等政策。

第二部分为智能制造基础模型部分。通过把传统管理技术进行智能升级,使之工具化,形成智能管理,贯穿整个制造过程;通过智能技术将设备设施自动化、智能化,与信息技术、设备管理技术、新管理技术集成和融合后,使之具有自我感知、自主分析、自主推理、自主诊断、自主决策和控制功能;基于业务需求建立适应智能制造的网络设施。

第三部分为应用模型部分。建立基于动作分析和生产工艺的生产管理模型,即由集成设备、控制、操作建立智能工序,通过工序和运载集成建立智能生产线,智能生产线通过工艺集成形成智能车间,再由智能车间和执行层系统的融合构建智能工厂;建立以 BOM 和流程管理为核心的运营管理模型;建立基于工业大数据分析的决策管理模型;建立基于智能产品、智能服务的商业管理模型。

第四部分是信息安全。信息安全是智能制造的重要部分,企业须参照 ISO 27001 信息安全管理体系标准,制定自身的信息安全体系,用以规范企业员工行为,这是各种信息技术实施的有效保证。从企业层面统筹安排软硬件系统,保证信息安全体系协同工作高效、有序地进行;通过信息安全管理体系实施,不仅对安全事故及时采取有效措施,更重要的是通过过程管理预防和避免更多的信息安全事件,避免经济损失。

1.4　企业智能制造的需求

当前,我国制造企业面临着向中高端转型的压力,如人力资源成本压力增加、企业运营绩效不高、利润率低、高污染高能耗、缺乏有效的业务管理和数据管理体系、无法快速应对市场变化、创新能力不足、自动化设备及生产线缺乏柔性、产品质量和可靠性不高、上下游企业之间缺乏协作、信息不透明等。同时,制造企业产能过剩、竞争激烈、低成本竞争策略已经走到了尽头。制造企业面临这些困境的根本原因是其在质量、成本、效率、效益等关键竞争力要素上失去了优势,因此迫切需要通过产业变革来彻底改变这种局面。随着客户个性化需求的日益增长,新一代信息技术、物联网、协作机器人、增材制造、大数据、人工智能、移动互联网、预测性维护、机器视觉等新兴技术迅速兴起,为制造企业推进智能工厂建设提供了良好的技术支撑。通过智能制造来革命性改变企业目前遇到的困境,从根本上提升企业关键竞争力要素是我国制造企业的现实需求。

1.4.1　企业国际化的需求

中国制造企业的"国际化"之路刚刚开始,许多产业的集中度相对较低,全球竞争格局并没有完全定型,中国企业面临的局面更加严峻。中国制造企业的国际化需求体现在以下几点。

(1)质量控制的国际化水平需求。中国制造企业的产品难以进入国际市场上的主流通路。国外发达国家的市场经过多年的发展、演变,产业已呈现出集中度高、结构稳定的特征。中国企业产品要进入国际市场,必须在质量控制体系上真正与国际接轨,满足国外用户验厂要求,用数字化、网络化、可视化等技术保持产品的质量性能。

(2)制造技术和标准话语权的需求。中国企业在很多产业领域没有掌握国际技术标准。它与部分市场准入条款相关联,不遵从者难以进入国外市场,它也使国外用户产生了依赖和惯性;同时,以技术标准为基础,已形成了内部关联的产业生态,不遵从者难以整合国际供应链资源。不掌握技术标准的中国企业在国际市场上所处的竞争地位是不言而喻的。在这一轮全球智能制造大潮中,中国企业必须实现"弯道超车",更多地参与相关标准制定的过程。

(3)资源利用效率的需求。中国出口的初级产品占比较大,产品附加值不高,消耗大量资源。我国的石油、铁矿石等重要资源供不应求,需大量进口以弥补国内供应的缺口。国际企业及资本完全可以利用这一短期无法改变的态势,通过供应链上的多个因素制约、削减中国产品的国际竞争力。因此,通过智能制造提高资源利用效率、增加产品附加值、降低制造成本,是中国制造企业获得国际竞争力的根本需求。

(4)国际化人才培养的需求。我国制造企业长期以来的过度低价竞争,导致在人才引进、使用、培养上缺乏投入,况且有些企业也不具备包容并蓄的企业文化和管理基础,其根本原因还在于中国制造企业自身管理基础的薄弱和能力的欠缺。智能制造为培养制造领域人才的国际化提供了机会和条件。

1.4.2　企业精益管理的需求

管理水平是企业资源作用发挥的基础,然而,智能制造企业在市场、生产和服务等前端部门仍然存在以下几个问题。

(1)客户信息管理。很多客户信息、线索信息都藏在销售人员的"口袋"里,销售人员离开后无从查证。通过各种渠道购买产品的客户数量多、类型复杂,管理部门希望获知每个产品的购买客户、使用客户、产品使用状态、再次购买需求等信息。

(2)销售过程管理。企业缺乏一套销售管理体系,不能统一管理各个渠道从线索到订单的销售管理体系;企业管理者难以控制销售的客户拜访,销售拜访计划、执行过程和成果评估缺乏闭环管理,销售费用难以控制。

(3)服务管理。产品销售合同重产品、轻服务,忽略服务交付管理过程,客户体验差,货款难收回;不能实时监控设备运行状态,无法做到设备故障发生前提前预警,通常故障发生后的维修成本更高;客户故障请求直接到制造商,售后服务、维修、退换货处理请求无法及时传达至各级经销、代理渠道。

(4)产品管理。产品更新快,品类和型号多而复杂,前端营销人员需及时熟悉新产品,而新产品详细信息在后端设计或制造部门,前后端信息难以协同。

(5)订单管理。为满足客户定制化需求,销售人员需要与技术、采购、商务等专业人员协同销售,稍有疏忽,就容易造成订单的产品方案或商务报价问题;企业管理者期望有完善的对商机立项、报价、投标、合同签署的评审体系,旨在预测合同,控制合同收入;销售人员负责合同签署和回款,订单生产和交付过程不透明,销售人员不仅难以快速答复客户交付进度,也难以制订回款计划以及准备应急方案。

(6)采购和库存。缺乏及时可信的销售订单预测数据,采购和库存管理人员难以根据客户需求制订适合的采购或安全库存计划,容易贻误合同交付;销售和服务人员需要及时了解产品库存状况,以期避免响应客户需求不及时、贻误商机或订单延期等状况。

(7)产销协同管理。企业管理者关注能支持订单快速交付的产销协同管理模式,合同签署或合同变更后,能快速制定跨部门的生产交付计划,旨在控制成本,保障合同利润;生产资源计划管理精细度影响成本控制。

显而易见,企业要解决这些问题,就必须从精益管理、信息化、数字化、网络化等方面系统地实施智能制造。

1.4.3　企业智能工厂建设的需求

我国制造企业在推进智能工厂建设方面还存在诸多问题与误区。具体体现在以下几个方面。

(1)盲目购买自动化设备和自动化生产线。很多制造企业认为智能工厂就是推进自动化和机器人化,盲目追求"黑灯工厂",推进单工位的机器人改造,推行机器换人,购买只能加工或装配单一产品的刚性自动化生产线;只注重购买高端数控设备,但没有配备相应的软件系统。

(2)尚未实现设备数据的自动采集和车间联网。企业在购买设备时没有要求开放数据接口,大部分设备还不能自动采集数据,没有实现车间联网。目前,各大自动化厂商都有自己的工业总线和通信协议,OPCUA 标准的应用还不普及。

(3)工厂运营层还是"黑箱"。企业在工厂运营方面缺乏信息系统支撑,车间仍然是一个"黑箱",生产过程难以实现全程追溯,与生产管理息息相关的制造物料清单数据、工时数据也不准确。

(4)设备利用率不高。生产设备没有得到充分利用,设备的健康状态未进行有效管理,常常由于设备故障造成非计划性停机,影响生产。

(5)依然存在大量信息化孤岛和自动化孤岛。智能工厂建设涉及智能装备、自动化控制、传感器、工业软件等领域的供应商,集成难度很大。很多企业不仅存在诸多信息化孤岛,也存在很多自动化孤岛,自动化生产线没有进行统一规划,生产线之间还需要中转库转运。

造成这类问题的原因是智能制造和智能工厂涵盖领域很多,系统极其复杂,企业还缺乏深刻理解。企业要根据企业的产品和生产工艺,做好需求分析和整体规划,结合企业内部的 IT、自动化和精益团队,在此基础上稳妥推进,取得实效。

1.4.4　企业智能制造实施的需求

现阶段制造企业迫切需要实现智能制造,以增强企业综合竞争力水平。

(1)车间、工厂的总体设计,工艺流程及布局需建立数字化模型,并进行模拟仿真,实现规划、生产、运营全流程数字化管理。

(2)应用数字化三维设计与工艺技术进行产品、工艺设计与仿真,并通过物理检测与试验进行验证与优化。建立产品数据管理(Product Data Management,PDM)系统,实现产品设计、工艺数据的集成管理。

(3)制造装备数控化率超过 70%,并实现高档数控机床与工业机器人、智能传感与控制装备、智能检测与装配装备、智能物流与仓储装备等关键技术装备之间的信息互联互通与集成。

(4)建立生产过程数据采集和分析系统,实现生产进度、现场操作、质量检验、设备状态、物料传送等生产现场数据自动上传,并实现可视化管理。

(5)建立车间 MES,实现计划、调度、质量、设备、生产、能效等管理功能。建立 ERP 系统,实现供应链、物流、成本等企业经营管理功能。

(6)建立工厂内部通信网络架构,实现设计、工艺、制造、检验、物流等制造过程各环节之间,以及制造过程与 MES 和 ERP 系统的信息互联互通。

(7)建立工业信息安全管理制度和技术防护体系,具备网络防护、应急响应等信息安全保障能力。建立功能安全保护系统,采用全生命周期方法有效避免系统失效。

企业智能制造的实施要点如下:

(1)实施智能制造的组织,前期任务是组建一个知识资源开发小组。该小组由不同层次知识的智慧型专业人员组成,这个小组的使命是实施本企业的知识生产。知识生产的目的是知识分配,分配的目的是供不同层次的决策人员应用。

(2)知识应用的主要情境,即反复性情境、变更性情境、交叉性情境、异步性情境。

(3)离散制造企业智能制造的实施原则:需在两化融合或数字化车间技术基础上,自主开发新的、更深层次的关键技术——智能制造技术,建立起自我纠错、自我完善的"智力组织",形成基于知识的"制造智能"。智能制造的实现是逐步的,直到覆盖整个生产过程。

智能制造需要在实施和发展过程中得到改善:

（1）需引入智能识别技术，辨识并汇集出新的实体数据，以此消除因交叉作业而带来的产品质量退化。

（2）需在数字化车间既有基础上设置分析推进系统，形成自底向上的闭环反馈系统，实现流程工业过程那样的实时感知，精准调控。

（3）引入机器学习技术，提取交叉性知识和关联性规则，促进不同专业人员向多专业自适应方向发展，创新技术协同机制。

（4）提高生产过程管控机制的时空分辨率，在数字化车间大规模网络化集成应用环境下，仅凭个人的智慧，如果没有细致的物流测量和设备监测，也只能做出大概的、宽时间分辨率的判断，故不能应对复杂、多变的局面。

1.5   智能制造的发展趋势

1. 智慧制造

智慧制造旨在通过物联网、人际网、互联网等网络的融合实现对现有的制造模式（如云制造、物联制造等）思想与理念的整合、延伸以及拓展，从而形成一种兼容性较高的制造模式，能够最大程度上满足智能制造的发展需求。

智慧制造包括开发智能产品、打造智能工厂、践行智能研发、实现智能决策。在智能制造的关键应用技术当中，智能产品与智能服务可以帮助企业实现商业模式的创新；智能装备、智能产线、智能车间到智能工厂，可以帮助企业实现生产模式的创新；智能研发、智能管理、智能物流与供应链则可以帮助企业实现运营模式的创新；而智能决策则可以帮助企业实现科学决策。

2. 数字孪生

数字孪生思想是由密歇根大学的 Michael Grieves 命名的"信息镜像模型"（Information Mirroring Model）演变而来的，后又演变为"数字孪生"。数字孪生也被称为数字双胞胎和数字化映射。数字孪生是指充分利用物理模型、传感器、运行历史等数据，集成多学科、多尺度的仿真过程，它作为虚拟空间中对实体产品的镜像，反映了对应物理实体产品全生命周期的过程。

随着信息化时代的到来，制造业早已摆脱了传统的物理机械加工制造手段。为了能够加快制造业的资源和服务在信息空间与物理空间的融合，必须充分利用好新一代信息技术，而数字孪生的出现恰好能够完美地解决这一问题，实现智能制造的目标。数字孪生作为产品全生命周期中连接信息世界与物理世界的重要技术，可以为制造业的智能化生产提供新思路和新方法。

3. 生命周期大数据

智能制造产生的数据呈现爆发式的增长，这对制造企业来说，既是机遇亦是挑战。制造企业从大量的数据当中能够挖掘出丰富的资料与知识，可以进一步增强企业洞察商机的能力，有助于促进企业的长效发展，提高产品生产的效率和质量。同时，除了关注产品全生命周期的初期制造和服务设计的创新、优化产品中期的运维服务之外，还要重视对产品使用终期的回收决策过程，并且要将产品的整个生命周期阶段的数据与涉及的知识进行全面整合。

智能制造现已成为制造业发展的重大趋势和核心内容，承载着带动传统制造业转型升级、发展战略新兴产业、培育未来产业的重要使命。智能传感器和检测技术是智能制造的重要组成部分，在后面的章节中我们将着重探讨智能检测领域相关技术和应用。

章节习题

1. 智能制造的定义是什么？
2. 智能制造的特点主要体现在哪些方面？
3. 简述智能制造与先进制造的区别与联系。
4. 智能制造技术体系主要由哪几部分组成？
5. 简述智能制造的发展趋势。
6. 智能制造总体模型包括哪几部分？
7. 简述企业智能制造的需求。
8. 谈谈身边智能制造和智能工厂的例子。

扩展阅读

中国航天

中国航天事业起始于 1956 年。中国于 1970 年 4 月 24 日发射第一颗人造地球卫星,是继苏联、美国、法国、日本之后世界上第 5 个能独立发射人造卫星的国家。

中国发展航天事业的宗旨是:探索外太空,扩展对地球和宇宙的认识;和平利用外太空,促进人类文明和社会进步,造福全人类;满足经济建设、科技发展、国家安全和社会进步等方面的需求,提高全民科学素质,维护国家权益,增强综合国力。中国发展航天事业贯彻国家科技事业发展的指导方针,即自主创新、重点跨越、支撑发展、引领未来。

2021 年 6 月,中国神舟十二号载人飞船发射,飞行乘组由航天员聂海胜、刘伯明和汤洪波三人组成。航天发射次数一年内"首次突破 40 次"。2021 年执行了 55 次发射任务,数量位居世界第一。北京时间 2024 年 1 月,我国在酒泉卫星发射中心使用快舟一号甲运载火箭,成功将天行一号 02 星发射升空,卫星顺利进入预定轨道,发射任务获得圆满成功。该卫星主要用于开展空间环境探测等试验。

模块 2　检测技术基础

学习目标

知识目标

1. 了解检测技术在国民经济中的地位和作用。
2. 了解工业检测技术涉及的主要内容。
3. 了解自动检测技术的发展趋势。

能力目标

1. 能对工业检测中的被测量进行分类。
2. 能区分自动检测系统各组成部分及功能。
3. 能列举工业现场自动检测技术的应用实例。

检测是利用各种物理、化学效应,选择合适的方法与装置,将生产、科研、生活等各方面的有关信息通过检查与测量的方法赋予定性或定量结果的过程。能够自动地完成整个检测处理过程的技术称为自动检测与转换技术。

在信息社会的一切活动领域中,从日常生活、生产活动到科学实验,时时处处都离不开检测。现代化的检测手段在很大程度上决定了生产、科学技术的发展水平,而科学技术的发展又为检测技术提供了新的理论基础和制造工艺,同时对检测技术提出了更高的要求。

2.1　检测技术在国民经济中的地位和作用

教学视频

检测技术是现代化领域中很有发展前途的技术,它在国民经济中起着极其重要的作用。在机械制造行业中,通过对机床的许多静态、动态参数如工件的加工精度、切削速度、床身振动等进行在线检测,从而控制加工质量;在化工、电力等行业中,如果不随时对生产工艺过程中的温度、压力、流量等参数进行自动检测,生产过程就无法控制甚至产生危险;在交通领域,一辆小轿车中的传感器就有十几种之多,分别用以检测车速、方位、负载、振动、油压、油量、温度和燃烧过程等。

在国防科技中,检测技术用得更多,许多尖端的检测技术都是因国防工业需要而发展起来的。例如,研究飞机的强度,就要在机身、机翼上贴上几百片应变片并进行动态测量;在导弹、卫星的研制中,检测技术更为重要,必须对它们的每个构件进行强度和动态特性的测试、运行姿势测量等。近年来,随着家电工业的兴起,检测技术也进入了人们的日常生活中。例如,自动检测并调节房间温度、湿度的空调；自动检测衣服污度和重量、利用模糊技术的智能洗衣机等。图2-1～图 2-3 所示为检测技术在这些领域应用的一些典型示例。

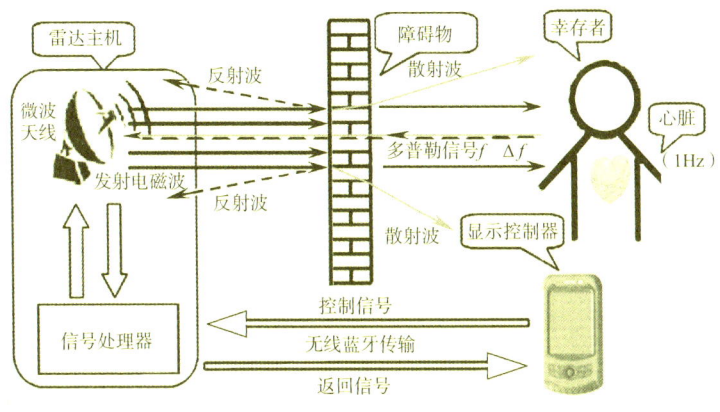

图 2-1　生命探测仪工作原理示意图

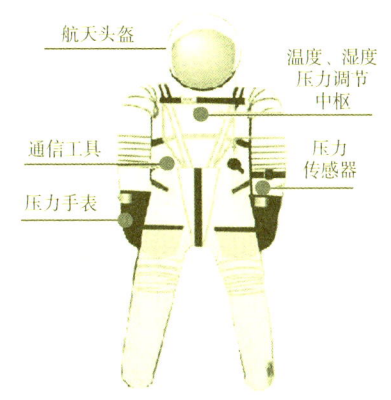

图 2-2　航天服传感器示意图

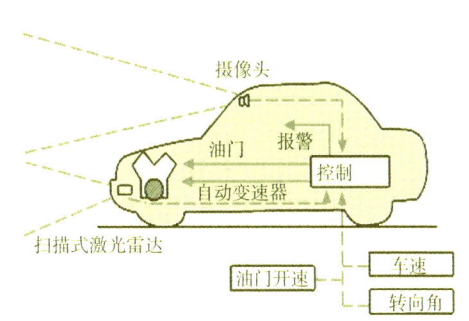

图 2-3　汽车碰撞预防系统

近几十年来自动控制理论、计算机技术迅速发展，并已应用到生产和生活的各个领域。但是，由于作为"感觉器官"的传感器技术没有与计算机技术协调发展，出现了信息处理功能发达、检测功能不足的局面。目前许多国家已投入大量人力、物力，发展各类新型传感器，检测技术在国民经济中的地位也日益得到提高。

2.2　工业检测技术的主要内容

工业检测技术的内容广泛，常见的工业检测涉及的内容如表 2-1 所示。

表 2-1　工业检测涉及的内容

被测量类型	被检测量
热工量	温度、热量、热分布、压力(压强)、压差、流量、流速、物位、液位等
机械量	直线位移、角位移、速度、加速度、转速、应力、力矩、振动、质量等

被测量类型	被检测量
几何量	长度、厚度、角度、直径、间距、形状、平行度、硬度、材料缺陷等
物体的性质和成分量	气体、液体、固体的化学成分、浓度、黏度、湿度、密度、酸碱度、浊度、透明度、颜色等
状态量	工作机械的运动状态（启停等）、生产设备的异常状态（超温、过载、变形、磨损、堵塞、断裂等）
电工量	电压、电流、功率、电阻、阻抗、频率、脉宽、相位、波形、频谱、磁场强度、电场强度等

在实际工业生产中，需要检测的量远不止以上所举的项目，而且随着自动化、现代化的发展，工业生产将对检测技术提出越来越多的新要求。本教材主要是向学习者介绍非电量的检测技术。

2.3　自动检测系统的组成

目前非电量的检测多采用电测量法，即首先将各种非电量转变为电量，然后经过一系列的处理，将非电量参数显示出来。人体信息接收过程与自动检测系统比较如图 2-4 所示。

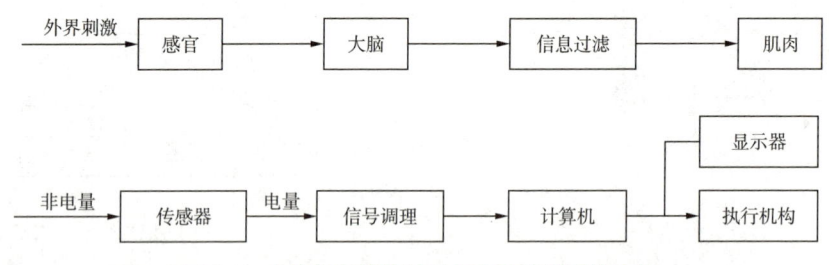

图 2-4　人体信息接收过程与自动检测系统比较

自动检测系统框图用于表示一个系统各部分和各环节之间的关系，用来描述系统的输入、输出、中间处理等基本功能和执行逻辑过程的概念模式。在产品说明书、科技论文中，能够清晰地表达比较复杂的系统各部分之间的关系及工作原理。

在检测系统中，将各主要功能或电路的名称画在框内，按照信号的流程，将几个框用箭头联系起来，有时还可以在箭头上方标出信号的名称。对具体的检测系统或传感器而言，必须将框图中的各项赋予具体的内容。下面对自动检测系统中各个组成部分做简单介绍。

1. 传感器
传感器在本教材中是指一个能将被测的非电量变换成电量的器件。

2. 信号调理电路
信号调理电路也称为信号处理电路，包括放大（或衰减）电路、滤波电路、隔离电路等。放大电路的作用是把传感器输出的电量变成具有一定驱动和传输能力的电压、电流或频率信号等，以推动后级的显示器、数据处理装置及执行机构。

3. 显示器
目前常用的显示器有模拟显示器、数字显示器、图像显示器及记录仪等。模拟量是指连续变化量。模拟显示器是利用指针对标尺的相对位置来表示读数的，常见的有毫伏表、微安表和模拟光柱等，如图 2-5 所示。

数字显示器目前多为发光二极管(LED)和液晶显示器(LCD)等，以数字的形式来显示读数。前者亮度高、耐振动、可适应较宽的温度范围；后者耗电少、集成度高。如图 2-6 所示，带背光板的 LCD 能在夜间观看，但耗电有所增加。

图 2-5　模拟显示器

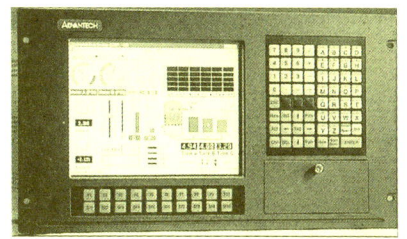

图 2-6　数字显示器

图像显示器用 CRT 或点阵 LCD 来显示读数或被测参数的变化曲线，有时还可用图表或彩色图等形式来反映整个生产线上的多组数据，如图 2-7 所示。

记录仪主要用来记录被检测对象的动态变化过程，常用的记录仪有笔式记录仪、高速打印机、绘图仪、数字存储示波器、磁带记录仪和无纸记录仪等，如图 2-8 所示。

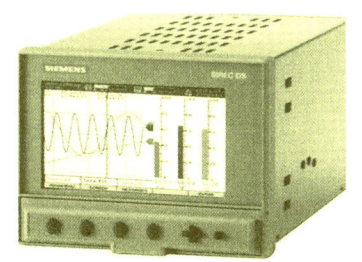

图 2-7　图像显示器

图 2-8　记录仪

4. 数据处理装置

数据处理装置用来对测试所得的实验数据进行处理、运算、逻辑判断和线性变换，对动态测试结果做频谱分析等，完成这些工作主要采用计算机技术。

数据处理的结果通常送到显示器和执行机构中，以显示运算处理的各种数据或控制各种被控对象。在不带数据处理装置的自动检测系统中，显示器和执行机构由信号调理电路直接驱动。

5. 执行机构

执行机构通常是指各种接触器、继电器、电磁铁、电磁阀和伺服电动机等，如图 2-9 和图 2-10 所示。它们在电路中是起通断、控制、调节和保护等作用的电器设备。许多监测系统能输出与被测量有关的电流或电压信号，作为自动控制系统的控制信号，去驱动这些执行机构。

现代检测系统越来越多地使用计算机或微处理器来控制执行机构的工作。检测技术、计算机技术与执行机构等配合就能构成比较典型的自动控制系统。传感器将设备运行中测得的数据送到计算机，计算机对数据进行一系列的运算、比较、判断等工作，一方面将有关参数送到显示器显示出来,另一方面发出控制信号,直到设备运行符合控制要求。自动检测与控制系统也称为反馈控制系统。

图 2-9 中间继电器

图 2-10 电磁阀

2.4 检测技术的发展趋势

近年来,随着半导体、计算机技术的发展,新型或具有特殊功能的传感器不断涌现,检测装置也向小型化、固体化及智能化方向发展,应用领域也愈加宽广。上至茫茫太空、下至海洋深处,大至工业生产系统、小至家用电器及个人用品,都能在其中发现检测技术的广泛运用。当前,检测技术的发展主要表现在以下几个方面:

1. 不断提高检测系统的测量准确度、量程范围,延长使用寿命,提高可靠性

随着科学技术的不断发展,对检测系统测量准确度的要求也在提高。近年来人们研制出许多高精度的检测仪器以满足各种需要。例如:用直线光栅测量直线位移时,测量范围可达二三十米,而分辨率可达微米级;人们已研制出能测量小至几帕的微压力和大到几千兆帕高压的压力传感器;开发了能够测出极微弱磁场的磁敏传感器等。

人们对传感器的可靠性和故障率的数学模型进行了大量的研究,使得检测系统的可靠性及寿命大幅度提高。现在许多检测系统可以在极其恶劣的环境下连续工作数十万小时。目前人们正在不断努力进一步提高检测系统的各项性能指标。

2. 应用新技术和新的物理效应,扩大检测领域

检测原理大多以各种物理效应为基础,近代物理学的进展如纳米技术、激光、红外、超声、微波、光纤、放射性同位素等新成就都为检测技术的发展提供了更多的依据。如图像识别、激光测距、红外测温、C 型超声波无损探伤、放射性测厚、中子探测爆炸物等非接触测量得到迅速发展。

如今检测领域正扩大到整个社会需要的各个方面。不仅包括工程、海洋开发、宇宙航行等尖端科学技术和新兴工业领域,而且已涉及生物、医疗、环境污染监测、危险品和毒品的侦察、安全监测等方面,并且已渗入人类的日常生活之中。

3. 发展集成化、功能化的传感器

随着半导体集成电路技术的发展,硅和砷化镓电子元件的高度集成化大量地向传感器领域渗透。人们将传感元件与信号处理电路制作在同块硅片上,从而研制出体积更小、性能更好、功能更强的传感器。例如,已研制出高精度的 PN 结测温集成电路;又如,人们已能将排成阵列的上千万个光敏元件及扫描放大电路制作在一块芯片上,制成彩色 CCD 数码照相机、摄像机以及可摄影的手机等。今后还将在光、磁、温度、压力等领域开发出新型的集成度很高的传感器。

4. 采用计算机技术,使检测技术智能化

自微处理器问世以来,人们已迅速将计算机技术应用到测量技术中,使检测仪器智能化,从而扩展了功能,提高了准确度和可靠性。目前研制的检测系统大多带有微处理器。

5. 发展网络化传感器及检测系统

随着微电子技术的发展,现在已可以将十分复杂的信号处理和控制电路集成到单块芯片中去。传感器的输出不再是模拟量,而是符合某种协议格式(如可即插即用的数字信号)。通过企业内部网络,也可通过互联网,实现多个系统之间的数据交换和共享,从而构成网络化的检测系统,还可以远在千里之外,随时随地浏览现场工况,实现远程调试、远程故障诊断、远程数据采集和实时操作。

总之,自动检测技术的蓬勃发展适应了国民经济发展的迫切需要,是一门充满希望和活力的新兴技术,目前已取得十分瞩目的进展,今后还将有更大的飞跃。

章节习题

1. 工业检测中涉及的被测量类型有哪些?
2. 自动检测系统有哪几个主要组成部分?
3. 简述检测技术的发展趋势。
4. 试列举工业生产中的几个自动检测控制系统。

扩展阅读

国家博弈

装备强则国强。古往今来,国与国之争,实质是装备制造业之争。当前阶段,高端装备已上升为大国之间博弈的核心和不可或缺的利器。

2007 年 11 月,中国瓮福集团在与欧美 20 多家公司的角逐和博弈中取胜,成功中标沙特全球最大磷肥装置的选矿项目。他们的管理团队又拿下了工程未来的管理项目。作为项目总承包商,他们提升了约 100 亿元人民币的国内 GDP 增长,带动上百家中国装备制造企业走出去。

当全世界的港口都在使用中国的港机设备时,振华港机又走向远洋海工装备制造,具有国际水准的深水钻井平台、海上石油铺管船、大型海上浮吊已经制造完成。

湘潭电机厂以电机为动力驱动轮子转动的几层楼高的 300 吨矿山电动轮自卸车,驰骋在国内外的大型矿山。目前,收购了"风车王国"荷兰的风电制造企业达尔文公司,并承担国家重大项目的下一代太阳能和陆地、海上风电设备的研制,这将在未来国际核心产业竞争中赢得先机。

模块3　测量与传感器的基本概念

学习目标

知识目标

1. 掌握测量的概念和基本方法。
2. 了解测量误差及分类。
3. 了解传感器的结构及基本特性。

能力目标

1. 能采用不同的测量方法进行实际检测。
2. 能对测量结果进行误差分析和计算。
3. 能对传感器进行分类和技术指标分析。

测量是检测技术的主要组成部分,测量得到的是定量的结果。人类生产力的发展促进了测量技术的进步。商品交换必须有统一的度、量、衡;天文、地理也离不开测量;17世纪,工业革命对测量提出了更高的要求,如蒸汽机必须配备压力表、温度表、流量表、水位表等仪表。现代社会要求测量必须达到更高的准确度、更小的误差、更快的速度、更高的可靠性,测量的方法也日新月异。本模块主要介绍测量的基本概念、测量方法、误差分类、测量结果的数据处理以及传感器的基本特性等内容,是检测与转换技术的理论基础。

3.1　测量的基本概念和方法

教学视频

测量是借助专门的技术和仪表设备,采用一定的方法取得某一客观事物定量数据资料的认识过程。

对于测量方法,从不同的角度出发,有不同的分类方法。

1. 静态测量和动态测量

根据被测量是否随时间变化,可分为静态测量和动态测量,如图3-1和图3-2所示。例如:用激光干涉仪对建筑物的缓慢沉降做长期监测,就属于静态测量;用光导纤维陀螺仪测量火箭的飞行速度、方向,就属于动态测量。

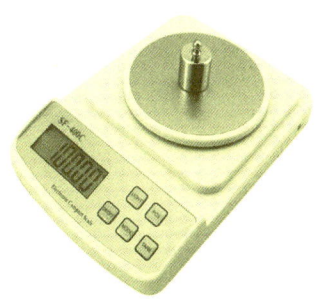

图 3-1　静态测量

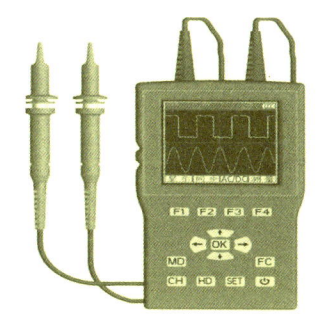

图 3-2　动态测量

2. 直接测量和间接测量

根据测量的手段不同，可分为直接测量和间接测量。用标定的仪表直接读取被测量的测量结果，该方法称为直接测量，如图 3-3 所示。例如用磁电式仪表测量电流、电压，用晶体管测量 pH 值和甜度等。间接测量的过程比较复杂，首先要对与被测量有确定函数关系的量进行直接测量，将测量值代入函数关系式，经过计算求得被测量。

图 3-3　直接测量

3. 模拟式测量和数字式测量

根据测量结果的显示方式，可分为模拟式测量和数字式测量。数字式测量稳定性较高。

4. 接触式测量和非接触式测量

根据测量时是否与被测对象接触，可分为接触式测量和非接触式测量。例如，用多普勒雷达测速仪测量汽车超速与否就属于非接触式测量，如图 3-4 所示。利用红外线辐射成像仪测量供电变压器的表面温度也属于非接触式测量。非接触式测量不影响被测对象的运行工况，是目前发展的趋势。

图 3-4　非接触式测量

5. 在线测量和离线测量

为了监视生产过程，或在生产流水线上监测产品质量的方式就属于在线测量，它能保证产品质量的一致性。离线测量虽然能测量出产品合格与否，但无法实时监控产品质量。

3.2　测量误差及分类

教学视频

测量的目的是通过测量求取被测量的真值。所谓真值，是指在一定条件下被测量客观存在的实际值。真值有理论真值、约定真值和相对真值之分。例如，三角形三个内角之和为 180°，这种真值称为理论真值。又如，在标准条件下，水的三相点为 273.16K(0.01℃)，银的凝固点是 961.78℃，这类真值均称为约定真值。相对真值是指凡准确度高两级的仪表的误差与准确度低的仪表的误差相比,前者的误差是后者的 1/3 以下时,则高两级仪表的测量值可以认为是相对真值。相对真值在误差测量中的应用最为广泛。

测量值与真值之间的差值,称为测量误差。测量误差可按其不同特征进行分类。

3.2.1 绝对误差和相对误差

1. 绝对误差

绝对误差 Δ 是指测量值 A_x 与真值 A_0 之间的差值,即

$$\Delta = A_x - A_0 \tag{3-1}$$

2. 相对误差

有时绝对误差不足以反映测量值偏离真值程度的大小,所以引入了相对误差。相对误差用百分比的形式来表示,一般多取正值。相对误差可分为实际相对误差、示值相对误差和满度相对误差等。

(1)示值(标称)相对误差 γ_x:示值相对误差 γ_x 是用绝对误差 Δ 与被测量 A_x 的百分比来表示的,即

$$\gamma_x = \frac{\Delta}{A_x} \times 100\% \tag{3-2}$$

(2)满度(引用)相对误差 γ_m:测量下限为零的仪表的满度相对误差 γ_m 是用绝对误差 Δ 与仪器满度值 A_m 的百分比来表示的,即

$$\gamma_m = \frac{\Delta}{A_m} \times 100\% \tag{3-3}$$

在多数情况下,上述相对误差多取正值。对测量下限不为零的仪表而言,在式(3-3)中,可用量程($A_{max} - A_{min}$)来代替分母中的 A_m。上式中,当 Δ 取最大值 Δ_m 时,满度相对误差常被用来确定仪表的准确度等级 S,即

$$S = \left| \frac{\Delta_m}{A_m} \right| \times 100 \tag{3-4}$$

根据准确度等级 S 及量程范围,可以推算出该仪表可能出现的最大绝对误差 Δ_m。准确度等级 S 规定取一系列标准值。我国模拟仪表有下列七种等级:0.1、0.2、0.5、1.0、1.5、2.5、5.0,分别表示对应仪表的满度相对误差不应超过的百分比。仪表在正常工作条件下使用时,各等级仪表的基本误差不超过表 3-1 所规定的值。

表 3-1　仪表的准确度等级和基本误差

等级	0.1	0.2	0.5	1.0	1.5	2.5	5.0
基本误差	±0.1%	±0.2%	±0.5%	±1.0%	±1.5%	±2.5%	±5.0%

我们可以从仪表的使用说明书上读得仪表的准确度等级,也可以从仪表面板上的标志判断出仪表的等级。如果某仪表的准确度等级为 5.0 级,表示对应仪表的满度相对误差(引用误差)不超过 5.0%。同类仪表的等级数值越小,准确度就越高,价格就越贵。

随着测量技术的进步,目前部分行业的仪表还增加了以下几种准确度等级:0.005、0.01、0.02、(0.03)、0.05、0.2、(0.25)、(0.3)、(0.35)、(0.4)、(2.0)、4.0 等。(只有在必要时,才可采用带括号的准确度等级)

　　仪表的准确度习惯上称为精度,准确度等级习惯上称为精度等级。根据仪表的等级可以确定测量的满度相对误差和最大绝对误差。例如,在正常情况下,用 0.5 级、量程 100℃温度表来测量温度时,可能产生的最大绝对误差为

$$\Delta_m = (\pm 0.5\%) A_m = \pm (0.5\% \times 100)℃ = \pm 0.5℃ 。$$

　　在测量领域中,还经常使用正确度、精密度、精确度等名词来评价测量结果。这些术语的叫法虽然十分普遍,但也比较容易引起混乱。本教材只采用准确度来表达测量结果误差的大小。

　　在正常工作条件下,可以认为仪表的最大绝对误差基本不变,而示值相对误差 γ_x 随示值的变化而变化。例如,用上述温度表来测量 80℃温度时,相对误差为

$$\gamma_x = (\pm 0.5/80) \times 100\% = \pm 0.525\% ,$$

而用它来测量 100℃温度时,相对误差为

$$\gamma_x = (\pm 0.5/100) \times 100\% = \pm 0.5\% 。$$

　　例 3-1　某压力表准确度为 2.5 级,量程为 0～1.5MPa,测量结果显示为 0.70MPa。试求:(1)可能出现的最大满度相对误差 γ_m;(2)可能出现的最大绝对误差 Δ_m;(3)可能出现的最大示值相对误差 γ_x。

　　解　(1)可能出现的最大满度相对误差可以从准确度等级直接得到,即 $\gamma_m = 2.5\%$。

　　(2)$\Delta_m = \gamma_m A_m = 2.5\% \times 1.5 = 0.0375 \text{MPa} = 37.5 \text{kPa}$。

　　(3)$\gamma_x = \dfrac{\Delta_m}{A_x} \times 100\% = \dfrac{0.0375}{0.70} \times 100\% = 5.36\%$。

　　例 3-2　现有精确度等级为 0.5 级、量程为 0～300℃和精确度等级为 1.0 级、量程为 0～100℃的两个温度计,要测量 80℃的温度,试问采用哪一个温度计好?

　　解　用 0.5 级温度计测量时,可能出现的最大示值相对误差为

$$\gamma_x = \frac{\Delta_{m1}}{A_x} \times 100\% = \frac{300 \times 0.5\%}{80} \times 100\% = 1.875\% \approx 1.88\% 。$$

　　用 1.0 级温度计测量时,可能出现的最大示值相对误差为

$$\gamma_x = \frac{\Delta_{m2}}{A_x} \times 100\% = \frac{100 \times 1.0\%}{80} \times 100\% = 1.25\% 。$$

　　计算结果表明,精确度等级为 1.0 级的温度计比精确度等级为 0.5 级的温度计的示值相对误差小,所以更合适。由本例可知,在选用仪表时,应兼顾精度等级和量程,通常选择示值落在仪表满度值的 2/3 左右的仪表。

3.2.2　粗大误差、系统误差和随机误差

　　误差产生的原因和类型很多,其表现形式也多种多样,针对造成误差的不同原因有不同的解决办法,下面对此做一些简介。

教学视频

1. 粗大误差

　　明显偏离真值的误差称为粗大误差,也叫过失误差。粗大误差主要是由于测量人员的粗心大意及电子测量仪器受到突然且强大的干扰所引起的。如测错、读错、记错、外界过电压尖峰干扰等造成的误差。就数值大小而言,粗大误差明显超过正常条件下的误差。当发现粗大误差时,应予以剔除。

2. 系统误差

系统误差也称装置误差,它反映了测量值偏离真值的程度。凡误差的数值固定或按一定规律变化者,均属于系统误差。按其表现的特点,可分为恒值误差和变值误差两大类。在整个测量过程中,恒值误差数值和符号都保持不变。例如,由于刻度盘分度差错或刻度盘移动而使仪表刻度产生误差,皆属此类。

大部分附加误差属于变值误差。例如,环境温度及湿度的波动、电源的电压下降、电子元器件老化、机械零件变形移位、仪表零点漂移等。

系统误差具有规律性,因此可以通过实验的方法或引入修正值的方法计算修正,也可以重新调整测量仪表的有关部件予以消除。

3. 随机误差

测量结果与在重复条件下对同一被测量进行无限多次测量所得结果的平均值之差称为随机误差。随机误差大多是由影响量的随机变化引起的,这种变化带来的影响称为随机效应,它导致重复观测中的分散性。

随机误差有时也表达为:在同条件下,多次测量同一被测量,有时会发现测量值时大时小,误差的绝对值及正、负以不可预见的方式变化,该误差称为随机误差。随机误差反映了测量值离散性的大小。随机误差是测量过程中许多独立的、微小的、偶然的因素引起的综合结果。

存在随机误差的测量结果中,虽然单个测量值误差的出现是随机的,既不能用实验的方法消除,也不能修正,但是就误差的整体而言,服从一定的统计规律。因此通过增加测量次数,利用概率的一些理论和统计学的一些方法,就可以掌握看似毫无规律的随机误差的分布特性,并进行测量结果的数据统计处理。

下面以超声波测距仪多次测量两座大楼之间的距离为例来说明。由于空气的变动、气温的变化、仪器受到电磁波干扰等原因,所以即使采用准确度很高的测距仪去测量,也会发现测量值时大时小,而且无法预知下一时刻的干扰情况。测量数据如图 3-5 所示。

如果测量次数 $n \to \infty$ 时,则无限多的直方图的顶点中线的连线就形成一条光滑的连续曲线,称为高斯误差分布曲线或正态分布曲线。多数随机误差都服从正态分布规律。测

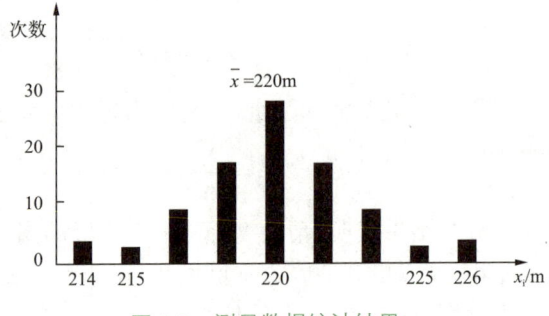

图 3-5　测量数据统计结果

量结果符合正态分布曲线的例子很多,例如某校男生身高的分布、交流电源相电压的波动,以及用激光测量某桥梁长度等。

对正态分布曲线进行分析,可以发现有如下规律:

(1)有界性:在一定的条件下,随机误差的测量结果 x_i 有一定的分布范围,超过这个范围的可能性非常小。当某一次测量结果的误差超过一定的界限后,即可认为该误差属于粗大误差,应予以剔除。

(2)对称性:x_i 对称地分布于图中的算术平均值 $\bar{x}$ 两侧,当测量次数增多后,$\bar{x}$ 两侧的误差相互抵消。

(3)集中性:绝对值小的误差比绝对值大的误差出现的次数多,因此测量值集中分布于算术

平均值 $\bar{x}$ 附近。人们常将剔除粗大误差后的 $\bar{x}$ 值看成测量值的最近似值。

$$\bar{x} = \frac{1}{n}\sum_{i=1}^{n} x_i = \frac{x_1 + x_2 + x_3 + \cdots + x_n}{n}。 \tag{3-5}$$

3.2.3　静态误差和动态误差

1. 静态误差

在被测量不随时间变化时,所产生的误差称为静态误差。前面讨论的误差多属于静态误差。

2. 动态误差

当被测量随时间迅速变化时,系统的输出量在时间上不能与被测量的变化精确吻合,这种误差称为动态误差。例如,被测水温突然上升到 100℃,玻璃水银温度计的水银柱不可能立即上升到 100℃。如果此时就记录读数,必然产生误差。

引起动态误差的原因很多。例如,用笔式记录仪记录心电图时,由于记录笔有的惯性较大,所以记录的结果在时间上滞后于心电的变化,有可能记录不到特别尖锐的窄脉肿。又如,用放大器放大含有大量高次谐波的周期信号(例如很窄的矩形波)时,由于放大器频响及电压上升率不够,故造成高频段的放大倍数小于低频段,最后在示波器上看到的失真严重,产生误差。从图 3-6 可以看出,用不同规格的心电图仪测量同一个人的心电时,由于其中一台放大器的带宽不够,动态误差较大,描绘出的窄脉冲幅度偏小。

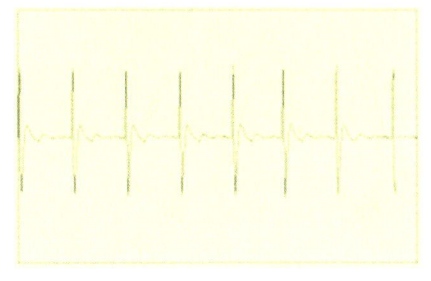　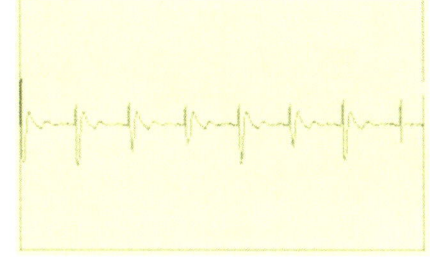

(a)动态误差较小的心电图仪测量结果　　　　(b)动态误差较大的心电图仪测量结果

图 3-6　用不同规格心电图仪测量的结果曲线

静态测量一般要求仪器的带宽从 0Hz(直流)至 10Hz。而动态测量要求带宽超过 10kHz。这就要求采用高速运算放大器,并尽量减小电路的时间常数。

对用于动态测量、带有机械结构的仪表而言,应尽量减小机械惯性,提高机械结构的谐振频率,尽可能真实地反映被测量的迅速变化。

3.3　传感器及其基本特性

教学视频

3.3.1　传感器的定义及组成

传感器是一种检测装置,能感受到被测量的信息,并能将检测感受到的信息,按一定规律变换成为电信号或其他所需形式的信息输出,以满足信息的传输、处理、存储、显示、记录和控制等要求,它是实现自动检测和自动控制的首要环节,有时也可以称为换能器、检测器、探头等。常用传感器的输出信号多为易于处理的电量,如电压、电流、频率和数字信号等。

传感器由敏感元件、传感元件及测量转换电路三部分组成,如图 3-7 所示。

```
非电量 → [敏感元件] → 非电量 → [传感元件] → 电参量 → [测量转换电路] → 电量
```

图 3-7 传感器组成框图

图 3-7 中,敏感元件是在传感器中直接感受被测量的元件,被测量元件通过传感器的敏感元件转换成与被测量元件有确定关系、更易于转换的非电量。这一非电量通过传感元件后就被转换成电参量。测量转换电路的作用是将传感元件输出的电参量转换成易于处理的电压、电流或频率。应该指出,不是所有的传感器都有敏感、传感元件之分,有些传感器是将两者合二为一的。

图 3-8 所示为测量压力用的电位器式压力传感器结构简图。当被测压力 p 增大时,弹簧管撑直,通过齿条带动齿轮转动,从而带动电位器的电刷产生角位移。电位器电阻的变化量反映被测压力 p 值的变化。在这个传感器中,弹簧管为敏感元件,它将压力转换成角位移。电位器为传感元件,它将角位移转换为电阻的变化。当电位器的两端加上电源后,电位器就组成分压比电路,它的输出量是与压力成一定关系的电压 U_o。在这个例子中,电位器又属于分压比式测量转换电路。

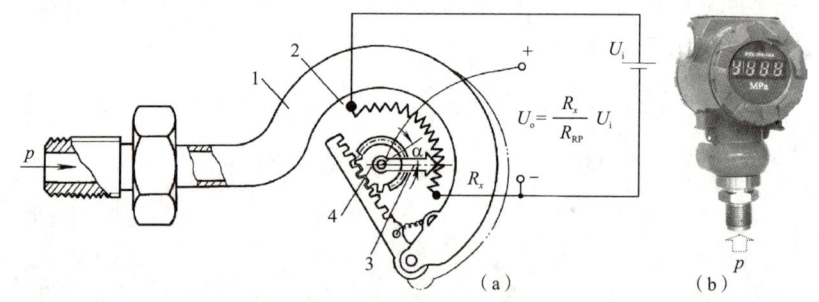

1—弹簧管(敏感元件) 2—电位器(传感元件、测量转换电路) 3—电刷 4—传动机构(齿轮—齿条)

图 3-8 电位器式压力传感器结构示意图

综合上述工作原理,可将图 3-7 方框中的内容具体化,如图 3-9 所示。

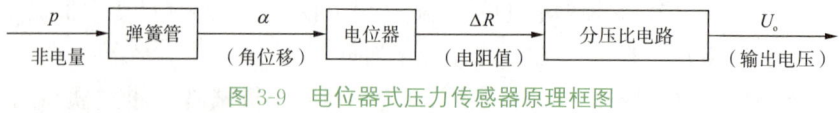

图 3-9 电位器式压力传感器原理框图

3.3.2 传感器的分类

传感器的种类名目繁多,分类不尽相同。常用的分类方法有:

(1)按被测量分类。

可分为位移、力、力矩、转速、振动、加速度、温度、压力、流量、流速等传感器。

(2)按测量原理分类。

可分为电阻、电容、电感、电涡流、光栅、热电偶、超声波、激光、红外、光导纤维、数字式等传感器。本教材所讲授的传感器主要按测量原理进行分类。

(3)按传感器输出信号性质分类。

可分为输出开关量的开关型传感器、输出为模拟量的模拟型传感器、输出为脉冲或代码的数字型传感器。

考虑到某些物理量(例如流量、振动等)的测量可以采用多种不同的测量原理来测量,所以在后续相关模块中将集中论述某一物理量的多种测量方法。

3.3.3　传感器的基本特性

传感器的特性一般指输入、输出特性,有静态、动态之分。传感器动态特性的研究方法可参考控制论相关内容,下面仅介绍其静态特性的一些指标。

1. 灵敏度

灵敏度是指传感器在稳态下输出变化值与输入变化值之比,用 K 表示,即

$$K = \frac{\mathrm{d}y}{\mathrm{d}x} \approx \frac{\Delta y}{\Delta x} \tag{3-6}$$

式中,Δx 为输入量的变化值,Δy 为输出量的变化值。

对线性传感器而言,灵敏度为一常数;对非线性传感器而言,灵敏度随输入量的变化而变化。从输出曲线看,曲线越陡,灵敏度越高。可以通过作该曲线的切线的方法(作图法)求得曲线上任一点的灵敏度,曲线上某一点的斜率越大,则该点的灵敏度也越高。

2. 分辨力

分辨力是指传感器能检出被测信号的最小变化量 $\Delta_{\min}$,是具有量纲的数。当被测量变化小于分辨力时,传感器对输入量的变化无任何反应。对数字仪表而言,如果没有其他附加说明,一般可以认为该表的最后一位所表示的数值就是它的分辨力。一般来说,分辨力的数值小于仪表的最大绝对误差。例如,某数字式温度计的分辨力为 0.1 ℃,若该仪表的精度为 1.0 级,则最大绝对误差将达到 ±2.0 ℃,比分辨力大得多。但是若没有其他附加说明,有时也可以认为分辨力就等于它的最大绝对误差。将分辨力除以仪表的满度量程就是仪表的分辨率,它常以百分比或几分之一表示,是量纲为 1 的数。

3. 线性度

线性度又称非线性误差,是指传感器实际特性曲线与拟合直线(有时也称理论直线)之间的最大偏差与传感器量程范围内的输出之百分比。它可用下式表示,且多取正值。

$$\gamma_L = \frac{\Delta_{L\max}}{y_{\max} - y_{\min}} \times 100\% \tag{3-7}$$

式中,$\Delta_{L\max}$ 为最大非线性误差,$y_{\max} - y_{\min}$ 为输出范围值。

设计者和使用者总是希望非线性误差越小越好,即希望仪表的静态特性接近于直线,这是因为线性仪表的刻度是均匀的,容易标定,不容易引起读数误差。现在多采用计算机来纠正检测系统的非线性误差。

大多数传感器的输出多为非线性,直接用一次函数拟合的结果将产生较大的误差,目前多采用计算机进行曲线拟合。例如,可用 MATLAB 求得近似函数关系式,使该函数曲线近似通过传感器所给出的有限序列资料点。

4. 稳定性

稳定性包含稳定度(Stability)和环境影响量(Influence Quantity)两个方面。稳定度是指仪表在所有条件都恒定不变的情况下,在规定的时间内能维持其示值不变的能力。稳定度一般

以仪表的示值变化量和时间的长短之比来表示。例如,某仪表输出电压值在 8h 内的最大变化量为 1.3mV,则表示为 1.3mV/8h。

环境影响量仅指由外界环境变化而引起的示值变化量。示值的变化由两个因素构成,一是零漂,二是灵敏度漂移。零漂是指原先已调零的仪表在受外界环境影响后,输出不再等于零,有一定的漂移。

零漂在测量前是可以发现的,并且可以用重新调零的办法来克服。但是在不间断测量过程中,零漂附加在仪表输出读数上,因此是无法发现的。带微机的智能化仪表通过软件可以定时地将输入信号暂时切断,测出此时的零漂,并存放在存储器中。在恢复正常测量后,将测量值减掉零漂值就相当于重新调零,称为软件调零。

造成环境影响量的因素有温度、湿度、气压、电源电压、电源频率等。在这些因素中,温度变化对仪表的影响最难克服,必须予以特别重视。

表示环境量时,必须同时写出示值偏差及造成这一偏差的影响因素,例如,$0.1\mu A/(U\pm 5\%U)$ 表示电源电压变化 $\pm 5\%$ 时,将引起示值变化 $0.1\mu A$。又如,$0.2mV/\text{℃}$ 表示环境温度每变化 1℃ 将引起示值变化 $0.2mV$。

5. 电磁兼容性

电磁兼容是指电子设备在规定的电磁干扰环境中能按照原设计要求正常工作的能力,而且也不向处于同一环境中的其他设备释放超过允许范围的电磁干扰。

随着科学技术、生产力的发展,高频、宽带、大功率的电器设备几乎遍布地球的所有角落,随之而来的电磁干扰也越来越严重地影响检测系统的正常工作。轻则引起测量数据上下跳动;重则造成检测系统内部逻辑混乱、系统瘫痪,甚至烧毁电子线路。因此抗电磁干扰技术就显得越来越重要。20 世纪 70 年代以来,越来越强调电子设备、检测、控制系统的电磁兼容性。

对检测系统来说,主要考虑在恶劣的电磁干扰环境中,系统必须能正常工作,并能取得精度等级范围内的正确测量结果。具体的抗电磁干扰、提高电磁兼容能力的方法将在后续内容中介绍。

6. 可靠性

可靠性是反映检测系统在规定的条件下,在规定的时间内是否耐用的一种综合性的质量指标。

常用的可靠性指标有以下几种:

(1)故障平均间隔时间(MTBF)指两次故障间隔的时间。

(2)平均修复时间(MITTR)指排除故障所花费的时间。

(3)故障率或失效率(λ)的变化大体可分成三个阶段:

第一,初期失效期。这期间开始阶段故障率很高,失效的可能性很大,但随着使用时间的增加而迅速降低。故障的主要原因是设计或制造上有缺陷,所以应尽量在使用前期予以暴露并消除。有时为了加速度过这一危险期,在检测系统通电情况下,会对设备进行"老化"试验。老化之后的系统在现场使用时故障率会大为降低。高低温循环老化室如图 3-10 所示。

第二,偶然失效期。这期间的故障率较低,是构成检测系统使用寿命的主要部分。

第三,衰老失效期。这期间的故障率随时间的增加而迅速增大,设备经常损坏和维修。原因是元器件老化,随时都有可能损坏。因此有的使用部门规定系统超过使用寿命,即使还未发生故障也应及时退休,以免造成更大的损失。

图 3-10 高低温循环老化室

3.3.4 传感器的选用

由于传感器在原理与结构上千差万别，即使是测量同一物理量，也有多种原理的传感器可供选用。如何合理选用传感器，是应用时首先要解决的问题。一般，传感器的选择应根据测量对象与测量环境，从测试条件与目的、传感器的性能指标、传感器的使用条件、数据采集和辅助设备配套情况，以及价格、备件和售后服务等多种因素综合考虑。

总的传感器选用原则是：在满足检测系统对传感器所有要求的情况下，价格低廉、工作可靠、容易维修。在具体选用传感器时，可按下列步骤进行：

(1)按被测量的性质，从典型应用中可以初步确定几种可供选用的传感器的类别。

(2)按被测量的范围、性质、精度要求、环境要求确定传感器类别。

(3)借助传感器的产品目录、技术说明书、选型样本，最后查出传感器的规格、型号和尺寸。

以上步骤仅供广大读者对一般常用传感器选择时参考。

在现代社会，传感器得到了广泛应用。各类传感器性能技术指标很多，如果要求一个传感器具有全面良好的性能指标，不仅可能给设计、制造带来困难，在实际应用中也没有必要。因此应根据实际需要与要求，在确保主要指标实现的基础上，放宽对次要指标的要求，以达到较高的性价比。

章节习题

1. 单项选择题：

(1)某压力仪表厂生产的压力表满度相对误差均控制在 0.4%～0.6%，该压力表的精度等级应定为(　　)级。另一家仪器厂需要购买压力表，希望压力表的满度相对误差小于 0.9%，应购买(　　)级的压力表。

A. 0.2　　　　　　B. 0.5　　　　　　C. 1.0　　　　　　D. 1.5

(2)某采购员分别在三家商店购买 100kg 大米、10kg 苹果、1kg 巧克力，发现均缺少约 0.5kg，但该采购员对卖巧克力的商店意见最大。在这个例子中，产生此心理作用的主要因素是(　　)。

A. 绝对误差　　　　B. 示值相对误差　　　　C. 满度相对误差　　　　D. 精度等级

(3)在选购线性仪表时，必须在同一系列的仪表中选择适当的量程。这时必须考虑到应尽量使选购的仪表量程为欲测量的(　　)左右为宜。

A. 3 倍　　　　　　　B. 10 倍　　　　　　C. 1.5 倍　　　　　　D. 0.75 倍

(4)用万用表交流电压档(频率上限仅为 5kHz)测量频率高达 500kHz、10V 左右的高频电压,发现示值还不到 2V,该误差属于(　　)。用该表直流电压档测量 5 号干电池电压,发现每次示值均为 1.8V,该误差属于(　　)。

A. 系统误差　　　　　B. 粗大误差　　　　　C. 随机误差　　　　　D. 动态误差

(5)重要场合使用的元器件或仪表,购入后需进行高低温循环老化试验,其目的是(　　)。

A. 提高精度　　　　　　　　　　　　　　B. 加速其衰老

C. 测试其各项性能指标　　　　　　　　　D. 提高可靠性

2. 各举出两个非电量电测的例子来说明:

(1)静态测量;(2)动态测量;(3)直接测量;(4)间接测量;(5)接触式测量;(6)非接触式测量;(7)在线测量;(8)离线测量。

3. 有一温度计,它的测量范围为 0～200℃,精度为 0.5 级,试求:

(1)该表可能出现的最大绝对误差。

(2)当示值为 20℃时的示值相对误差和 100℃时的示值相对误差。

4. 欲测 240V 左右的电压,要求测量示值相对误差的绝对值不大于 0.6%,问:

(1)若选用量程为 250V 的电压表,其精度应选哪一级?

(2)若选用量程为 300V 和量程为 500V 的电压表,其精度应选哪一级?

5. 已知待测拉力约为 70N 左右。现有两只测力仪表:一只为 0.5 级,测量范围为 0～500N;另一只为 1.0 级,测量范围为 0～100N。问选用哪一只测力仪表较好?

扩展阅读

国之砝码

装备核心技术是王道。实现技术突破,才有讨价还价的资格,才能勇敢地说不。从百万吨乙烯工程到高端数控机床,再到工程机械的全面超越,国际垄断被一一冲破。

2009 年,沈鼓集团自主研制的我国首台百万吨乙烯装置的心脏——裂解气压缩机组试车成功。这标志着国家重大化工项目的核心主机从此实现自主独立制造,进口产品的价格被迫下降一半,价格的国家砝码越来越重。

大连光洋集团承担了国家的重大专项研制任务,走上了自我研制高端精密数控机床的艰难历程,打破了国外对精密机床出口中国的控制。目前,其面积 12000 余平方米的"地下工厂"已经封顶,成功离他们越来越近。

从 50 吨到 1200 吨全地面起重机,再到 3600 吨履带式起重机,徐工集团在不断超越。2019 年,徐工收购了德国的一家生产活塞的企业,受制于日本企业的活塞产品将实现自给,这将使工程机械上的部分核心部件掌握在自己手中。国际竞争力的砝码将徐工高高托起。

模块 4　电阻式传感器

学习目标

知识目标

1. 掌握电阻式应变传感器的结构和原理。

2. 了解电阻式传感器的几种测量转换电路。

3. 了解其他类型的电阻式传感器的工作原理。

4. 掌握各类电阻式传感器的典型应用。

能力目标

1. 能选用合适的电阻应变片测量应变。

2. 能正确选用热敏电阻式温度传感器测量温度。

3. 能正确选用气敏电阻式传感器进行气体成分检测。

4. 能使用湿敏电阻式传感器检测湿度。

电阻式传感器种类繁多,应用的领域也十分广泛。它们的基本原理都是将各种被测非电量转换成电阻的变化量,然后通过对电阻变化量的测量,达到非电量检测的目的。本模块研究的电阻式传感器内容有电阻应变片、热敏电阻、气敏电阻及湿敏电阻等。利用电阻式传感器可以测量应变、应力、荷重、加速度、压力、转矩、温度、湿度、气体成分及浓度等。

4.1　电阻应变传感器

教学视频

早在 1856 年,英国的 W. Thomson 在铺设海底电缆时就发现,电缆的电阻值由于拉伸而增加,继而对铜丝和铁丝进行拉伸实验,得出结论:金属丝的电阻与其应变呈函数关系。1938 年,美国的 E. Simmons 和 A. Ruge 研制出了纸基丝式电阻应变片;1952 年,英国学者研制出了箔式应变片;1957 年,贝尔电话实验室的研究人员研制出了第一批半导体应变片,并利用应变片制作了各种传感器,用它们可测量压力、应力、应变、荷重和加速度等物理量。现在,各种电阻应变片和应变传感器的品种规格已达数万种之多。

这里也可以做这样一个较简单的实验:取一根细电阻丝,两端接上一台高精度的数字式欧姆表(分辨率为 1/1999),记下其初始阻值。当我们用力将该电阻丝拉长时,会发现其阻值略有增加。测量应力、应变、压力的传感器就是利用类似的原理制作的。

电阻式应变传感器主要由电阻应变片及测量转换电路等组成。图 4-1 所示的是电阻丝应变片结构示意图。它是用直径为 0.025mm 左右的具有高电阻率的电阻丝制成的。为了获得高的电阻值,电阻丝排列成栅网,并粘贴在绝缘基片上,线栅上面粘贴有覆盖层(保护用),电阻丝两端焊有引出线。图中 l 称为应变片的标距或工作基长,b 称为应变片基宽。$b \times l$ 为应变片的有效使用面积。应变片规格一般用有效使用面积以及电阻值来表示,例如,$(3 \times 10)\text{mm}^2$、350Ω 等。

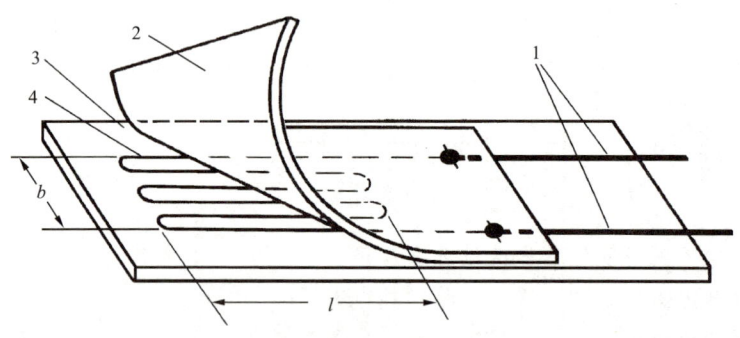

1—引出线　2—覆盖层　3—基底　4—电阻丝

图 4-1　电阻丝应变片结构示意图

用应变片测试应变时,将应变片粘贴在试件表面。当试件受力变形后,应变片上的电阻丝也随之变形,从而使应变片电阻值发生变化,通过测量转换电路最终转换成电压或电流的变化。

应变片具有体积小、价格便宜、准确度高、频率响应好等优点,广泛应用于工程测量及科学实验中。

4.1.1　工作原理

导体或半导体材料在外界力的作用下,会产生机械变形,其电阻值也随之发生变化,这种现象称为应变效应。下面我们以金属丝应变片为例分析这种效应。

设有一长度为 l、截面积为 A、半径为 r、电阻率为 ρ 的金属单丝,它的电阻值 R 可表示为

$$R = \rho \frac{l}{A} = \rho \frac{l}{\pi r^2}$$

如图 4-2 所示,当金属丝拉伸时,l 将变长、r 变小,均会导致 R 变大;当某些半导体材料拉伸时,ρ 将变大,导致 R 变大。

实验证明,电阻丝及应变片的电阻相对变化量 $\Delta R/R$ 与材料力学中的轴向应变 ε_x 的关系

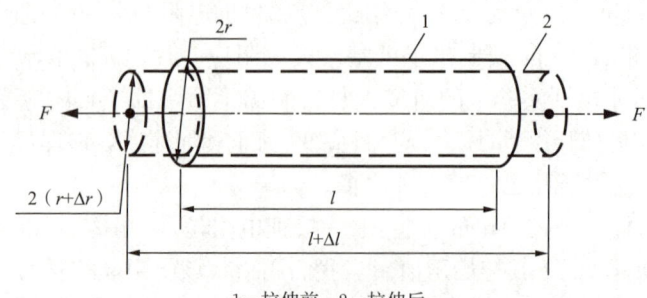

1—拉伸前　2—拉伸后

图 4-2　金属丝的拉伸变形

在很大范围内是线性的,即

$$\frac{\Delta R}{R} = K\varepsilon_r \tag{4-1}$$

式中 K 为电阻应变片的灵敏度。

对于不同的金属材料,K 值略有不同,一般为 2 左右。对半导体材料而言,由于其感受到应变时,电阻率 ρ 会产生很大的变化,所以灵敏度比金属材料大几十倍。

在材料力学中,$\varepsilon_r = \Delta l / l$ 称为电阻丝的轴向应变,也称纵向应变,是量纲为 1 的数。ε_r 通常很小,常用 10^{-6} 表示。当 ε_r 为 0.000001 时,在工程中常表示为 1×10^{-6} 或 $\mu m/m$,在应变测量中,也常将之称为微应变($\mu\varepsilon$)。

对金属材料而言,当它受力之后所产生的轴向应变最好不要大于 $1000\mu\varepsilon$,否则有可能超过材料的极限强度而导致断裂。

由材料力学可知,$\varepsilon_r = F/AE$,所以 $\Delta R/R$ 又可表示为

$$\frac{\Delta R}{R} = K\frac{F}{AE} \tag{4-2}$$

如果应变片的灵敏度 K 和试件的横截面积 A 以及弹性模量 E 均已知,则只要设法测出 $\Delta R/R$ 的数值,即可获得试件受力 F 的大小。

4.1.2 应变片类型与粘贴

1. 应变片的类型与结构

应变片可分为金属应变片及半导体应变片两大类。前者又可分为金属丝式、箔式、薄膜式三种。

(1)金属应变片。

金属丝式应变片使用最早,有纸基、胶基之分。由于金属丝式应变片蠕变较大,金属丝易脱胶,有逐渐被箔式所取代的趋势。但其价格便宜,多用于要求不高的应变、应力的大批量、一次性试验,如图 4-3(a)所示。

金属箔式应变片中的箔栅是金属箔通过光刻、腐蚀等工艺制成的。箔的材料多为电阻率高、热稳定性好的铜镍合金(康铜)。箔的厚度一般为 $0.001 \sim 0.05$mm,箔栅的尺寸、形状可以按使用者的需要制作。图 4-3(b)就是其中的一种。由于金属箔式应变片与片基的接触面积比丝式大得多,所以散热条件较好,可允许流过较大的电流,而且在长时间测量时的蠕变也较小。箔式应变片的一致性较好,适合于大批量生产,目前广泛用于各种应变式传感器的制造中。

在制造工艺上,还可以对金属箔式应变片进行适当的热处理,使它的膨胀系数、电阻温度系

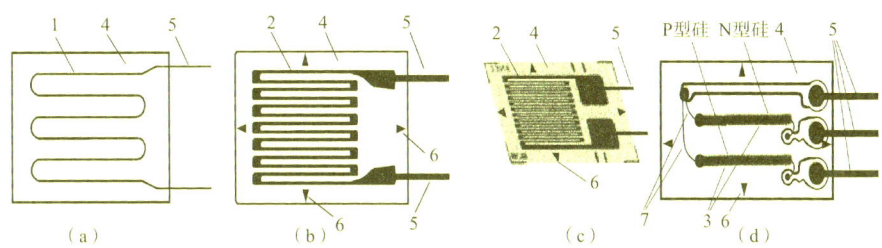

1—电阻丝　2—金属箔　3—半导体　4—基片　5—引脚　6—定位标记　7—金丝

图 4-3　几种不同类型的电阻应变片

数以及被粘贴的试件的膨胀系数三者相互抵消,从而将温度影响减小到最小的程度。目前,利用这种方法已可使应变式传感器成品在整个使用温度范围内的温漂小于万分之几。

金属薄膜式应变片主要是采用真空蒸镀技术,在薄的绝缘基片上蒸镀上金属材料薄膜,最后加保护层形成的,如图 4-3(c)所示。它是近年来薄膜技术发展的产物。

(2)半导体应变片。

半导体应变片是用半导体材料做敏感栅而制成的。当它受力时,电阻率随应力的变化而变化。它的主要优点是灵敏度高(灵敏度比金属丝式、箔式大几十倍),主要缺点是灵敏度的一致性差、温漂大、电阻与应变间非线性严重。在使用时,需采用温度补偿及非线性补偿措施。图4-3(d)中 N 型和 P 型半导体在受到拉力时,一个电阻值增大,另一个减小,可构成双臂半桥,同时又具有温度自补偿功能。

2. 应变片的粘贴

应变片是通过黏合剂粘贴到试件上的,黏合剂的种类很多,选用时要根据基片材料、工作温度、潮湿程度、稳定性、是否加温加压、粘贴时间等多种因素合理选择黏合剂。

应变片的粘贴质量直接影响应变测量的准确度,必须十分注意。应变片的粘贴工艺包括试件贴片处的表面处理,贴片位置的确定,应变片的粘贴、固化,引出线的焊接及保护处理等,如图4-4 所示。现将粘贴工艺简述如下:

(1)试件的表面处理。

为了保证一定的黏合强度,必须将试件表面处理干净,清除杂质、油污及表面氧化层等。粘贴表面应保持平整,表面光滑。最好在表面打光后,采用喷砂处理。面积约为应变片的 3～5 倍。

(2)确定贴片位置。

在应变片上标出敏感栅的纵、横向中心线,在试件上按照测量要求画出中心线。精密的可以用光学投影方法来确定贴片位置。

(3)粘贴。

首先用甲苯、四氢化碳等溶剂清洗试件表面。如果条件允许,也可采用超声清洗。应变片的底面也要用溶剂清洗干净,然后在试件表面和应变片的底面各涂一层薄而均匀的胶水。贴片后,在应变片上盖上一张聚乙烯塑料薄膜并加压,将多余的胶水和气泡排出。加压时要注意防止应变片错位。

(4)固化。

应变片贴好后,根据所使用的黏合剂的固化工艺要求进行固化处理和时效处理。

(5)粘贴质量检查。

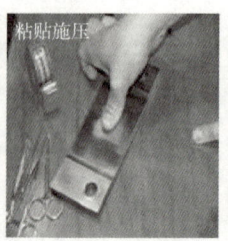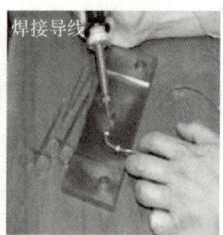

图 4-4 电阻应变片的粘贴

检查粘贴位置是否正确,黏合层是否有气泡和漏贴,敏感栅是否有短路或断路现象,以及敏感栅的绝缘性能等。

(6)引线的焊接与防护。

检查合格后即可焊接引出线。引出导线要用柔软、不易老化的胶合物适当地加以固定,以防止导线摆动时折断应变片的引线。然后在应变片上涂一层柔软的防护层,以防止大气对应变片的侵蚀,保证应变片长期工作的稳定性。

4.1.3　测量转换电路

金属应变片的电阻变化范围很小,如果直接用欧姆表测量其电阻值的变化将十分困难且误差很大,这从下面的运算结果就可看出来。

例 4-1　有一金属箔式应变片,标称阻值 R_0 为 100Ω,灵敏度 $K=2$,粘贴在横截面积为 9.8mm^2 的钢质圆柱体上,钢的弹性模量 $E=2\times10^{11}\text{N/m}^2$,钢圆柱所受拉力 $F=0.2\text{t}$,求受拉后应变片的阻值 R。

解　钢圆柱体的轴向应变

$$\varepsilon_x=\frac{F}{AE}=\frac{0.2\times10^3}{9.8\times10^{-6}\times2\times10^{11}}=0.001\text{m/m}=1000\mu\text{m/m}$$

通常情况下,可以认为粘贴在试件上的应变片的应变约等于试件上的应变,就有

$$\frac{\Delta R}{R}=K\varepsilon_x=2\times0.001=0.002$$

应变片电阻的变化量

$$\Delta R=R_0\times0.002=(100\times0.002)\Omega=0.2\Omega$$

由于应变片受到拉伸,所以电阻值比标称阻值增加了 ΔR。受拉力后的阻值 R 为

$$R=R_0+\Delta R=(100+0.2)\Omega=100.2\Omega$$

直接用仪表测量很难观察到这 0.2Ω 的变化,所以必须使用不平衡电桥来测量这一微小的变化量。下面简单分析桥式测量转换电路是如何将电阻的变化量转换为输出电压的。

图 4-5 称为桥式测量转换电路。电桥的一条对角线结点接入电源电压 U_i,另一条对角线结点为输出电压 U_o。为了使电桥在测量前的输出电压为 0,应该选择四个桥臂电阻,使 $R_1R_3=R_2R_4$ 或 $R_1/R_2=R_1/R_3$,这就是电桥平衡的条件。

当每个桥臂电阻变化值 ΔR 远远小于 R,且电桥输出端的负载电阻为无限大、全等臂形式工作,即 $R_1=R_2=R_3=R_4$(初始值)时,电桥输出电压可用下式近似表示:

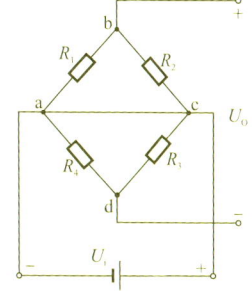

图 4-5　基本应变桥路

$$U_o=\frac{U_i}{4}\left(\frac{\Delta R_1}{R_1}-\frac{\Delta R_2}{R_2}+\frac{\Delta R_3}{R_3}-\frac{\Delta R_4}{R_4}\right) \qquad (4\text{-}3)$$

由于 $\Delta R/R=K\varepsilon_x$,当各桥臂应变片灵敏度 K 都相同时,有

$$U_o=\frac{U_i}{4}K(\varepsilon_1-\varepsilon_2+\varepsilon_3-\varepsilon_4) \qquad (4\text{-}4)$$

根据不同的工作要求,应变电桥有不同的工作方式。

单臂半桥工作方式如图 4-6 所示,即 R_1 为应变片,R_2、R_3、R_4 为固定电阻,$\Delta R_2 \sim \Delta R_4$ 均为零;双臂半桥工作方式如图 4-7 所示,R_1、R_2 为应变片,R_3、R_4 为固定电阻,$\Delta R_3 = \Delta R_4 = 0$;四臂全桥工作方式即电桥的四个桥臂都为应变片,如图 4-8 所示。上面讨论的三种工作方式中各桥臂的应变可以是试件的拉应变,也可以是试件的压应变,取决于应变片的粘贴方向和受力方向。若是拉应变,ε 应以正值代入;若是压应变,应以负值代入。

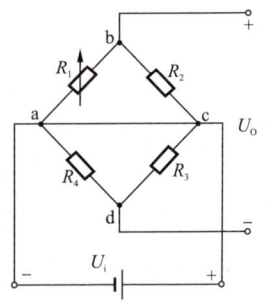

图 4-6　单臂半桥电路

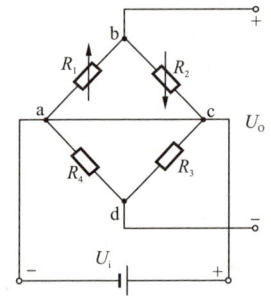

图 4-7　双臂半桥电路

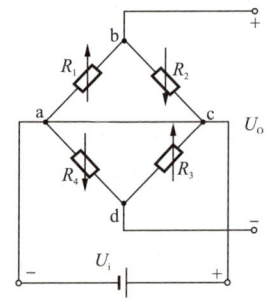

图 4-8　四臂全桥电路

如果设法使试件受力后,应变片 $R_1 \sim R_4$ 产生的电阻增量(或感受到的应变 $\varepsilon_1 \sim \varepsilon_4$)正负号相间,就可以使输出电压 U_o 成倍地增大。上述三种工作方式中,四臂全桥工作方式的灵敏度最高,双臂半桥次之,单臂半桥灵敏度最低。

采用双臂半桥或全桥的另一个好处是,能实现温度自动补偿的功能。当环境温度升高时,桥臂上的应变片温度同时升高,温度引起的电阻值漂移数值一致,可以相互抵消,所以这两种桥路的温漂较小。

实际使用中,R_1、R_2、R_3、R_4 不可能严格地成比例关系,所以即使在未受力时,桥路的输出也不一定能为零,因此必须设置调零电路,如图 4-9 所示。调节电位器 RP 最终可以使 $R_1'/R_2' = R_4/R_3$,电桥趋于平衡,U_o 被预调到零位,这过程称为调零。图中的 R_5 是用于减小调节范围的限流电阻。上述的调零方法在电子秤等仪器中被广泛使用。

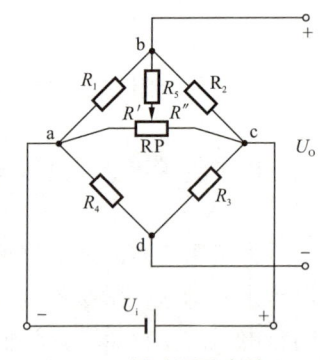

图 4-9　桥路调零电路

4.1.4　应变效应的应用

应变效应的应用十分广泛。它除了可以测量应变外,还可测量应力、弯矩、扭矩、加速度、位移等物理量。电阻应变片的应用可分为两大类。第一类是将应变片粘贴于某些弹性体上,并将其接到测量转换电路,这样就构成测量各种物理量的专用应变式传感器。由前面的学习内容可知,传感器由敏感元件、传感元件、测量转换电路组成。在应变式传感器中,敏感元件一般为各种弹性体,传感元件就是应变片,测量转换电路一般为桥路。第二类是将应变片贴于被测试件上,然后将其接到应变仪上就可直接从应变仪上读取被测试件的应变量。下面按应变式传感器和应变仪测量两大类分别介绍它的一些应用。

1. 应变式传感器

(1)应变式力传感器。

图 4-10 所示为应变式力传感器的外形结构图。

教学视频

剪应变梁是一端固定、一端自由的弹性敏感元件，它的特点是灵敏度比较高，所以多用于较小力的测量。例如，民用电子秤中就多采用剪应变梁。当力 F 以图 4-11 所示的方向作用于剪应变架的末端时，剪应变梁上产生剪切应变，上表面靠近固定端的 R_1 以及下表面靠近自由端的 R_3 产生拉应变；反之，R_2、R_4 产生压应变，4 个应变片的应变大小相等，符号依次相反，测量电桥的输出与力 F 成正比。

图 4-10　环式应变传感器

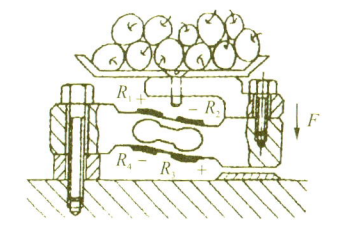

图 4-11　双连孔切变梁式电子秤原理

（2）应变式扭矩（转矩）传感器。

应变式扭矩传感器如图 4-12 所示。应变片粘贴在扭转轴的表面。

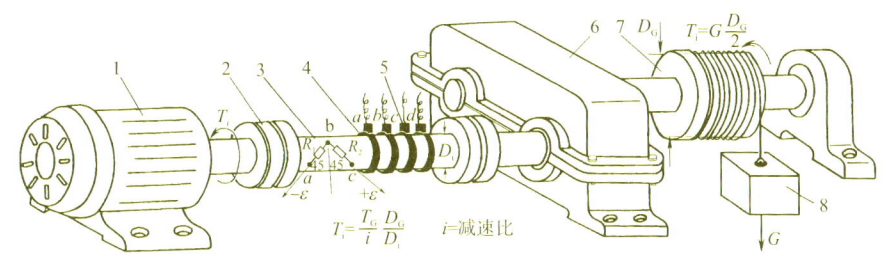

1—电动机　2—联轴器　3—扭转轴　4—信号引出滑环　5—电刷　6—减速器

7—卷扬机　8—重物　T_i—输入力矩　T_G—输出力矩　i—减速比

图 4-12　应变式扭矩传感器

扭转轴是专门用于测量力矩和转矩的弹性敏感元件。力矩 T 等于作用在力臂 l 上的力 F 与力臂 l 的乘积，$T=Fl$。在图 4-12 中，力臂 $l=D/2$，力矩的单位为牛·米（N·m）。使机械部件转动的力矩叫作转动力矩，简称转矩。任何部件在转矩的作用下，必定产生某种程度的扭转变形。因此，习惯上又常把转动力矩叫作扭转力矩，简称扭矩。在试验和检测各类回转机械中，力矩（扭矩）通常是一个重要的必测参数。

在扭矩 T 的作用下，扭转轴的表面将产生拉伸或压缩应变。在轴表面上与轴线成 45°方向上（如图 4-12 中的 ab 方向）的应变与 cb 方向上的应变数值相等，但符号相反。

R_1、R_2 与粘贴在扭转轴背面的 R_3、R_4 组成全桥。桥路的 4 个结点 a、b、c、d 分别通过四个信号集电环和电刷引出。为了克服电刷与集电环的接触电阻造成的误差，可以利用无线电模块将旋转轴的应变测量值传送到扭转轴外面的接收电路，还可以在扭转轴的下方设置两个光电传感器，非接触地测量扭转轴表面相距一定距离的两个点的微小位移。

（3）应变式加速度传感器。

图 4-13 所示为应变式加速度传感器原理图。传感器由质量块、弹性悬臂梁、应变片和基座组成。测量时，将其固定于被测物上。当被测物作水平加速运动时，由于质量块的惯性受到力 $F=ma$ 的作用，悬臂梁发生弯曲变形，通过应变片检测出悬臂梁的应变量，当振动频率小于传

感器的固有振动频率时,悬臂梁的应变量与加速度
成正比。

（4）应变式荷重传感器。

测力和称重传感器有较大一部分采用应变式
荷重传感器,图 4-14 所示为应变式荷重传感器的
结构示意图。应变片粘贴在钢质圆柱（称为等截面
轴,可以是实心圆柱,也可以是空心薄壁圆筒）的表
面。在力的作用下,等截面轴产生应变。R_1、R_3
感受到的应变与等截面轴的轴向应变相同,为压应
变。而 R_2、R_4 沿圆周方向粘贴,根据材料力学和

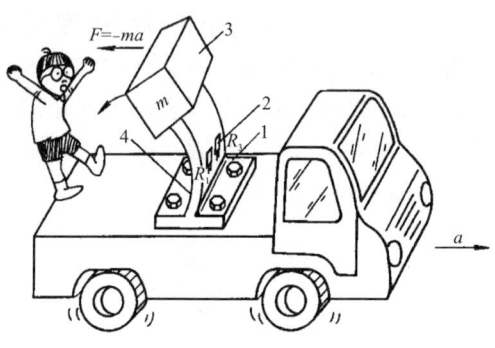

1—基座　2—应变片　3—质量块　4—悬臂梁

图 4-13　应变式加速度传感器工作原理图

日常生活的经验可知,当等截面轴受压时,沿 R_2、
R_4 的方向反而是受拉的,即等截面轴的轴向应变与其径向应变符号相反。R_1、R_2、R_3、R_4 以正
负相间代入计算,可获得较大的输出电压。

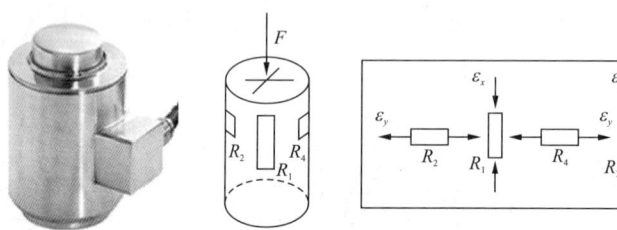

图 4-14　应变式荷重传感器结构示意图

等截面轴的特点是加工方便,但灵敏度（在相同力作用下产生的应变）比悬臂梁低,适用于
载荷较大的场合。空心轴在同样的截面积下,轴的直径可加大,可提高轴的抗弯能力。

当被测力较大时,一般多用钢材制作弹性敏感元件,钢的弹性模量约为 $2 \times 10^{11} \text{N/m}^2$。当
被测力较小时,可用铝合金或铜合金。铝的弹性模量约为 $0.7 \times 10^{11} \text{N/m}^2$。材料越硬,弹性模
量就越小,其灵敏度就越低,能承受的载荷就越大。

荷重传感器的输出电压 U_o 正比于荷重 F。实际运用中,生产厂商一般均给出荷重传感器
的灵敏度 K_F。设荷重传感器的满量程为 F_m,桥路激励电压为 U_i,满量程时的输出电压为
U_{om},则 K_F 被定义为

$$K_F = \frac{U_{om}}{U_i} \qquad (4\text{-}5)$$

K_F 为常数时,桥路所加的激励源电压 U_i 越高,满量程输出电压 U_{om} 也越高。由于 U_o 往
往是 mV 数量级,而 U_i 往往是 V 级（12V 左右）,所以荷重传感器的灵敏度以 mV/V 为单位。
在额定荷重范围内,输出电压 U_o 与被测荷重 F 成正比,所以有

$$\frac{U_o}{U_{om}} = \frac{F}{F_m} \qquad (4\text{-}6)$$

将式（4-5）代入式（4-6）可得在被测荷重为 F 时的输出电压 U_o 为

$$U_o = \frac{F}{F_m} U_{om} = \frac{K_F U_i}{F_m} F \qquad (4\text{-}7)$$

例 4-2　现用图 4-14 所示荷重传感器称重。已知满量程 F_m 是 $100 \times 10^3 \text{N}$,灵敏度 K_F 为

2mV/V,当桥路电压 12V 时,测得桥路输出电压为 8mV,求被测荷重。

解 根据式(4-5)可得 $U_{om} = 24mV$。再根据式(4-7)可得被测荷重为

$$F = \frac{U_o}{U_{om}} F_m = \frac{8 \times 10^{-3}}{2 \times 10^{-3} \times 12} \times 100 \times 10^3 \approx 33333N$$

$$m = F/g = \frac{33333N}{9.8 m/s^2} \approx 3.4t$$

图 4-15 是荷重传感器用于测量汽车质量的示意图。这种测量便于在现场快速称重,如果超载会立刻报警通知,让驾驶员和收费员同时了解测量结果,并通过打印机打印数据。

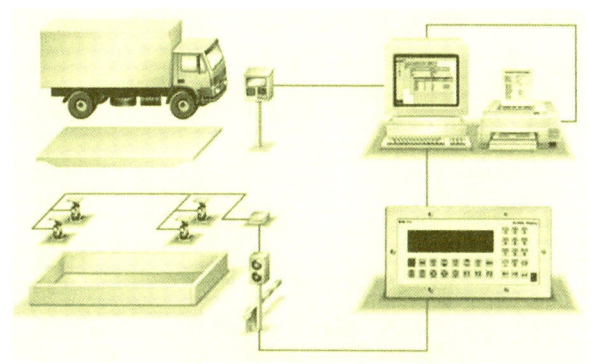

图 4-15 荷重传感器测量车辆质量

荷重传感器用于测量液体质量(液位)的液罐秤的示意图如 4-16 所示。计算机根据荷重传感器的测量结果,通过电动调节阀分别控制 A、B 储液罐的液位,并按一定的比例进行混合。图中每只储液罐共使用四只荷重传感器及四个桥路激励源,四个桥路的输出电压串联起来,总的输出电压与储液罐的质量成正比。要得到液体的实际质量,必须扣除金属罐体的质量。如果罐体内部各高度的截面积已知,还可以根据液体的质量和密度换算出储液罐内的液位。

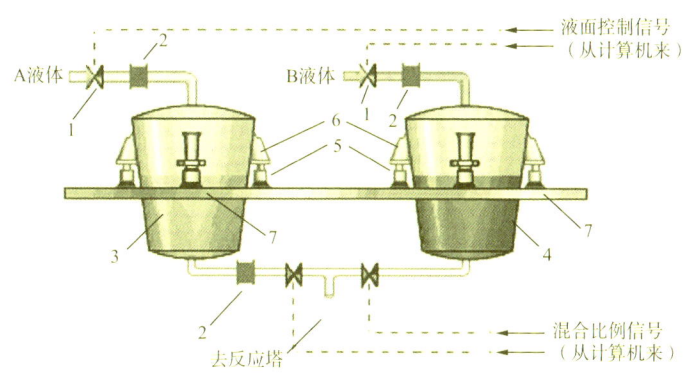

1—电动比例调节阀 2—膨胀节 3—储液罐 A 4—储液罐 B 5—荷重传感器 6—支撑构建 7—支撑平台

图 4-16 荷重传感器测量液体质量

现在较常用的办法是采用一个桥路激励源来激励四个桥路,由四路 A/D 转换器将四个桥路的输出转换为四个数字量,由单片机进行加法运算。

(5)压阻式固态压力传感器。

压阻式固态压力传感器是利用半导体材料的压阻效应和集成电路工艺制成的传感器。由于它没有可动部分,所以有时也称为固态传感器。它在工业中多用于与应变有关的重力、压力、

压差、真空度等物理量的测量。经过适当换算,也可用于液位、流量、加速度、振动等参量的测量。下面主要介绍其在压力(压差)测量中的应用。

压阻式固态压力传感器由外壳、硅膜片和引出线等组成,如图 4-17(a)所示。其核心部分是块方形的硅膜片,如图 4-17(b)所示,在硅膜片上,利用集成电路工艺制作了四个阻值相等的电阻。等截面薄片沿直径方向上各点的径向应变是不同的。图 4-17(b)中的虚线圆内是硅杯承受压力的区域。由于 R_2、R_4 距圆心很近,所以它们感受的应变是正的(拉应变),而 R_1、R_3 处于膜片的边缘区,所以它们的应变是负的(压应变)。四个电阻之间利用面积相对较大、阻值较小的扩散电阻(图中的阴影区)引线连接,构成全桥。硅片的表面用 SiO_2 薄膜加以保护,并用超声波焊上金丝,做全桥的引线。硅膜片底部被加工成中间薄(用于产生应变)、周边厚(起支撑作用)形式,如图 4-17(d)中的杯形,所以也称为硅杯。硅杯在高温下用玻璃黏合剂粘接在热胀冷缩系数相近的玻璃基板上。将硅杯和玻璃基板紧密地安装到图 4-17(a)所示的壳体中,就制成了压力传感器。

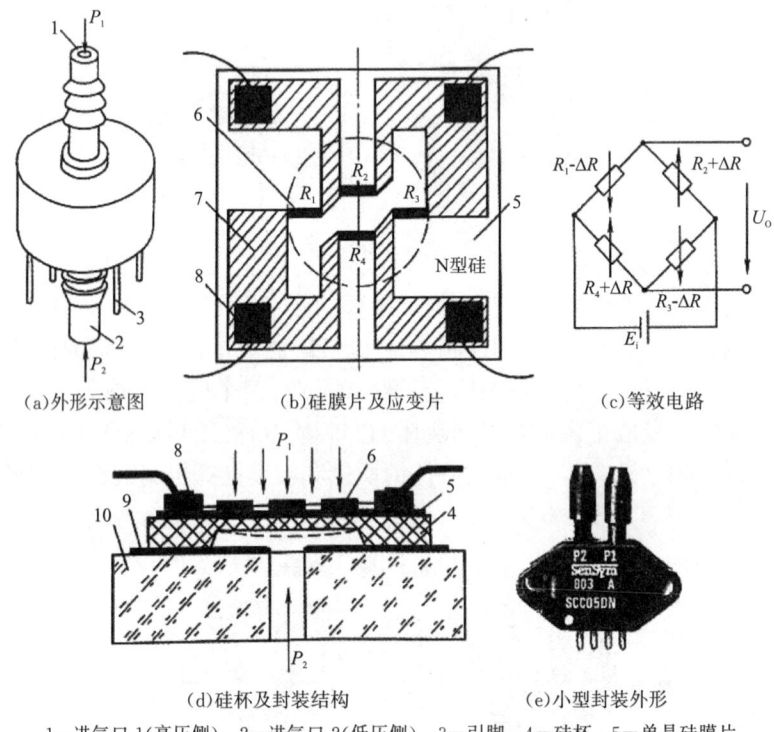

(a)外形示意图 (b)硅膜片及应变片 (c)等效电路

(d)硅杯及封装结构 (e)小型封装外形

1—进气口1(高压侧) 2—进气口2(低压侧) 3—引脚 4—硅杯 5—单晶硅膜片
6—扩散型应变片 7—扩散电阻引线 8—电极及引线 9—玻璃黏结剂 10—玻璃基板

图 4-17 压阻式固态压力传感器

当图 4-17(d)所示的硅杯两侧存在压力差时,硅膜片产生变形,四个应变电阻在应力的作用下,阻值发生变化,电桥失去平衡,输出电压与膜片两侧的压差成正比。当 P_2 进气口向大气敞开时,输出电压对应于"表压"(相对于大气压的压力);当 P_2 进气口封闭并抽真空时,输出电压对应于"绝对压力"。

压阻式固态压力传感器与其他的压力传感器相比有许多突出的优点。由于四个应变电阻是直接制作在同一硅片上的,所以工艺一致性好,灵敏度相等,四个电阻 $R_1 \sim R_4$ 初始值相等,温度引起的电阻值漂移能互相抵消。由于半导体压阻系数很高,所以这种压力传感器的灵敏度较高,输出信号大。又由于硅膜片本身就是很好的弹性元件,而四个扩散型应变电阻又是直接制作在硅片上,所以迟滞、蠕变都非常小,动态响应快。随着半导体技术的发展,还有可能将信号调理电路、温度补偿电路等一起制作在同一硅片上,所以其性能将越来越好。目前,这种体积小、集成度高、性能好的压力传感器在工业中得到越来越广泛的应用。压阻式固态压力传感器的小型封装外形如图4-17(e)所示。

(6)压阻式固态压力传感器在液位测量中的应用。

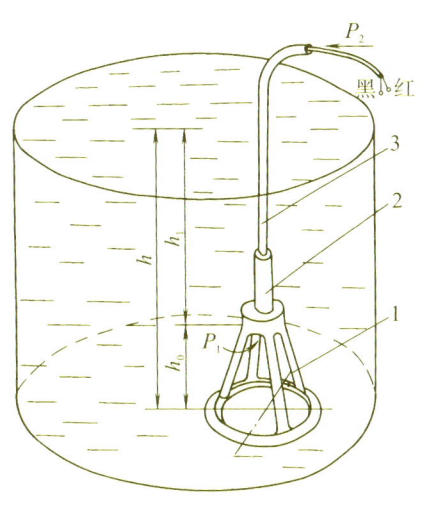

压阻式压力传感器体积小、结构简单、灵敏度高,将其倒置于液体底部时,可以测出液体液位。这种形式的液位计称为投入式液位计。图4-18是投入式压阻液位计的使用示意图。

压阻式压力传感器安装在不锈钢壳体内,并用不锈钢支架固定置于液体底部。传感器的高压侧 P_1 的进气孔(用柔性不锈钢隔离膜片隔离,用硅油传导压力)与液体相通。安装高度 h_0 处的水的表压 $P_1=\rho g h_1$,式中 ρ 为液体密度,g 为重力加速度。传感器的低压侧进气孔通过一根很长的橡胶"背压管"与大气相通,传感器的信号线、电源线也通过该"背压管"与外界的仪表接口相连接。被测液外 h 可由下式得到:

$$h=h_0+h_1=h_0+P_1/\rho g \quad (4\text{-}8)$$

1—支架　2—压阻式压力传感器壳体　3—背压管
图 4-18　投入式压阻液位计使用示意图

这种投入式液位计安装方便,可用于水库、水池、深井、水罐或者油罐的液位测量,适应于深度为几米至几十米,且混有大量污物、杂质的水或其他液体的液位测量。

压阻式压力传感器的用途还有许多,例如在汽车中,可用压阻式压力传感器来测量进气压力、燃油压力、润滑油压力以及刹车用的制动液压力等。

2. 电阻式应变仪

电阻式应变仪是专门用于测量电阻应变片应变量的仪器。当被测量是被测试件的应变、应力等物理量时,可以将应变片粘贴在被测物的被测点上,然后用线将其接到应变仪的接线端子上。读取应变仪的读数,就可以直接得到被测点的应变,经过适当换算,还可以得到应力等参数。

(1)电阻式应变仪的组成。

电阻式应变仪主要由电桥和桥路电源、放大器、显示器等组成。从应变仪内部的放大器工作原理来看,应变仪可分为直流放大式和载波交流放大式两大类。从理论上讲,用直流电或交流电作为桥路电源都是可以的。过去,由于直流放大器稳定性比交流放大器差得多,所以工业上多采用交流电桥及载波交流放大器来放大桥路输出的 mV 级信号。但是,交流电桥的调平衡较复杂,尤其是在长距离测试时,受引线的寄生参量如分布电容、电感的影响很大,交流电桥的平衡更加困难。由于上述原因,桥路的交流电源的频率不能太高,所以这种应变仪的动态响应相应较差。随着半导体集成电路技术的发展,高质量的直流放大器如低漂移运算放大器、斩波自稳放大器等已得到应用,将电桥回路改用直流供电,将使应变仪的工作响应频率大为提高,桥路平衡也容易得多,所以直流电桥的应用越来越广泛。

(2)电阻式应变仪的分类。

从电阻式应变仪的用途来看,应变仪可分为静态应变仪和动态应变仪。静态应变仪是用来测量不随时间而变化(或缓慢变化)的静态应变的,它的准确度很高,分辨力可达 $1\mu m/m(1\mu\varepsilon)$。早期的静态应变仪多采用零位式测量,平衡十分困难,测量速度也较慢。目前多采用低漂移、高准确度的直流放大器,先将微弱的桥路输出信号予以放大,然后作 A—D 转换,并用数码管直接显示出应变值。

动态应变仪用于测量动态应变,其工作频率一般为 $0\sim2kHz$,有的可高达 10kHz 以上。它采用动态特性、稳定性、线性度均很好的放大器来放大桥路输出的动态电压信号,放大器的输出可以直接驱动示波器,从而描绘出动态应变的波形;也可以用磁带记录仪记录动态应变的有关数据,以便分析测量结果。

一台应变仪通过仪器内的切换开关,可测几十个测点。如果要测量更多的测点,可采用预调平衡箱来扩展。随着集成电路、数显技术的不断发展,智能化应变仪应运而生,其功能和性能日趋完善,能做到定时、定点自动切换,测量数据可自动修正、存储、显示和打印记录。若配上适当的接口,还可以与电子计算机连接,将测量数据传送给计算机。

(3)电阻式应变仪的应用实例。

图 4-19 是应变仪用于人体骨盆和下股骨受力、应变测试的示意图。它的研究为运动员训练、骨折预防提供了科学依据。试验前,取医用成年人下半身标本,在图中的测试点上粘贴应变片,并接入应变仪。试验时,将骨盆下端两股骨垂直置于试验机工作台上,压力施加在腰椎上。从应变仪的显示器上逐点、快速读出应变值,并自动描出应变曲线,直至骨盆或者关节破坏为止。

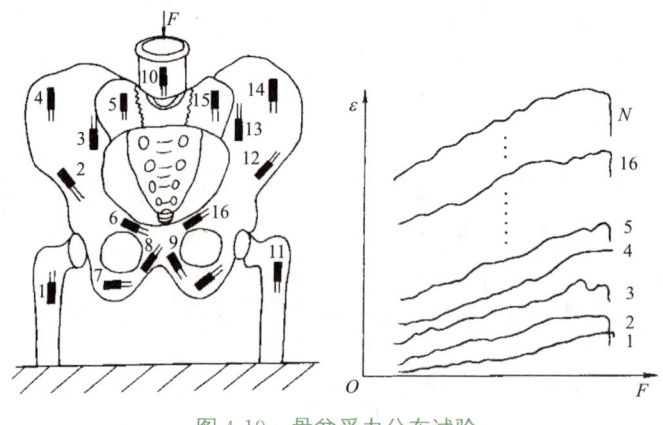

图 4-19　骨盆受力分布试验

上述试验的基本原理还可以用于测量飞机、汽车、农具等应力集中处的应力、应变,以确定材料的最佳厚度。试验结束后,将应变片铲除即可。

4.2　热电阻式温度传感器

测量温度的传感器很多,常用的有热电偶、PN 结测温集成电路、红外辐射温度计等。本节简要介绍热电阻式温度传感器(以下简称热电阻式传感器)。关于温度的基本概念以及国际温标等知识将在后面章节集中介绍。

热电阻式传感器主要用于测量温度以及与温度有关的参量。在工业上,它被广泛用来测量$-200\sim+960℃$范围内的温度。按热电阻性质不同,可分为金属热电阻和半导体热电阻两大类。前者仍简称为热电阻,而后者的灵敏度可以比前者高 10 倍以上,所以又称为热敏电阻。

4.2.1　热电阻

教学视频

热电阻主要是利用电阻随温度升高而增大这一特性来测量温度的。目前较为广泛应用的热电阻材料是铂、铜,它们的电阻温度系数在$(3\sim6)\times10^{-3}/℃$范围内。作为测温用的热电阻材料,希望具有电阻温度系数大、线性好、性能稳定、使用温度范围宽、加工容易等特点。在铂、铜中,铂的性能更好,采用特殊的结构可以制成标准温度计,它的适用温度范围为$-200\sim+960℃$;铜热电阻价廉并且线性较好,但高温下易氧化,故只适用于温度较低$(-50\sim+150℃)$的环境中,目前已逐渐被铂热电阻所取代。表 4-1 列出了热电阻的主要技术性能。

表 4-1　热电阻的主要技术性能

材料	铂(WZP)	铜(WZC)
使用温度范围/℃	$-200\sim+960$	$-50\sim+150$
电阻率/$(\Omega\cdot m\times10^{-6})$	$0.0981\sim0.106$	0.017
0~100℃的电阻温度系数 α（平均值）	0.00385	0.00428
化学稳定性	在氧化性介质中较稳定,不能在还原性介质中使用,尤其是在高温情况下	超过 100℃容易氧化
特性	特性近于线形、性能稳定、准确度高	线性较好、价格低廉、体积大
应用	适用较高温度的测量,可作标准测温装置	适于测量低温、无水分、无腐蚀性介质的温度

1. 热电阻的工作原理及结构

取一只 100W/220V 灯泡,用万用表测量其电阻值,可以发现其冷态阻值只有几十欧,但是用公式 $R=U^2/P$ 计算得到的热态电阻值应为 484Ω,两者相差许多倍。由此可知道,金属丝在不同温度下电阻值是不相同的。

温度升高,金属内部原子晶格的振动加剧,从而使金属内部的自由电子通过金属导体时的阻力增大,宏观上表现出电阻率变大、电阻值增大,我们称其为正温度系数,即电阻值与温度的变化趋势相同。

金属热电阻按其结构类型来分,有普通式、铠装式和薄膜式等。普通式热电阻由感温元件(金属电阻丝)、支架、引出线、保护套管及接线盒等基本部分组成。为避免电感分量,电阻丝常采用双线并绕,制成无感电阻。铂热电阻的内部结构如图 4-20 所示,外形结构如图 4-21 所示。铠装式热电阻的外形结构如图 4-22 所示。

目前还研制生产了薄膜式铂热电阻,如图 4-23 所示。它利用真空镀膜法或用糊浆印刷烧结法使铂金属薄膜附着在耐高温基底上。其尺寸可以小到几平方毫米,可将其粘贴在被测高温物体上,测量局部温度,具有热容量小、反应快的特点。

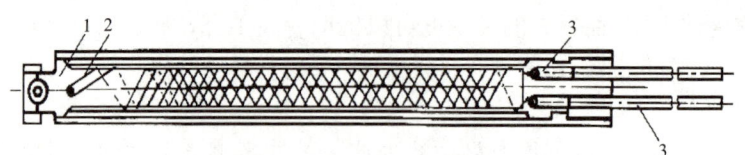

1—铆钉　2—铂电阻丝　3—耐高温引脚

图 4-20　铂热电阻的内部结构

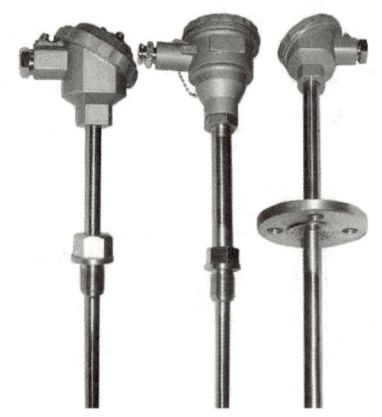

图 4-21　装配式热电阻

图 4-22　铠装式热电阻

我国现全面施行"1990 国际温标"。按照 ITS－90 标准,国内统一设计的工业用铂热电阻在 0℃ 时的阻值 R_0 有 25Ω、100Ω 等几种。分度号分别用 Pt125、Pt100 等表示。薄膜式铂热电阻有 100Ω、1000Ω 等数种。同样,铜热电阻在 0℃ 时的阻值 R_0 值为 50Ω、100Ω 两种,分度号分别用 Cu50、Cu100 表示。

从实验可知,金属热电阻的阻值 R_t 与温度 t 之间呈非线性关系。因此必须每隔一度测出铂热电阻和铜热电阻在规定的测温范围内的 R_t 与 t 之间的对应电阻值,并

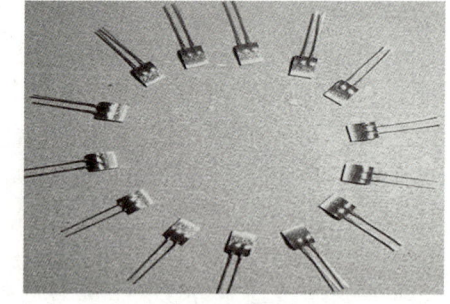

图 4-23　薄膜式铂热电阻

列成表格,这种表格称为热电阻分度表。该分度表是根据 ITS－90 标准所规定的实验方法而得到的,不同国家、不同厂商的同型号产品均须符合国际电工委员会(IEC)给出的分度表。

2. 热电阻的测量转换电路

热电阻的测量转换电路可以采用类似于应变片所使用的平衡电桥。为减小环境中电磁场的干扰,最好采用屏蔽线,并将屏蔽线的金属网状屏蔽层接地。

教学视频

4.2.2　热敏电阻

1. 热敏电阻的类型及特性

热敏电阻是一种新型的半导体测温元件。按其温度系数可分为正温度系数热敏电阻(PTC)和负温度系数热敏电阻(NTC)两大类。所谓正温度系数是指电阻的变化趋势与温度的变化趋势相同;所谓负温度系数是指当温度上升时,电阻值反而下降的变化特性。

(1)NTC 热敏电阻。

NTC 热敏电阻研制得较早,也较成熟。最常见的是由金属氧化物组成的。如锰、钴、铁、

镍、铜等的多种氧化物混合烧结而成,其标称阻值(25℃时)视氧化物的比例,可以从 0.1Ω 至几兆欧范围内选择。

根据不同的用途,NTC 又可分为两大类。第一类指数型,用于测量温度。它的电阻值与温度之间呈严格的负指数关系,如图 4-24 中的曲线 2 所示。

指数型 NTC 的灵敏度由制造工艺、氧化物含量决定。用户可根据需要选择,其准确度和一致性可达 0.1%。因此,NTC 的离散性较小,测量准确度较高。

例如,在 25℃时的标称阻值为 10kΩ 的 NTC,在 -30℃时阻值高达 130kΩ;而在 100℃时,只有 850Ω,相差两个数量级,灵敏度很高,多用于空调、电热水器等。在 0~100℃ 范围内做测温元件。

第二类为突变型,又称临界温度型(CTR)。当温度上升到某临界点时,其电阻值突然下降,多用于各种电子电路中抑制浪涌电流。例如,在整流回路中串联一只突变型 NTC,可减小上电时的冲击电流。负突变型热敏电阻的温度-电阻特性如图 4-24 中的曲线 1 所示。

(2)PTC 热敏电阻。

PTC 热敏电阻通常是在钛酸钡中掺入其他金属离子,以改变其温度系数和临界点温度。它的温度-电阻特性曲线呈非线性,如图 4-24 中的曲线 4 所示。它在电子电路中多起限流、保护作用。当流过 PTC 的电流超过一定限度或 PTC 感受到的温度超过一定限度时,其电阻值突然增大,可以用于自恢复熔断器。大功率的PTC 型陶瓷热敏电阻还可以用于电热暖风机,当 PCT 的体温达到设定值(例如 100℃)时,PTC 的阻值急剧上升,流过 PTC 的电流减小,使暖风机的温度基本恒定于设定值上,提高了安全性。

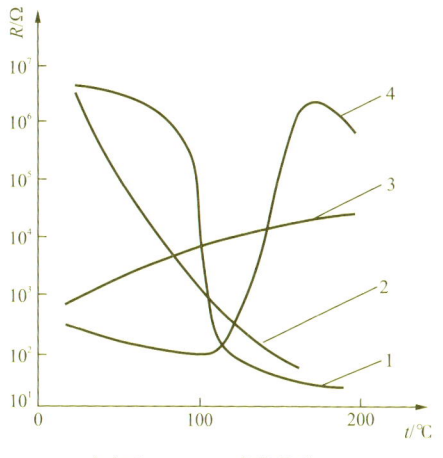

1-突变型 NTC 2-负指数型 NTC
3-线性型 PTC 4-突变型 PTC

图 4-24 各种热敏电阻的特性曲线

近年来还研制出掺有大量杂质的 Si 单晶 PTC。它的电阻变化接近线性,如图 4-24 中的曲线 3 所示,其最高工作温度上限约为 140℃。

热敏电阻可根据使用要求,封装加工成各种形状的探头,如圆片形、柱形、珠形、铠装式、薄膜式和厚膜式等,如图 4-25 所示。

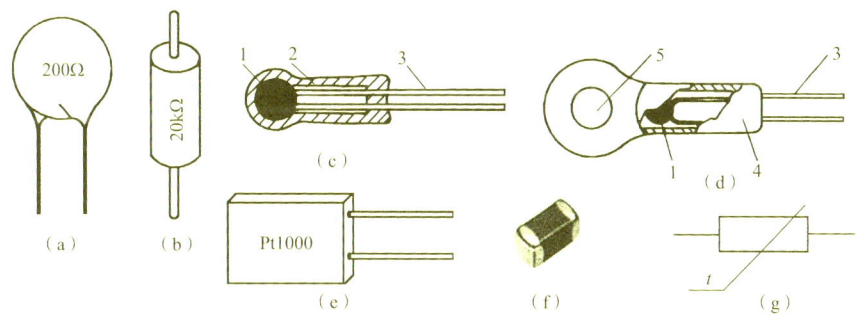

1-热敏电阻 2-玻璃外壳 3-引出线 4-纯铜外壳 5-传热安装孔

图 4-25 热敏电阻的外形、结构及图形符号

2. 热敏电阻的应用

热敏电阻具有尺寸小、响应速度快、灵敏度高等优点,因此它在许多领域都得到广泛应用。热敏电阻在工业上的用途很广,根据产品型号不同,其适用范围也各不相同,具体有以下应用。

(1)热敏电阻测温。

作为测量温度的热敏电阻一般结构简单,价格较低廉。没有外面保护层的热敏电阻只能应用在干燥的地方;密封的热敏电阻不怕湿气的侵蚀,可以使用在较恶劣的环境中。由于热敏电阻的阻值较大,其连接导线的电阻和接触电阻可以忽略,因此热敏电阻可以在长达几千米的远距离测量温度中应用。测量电路多采用桥路和分压电路。图 4-26 是热敏电阻测量温度原理图,利用其原理还可以用作其他测温、控温电路。

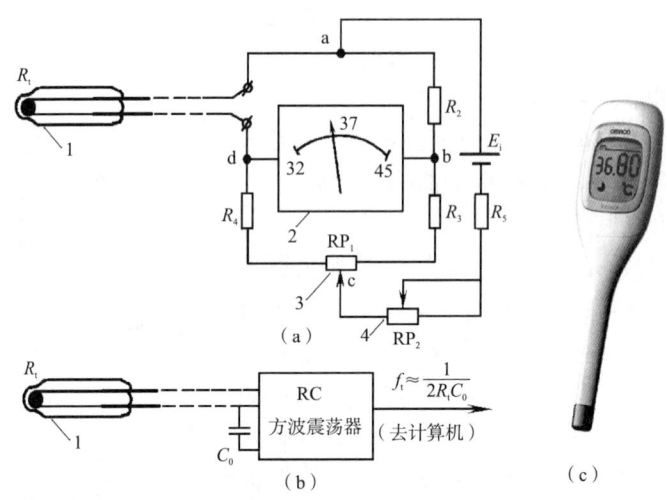

1—热敏电阻 2—指针式显示器 3—调零电位器 4—调满度电位器

图 4-26 热敏电阻体温表原理图

热敏电阻温度计测温时要先调试,调试时必须先调零,再调满度,最后再验证刻度盘中其他各点的误差是否在允许范围内,上述过程称为标定。具体做法如下:用更高一级的数字式温度计监测水温,将绝缘的热敏电阻放入 32℃(表头的零位)的温水中,待热量平衡后,调节 RP_1,使指针指在 32℃ 上,再加入热水,使其上升到 45℃。待热量平衡后,调节 RP_2,使指针指在 45℃ 上。再加入冷水,逐渐降温,检查 32~45℃ 范围内刻度的准确性。如果不准确:①可重新刻度;②可用计算机软件对数值进行修正。

目前上述热敏电阻温度计均已数字化,其外形类似于水笔。上述的"调试""标定"的基本原理是作为检测技术人员必须掌握的最基本的技术,必须在实践环节反复训练类似的调试基本功。

(2)热敏电阻用于温度补偿。

热敏电阻可在一定的温度范围内对某些元件进行温度补偿。例如,动圈式表头中的动圈由铜线绕制而成。温度升高,电阻增大,引起测量误差。可以在动圈回路中串入由负温度系数热敏电阻组成的电阻网络,从而抵消由于温度变化所产生的误差。在晶体管电路、对数放大器中,也常用热敏电阻组成补偿电路,补偿由温度引起的漂移误差。

(3)热敏电阻用于温度控制及过热保护。

在电动机的定子绕组中嵌入突变型热敏电阻并与继电器串联,当电动机过载时定子电流增大，引起发热。当温度大于突变点时，电路中的电流可以由零点几毫安突变为几十毫安，因此继电器动作，从而实现过热保护。热敏电阻与继电器的接线图如图 4-27 所示。

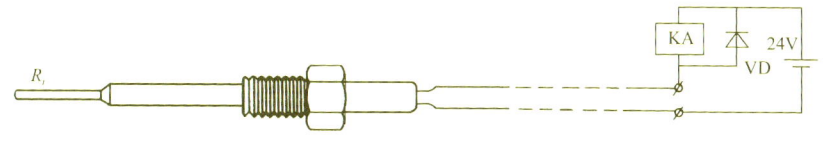

图 4-27　热敏电阻与继电器的接线图

(4)热敏电阻用于液位测量。

给 NTC 热敏电阻施加一定的加热电流，它的表面温度将高于周围空气温度，此时它的阻值较小。当液面高于它的安装高度时，液体将带走它的热量，使之温度下降，阻值升高。判断它的阻值变化，就可以知道液面是否低于设定值。汽车油箱中的油位报警传感器就是利用以上原理制作的。热敏电阻在汽车中还可用于测量油温、冷却水温等。

教学视频

4.3　气敏电阻式传感器

工业、科研、生活、医疗、农业等许多领域都需要测量环境中某些气体的成分、浓度。例如：煤矿中瓦斯气体浓度超过极限值时，有可能发生爆炸；家庭发生煤气泄漏时，将会造成危险事故；农业塑料大棚中 CO_2 浓度不足时，农作物将减产；锅炉和汽车发动机气缸燃烧过程中氧含量不正确时，效率将下降，并造成环境污染。

使用气敏电阻式传感器，可以把某种气体的成分、浓度等参数转换成电阻变化量，再转换为电流、电压信号。

气敏电阻式传感器品种繁多，本节主要介绍测量还原性气体的 MQN 型气敏电阻式传感器以及 TiO_2 氧浓度气敏电阻式传感器。

4.3.1　还原性气体传感器

所谓还原性气体就是在化学反应中能给出电子、化学价升高的气体。还原性气体多数属于可燃性气体，例如石油蒸气、酒精蒸气、甲烷、乙烷、煤气、天然气以及氢气等。

测量还原性气体的气敏式电阻传感器一般是用 SnO_2、ZnO 或 Fe_2O_3 等金属氧化物粉料添加少量铂催化剂、激活剂及其他添加剂，按一定比例烧结而成的半导体器件。图 4-28 是 MQN型气敏式电阻的结构、测量转换电路及外形。

MQN 型气敏电阻由塑料底座、电极引线、不锈钢网罩、气敏烧结体以及包裹在烧结体中的两组铂丝组成。一组铂丝为工作电极，另一组(图中左边铂丝)为加热电极兼工作电极。

气敏电阻工作时必须加热到 $200 \sim 300 ℃$，其目的是加速被测气体的化学吸附和电离的过程并"烧去"气敏电阻表面的污物(起清洁作用)。

气敏电阻的工作原理十分复杂，涉及材料的微晶结构、化学吸附及化学反应，有不同的解释方式。简单地说，当 N 型半导体的表面在高温下遇到离解能较小(易失去电子)的还原性气体(可燃性气体)时，气体分子中的电子将向气敏电阻表面转移，使气敏电阻中的自由电子浓度增加，电阻率下降，电阻减小。还原性气体浓度越高，电阻下降就越多。这样，就把气体的浓度信

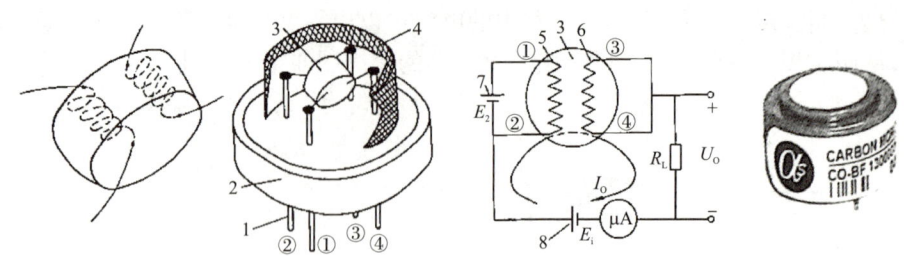

1—电极引脚　2—塑料底座　3—烧结体　4—不锈钢网罩　5—加热电极
6—工作电极　7—加热回路电源　8—测量回路电源

图 4-28　MQN 型气敏电阻的结构、测量转换电路及外形

号转换成电信号。气敏电阻使用时应尽量避免置于油雾、灰尘环境中，以免老化。图 4-29 所示给出了某型号 MQN 气敏电阻阻值随不同气体浓度变化的特性曲线。

气敏电阻在被测气体浓度较低时有较大的电阻变化，而当被测气体浓度较大时，其电阻率的变化逐渐趋缓，有较大的非线性。这种特性较适用于气体的微量检漏、浓度检测或超限报警等场合。控制烧结体的化学成分及加热温度，可以改变它对不同气体的选择性。例如，制成煤气报警器（如图 4-30 所示），可对居室或地下数米深处的管道漏点进行检漏。还可制成酒精检测仪以防止酒后驾车（如图 4-31 所示）。目前，气敏电阻传感器已广泛用于石油、化工、电力、家居等各种领域。

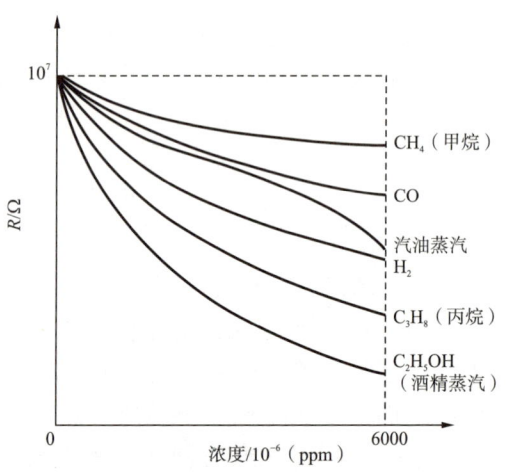

图 4-29　某型号气敏电阻的阻值变化曲线

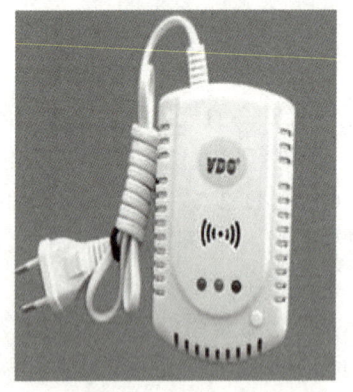

图 4-30　煤气报警器

图 4-31　酒精检测仪

4.3.2　二氧化钛氧浓度传感器

半导体材料二氧化钛（TiO_2）属于 N 型半导体，对氧气十分敏感。其电阻值的大小取决于周围环境的氧气浓度。当周围氧气浓度较大时，氧原子进入二氧化钛晶格，改变了半导体的电

阻率,使其电阻值增大。上述过程是可逆的,当氧气浓度下降时,氧原子析出,电阻值减小。

图 4-32 是用于汽车或燃烧炉排放气体中的氧浓度传感器结构图和测量转换电路。二氧化钛气敏电阻与补偿热敏电阻同处于陶瓷绝缘体的末端。当氧气含量减小时,R_{TiO_2} 的阻值减小,U_o 增大。

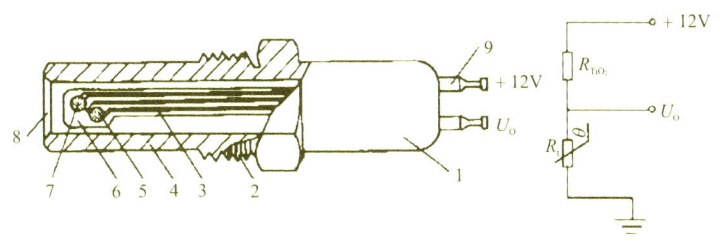

1—外壳　2—安装螺栓　3—搭铁线　4—保护管　5—补偿电阻　6—陶瓷片
7—TiO_2 电阻　8—进气口　9—引脚

图 4-32　TiO_2 氧浓度传感器结构和测量转换电路

在测量转换电路中,与 TiO_2 气敏电阻串联的热敏电阻 R_t 起温度补偿作用。当环境温度升高时,TiO_2 气敏电阻的阻值会逐渐减小,只要 R_t 也以同样的比例减小,根据分压比定律,输出电压 U_o 不受温度影响,减小了测量误差。事实上,R_t 和 TiO_2 气敏电阻是相同材料制作成的,只不过 R_t 被陶瓷密封起来,以免与燃烧尾气直接接触。

TiO_2 气敏电阻必须在上百度的高温下才能工作。汽车之类的燃烧器刚起动时,排气管的温度较低,TiO_2 气敏电阻无法工作,所以还必须在 TiO_2 气敏电阻外面套一个加热电阻丝(图中未画出),进行预热以激活 TiO_2 气敏电阻。目前还有一种二氧化锆氧浓度传感器,也可以用于测量氧浓度,读者可参阅有关参考资料。

4.4　湿敏电阻式传感器

教学视频

湿度的检测与控制在现代科研、生产、生活中的地位越来越重要。例如,许多储物仓库在湿度超过某一程度时,物品易发生变质或霉变现象。居室的湿度则希望适中,而纺织厂要求车间的湿度保持在 $60\%\sim70\%RH$。在农业生产中的温室育苗、食用菌培养、水果保鲜等都需要对湿度进行控制和检测。

4.4.1　大气的湿度与露点

1. 绝对湿度与相对湿度

地球表面的大气层是由 78% 的氮气、21% 的氧气、一小部分二氧化碳、水汽以及其他一些惰性气体混合而成的。由于地面上的水和植物会发生水分蒸发现象,因而大气中水汽的含量也会发生波动,使空气出现潮湿或干燥现象。大气的水汽含量通常用大气中水汽的密度来表示,即以每 $1m^3$ 大气所含水汽的克数来表示,它称为大汽的绝对湿度。要想直接测量大气中的水汽含量是十分困难的,由于水汽密度与大汽中的水汽分压强成正比,所以大气的绝对湿度又可以用大汽中所含水汽的分压强来表示,常用单位是 mmHg 或 Pa。

许多与大气湿度有关的现象如农作物的生长、有机物的发霉、人的干湿感觉等,都与大气的绝对湿度没有很大的关系,而主要与大气中的水汽离饱和状态的远近程度即相对湿度有关。所谓饱和状态是指在某压力、温度下,大气中的水汽的含量的最大值。相对湿度是空气的绝对湿度与同温度下的饱和状态空气绝对湿度的比值,它能准确说明空气的干湿程度。在一定的大气压力下,两者之间的数量关系是确定的,可以查表得到有关数据。

例如,同样是 $17g/m^3$ 的绝对湿度,如果是在炎热的夏季中午,由于离当时的饱和状态尚远,人就感到干燥;如果是在初夏的傍晚,虽然水汽密度仍为 $17g/m^3$,但气温比中午下降很多,使大气水汽密度接近饱和状态,人们就会感到汗水不易挥发,因此觉得闷热。

在前面所举的例子中,在 20℃、一个大气压下,$1m^3$ 的大气中只能存在 17g 的水汽,则此时的相对湿度为 100%。若同样条件下的绝对湿度只有 $8.5g/m^3$,则相对湿度就只有 50%。在上述绝对湿度下,将气温降至 10℃ 以下时,相对湿度又可能接近 100%。这就是为什么在阴冷的地下室中,人们会感到十分潮湿的原因。

2. 露点

降低温度可以使原先未饱和的水汽变成饱和水汽而产生结露现象。露点就是指使大气中原来所含有的未饱和水汽变成饱和水汽所必须降低温度而达到的温度值。因此,只要测出露点就可以通过查表得到当时大气的绝对湿度。这种方法可以用来标定本节介绍的湿敏电阻传感器。露点与农作物的生长有很大关系。另外,结露也严重影响电子仪器的正常工作,必须予以注意。

4.4.2　测量湿度的传感器

水是一种极强的电解质。水分子极易吸附于固体表面并渗透到固体内部,从而引起固体的各种物理变化。如早期人们使用毛发吸水而变长的毛发湿度计以及湿棉花球因水分蒸发而温度降低的干湿球湿度计等。将湿度变成电信号的传感器有红外线湿度计、微波湿度计、超声波湿度计、石英晶体振动式湿度计、湿敏电容湿度计、湿敏电阻湿度计等。湿敏电阻又有多种不同的结构形式,常用的有金属氧化物陶瓷湿敏电阻、金属氧化物膜型湿敏电阻、高分子材料湿敏电阻等,下面分别予以介绍。

1. 金属氧化物陶瓷湿度传感器

金属氧化物陶瓷湿度传感器是当今湿度传感器的发展方向之一。近几年研究出许多电阻型湿敏多孔陶瓷材料,如 LaO_3-TiO_2、$SnO_2-Al_2O_3-TiO_2$、$La_2O_3-TiO_2-V_2O_5$、$TiO_2-Nb_2O_5$、$MnO_2-Mn_2O_3$、NiO 等。下面重点介绍 $MgCr_2O_4-TiO_2$ 陶瓷湿度传感器,其结构和外形如图 4-33 所示。

$MgCr_2O_4-TiO_2$(铬酸镁-氧化钛)等金属氧化物以高温烧结的工艺制成多孔性陶瓷半导体薄片。它的气孔率高达 25% 以上,具有 $1\mu m$ 以下的细孔分布。与日常生活中常用的结构致密的陶瓷相比,其接触空气的表面积显著增大,所以水汽极易被吸附于其表层及其孔隙之中,使其电阻值下降。当相对湿度从 1% 变化到 95% 时,其电阻值变化高达 4 个数量级左右,所以在测量转换电路中必须考虑采用对数压缩技术。其电阻与相对湿度关系曲线如图 4-34 所示。

由于多孔陶瓷置于空气中易被灰尘、油烟污染,从而堵塞气孔,使感湿面积下降,如果将湿敏陶瓷加热到 300℃ 以上,就可以使污物挥发或烧掉,陶瓷恢复到初始状态,所以必须定期给加热丝通电。陶瓷湿敏传感器吸湿快(3min 左右),而脱湿要慢许多,从而产生滞后现象,称为湿

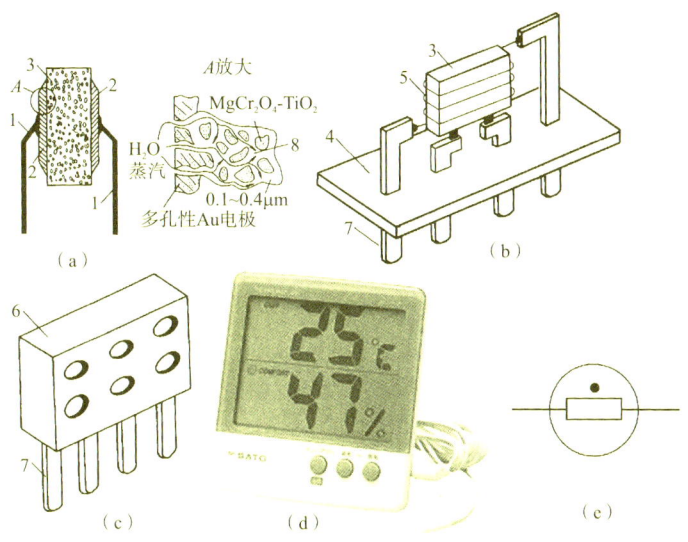

1—引线　2—多孔性电极　3—多孔陶瓷（$MgCr_2O_1-TiO_2$）　4—底座
5—镍铬加热丝　6—外壳　7—引脚　8—气孔
图 4-33 陶瓷湿度传感器的结构和外形

滞。当吸附的水分子不能全部脱出时，会造成严重的测量误差。有时可用重新加热脱湿的办法来解决，即每次使用前应先加热 1min 左右，待其冷却至室温后，方可进行测量。陶瓷湿敏传感器的湿度—电阻的标定比温度传感器的标定困难得多。它的误差较大，稳定性也差，使用时还应考虑温度补偿。陶瓷湿敏电阻应采用交流供电，若长期采用直流供电，会使湿敏材料极化，吸附的水分子电离，导致灵敏度降低、性能变坏。

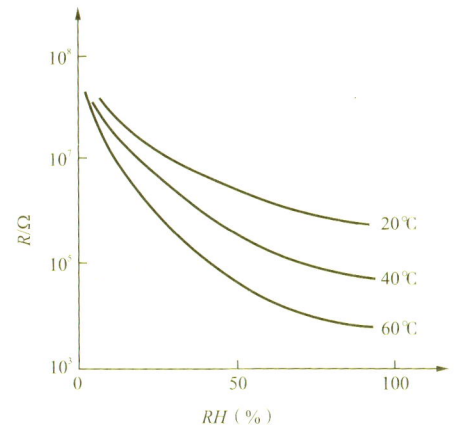

图 4-34 $MgCr_2O_1-TiO_2$ 陶瓷湿度传感器
相对湿度与电阻的关系

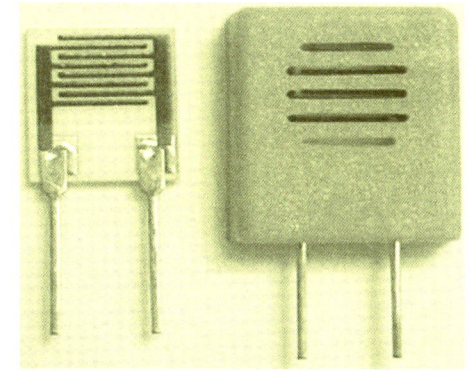

图 4-35 金属氧化物膜型湿度传感器外形
及结构示意图

2. 金属氧化物膜型湿度传感器

Cr_2O_3、Fe_2O_3、Fe_3O_4、Al_2O_3、Mg_2O_3、ZnO 及 TiO 等金属氧化物的细粉吸湿后导电性增加，电阻下降，吸附或释放水分子的速度比上述多孔陶瓷快许多倍，图 4-35 是金属氧化物膜型湿度传感器外形及结构示意图。

在陶瓷基片上先制作铂梳状电极，然后采用丝网印刷等工艺，将调制好的金属氧化物糊状物印刷在陶瓷基片上，采用烧结或烘干的方法使之固化成膜。这种膜在空气中能吸附或释放水分子，而改变其自身的电阻值。通过测量两电极间的电阻值即可检测相对湿度。响应时间小于 1min。

3. 高分子湿敏电阻传感器

高分子湿敏电阻传感器是目前发展迅速、应用较广的一类新型湿敏电阻传感器。它的吸湿材料用可吸湿电离的高分子材料制作。例如高氯酸锂－聚氯乙烯、有亲水性基的有机硅氧烷、四乙基硅烷的共聚膜等。高分子湿敏电阻传感器具有响应时间快、线性好、成本低等特点。

📞 章节习题

1. 单项选择题

(1)电子秤中所使用的应变片应选择(　　)应变片；为提高集成度，测量气体压力应选择(　　)；一次性、几百个应力试验测点应选择(　　)应变片。

A. 金属丝式　　　　B. 金属箔式　　　　C. 电阻应变仪　　　　D. 固态压阻式传感器

(2)应变测量中，希望灵敏度高、线性好、有温度自补偿功能，应选择(　　)测量转换电路。

A. 单臂半桥　　　　B. 双臂半桥　　　　C. 四臂全桥　　　　D. 独臂

(3)热敏电阻测量转换电路调试过程的步骤是(　　)。若发现毫伏表的满度值偏大，应将 RP_2 往(　　)调。

A. 先调节 RP_1，然后调节 RP_2　　　　B. 同时调节 RP_1、RP_2

C. 先调节 RP_2，然后调节 RP_1　　　　D. 上　　　E. 下　　　F. 左　　　G. 右

(4)图 4-24 中热敏电阻应选择(　　)热敏电阻，图 4-25 中的 R_t 应选择(　　)热敏电阻。

A. NTC 指数型　　　　B. NTC 突变型　　　　C. PTC 突变型

(5)MQN 气敏电阻可测量(　　)的浓度，TiO_2 气敏电阻可测量(　　)的浓度。

A. CO_2　　　　　　　　　　　　B. N_2

C. 气体打火机车间的有害气体　　　　D. 锅炉烟道中剩余的氧气

(6)湿敏电阻用交流电作为激励电源是为了(　　)。

A. 提高灵敏度　　　　　　　　B. 防止产生极化、电解作用

C. 减小交流电桥平衡难度

(7)当天气变化时，有时会发现在地下设施(例如地下室)中工作的仪器内部印制板漏电增大，机箱上有小水珠出现，磁粉式记录磁带结露等，影响了仪器的正常工作。该水珠的来源是(　　)。

A. 从天花板上滴下来的

B. 由于空气的绝对湿度达到饱和点而凝结成水滴

C. 空气的绝对湿度基本不变，但气温下降，室内的空气相对湿度接近饱和，当接触到温度比大气更低的仪器外壳时，空气的相对湿度达到饱和状态，而凝结成水滴

(8)在使用测谎器时，被测试人由于说谎、紧张而手心出汗，可用(　　)传感器检测。

A. 应变片　　　　B. 热敏电阻　　　　C. 气敏电阻　　　　D. 湿敏电阻

2. 有一额定荷重为 $20×10^3N$ 的等截面空心圆柱式荷重传感器，其灵敏度 K_F 为 2mV/V，桥路电压 U_i 为 12V，求：

(1)在额定荷重时的输出电压 U_{om}；

(2)当测得输出电压 U_o 为 6mV 时，承载为多少牛？

3.Pt100 热电阻的阻值 R_t 与温度 t 的关系在 0～100℃范围内可用式 $R_t \approx R_0(1+at)$ 近似表示，求：

(1)查表 4-1，写出铂金属的温度系数 a。

(2)计算当温度为 50℃时的电阻值。

4.电子气泡水平仪结构如图 4-36 所示，密封的玻璃内充入导电液体，中间保留一个小气泡。玻璃管两端各引出一根不锈钢电极。在玻璃管中间对称位置的下方引出一个不锈钢公共电极。请分析该水平仪的工作原理之后填空。

(1)当被测平面完全水平时，气泡应处于玻璃管的_____位置，左右两侧的不锈钢电极与公共电极之间的电阻 R_1、R_2 的阻值_____。如果希望此时电桥的输出电压 $U_o=0$，则 R_1、R_2、R_3、R_4 应满足_____的条件。如果实际使用中，发现仍有微小的输出电压，则应调节_____，使 U_o 趋向于零。

(2)当被测平面向左倾斜(左低右高)时，气泡漂向_____边，R_1 变_____，R_2 变_____，电桥失去平衡，U_o 增大。

(3)U_i 应采用_____电源(直流/交流)。为什么？

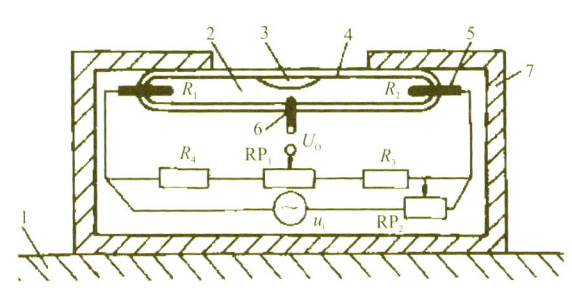

1—被测平面 2—导电水柱 3—气泡 4—密封玻璃管 5—不锈钢电极 6—公共电极 7—外壳

图 4-36 电子气泡水平仪简图

5.图 4-37 是汽车进气管道中使用的热丝式气体流量仪的结构示意图。在通有干净且干燥气体、截面积为 A 的管道中部，安装有一根加热到 200℃左右的细铂丝 R_1。另一根相同长度的细铂丝安装在与管道相通但不受气体流速影响的小室中。请分析填空。

(1)设在 200℃，$R_1=R_2=20\Omega$，$E_i=12V$，则流过 R_1 的电流为_____A，使 R_1 处于微热状态。

(2)当气体流速 $v=0$ 时，R_1 的温度和 R_2 的温度_____，电桥处于_____状态。当气体介质自身的温度发生波动时，R_1 与 R_2 同时感受到此波动，电桥仍处于_____状态，所以设置 R_2 是为了起_____的作用。

(3)当气体介质流动时，将带走 R_1 的热量，使 R_1 的温度变_____，电桥_____，毫伏表的示值与气体流速的大小呈一定的函数关系。图中的 RP$_1$ 称为_____电位器，RP$_2$ 称为_____电位器。欲使毫伏表的读数增大，应将 RP$_2$ 向_____(左/右)调。

(4)设管道的截面积 $A=0.01m^2$，气体流速 $v=2m/s$，则通过该管道的气体的体积流量 $q_v=Av=$_____ m^3/s。

(5)如果被测气体含有水汽，则测量得到的流量值将偏_____(大/小)，这是因为

_____;如果 R_1、R_2 改用铜丝,会产生_____问题。

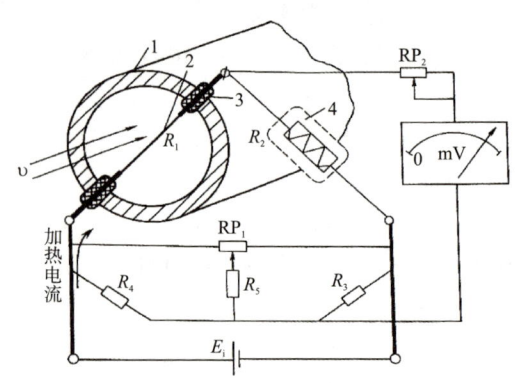

1—进气管　2—铂丝　3—支架　4—与管道相通的小室(连通管道未画出)

图 4-37　热丝式气体流量仪结构示意图

扩展阅读

赶超之路

在引进、消化、吸收的基础上,在实现赶超的征程中,中国的装备企业默默坚守并勇往直前。

唐山客车厂制造了清末第一台蒸汽机车。如今的中国北车唐车公司已经能够接受西门子发来的订单,制造难度更大的宽体客车,制造的 CRH3 动车组各项技术参数均达到世界一流的先进水平,创造了运营速度、载客量、节能环保、舒适度四个世界第一。

北京第一机床厂已成为数控铣床的领跑企业,通过成功的并购,极大缩短了技术创新的时间,并以"独门绝活"保持世界领先的技术创新领域。

沪东中华集团早在 10 年前就已经把目光锁定在造船业公认的三颗"明珠"之一的液化天然气船上,而沪东人当时对液化天然气船的制造技术完全陌生。一份图纸给沪东带来了机会,获得机会的沪东人抱着决胜信念研发液化天然气船,摘下了世界造船业"皇冠顶上的明珠"。

模块 5　电感式传感器

学习目标

知识目标

1. 了解电感式传感器的结构和工作原理。
2. 了解差动变压器式传感器的结构和性能。
3. 掌握电感式传感器的典型应用。

能力目标

1. 能对电感式传感器进行简单的性能分析。
2. 能选用合适的电感式传感器进行位移测量。
3. 能使用电感式传感器进行压力测量。

　　电感式传感器是利用线圈自感或互感量系数的变化来实现非电量测量的一种装置。利用电感传感器能对位移以及与位移有关的工件尺寸、压力、振动等参数进行测量。它具有分辨力及测量准确度高(可分辨 1μm 的位移量)等一系列优点,因此在工业自动化测量中得到广泛的应用。它的主要缺点是响应较慢,不宜于快速动态测量,而且传感器的分辨力与测量范围有关,测量范围大,分辨力低,反之则高。

　　电感式传感器种类很多,可分为自感式和互感量式两大类。人们习惯上讲的电感式传感器通常是指自感式传感器。而互感式传感器是利用变压器原理,做成差动式,故常称为差动变压器式传感器。

5.1　自感式传感器

教学视频

　　这里做以下实验:将一只 380V 交流接触器的绕组与交流毫安表串联后,接到机床用控制变压器的 36V 交流电压源上,如图 5-1 所示。这时毫安表的示值约为几十毫安。用手慢慢将接触器的活动铁芯(称为衔铁)往下按,会发现毫安表的读数逐渐减小。当衔铁与固定铁芯之间的气隙等于零时,毫安表的读数只剩下十几毫安。

　　由电工知识可知,忽略绕组的直流电阻时,流过绕组的交流电流为

$$I = \frac{U}{Z} \approx \frac{U}{X_L} = \frac{U}{2\pi f L} \tag{5-1}$$

　　当铁芯的气隙较大时,磁路的磁阻 R_m 也较大,绕组的电感量 L 和感抗 X_L 较小,所以电流

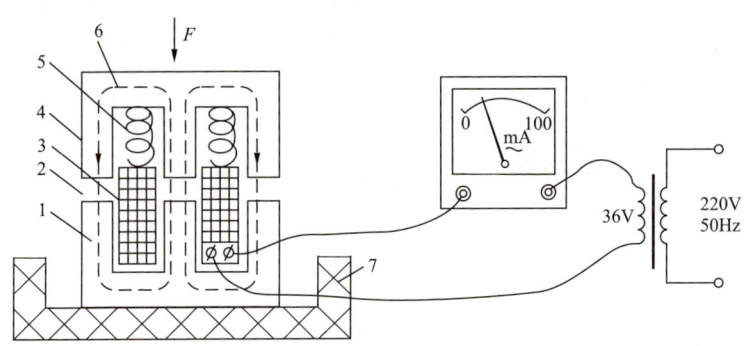

1—固定铁芯　2—气隙　3—绕组　4—衔铁　5—弹簧　6—磁力线　7—绝缘外壳

图 5-1　绕组铁芯的气隙与电感量及电流的关系实验

I 较大。当铁芯闭合时,磁阻变小,电感变大,电流减小。我们可以利用本例中自感量随气隙而改变的原理来制作测量位移的自感式传感器。

常见的自感式传感器有变隙式、变截面式和螺线管式三种,如图 5-2 所示。

较实用的自感式传感器的结构如图 5-2(a)所示。它主要由绕组、铁芯、衔铁及测杆等组成。工作时,衔铁通过测杆(或转轴)与被测物体相接触,被测物体的位移将引起绕组电感量的变化,当传感器绕组接入测量转换电路后,电感的变化将被转换成电流、电压或频率的变化,从而完成非电量到电量的转换。

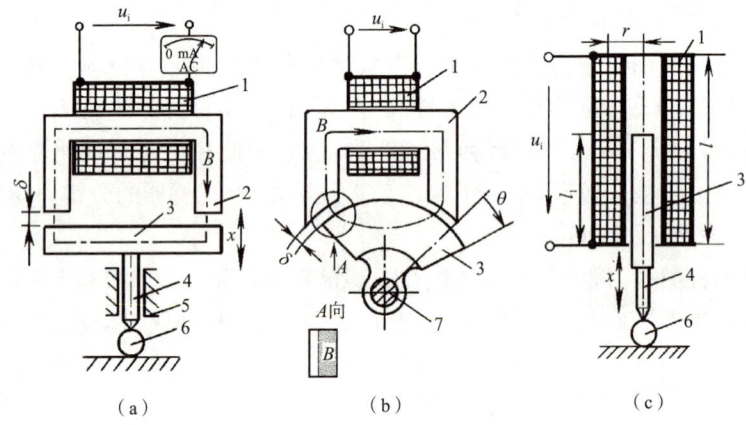

1—绕组　2—铁芯　3—衔铁　4—测杆　5—导轨　6—工件　7—转轴

图 5-2　自感式传感器结构示意图

1. 变隙式电感传感器

变隙式电感传感器的结构示意图如图 5-2(a)所示。由磁路的基本知识可知,电感量可由下式估算:

$$L \approx \frac{N^2 \mu_0 A}{2\delta} \tag{5-2}$$

式中 N 为线圈匝数;A 是气隙有效截面积;μ_0 是真空导磁率;δ 为气隙厚度。

由上式可见,在线圈匝数 N 确定以后,若保持气隙截面积 A 为常数,则 $L = f(\delta)$,即电感 L 是气隙厚度 δ 的函数,故称这种传感器为变隙式电感传感器。

对于变隙式电感传感器,电感 L 与气隙厚度 δ 成反比,其输出特性曲线如图 5-3(a)所示,输入输出是非线性关系。厚度 δ 越小,灵敏度越高。实际输出特性如图 5-3(a)中的实线所示。为了保证一定的线性度,变隙式电感传感器只能工作在一段很小的区域,因而只能用于微小位移的测量。

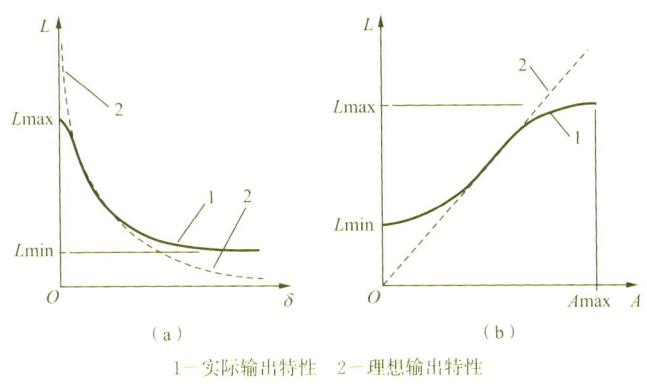

1—实际输出特性   2—理想输出特性

图 5-3   变隙式电感传感器输出特性

2. 变截面电感式传感器

由式(5-2)可知,在线圈匝数 N 确定后,若保持气隙厚度 δ 为常数,则 $L=f(A)$,即电感 L 是气隙有效截面积 A 的函数。故称这种传感器为变截面式电感传感器,其结构示意图如图 5-2(b)所示。

对于变截面电感式传感器,理论上电感量 L 与气隙截面积 A 成正比,输入输出呈线性关系,如图 5-3(b)中虚线所示,灵敏度为一常数。但是,由于漏感等原因,变截面式电感传感器在 $A=0$ 时,仍有较大的电感,所以其线性区较小,而且灵敏度较低。

3. 螺线管电感式传感器

单线圈螺线管电感式传感器的结构如图 5-2(c)所示。主要元件是一只螺线管和一根柱形衔铁。传感器工作时,衔铁在线圈中伸入长度的变化将引起螺线管电感量的变化。

对于长螺线管,其长度远远大于螺线管半径($l \gg r$)。当衔铁工作在螺线管的中部时,可以认为线圈内磁场强度是均匀的。此时线圈的电感量 L 与衔铁插入深度 l_1 大致成正比。

这种传感器结构简单,制作容易,但灵敏度稍低,且衔铁在螺线管中间部分工作时,才有希望获得较好的线性关系。螺线管电感式传感器适用于测量稍大一点的位移。

4. 差动电感式传感器

上述三种电感式传感器使用时,由于线圈中通有交流励磁电流,因而衔铁始终承受电磁吸力,会引起振动及附加误差,而且非线性误差较大;另外,外界的干扰如电源电压、频率的变化,温度的变化都使输出产生误差。所以在实际工作中常采用差动形式,既可以提高传感器的灵敏度,又可以减小测量误差。

(1)结构特点。

差动电感式传感器的结构如图 5-4 所示。图 5-4(a)为变隙式差动传感器,图 5-4(b)为螺线管式差动传感器。两个完全相同、单个绕组的电感传感器共用一根活动衔铁就构成了差动电感式传感器。

差动电感式传感器的结构要求是两个导磁体的几何尺寸完全相同,材料性能完全相同;两个绕组的电气参数(如电感、匝数、直流电阻、分布电容等)和几何尺寸也完全相同。

(2)工作原理和特性。

在变隙式差动电感传感器中,当衔铁随被测量移动而偏离中间位置时,两个绕组的电感量

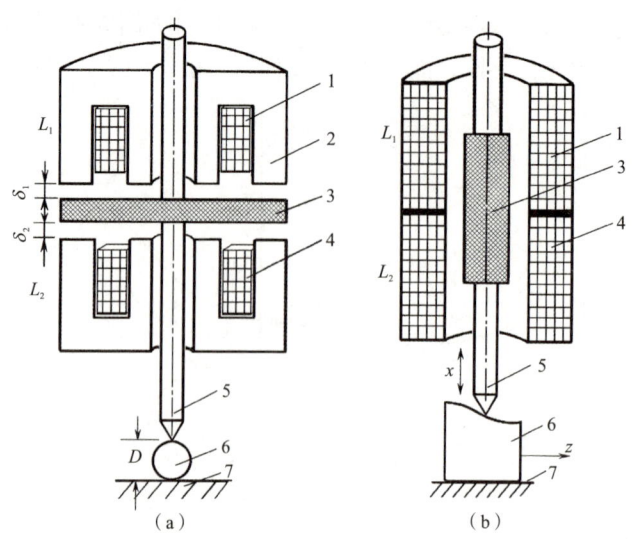

1—上差动绕组　2—铁芯　3—衔铁　4—下差动绕组　5—测杆　6—工件　7—基座

图 5-4　差动电感式传感器

一个增加，一个减小，形成差动形式。

图 5-5 所示给出了差动电感式传感器的特性曲线。从图 5-5 的曲线 3 可以看出，差动电感式传感器的线性较好，且输出曲线较陡，灵敏度约为非差动式电感传感器的两倍。

采用差动式结构除了可以改善线性、提高灵敏度外，对外界影响，如温度的变化、电源频率的变化等也基本上可以互相抵消，衔铁承受的电磁吸力也较小，从而减小了测量误差。

5. 测量转换电路

电感式传感器的测量转换电路一般采用电桥电路。转换电路的作用是将电感量的变化转成电压或电流信号，以便送入放大器进行放大，然后用仪表显示出来或记录下来。

（1）变压器电桥电路。

变压器电桥电路如图 5-6 所示。相邻两个工作臂 Z_1、Z_2 是差动电感式传感器的两个绕组的阻抗，另两臂为激励变压器的二次绕组。输入电压约为 10V，频率约为数千赫兹。输出电压取自 A、B 两点。图中的 U 表示交流电压的瞬时值。

当衔铁处于中间位置时，由于绕组完全对称，因此 $L_1 = L_2 = L_0$，$Z_1 = Z_2 = Z_0$，此时桥路平衡，输出电压 $U_o = 0$。

当衔铁下移时，下绕组感抗增加，而上绕组感抗减小时。输出电压绝对值增大，其相位与激励源同相。

与此相反，衔铁上移时，输出电压的相位与激励源反相。如果在转换电路的输出端接上普通指示仪表时，实际上无法

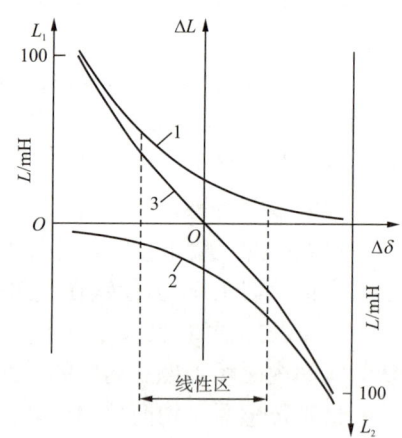

1—上绕组特性　2—下绕组特性
3—L_1、L_2 差接后的特性

图 5-5　单绕组变隙式电感传感器与差动变隙式电感传感器特性比较

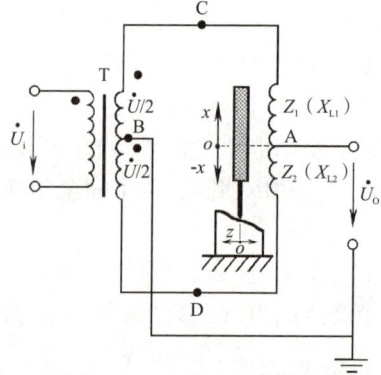

图 5-6　变压器电桥电路

判别输出的相位和位移的方向。

（2）相敏检波电路。

"检波"与"整流"的含义相似,都是指能将交流输入转换成直流输出的电路。但"检波"多用于描述信号电压的转换。

如果输出电压在送到指示仪前经过一个能判别相位的检波电路,则不但可以反映位移的大小(u_o 的幅值),还可以反映位移的方向(u_o 的相位)。这种检波电路称为相敏检波电路,其输出特性如图 5-7 所示。其中 5-7(a)图为普通检波,5-7(b)图为相敏检波。相敏检波电路的输出电压的平均值为直流,其极性由输入电压的相位决定。当衔铁向下位移时,检流计的仪表指针正向偏转。当衔铁向上位移时,仪表指针反向偏转。采用相敏检波电路,得到的输出信号既能反映位移大小,也能反映位移方向。

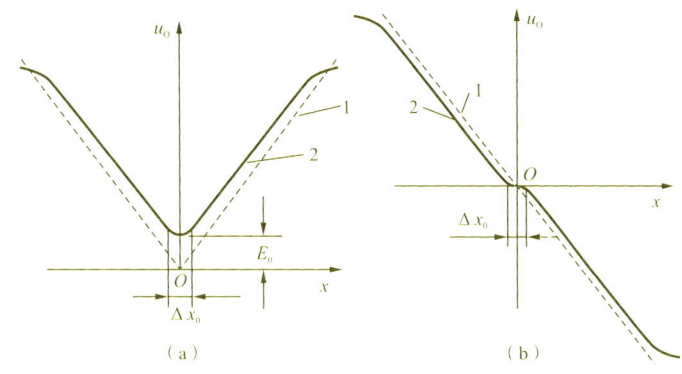

（a）　　　　　　　　　　　（b）

1—理想特性曲线　2—实际特性曲线　E_0—零点残余电压　Δx_0—位移不灵敏区

图 5-7　不同检波方式的输出特性曲线

教学视频

5.2　差动变压器式传感器

电源中用到的单相变压器有一个一次绕组,有若干个二次绕组。当一次绕组加上交流激磁电压 U_i 后,将在二次绕组中产生感应电压 U_o。在全波整流电路中,两个二次绕组串联,总电压等于两个二次绕组的电压之和。但是,当我们将其中一个二次绕组的同名端对调后再串联时,就会发现总电压非但没有增加,反而相互抵消,我们称这种接法为差动接法。如果将变压器的结构加以改造,将铁芯做成可以活动的,就可以制成用于检测非电量的另一种传感器即差动变压器式传感器。

差动变压器式传感器是把被测位移量转换为一次绕组与二次绕组间的互感量 M 的变化的装置。当次绕组接入激励电源之后,二次绕组就将产生感应电动势,当两者间的互感量变化时,感应电动势也相应变化。由于两个二次绕组采用差动接法,故称为差动变压器。目前应用最广泛的结构型式是螺线管式差动变压器。

5.2.1　工作原理

差动变压器的结构原理如图 5-8 所示。在线框上绕有一组输入线圈(称一次绕组);在同一线框的上端和下端再绕两组完全对称的线圈(称二次绕组),它们反向串联,组成差动输出形式。差动变压器的原理如图 5-9 所示。图中标有黑点的一端称为同名端,通俗说法是线圈的"头"。

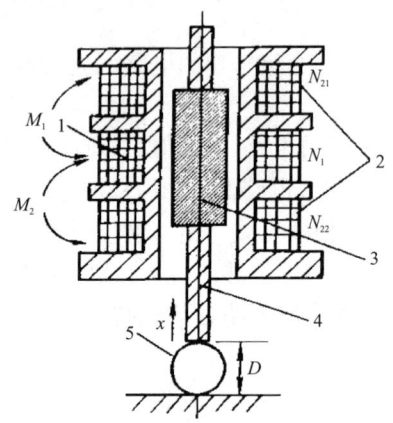

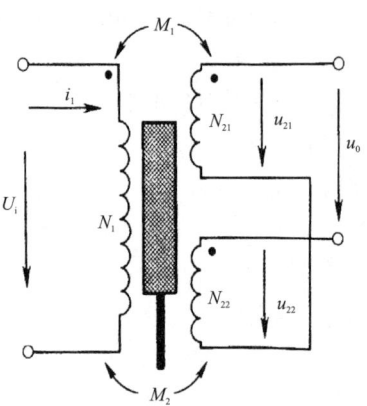

1——次绕组　2—二次绕组　3—衔铁　4—测杆　5—被测物

图 5-8　差动变压器结构示意图　　　　　　　图 5-9　差动变压器原理图

当一次绕组加入交流激励电源后,由于存在互感量 M_1、M_2,二次绕组 N_{21}、N_{22} 产生感应电动势 u_{21}、u_{22},其数值与互感量成正比。由于 N_{21}、N_{22} 反向串联,所以二次绕组空载时的输出电压瞬时值 u_o 等于 u_{21}、u_{22} 之差。

差动变压器的输出电压有效值 U 的特性如图 5-10 所示。图中 x 表示衔铁位移量。当差动变压器的结构及电源电压 u_i 一定时,互感量 M_1、M_2 的大小与衔铁位置有关。

当衔铁处于中间位置时,$M_1=M_2=M_o$,所以 $u_o=0$。

当衔铁偏离中间位置向左移动时,N_1 与 N_{21} 之间的互感量 M_1 减小,所以 u_{21} 减小。与此同时,N_1 与 N_{22} 之间的互感量 M_2 增大,u_{22} 增大,u_o 不再为零,输出电压与激励源反相。

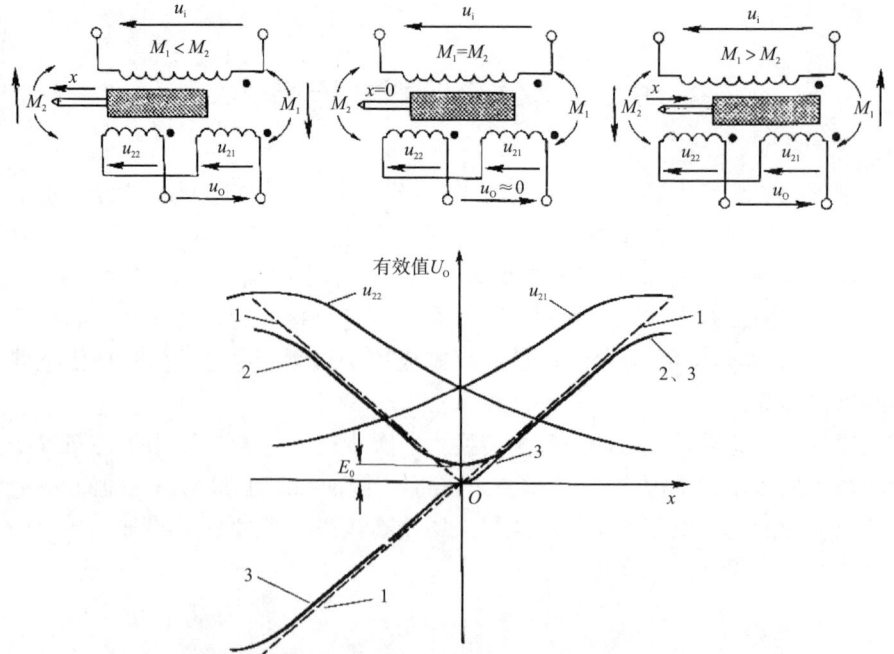

1—理想输出特性　2—普通检波实际输出特性　3—相敏检波实际输出特性

图 5-10　差动变压器的输出特性

当衔铁偏离中间位置向右移动时,输出电压与激励源同相。与差动电感相似的原理,必须用相敏检波电路才能判断衔铁位移的方向。相敏检波电路的输出电压有效值见图 5-10 的曲线 3。

差动变压器式传感器除以上结构形式外,还有其他的结构形式,如贝克曼(Beckman)公司生产的差压变压器就采用图 5-11 所示的结构。该传感器的上下互感线圈采用蜂房扁平结构,当被测压差为零时,圆片状铁氧体与两线圈的距离相等,u_o 为零。当它在被测差压作用下而上下移动时,改变了一、二次绕组之间的互感量,输出电压 u_o 反映了铁氧体的位移大小与方向。

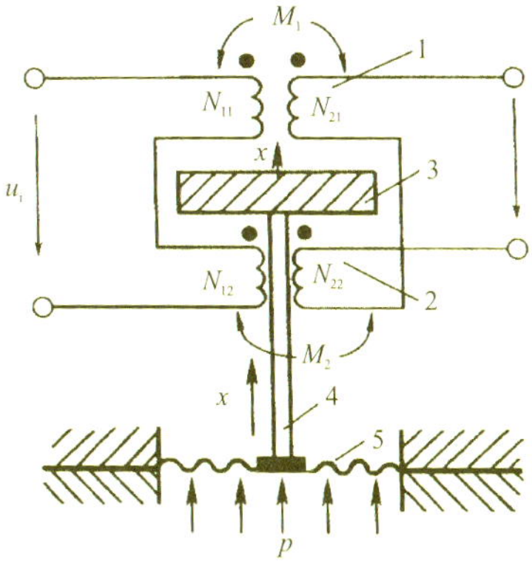

1、2—上、下互感绕组　3—圆片状铁氧体
4—测杆　5—波纹膜片

图 5-11　差动变压器式传感器的
另一种结构形式

5.2.2　主要性能

1.灵敏度

差动变压器的灵敏度用单位位移输出的电压或电流来表示。差动变压器的灵敏度一般可达 0.5～5V/mm,行程越小,灵敏度越高。有时也用单位位移及单位激励电压下输出的毫伏值来表示,即 mV/mm。

影响灵敏度的因素有激励源电压和频率、差动变压器一、二次绕组的匝数比,衔铁直径与长度、材料质量、环境温度、负载电阻等。

为了获得较高的灵敏度,在不使一次绕组过热的情况下,适当提高励磁电压,但以不超过 10V 为宜。电源频率以 1～10kHz 为好。此外,提高灵敏度还可以采用以下措施:提高绕组品质因数;活动衔铁的直径在尺寸允许的条件下尽可能大些,这样有效磁通较大;选用导磁性能好、涡流损耗小的导磁材料等。

2.线性范围

理想的差动变压器输出电压应与衔铁位移呈线性关系。实际上由于衔铁的直径、长度、材质和线圈骨架的形状、大小的不同等均对线性有直接的影响。差动变压器线性范围约为线圈骨架长度的 1/10 左右。由于差动变压器中间部分磁场是均匀的且较强,所以只有中间部分线性较好。采用特殊的绕制方法(两头圈数多、中间圈数少),线性范围可以达 100mm 以上。上一节中的差动式电感传感器的线性范围与此相似。

5.2.3　测量电路

差动变压器的输出电压是交流分量,它与衔铁位移成正比,其输出电压如用交流电压表来测量时,无法判别衔铁移动的方向。除了采用差动相敏检波电路外,还常采用下述的测量电路来解决,如图 5-12 所示。

差动变压器的二次电压 u_{21}、u_{22} 分别经 $VD_1～VD_4$、$VD_5～VD_8$ 两个普通桥式电路整流变成直流电压 U_{a0}、U_{b0}。由于 U_{a0}、U_{b0} 是反向串联的,$U_{r3}=U_{ab}=U_{a0}-U_{b0}$。该电路是以两个桥路整流后的直流电压之差作为输出的,所以称为差动整流电路。图中的 RP 是用来微调电路平衡的。C_3、C_4、R_3、R_4 组成低通滤波电路,其时间常数 τ 必须是 U_i 周期的十倍以上。A 及 R_{21}、R_{22}、R_f、R_{23} 组成差动减法放大器,用于克服 a、b 两点的对地共模电压。

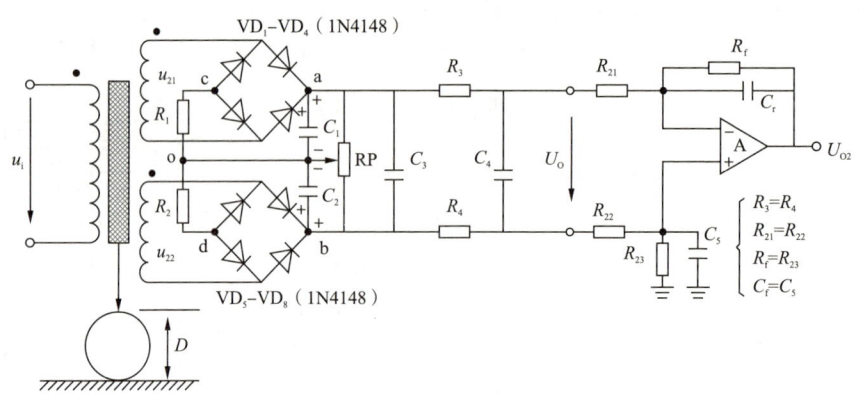

图 5-12　差动整流电路

随着微电子技术的发展，目前已能将上述相敏整流及信号放大电路、温度补偿电路等做成厚膜电路，装入差动变压器的外壳（靠近电缆引出部位）内，它的输出信号可设计成符合国家标准的 $1\sim5V$ 或 $4\sim20mA$，这种差动变压器称为 LVDT 位移传感器。

教学视频

5.3　电感式传感器的应用

自感传感器和差动变压器式传感器主要用于位移测量，凡是能转换成位移变化的参数，如力、压力、压差、加速度、振动及工件尺寸等均可测量。

1. 位移测量

轴向式电感测微器的结构如图 5-13 所示。测量时红宝石（或钨钢）测端接触被测物，被测物尺寸的微小变化使衔铁在差动绕组中产生位移，造成差动绕组电感量的变化，此电感变化通过电缆接到交流电桥，电桥的输出电压反映了被测体尺寸的变化。测微仪器的各挡量程为 $\pm3\mu m$、$\pm10\mu m$、$\pm30\mu m$、$\pm100\mu m$、$\pm300\mu m$，相应的指示表的分度值为 $0.1\mu m$、$0.5\mu m$、$1\mu m$、$5\mu m$、$10\mu m$，分辨力最高可达 $0.1\mu m$，准确度为 0.1% 左右，比较适合于测量相对位移。

2. 电感式滚柱直径分选装置

用人工测量和分选轴承用滚柱的直径是一项十分费时且容易出错的工作。图 5-14 是电感式滚柱直径分选机的工作原理示意图。

由机械排序装置（振动料斗）送来的滚柱按顺序进入落料管 5。电感测微器的测杆在电磁铁的控制下，先是提升到一定的高度，气缸推杆 3 将滚柱推入电感测微器测头正下方（电磁限位挡板 8 决定滚柱的前后位置），电磁铁释放，钨钢测头 7 向下压住滚柱，滚柱的直径决定了衔铁的位移量。电感传感器的输出信号经相敏检波后送到计算机，计算出直径的偏差值。

完成测量后，测杆上升，限位挡板 8 在电磁铁的控制下移开，测量好

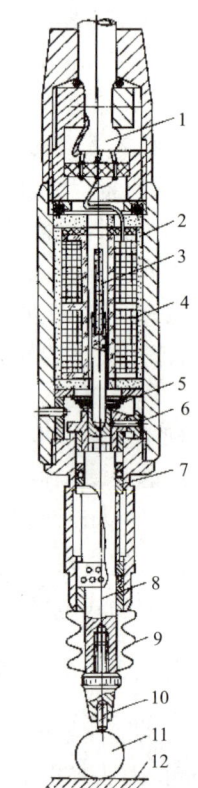

1—引线电缆　2—固定磁筒
3—衔铁　4—线圈
5—测力弹簧　6—防转销
7—直线轴承　8—测杆
9—密封套　10—测端
11—被测工件　12—基准面

图 5-13　轴向式电感测微器

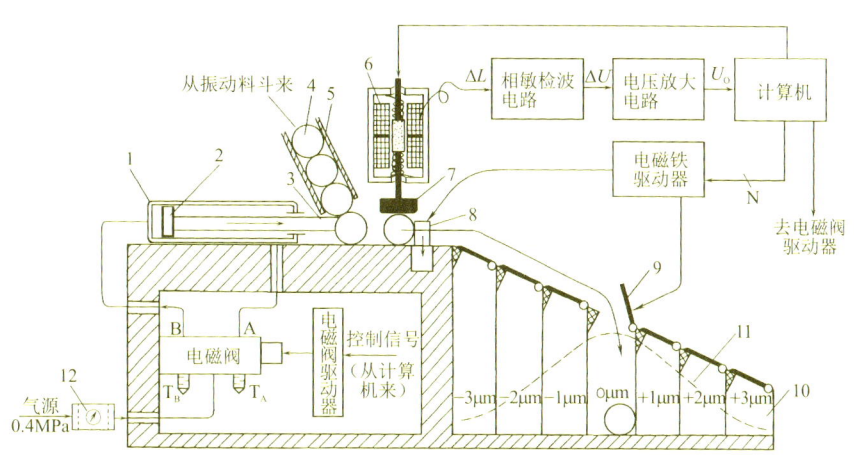

1—气缸 2—活塞 3—推杆 4—被测滚柱 5—落料管 6—电感测微器 7—钨钢测头
8—限位挡板 9—电磁翻板 10—滚柱的误差分布 11—料斗 12—气源三联件

图 5-14 滚柱直径分选机的工作原理示意图

的滚柱在推杆 3 的再次推动下离开测量区域。这时相应的电磁翻板 9 打开,滚柱落入与其直径偏差相对应的容器(料斗)10 中。同时,推杆 3 和限位挡板 8 复位。从图 5-14 中的虚线可以看到,批量生产的滚柱直径偏差概率符合随机误差的正态分布。上述测量和分选步骤均是在计算机控制下进行的。若在轴向再增加一只电感传感器,还可以在测量直径的同时,将滚柱的长度一并测出,请读者自行思考。

3. 电感式圆度计

图 5-15 是用来测量轴类工件圆度的示意图。电感测头围绕工件缓慢旋转,也可以测头固定不动,工件绕轴心旋转,耐磨测端(多为钨钢或红宝石)与工件接触,通过杠杆,将工件不圆度引起的位移传递给电感测头中的衔铁,从而使差动电感有相应的输出。信号经过计算机处理后生成按一定比例放大的工件圆度的图形,以便用户分析测量结果。

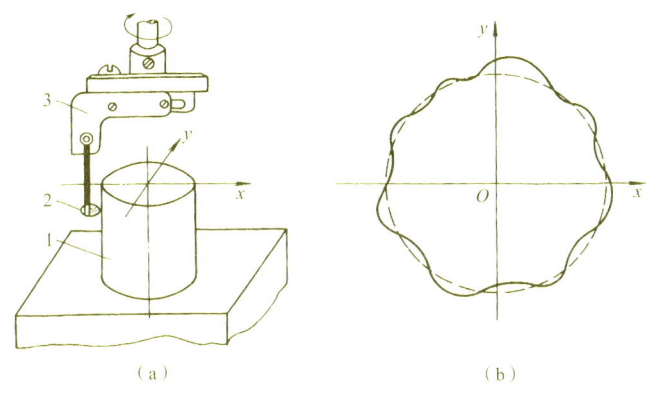

（a）   （b）

图 5-15 轴类工件圆度的测量

4. 压力测量

图 5-16 为差动变压器式压力变送器的外形、结构及电路图。它适用于测量各种生产流程中液体、水蒸气及气体压力。在该图中能将压力转换为位移的弹性敏感元件称为膜盒。

膜盒由两片波纹膜片焊接而成。所谓波纹膜片是一种压有同心波纹的圆形薄膜。当膜片

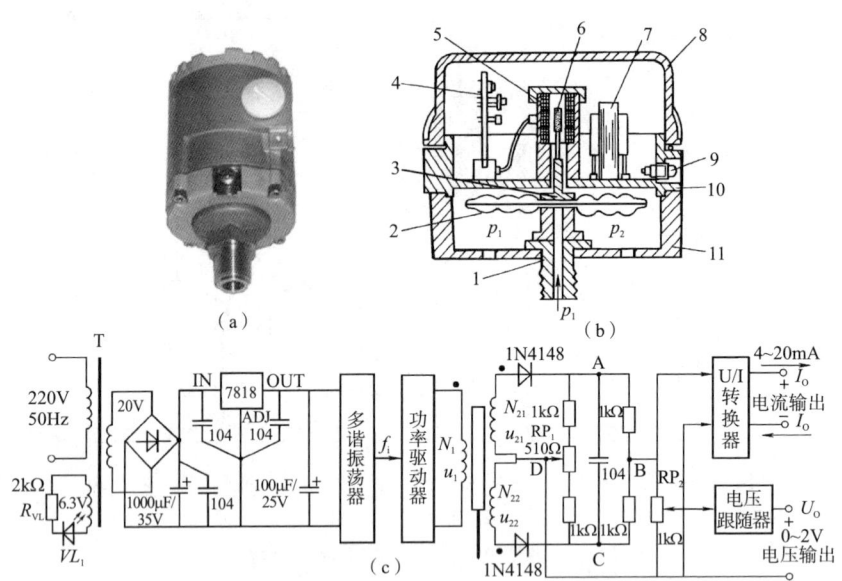

1—压力输入接头　2—波纹膜盒　3—电缆　4—印制电路板　5—差动绕组　6—衔铁
7—电源变压器(可用开关电源代替)　8—罩壳　9—指示灯　10—密封隔板　11—安装底座

图 5-16　压力变送器的外形、结构及电路

四周固定,两侧面存在压差时,膜片将弯向压力低的一侧,因此能够将压力变换为位移。波纹膜片比平膜片柔软得多,因此多用于测量较小压力的弹性敏感元件。

为了进一步提高灵敏度,常把两个膜片周边焊在一起,制成膜盒。它中心的位移量为单个膜片的两倍。由于膜盒本身是一个封闭的整体,所以密封性好,周边不需固定,给安装带来方便,它的应用比波纹膜片广泛得多。

当被测压力未导入传感器时,膜盒 2 无位移。这时,活动衔铁在差动线圈的中间位置,因而输出电压为零。当被测压力从输入口 1 导入膜盒 2 时,膜盒在被测介质的压力作用下,其自由端产生正比于被测压力的位移,测杆使衔铁向上位移,在差动变压器的二次绕组中产生的感应电动势发生变化而有电压输出,此电压经过安装在线路板 4 上的电子电路处理后,送给二次仪表,加以显示。将压力转换成位移的弹性敏感元件除了膜盒之外,还有波纹管、弹簧管、等截面薄板、薄壁圆筒、薄壁半球等,后者的灵敏度最低,适合于较大压力的测量。

此压力变送器的电气原理框图如图 5-16(c)所示。220V 交流电通过降压、整流、滤波及稳压后,由多谐振荡器及功率驱动电路转变为 6V、2kHz 的稳频、稳幅交流电压作为差动变压器的激励源。差动变压器的二次侧输出电压通过半波差动整流电路、滤波电路后,作为变送器的输出信号,可接入二次仪表加以显示。电路中 RP_1 是调零电位器,RP_2 是调量程电位器。差动整流电路的输出也可以进一步作电压/电流变换,输出与压力成正比的电流信号,称为电流输出型变送器,它在各种变送器中占很大的比例。

图 5-16 所示的压力变送器已经将传感器与信号处理电路组合在一个壳体中,这在工作中被称为一次仪表。一次仪表的输出信号可以是电压,也可以是电流。由于电流信号不易受干扰,且便于远距离传输(可以不考虑电路压降),所以在一次仪表中多采用电流输出型。

新的标准规定电流输出为 4~20mA,电压输出为 1~5V(旧标准为 0~10mA 或 0~2V)。

4mA 对应于零输入,20mA 对应于满度输入。不让信号占有 0～4mA 这范围的原因:一方面是有利于判断电路故障(开路)或仪表故障;另一方面,这类一次仪表内部均采用微电流集成电路,总的耗电还不到 4mA,因此还能利用 0～4mA 这部分"本底"电流为一次仪表的内部电路提供工作电流,使一次仪表成为两线制仪表。

所谓两线制仪表是指仪表与外界的联系只需两根导线。多数情况下,其中一根为+24V 电源线,另一根既作为电源负极引线,又作为信号传输线。在信号传输线的末端通过一只标准负载电阻(取样电阻)接地(电源负极),将电流信号转变成电压信号。接线方法如图 5-17 所示。两线制仪表的另一好处是:可以在仪表内部,通过隔直、通交电容,在电流信号传输线上叠加数字脉冲信号,作为一次仪表的串行控制信号和数字输出信号,以便远程读取,成为网络化仪表。

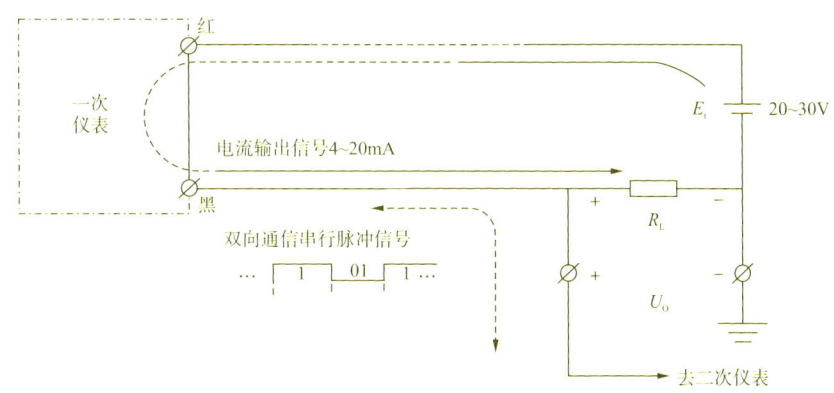

图 5-17　两线制仪表的接线方法

在图 5-17 中,若取样电阻 $R=500\Omega$,则对应于 4～20mA 的输出电压 U_o 为 2～10V。由于上述一次仪表输出的信号既易于处理,又符合国家标准,所以这类标准化的传感器或仪表又称为变送器。变送器的输出信号可直接与电动过程控制仪表连接。

例 4-1　某两线制电流输出型温度变送器的产品说明书注明其量程范围为 0～200℃,对应输出电流为 4～20mA。求:当测得输出电流 $I=12$mA 时的被测温度 t。

解　因为该仪表说明书未说明该仪表的线性度,所以可以认为输出电流与压力之间为线性关系即 I 与 t 的数学关系为一次方程,所以有

$$I=a_0+a_1t \tag{5-3}$$

式中 a_0、a_1 为待求常数。

当 $t=0$℃时,$I=4$mA,所以 $a_0=4$mA。

当 $t=200$℃时,$I=20$mA,代入上式可得 $a_1=0.08$mA/℃。

所以该温度变送器的输入/输出方程为 $I=4$mA$+0.08t$。

将 $I=12$mA 代入上式得 $t=(I-4)/t=(12-4)/0.08$℃$=100$℃。

由上式计算可知,虽然满量程(200℃)时的输出电流为 20mA,但不能简单地认为 10mA 时的温度就是满量程的一半。图 5-18 是该 4～20mA 二次仪表的输入/输出特性曲线,据此也可用作图法来得到温度与电流的对应关系。

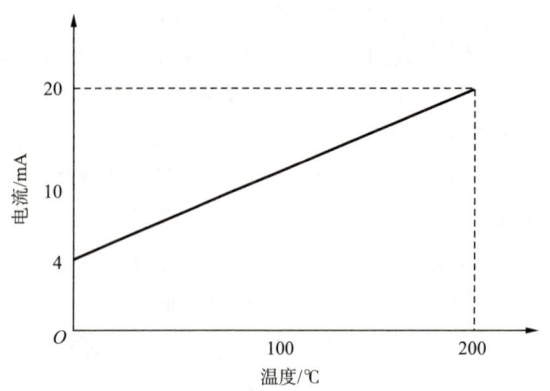

图 5-18   两线制电流输出型温度变送器输入/输出特性曲线

章节习题

1. 单项选择题:

(1)欲测量极微小的位移,应选择(   )自感传感器。希望线性好、灵敏度高、量程为 1mm 左右、分辨力为 1μm 左右,应选择(   )自感传感器为宜。

A. 变隙式   B. 变截面式   C. 螺线管式

(2)希望线性范围为±1mm,应选择线圈骨架长度为(   )左右的螺线管式自感传感器或差动变压器。

A. 2mm   B. 20mm   C. 400mm   D. 1mm

(3)螺线管式自感传感器采用差动结构是为了(   )。

A. 加长线圈的长度从而增加线性范围   B. 提高灵敏度,减小温漂

C. 降低成本   D. 增加线圈对衔铁的吸引力

(4)自感传感器或差动变压器采用相敏检波电路最重要的目的是(   )。

A. 提高灵敏度

B. 将输出的交流信号转换成直流信号

C. 使检波后的直流电压能反映检波前交流信号的相位和幅度

(5)某车间用图 5-14 的装置来测量直径范围 10mm±1mm 轴的直径误差,应选择线性范围为(   )的电感传感器为宜(当轴的直径为 10mm±0.01mm 时,预先调整电感传感器的安装高度,使衔铁正好处于电感传感器中间位置)。

A. 10mm   B. 3mm   C. 1mm   D. 12mm

(6)希望远距离传送信号,应选用具有(   )输出的标准变送器。

A. 0~2V   B. 1~5V   C. 0~10mA   D. 4~20mA

2. 差动变压器式压力变送器的特性曲线如图 5-19 所示。求:

(1)当输出电压为 50mV 时,压力 p 为多少千帕?

(2)在图(a)、(b)上分别标出线性区,综合判断整个压力传感器的压力测量范围是多少?(线性误差小于 2.5%)

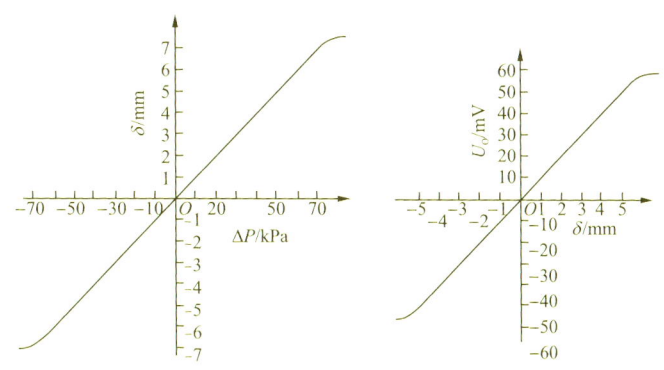

(a)压力与膜盒挠度的关系　　　(b)衔铁位移与输出电压的关系

图 5-19　差动变压器式压力传感器变送特性曲线

3. 有一台两线制压力变送器,量程范围为 0～1MPa,对应的输出电流为 4～20mA。求:

(1)压力 p 与输出电流 I 的关系表达式(输入/输出方程)。

(2)画出压力与输出电流间的输入/输出特性曲线。

(3)当 p 为 0MPa、1MPa 和 0.5MPa 时变送器的输出电流。

(4)如果希望在信号传输终端将电流信号转换为 1～5V 电压,求负载电阻 R_L 的阻值。

(5)画出该两线制压力变送器的接线电路图(电源电压为 24V)。

(6)如果测得变送器的输出电流 5mA,求此时的压力 p。

(7)若测得变送器的输出电流 0mA,试说明可能是哪几个原因造成的。

(8)请将图 5-20 中的各元器件及仪表正确地连接起来。

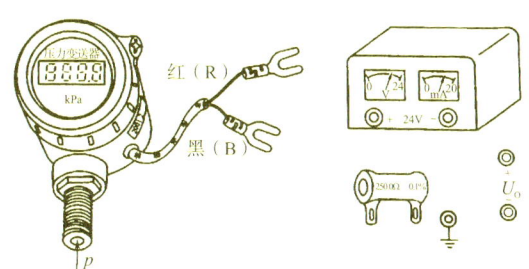

图 5-20　二线制仪表的正确连接

4. 图 5-21 是差动变压器式振动幅度测试传感器示意图,请分析其测量振幅的原理。

当振动体因振动而向左位移时,由于衔铁_____性较大,所以留在原来位置,基本不动,

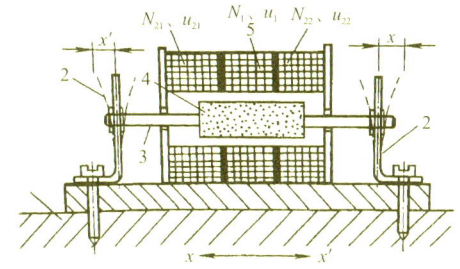

1—振动体　2—弹簧片式悬臂梁　3—连杆　4—衔铁　5—差动变压器绕组

图 5-21　差动变压器式振动幅度测试传感器

所以相对于差动变压器线圈而言,相当于向_____位移。N_1 与 N_{21} 之间的互感量 M_1 _____,所以 u_{21} _____。而 N_1 与 N_{22} 之间的互感量 M_2 _____,所以 u_{22} _____。$u_o = u_{21} - u_{22}$,其绝对值与振动的_____(幅值 x/速度 v/加速度 a)成正比,而相位与 u_i _____(同相/反相)。反之,当振动体向右位移时,衔铁向_____位移,u_o 与 u_i _____相。

扩展阅读

“智造”转型

　　“智造”转型势在必行。在智能制造引领全球制造业转型升级的背景下,向“智造”转型,向“高端”升级,中国企业深谙顺其“自然”。

　　山推集团将自己生产的各类工程机械的关键零部件,打入了美日等发达国家。山推借助研制成功的巨无霸900吨大马力推土机,正在向产品的全产业链进军。

　　转型为能量转换的系统服务商和总包商,让陕鼓集团在金融危机冲击制造业的年代反而利润上升。西门子、GE、爱默生等知名跨国公司加盟其中,共同为客户提供高质量的解决方案,已经有超过10年历史。过去10年,陕鼓通过协作网的采购额超过100亿元人民币。

　　沈阳机床集团将高附加值的“机床大脑”——“飞扬”智能操作系统——作为主攻方向取得成功,并独创机床4S店销售网络并全面布局,试图颠覆中国机床业的游戏规则,更可能改写世界机床的生产销售和服务方式。

模块6 电容式传感器

 学习目标

知识目标

1. 掌握电容式传感器的工作原理及结构形式。
2. 了解电容式传感器的分类及特点。
3. 了解各类电容式传感器的典型应用。

能力目标

1. 能够根据检测要求选择合适的电容式传感器。
2. 能够使用电容式接近开关进行位置检测。
3. 能够使用电容式传感器进行压力、流量等测量。

电容式传感器是以各种类型的电容器作为传感器元件,通过它将被测物理量的变化转换为电容量的变化,再经测量转换电路转换为电压、电流或频率。

电容式传感器具有如下优点:

1. 可获得较大的相对变化量

用应变片测量时,一般得到电阻的相对变化量小于 1%,而电容传感器的相对变化量可达到 200% 或更大些。

2. 能在恶劣的环境条件下工作

它能在高温、低温和强辐射等环境中工作,其原因在于这种传感器通常不一定需要使用有机材料或磁性材料,而这些材料是不能用于上述恶劣环境中的。

3. 发热的影响小

电容器工作所需的激励源功率小,电容式传感器用空气或硅油作为绝缘介质时,介质损失很小。因此本身发热的问题可不予考虑,激励源提供的电流也较小。

4. 动态响应快

因为电容式传感器具有较小的可动质量,动片的谐振频率较高,所以能用于动态测量。

由于电容式传感器具有一系列突出的优点,随着电子技术的迅速发展,特别是大规模集成电路的应用,以上优点将得到进一步发扬,而它所存在的引线电缆分布电容影响以及非线性的缺点也随之得到克服,因此电容式传感器在自动检测中得到越来越广泛的应用。

6.1　电容式传感器的原理及结构

教学视频

电容式传感器的工作原理可以用图 6-1 所示的平板电容器来说明。当忽略边缘效应时,其电容量为

$$\Delta=\frac{\varepsilon A}{d}=\frac{\varepsilon_0\varepsilon_r A}{d} \tag{6-1}$$

式中,A 是两极板相互遮盖的有效面积;d 是两极板间的距离,也称为极距;ε 是两极板间介质的介电常数;ε_r 是两极板间介质的相对介电常数;ε_0 是真空的介电常数,$\varepsilon_0=8.85\times10^{-12}\mathrm{F/m}$。

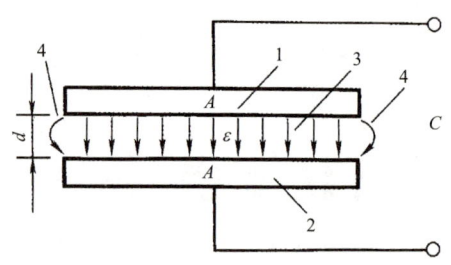

1—上极板　2—下极板　3—电力线　4—边缘效应
图 6-1　平板电容器

由式(6-1)可知,在 A、d、ε 三个参量中,改变其中任意一个量,均可使电容量 C 改变。也就是说,电容量 C 是 A、d、ε 的函数,这就是电容式传感器的基本工作原理。固定三个参量中的两个,可以制作三种类型的电容式传感器。

6.1.1　变面积型电容式传感器

变面积型电容式传感器的结构及原理如图 6-2 所示。图 6-2(a)是平板形直线位移式结构,其中极板 2 可以左右移动,称为动极板。极板 1 固定不动,称为定极板。

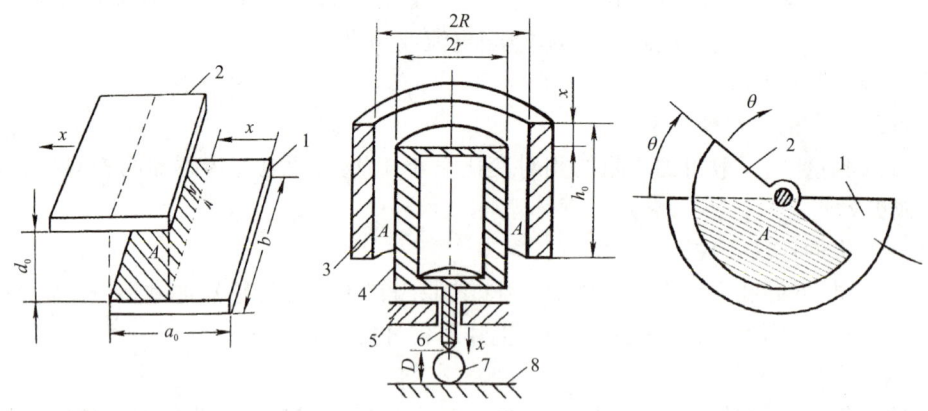

(a)平板形直线位移式　　　　(b)同心圆筒形直线位移式(剖面图)　　　　(c)半圆形角位移式
1—定极板　2—动极板　3—外圆筒　4—内圆筒　5—导轨　6—测杆　7—被测物　8—水平基准
图 6-2　变面积型电容式传感器的结构及原理

图 6-2(b)是同心圆筒形直线位移式结构。外圆筒固定,内圆筒在外圆筒内作上、下直线运动。在实际设计时,必须使用导轨来保持两圆筒的间隙不变。内外圆筒的半径之差越小,灵敏度越高。实际使用时,外圆筒必须接地,这样可以屏蔽外界电场干扰,并且能减小周围人体及金属体与内圆筒的分布电容,以减小误差。

图 6-2(c)是半圆形角位移式的结构。动极板 2 的轴由被测物体带动而旋转一个角位移 θ 度时,两极板的遮盖面积(投影面积)A 就减小,因而电容量也随之减小。

由于动极板与轴连接,所以一般动极板接地,但必须制作一个接地的金属屏蔽盒,将定极板屏蔽起来。

变面积型电容式传感器的输出特性在一定的范围内是线性的，灵敏度是常数。变面积型电容式传感器还可以做成其他形式。这一类传感器多用于检测直线位移、角位移、工件尺寸等参量。

6.1.2　变极距型电容式传感器

变极距型电容式传感器的结构及特性如图6-3所示。图中极板1为定极板，极板2为动极板。当动极板受被测物体作用引起位移时，改变了两极板之间的距离 d，从而使电容量发生变化。当初始极距 d_0 较小时，对于同样的位移 x 或 Δd，所引起的电容变化量，比 d_0 较大时的 ΔC 大得多，即灵敏度较高。所以实际使用时，总是使初始极距 d_0 尽量小些，以提高灵敏度。但这也带来了变极距式电容传感器的行程较小的缺点。

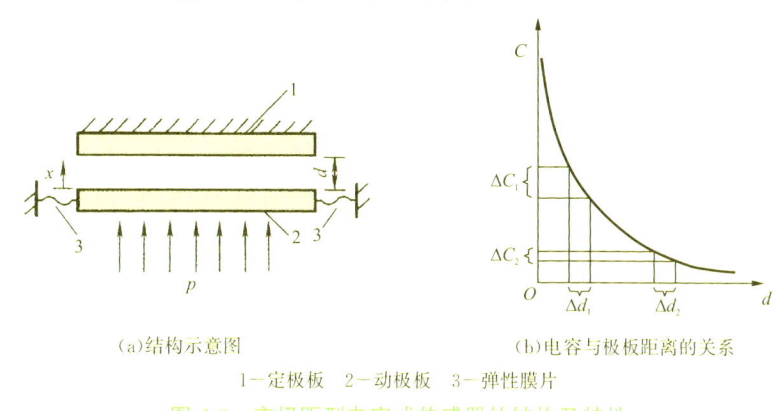

(a)结构示意图　　　　(b)电容与极板距离的关系

1—定极板　2—动极板　3—弹性膜片

图6-3　变极距型电容式传感器的结构及特性

一般变极距式电容传感器起始电容量设置在十几皮法（pF）至几十皮法、极距 d_0 设置在 $100\sim1000\mu m$ 的范围内较为妥当。最大位移应该小于两极板间距的 $1/10$，电容的变化量可高达 $2\sim3$ 倍。近年来随着计算机技术的发展，电容式传感器大多都配置了微处理器，所以其非线性误差可用微处理器来计算修正。

为了提高传感器的灵敏度，减小非线性，常常把传感器做成差动形式。图 6-4(a) 为差动变极距式电容传感器的示意图。中间为动极板（接地），上下两块为定极板。当动极板向上移动 Δx 后，C_1 的极距变为 $d_0-\Delta x$，而 C_2 的极距变为 $d_0+\Delta x$，电容 C_1 和 C_2 形成差动变化，经过信号测量转换电路后，灵敏度提高近一倍，线性也得到改善。

图 6-4(b) 为电子数显卡尺中常用到的差动变面积式电容传感器原理示意图。当接地的动

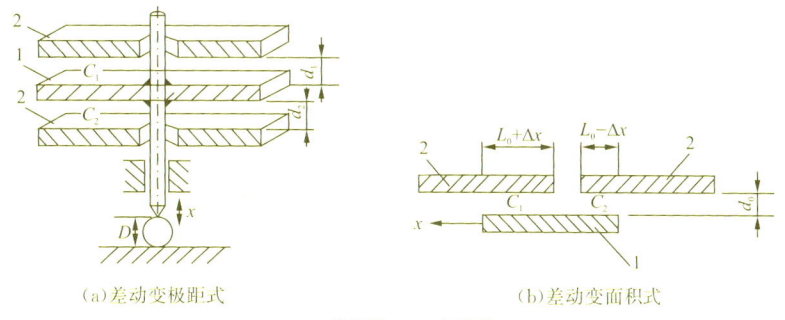

(a)差动变极距式　　　　(b)差动变面积式

1—动极板　2—定极板

图6-4　差动式电容传感器结构示意图

极板向左平移时(动极板与两个定极板的间距 d_0 保持不变), C_1 增大, C_2 减小, $\Delta C = C_1 - C_2$, 电容的变化量与位移呈线性关系。这种形式的电容式传感器行程较大(实际上有许多对定片和动片以及屏蔽电极,通称为容栅),外界的影响诸如温度、激励源电压、频率变化等也基本能相互抵消,因此在工业中应用较广。

6.1.3　变介电常数式电容传感器

因为各种介质的相对介电常数不同,所以在电容器两极板间插入不同介质时,电容器的电容量也就不同。利用这种原理制作的电容式传感器称为变介电常数式电容传感器,它们常用来检测片状材料的厚度、性质,颗粒状物体的含水量以及测量液体的液位等。表 6-1 列出了几种常用气体、液体和固体介质的相对介电常数。

表 6-1　几种介质的相对介电常数

介质名称	相对介电常数 ε_r	介质名称	相对介电常数 ε_r
真空	1	玻璃釉	3~5
空气	略大于 1	SiO_2	38
其他气体	1~1.2[①]	云母	5~8
变压器油	2~4	干的纸	2~4
硅油	2~3.5	干的谷物	3~5
聚丙烯	2~2.2	环氧树脂	3~10
聚苯乙烯	2.4~2.6	高频陶瓷	10~160
聚四氟乙烯	2.0	低频陶瓷、压电陶瓷	1000~10000
聚偏二氟乙烯	3~5	纯净的水	80

注:相对介电常数的数值视该介质的成分和化学结构不同而有较大的区别,以下同。

图 6-5 是变介电常数式电容传感器的原理图。当某种介质处于固定极距的两极板间时,介质厚度 δ 越厚,电容量也就越大。

当介质厚度 δ 保持不变、而相对介电常数 ε_r 改变,如空气湿度变化,介质吸入潮气时,电容量将发生较大的变化。因此该电容器可作为相对介

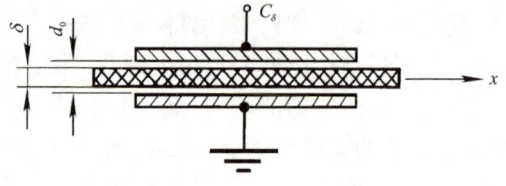

图 6-5　变介电常数式电容传感器

电常数 ε_r 的测试仪器,如空气相对湿度传感器。反之,若 ε_r 不变,则可作为检测介质厚度的传感器。

图 6-6 为电容液位计原理图。当被测液体(绝缘体)的液面在两个同心圆金属管状电极间上下变化时,引起两电极间不同介电常数介质(上半部分为空气,下半部分为液体)的高度变化,因而导致总的电容量的变化,其灵敏度为常数。R/r 越小,灵敏度越高。但是,在 R/r 较小的情况下,由于液体毛细管作用的影响,两圆管间的液面将高于实际液位,从而带来测量误差。在被测液体为黏性液体时,由黏附现象引起的测量误差将更大。

当液罐外壁是导电金属时,可以将其接地,并作为液位计的外电极,如图 6-6(b)所示。当被测介质是导电的液体(例如水溶液)时,则内电极应采用金属管外套聚四氟乙烯套管式电极。而且这时的外电极也不再是液罐外壁,而是该导电介质本身,这时内、外电极的极距只是聚四氟乙

烯套管的壁厚。以上讨论的电容液位计的工作原理也可用上下两段不同面积、不同介电常数的电容量之和来理解。

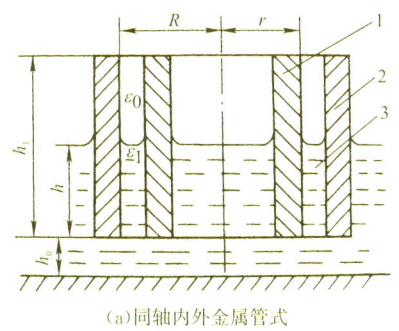

(a)同轴内外金属管式

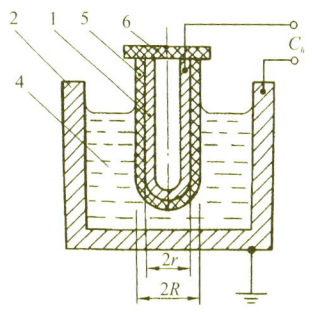

(b)金属管外套聚四氟乙烯套管式

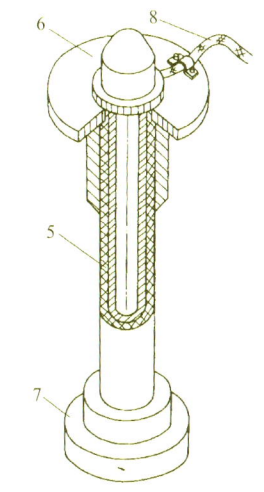

(c)带底座的电容液位传感器的结构

1—内圆筒 2—外圆筒 3—被测绝缘液体 4—被测导电液体 5—聚四氟乙烯套管
6—顶盖 7—绝缘底座 8—信号传输屏蔽电缆

图 6-6   电容液位计

6.2   电容式传感器的测量转换电路

电容式传感器将被测物理量转换为电容变化后，必须采用测量转换电路将其转换为电压、电流或频率信号。电容式传感器的测量转换电路种类很多，下面介绍一些常用的测量转换电路。

6.2.1   桥式电路

图 6-7 所示为桥式测量转换电路。其中图 6-7(a)为单臂接法的桥式测量电路，1MHz 左右的高频电源经变压器接到电容桥的一个对角线上，电容 C_1、C_2、C_3、C_x 构成电桥的 4 臂，C_x 为电容传感器，交流电桥平衡时

$$\frac{C_1}{C_2} = \frac{C_x}{C_3}, u_o = 0$$

当 C_x 改变时，$u_o \neq 0$，桥路有输出电压。

图 6-7(b)为差动接法的桥式测量电路。

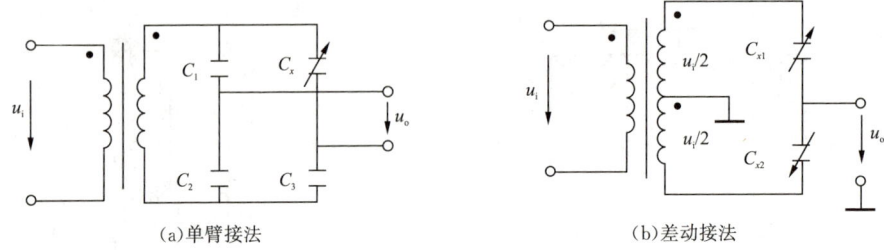

(a)单臂接法　　　　　　　　　　　(b)差动接法

图 6-7　电容式传感器的桥式测量转换电路

6.2.2　调频电路

这种电路是将电容式传感器作为 LC 振荡器谐振回路的一部分，或作为晶体振荡器中的石英晶体的负载电容。与电涡式流传感器有区别的是，当电容式传感器工作时，电容 C_x 发生变化，就使振荡器的频率 f 产生相应的变化。由于振荡器的频率受电容式传感器电容的调制，这样就实现了 C/f 的变换，故称为调频电路。图 6-8 为 LC 振荡器调频电路框图。调频振荡器的频率可由下式决定：

$$f = \frac{1}{2\pi\sqrt{L_0 C}} \tag{6-2}$$

式中，L_0 是振荡回路的固定电感，C 是振荡回路的电容。

C 包括传感器电容 C_x、谐振回路中的微调电容 C_0 和传感器电缆分布电容 C_c，即

$$C = C_x + C_0 + C_c$$

振荡器的输出信号是一个受被测量控制的调频波，频率的变化在鉴频器中转换为电压幅度的变化，经过放大器放大、检波后就可用仪表来指示，也可将频率信号直接送到计算机的计数定时器进行测量。

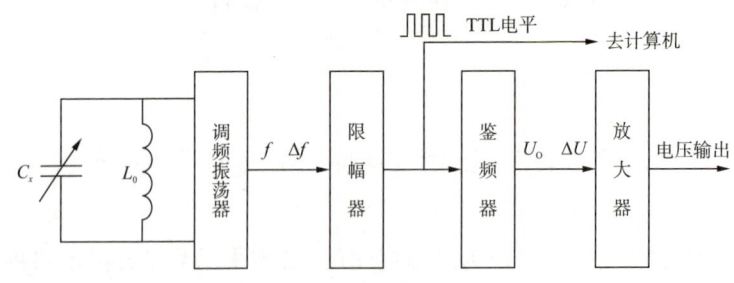

图 6-8　调频电路框图

6.3　电容式传感器的应用

教学视频

电容器的容量受三个因素影响：极距 x、相对面积 A 和极间介电常数 ε。固定其中两个变量，电容量 C 就是另一个变量的一元函数。只要想办法将被测非电量转换成极距或者面积、介

电常数的变化,就可以通过测量电容量这个电参数来达到非电量电测的目的。

例如,图 6-5 所示的简单结构就可以用于测量纸张含水量、塑料薄膜的厚度等,而图 6-2(b) 则可以用于测量工件的尺寸,图 6-2(c)可以用于测量机械臂的角位移。

电容式传感器的用途还有许多,例如:可以利用极距变化的原理,测量振动、压力;利用相对面积变化的原理,可以非常精确地测量角位移和直线位移,构成电子千分尺;利用介电常数变化的原理,可以测量空气相对湿度、液位和物位等。

6.3.1 电容测厚仪

电容测厚仪可以用来测量金属带材在轧制过程中的厚度,其工作原理如图 6-9 所示。

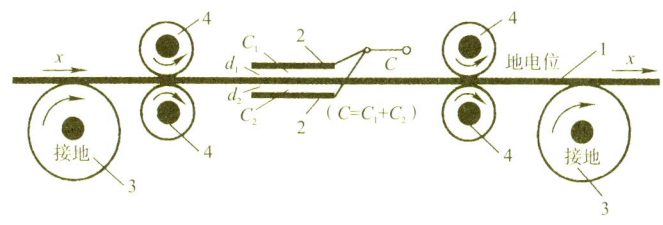

1—金属带材 2—电容极板 3—导向轮 4—轧辊
图 6-9 电容测厚仪示意图

在被测金属带材的上下两侧各放置一块面积相等、与带材距离相等的定极板,定极板与金属带材之间就形成了两个电容器 C_1 和 C_2。把两块定极板用导线连接起来,就相当于 C_1 与 C_2 并联,总电容 $C=C_1+C_2$。如果带材厚度变厚,则引起极距 d_1、d_2 电容的变大,从而导致总电容 C 的变大,用交流电桥将电容的变化检测出来,经过放大,可由显示仪表显示出带材厚度的变化。使用上、下两个极板是为了克服带材在传输过程中的上下波动带来的误差。例如,当带材向下波动时,d_1 变大,d_2 变小,则 C_1 减小,C_2 增大,C 基本不变。

6.3.2 电容加速度传感器

由于微电子机械系统(MEMS)技术的发展,可以用硅微机械加工技术,将一块多晶硅加工成多层结构,制作成"三明治"摆式硅微电容加速度传感器,其结构示意图如图 6-10 所示。它是在硅衬底上,利用表面微加工技术,制造出三个多晶硅电极,组成差动电容 C_1、C_2。图中的底层多晶硅和顶层多晶硅固定不动。中间层多晶硅是一个可以上下微动的振动片,其左端固定在衬底上,所以相当于悬臂梁。它的核心部分只有 Φ3mm 左右,与测量转换电路一起封装在 8 脚帽型金属封装中或贴片 IC 封装中,外形酷似普通的集成电路。其内部核心结构如图 6-10(b)、(c) 所示。

当硅微电容加速度测试单元感受到上下振动时,极距 d_1、d_2 和电容 C_1、C_2 呈差动变化。与加速度测试单元封装在同一壳体中的信号处理单元将 ΔC 转换成直流输出电压。它的激励源也封装在同一壳体内,所以集成度很高。由于硅的弹性滞后很小,且悬臂梁的质量很轻,所以频率响应可达 1kHz 以上,加速度测量范围可达 ±100g。

将该加速度电容传感器安装在炸弹上,可以控制炸弹爆炸的延时时刻;安装在手机上,可以测量加速度和角位移(简易陀螺仪功能);安装在无人机上,可以控制飞行姿势;安装在平衡车上,可以实现平衡、前进、后退的控制;安装在轿车上,可以作为碰撞传感器。当正常刹车和小事

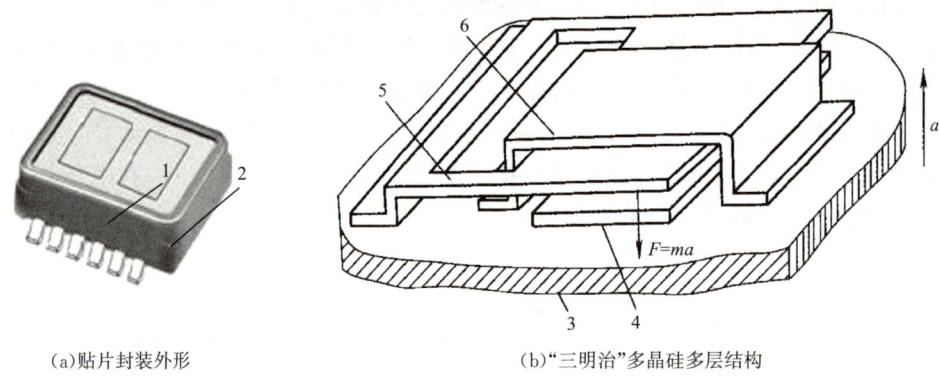

(a)贴片封装外形　　　　　　　(b)"三明治"多晶硅多层结构

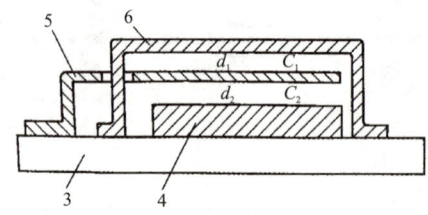

(c)加速度测试单元的工作原理

1—加速度测试单元　2—信号调理单元　3—衬底　4—底层多晶硅(下电极)
5—多晶硅悬臂梁　6—顶层多晶硅(上电极)

图 6-10　硅微电容加速度传感器的结构示意图

故碰擦时,传感器输出信号较小。当其测得的负加速度值超过设定值时,汽车 ECU(电子控制单元)据此判断发生碰撞,于是就启动轿车前部的折叠式安全气囊迅速充气而膨胀,托住驾驶员及前排乘员的胸部和头部。

将超小型化的 MEMS(微机电系统)植入智能手机,就可以测量身体重心的向前、向后、上下变化的加速度,计算出步数。与北斗(BD)或 GPS 配合,就可以计算出步幅、步速,统计出公里数,计算出卡路里的消耗,测绘出"足迹地图",实现"微信运动"等功能。

6.3.3　湿敏电容

所谓湿敏电容是指利用具有很大吸湿性的绝缘材料作为电容传感器的介质,在其两侧面镀上多孔性电极。当相对湿度增大时,吸湿性介质吸收空气中的水蒸气,使两块电极之间的介质相对介电常数大为增加(水的相对介电常数为 80),所以电容量增大。

目前,成品湿敏电容主要使用以下两种吸湿性介质:一种是多孔性氧化铝,另一种是高分子吸湿膜。

图 6-11 是硅 MOS 型 Al_2O_3 湿敏电容传感器的结构及外形,图 6-12 是氧化铝湿敏电容的电容量及漏电阻与相对湿度的关系曲线。

MOS 型 Al_2O_3 湿度传感器是在单晶硅上制成 MOS 晶体管,其栅极绝缘层是用热氧化法生成的厚度约 80nm 的 SiO_2 膜,在此 SiO_2 膜上,用蒸发或电解法制得多孔性 Al_2O_3 膜,然后再镀上多孔金(Au)膜。

由于多孔性氧化铝可以吸附及释放水分子,所以其电容量将随空气的相对湿度变大而变

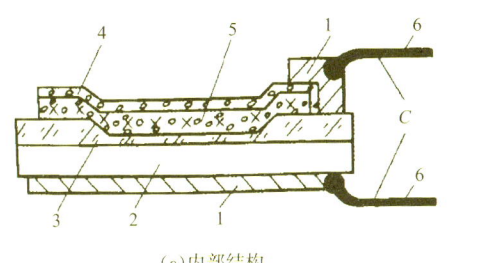

(a)内部结构　　　　　　　　(b)封装后的外形

1—铝电极　2—单晶硅基底　3—SiO₂绝缘膜　4—多孔 Au 电极　5—吸湿层 Al₂O₃　6—引线

图 6-11　多孔性硅 MOS 型 Al₂O₃ 湿敏电容的结构及外形

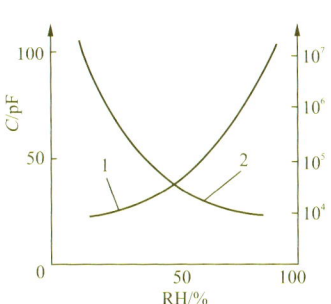

大。与此同时,其漏电电阻随湿度的增大而降低,形成介质损耗很大的电容器。

　　上述湿敏电容可用交流电桥测量,但由于其电容量和电阻值均随湿度变化,所以调节交流电桥的平衡十分困难。也可以将它作为 LC 振荡器中的振荡电容,通过测量其振荡频率和振荡幅度,可以换算成相对湿度值。

1— 电容与相对湿度的关系曲线

2— 漏电阻与相对湿度的关系曲线

图 6-12　氧化铝湿敏电容的电容量及漏电阻与相对湿度的关系曲线

6.3.4　电容式接近开关

1. 电容式接近开关的结构

　　电容式接近开关的核心是以电容极板作为检测端的电容传感器,结构如图 6-13(a)所示。检测极板设置在接近开关的最前端,测量转换电路安装在接近开关壳体后部,并用介质损耗很小的环氧树脂充填、灌封。

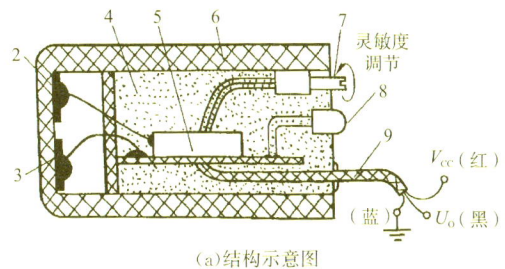

(a)结构示意图

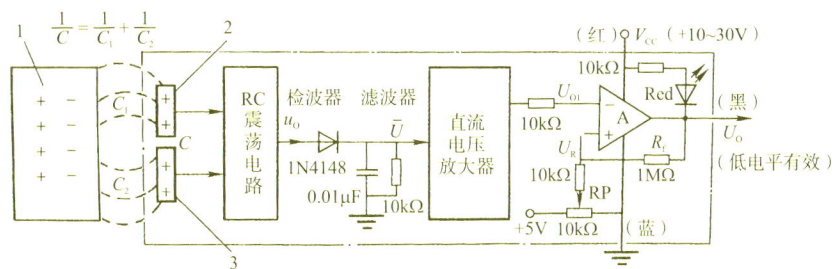

(b)调幅式测量转换电路原理框图

1—被测物　2—上检测极板(或内圆电极)　3—下检测极板(或外圆电极)　4—充填树脂
5—测量转换电路板　6—塑料外壳　7—灵敏度调节电位器 RP　8—动作指示灯　9—电缆

图 6-13　圆柱形电容接近开关的结构及原理框图

2. 电容式接近开关的工作原理

电容式接近开关的调幅式测量转换电路原理框图如图 6-13(b)所示，它由 LC 高频振荡器、检波器、低通滤波器、直流电压放大器和电压比较器等组成。

电容接近开关的感应板由两个同心圆金属平面电极构成，很像两块"打开的"电容器电极。当没有被测物体靠近电容接近开关时，由于 C_1 与 C_2 很小，LC 振荡器停振。当被测物体朝着电容接近开关的两个同心圆电极靠近时，两个电极与被测物体构成电容 C，接到 RC 振荡回路中。等效电容 C 即是 C_1、C_2 的串联结果，总的电容量增大。

当 C 增大到额定数值后，RC 振荡器起振，工作电流增大。振荡器的高频输出电压 u_o 经二极管检波和低通滤波器，得到正半周的平均值，再经直流电压放大电路放大后，U_{o1} 与灵敏度调节电位器 RP 设定的基准电压 U_R 进行比较。若 U_{o1} 超过基准电压时，比较器翻转，输出动作信号（高电平或低电平），从而起到了检测有无物体靠近的目的。

3. 电容式接近开关的特性及调试

接近开关的输出有 NPN、PNP 和 AC 两线制等多种形式。图 6-13 中的 R_f 在比较器电路中起正反馈作用，使比较器具有施密特特性。R_f 越小，翻转时的回差就越大，抗干扰能力就越强。通常将回差控制在动作距离的 20% 之内。

如果在图 6-13(b)所示的比较器之后再设置 OC 门输出级电路，就有较大的负载能力。通常可以驱动 100mA 的感性负载，或 300mA 的阻性负载。电容接近开关的检测距离与被测物体的材料性质有较大关系。

当被测物是导电物体时，即使两者的距离较远，但等效电容 C 仍较大，LC 回路较容易起振，所以灵敏度较高。若被测物的面积小于电容接近开关直径的 2 倍时，灵敏度显著降低。

对于非金属物体，例如水、油、纸板、皮革、塑料、陶瓷、玻璃、沙石和粮食等，动作距离决定于材料的介电常数和电导率以及物体的面积。介电常数大、导电性能较好的物体（例如含水的有机物等），且面积达到电容接近开关直径的 2 倍以上时，动作距离只略大于金属。物体的含水量越小，面积越小，动作距离也越小，灵敏度就越低，玻璃、尼龙等物体的灵敏度较低。

大多数电容式接近开关的尾部有一个多圈微调电位器 RP，用于调整特定对象的动作距离。当被测试对象的介电常数较低且导电性较差时，可以顺时针旋转电位器的旋转臂，来降低比较器正输入端的基准电压 U_R，从而降低负输入端的"翻转电压阈值"，增加灵敏度。

电容式接近开关的灵敏度易受环境变化（如湿度、温度、灰尘等）的影响，被测物体最好能够接地，以提高测量系统的稳定性。使用时必须远离非被测对象的其他金属部件。电容接近开关对附近的高频电磁场也十分敏感，因此不能在高频炉、大功率逆变器等设备附近使用，而且两只电容式接近开关也不能靠得太近，以免相互影响。

4. 电容式接近开关的使用

对金属物体而言，大可不必使用易受干扰的电容式接近开关，而应选择电感接近开关（其工作原理为电涡流效应，但习惯上俗称为电感接近开关）。因此只有在测量含水绝缘介质时才选择电

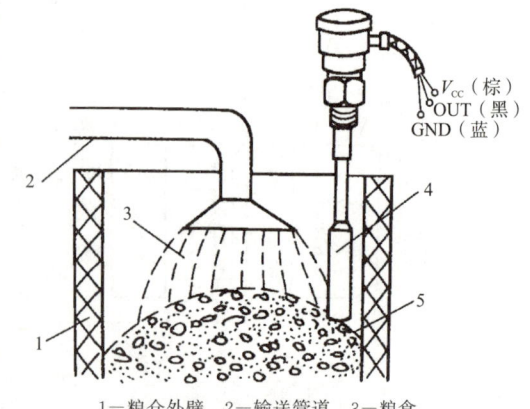

V_{CC}（棕）
OUT（黑）
GND（蓝）

1—粮仓外壁　2—输送管道　3—粮食
4—电容式接近开关　5—粮食界面

图 6-14　物位检测示意图

容式接近开关。图 6-14 是利用电容式接近开关测量物位(谷物高度)的示意图。当谷物高度达到电容式接近开关的底部时,电容式接近开关产生报警信号,关闭输送管道的阀门。电容式接近开关也可用于测量和控制水位。

6.4　压力和流量的测量

教学视频

6.4.1　压力的基本概念

压力与生产、科研、生活等各方面密切相关。因此压力测量是本课程的重点之一。物理学中的"压强"在检测领域和工业中称为"压力",用 p 表示。它等于垂直作用于一定面积 A 上的力 F(称为压向力)除以面积 A,即 $p=F/A$。

压力的国际单位为"帕斯卡",简称"帕"(Pa),它表示 1N(牛)力垂直而均匀地作用于 1m² 面积上的压力。

除此之外,工程界长期使用许多不同的压力计量单位。如"工程大气压""标准大气压""毫米汞柱",气象学中还用"巴"(bar)和"托"为压力单位。这些计量单位在一些进口仪表说明书上可能还会见到。

根据不同的测量条件,压力又可分为绝对压力和相对压力。相对压力又可分为差压和表压,相应地,测量压力的传感器也可分为三大类,即绝对压力传感器、差压传感器和表压传感器。

1. 绝对压力传感器

它所测得的压力数值是相对于密封在绝对压力传感器内部的基准真空(相当于零压力参考点)而言的,是以真空为起点的压力。平常所说的环境大气压为××kPa 就是指绝对压力。当绝对压力小于 101kPa 时,可以认为是"负压",所测得压力相当于真空度。

2. 差压传感器

差压是指两个压力 p_1 和 p_2 之差,又称为压力差。例如,一张绷紧在管道口上的橡皮薄膜的左右两侧面均向大气敞开时,差压 $\Delta P = P_左 - P_右 = 0$。

当从左侧向管道吹气时,$P_左 > P_右$,$\Delta P \neq 0$。如果认为此时的 ΔP 为正值,则当从左侧向管道吸气时,$P_左 < P_右$,膜片将向管道的左侧弯曲,ΔP 为负值。

更多的情况下,管道的左右两侧均存在很大的压力,膜片的弯曲方向要由左右两侧的压力之差决定,而与大气压(环境压力)无关。例如 $p_1 = 0.9 \sim 1.1\text{MPa}$,$p_2 = 0.9 \sim 1.0\text{MPa}$,就必须选择 $-0.1 \sim +0.3\text{MPa}$ 的差压传感器。

差压传感器在使用时不允许在一侧仍保持很高压力的情况下,将另一侧的压力降低到零(指环境压力),这将使原来用于测量微小差压的膜片破裂。

3. 表压传感器

表压测量是差压测量的特殊情况。测量时,它以环境大气压为参考基准,将差压传感器的一侧向大气敞开,就形成表压传感器。表压传感器的输出为零时,其膜片两侧实际上均存在一个大气压的绝对压力。这类传感器的输出随大气压的波动而波动,但误差不大。在工业生产和日常生活中所提到的压力绝大多数指的是表压。

6.4.2　差动电容式差压变送器

图6-15(a)是上海某仪表公司生产的通用型差动电容式差压变送器的结构示意图。它的核心部分是一个差动变极距型电容式传感器。它以热胀冷缩系数很小的两个凹形玻璃(或绝缘陶瓷)圆片上的镀金薄膜作为定极板,两个凹形镀金薄膜与夹紧在它们中间的弹性平膜片组成C_1和C_2。

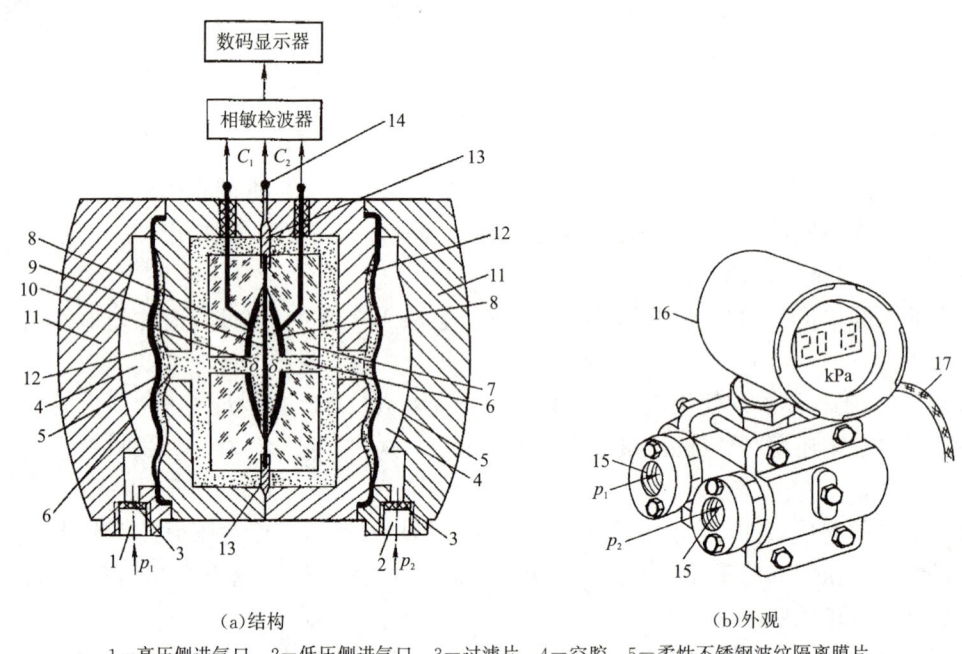

(a)结构　　　　　　　　　　　　　　　(b)外观

1—高压侧进气口　2—低压侧进气口　3—过滤片　4—空腔　5—柔性不锈钢波纹隔离膜片
6—导压硅油　7—凹形玻璃圆片　8—镀金凹形电极(定极板)　9—弹性平膜片　10—Δ腔
11—铝合金外壳　12—限位波纹盘　13—过电压保护悬浮波纹膜片　14—公共参考端(地电位)
15—螺纹压力接头　16—测量转换电路及显示器铝合金盒　17—信号电缆

6-15　差动电容式差压变送器的结构示意图

当被测压力p_1、p_2由两侧的内螺纹压力接头进入各自的空腔,该压力通过不锈钢波纹隔离膜以及热稳定性很好的灌充液(导压硅油),传导到"δ腔"。弹性平膜片由于受到来自两侧的压力之差,而凸向压力小的一侧。在δ腔中,弹性膜片与两侧的镀金定极之间的距离很小(约0.5mm),所以微小的位移(不大于0.1mm)就可以使电容量变化100pF以上。测量转换电路(相敏检波器)将此电容量的变化转换成4~20mA的标准电流信号,通过信号电缆线输出到二次仪表。从图6-15(b)中还可以看到,该压力变送器自带液晶数码显示器。可以在现场读取测量值,总共只需要电源提供4~20mA电流。

差动电容的输入激励源通常做在信号调理壳体中,其频率通常选取100kHz左右,幅值为10V左右。经变送器内部的单片机线性化后,差压变送器的输出准确度可达1%左右。

对额定量程较小的差动电容式差压变送器来说,当某一侧突然"失压"时,巨大的差压有可能将很薄的平膜片压破,所以设置了安全悬浮膜片和限位波纹盘,起"过压"保护作用。

6.4.3　利用电容式差压变送器测量液体的液位

将图6-15所示的电容式差压变送器的高压侧(p_1)进压孔及低压侧(p_2)进压孔通过管道与

储液罐相连,如图 6-16 所示。设储液罐是密闭的,则施加在高压侧腔体内的压力为

$$p_1 = p_0 + \rho g(h - h_0) \qquad (6\text{-}3)$$

式中,p_0 是密封容器上部空间的气体压力,ρ 是液体的密度,g 是重力加速度,h 是待测总的液位,h_0 是差压变送器的安装高度。

而施加在低压侧腔体内的压力 p_2 仅为密闭容器上部空间的气体压力,所以 $p_2 = p_0$。施加在差压电容膜片上的压力之差为

$$\Delta P = p_1 - p_2 = \Delta g(h - h_0) \qquad (6\text{-}4)$$

由上式可知,差压变送器的输出与液位 h_1 成正比。前面论述过的电感式差压变送器和扩散硅压阻式差压传感器也一样能用来测量液位。

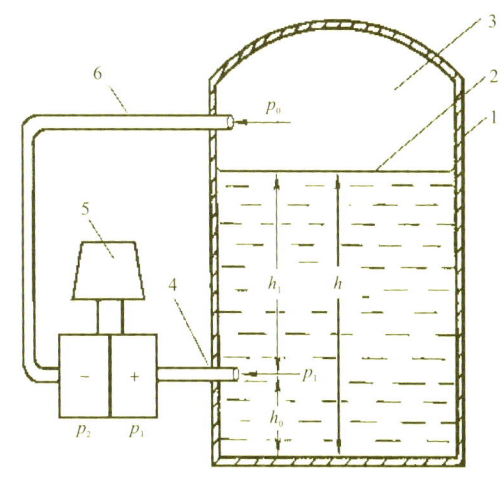

1—储液罐　2—液面　3—上部空间　4—高压侧管道
5—电容差压变送器　6—低压侧取压管

图 6-16　差压式液位计

6.4.4　流量的基本概念

在工业中,凡是涉及流体介质的生产流程(如气体、液体及粉状物质的传送等)都有流量测量和控制的问题。

流量是指流体在单位时间内通过某一截面的体积数或质量数,分别称为体积流量 q_v 和质量流量 q_m。这种单位时间内的流量统称为瞬时流量 q。把瞬时流量对时间 t 进行积分,求出累计体积或累计质量的总和,称为累积流量,也叫总量。

如果流量十分平稳,则可将短暂时段 t 与该时段瞬时流量的平均值相乘,并对乘积进行累加,从而得到累积流量

$$q_{总} = \sum_{i=1}^{n} \overline{q_i} t_i \qquad (6\text{-}5)$$

式中,$q_{总}$ 是累积流量,其单位用吨(t)、kg 或 m^3、L 等表示;q_i 平均值是在某一时段内的平均瞬时流量;t_i 是该时段经历的时间。

流速 v 越快,瞬时流量越大;管道的截面积越大,瞬时流量也越大。根据瞬时流量的定义,体积流量 $q_v = Av$,单位为 m^3/h 或 L/s;质量流量 $q_m = \rho Av$,单位为 t/h 或 kg/s。v 为流过某截面的平均流速,A 为管道的截面积,ρ 为流体的密度。采用测量流速 v 而推算出流量的仪器称为流速法流量计。

测量流量的方法很多,除了上述的流速法之外,还有容积法、质量法和水槽法等。流速法中,又有叶轮式、涡轮式、卡门涡流式(涡街式)、热线式、多普勒式、超声式、电磁式及差压节流式等。

6.4.5　节流式流量计及电容差压变送器在流量测量中的应用

差压式流量计又称节流式流量计。在流体流动的管道内,设置一个节流装置,如图 6-17 所示。

所谓节流装置,就是在管道中段设置一个流通面积比管道狭窄的孔板或者文丘里喷嘴,使流体经过该节流装置时,流束局部收缩,流速增加。根据物理学中的伯努利定律,管道中流体流

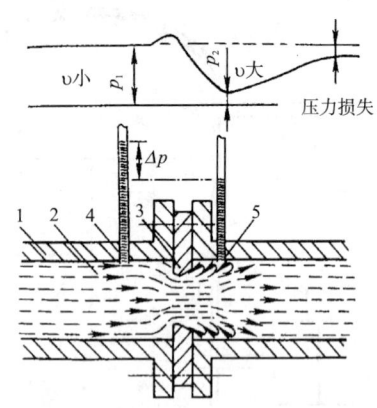

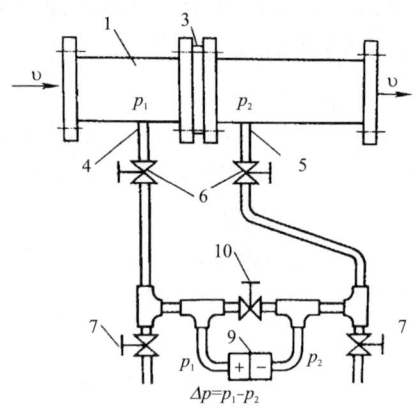

(a)流体流经节流孔板时,压力和流速的变化情况　　　(b)测量液体时导压管的标准安装方法

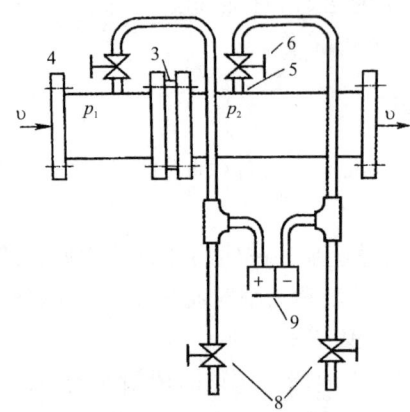

(c)测量气体时导压管的标准安装方法

1—管道　2—流体　3—节流孔板　4—前取压孔位置　5—后取压孔位置　6—截止阀

7—放气阀　8—排水阀　9—差压变送器　10—短路阀

图 6-17　节流式流量计

速越快,压强(在工业中俗称压力)就越小。所以流体在节流后的压力将小于节流之前的压力。节流装置两侧的压差与通过的流量有关。流量为零时,差压为零,流量越大,差压越大。

按照国家标准制造的标准节流装置的流量系数计算公式是相当完备的,所以它是一种可靠性和标准化较高的流量传感器。

节流装置输出的差压是从节流装置的前后取压孔取出的。从取压孔到差压变送器的导压管的配置也应按照规定的标准安装。图 6-17(b)是测量液体时的导压管安装方法。如果被测流体是气体,导压管应从节流装置的上方引出,以免混杂在气体中的液滴堵住取压管,如图 6-17(c)所示。

节流式流量计的缺点是流体通过节流装置后,会产生不可逆的压力损失。另外,当流体的温度 t、压力 p_1 变化时,流体的密度将随之改变。所以必须进行温度、压力修正。在内设微处理器的智能化流量计中,可以分别对 p_1、t 进行采样,然后按有关公式对 ρ 进行计算修正。由于流量与差压的二次方根成正比,所以当流量较小时,准确度将变低。

章节习题

1. 单项选择题

(1) 在两片间隙为 1mm 的两块平行极板的间隙中插入(　　)，可测得最大的电容量。

A. 塑料薄膜　　　　　B. 干的纸　　　　　C. 湿的纸　　　　　D. 玻璃薄片

(2) 电子卡尺的分辨率可达 0.01mm，行程可达 200mm，它的内部所采用的电容式传感器是(　　)。

A. 变极距型　　　　　B. 变面积型　　　　　C. 变介电常数型

(3) 在电容式传感器中，若采用调频法测量转换电路，则电路中(　　)。

A. 电容和电感均为变量　　　　　　B. 电容是变量，电感保持不变

C. 电容保持常数，电感为变量　　　　D. 电容和电感均保持不变

(4) 湿敏电容可以测量(　　)。

A. 空气的绝对湿度　　　　　　　　B. 空气的相对湿度

C. 空气的温度　　　　　　　　　　D. 纸张的含水量

(5) 电容式接近开关对(　　)的灵敏度最高。

A. 玻璃　　　　　B. 塑料　　　　　C. 纸　　　　　D. 鸡饲料

(6) 自来水公司到用户家中抄自来水表数据，得到的是(　　)。

A. 瞬时流量，单位为 t/h　　　　　　B. 累积流量，单位为 t 或 m^3

C. 瞬时流量，单位为 k/g　　　　　　D. 累积流量，单位为 kg

(7) 管道中流体的流速越快，压力就越(　　)。

A. 大　　　　　B. 小　　　　　C. 不变

(8) 电子血压计测量人体(　　)，可以使用(　　)来完成测量。

A. 动脉的绝对压力　　　　　　　B. 动脉的压力，并与自动充放气气囊的压力进行比较

C. 压阻式压力传感器　　　　　　D. 弹簧管式压力传感器

2. 图 6-18 是光柱显示分段电容式传感器编码式液位计原理示意图。玻璃连通器 3 的外圆壁上等间隔地套着 n 个不锈钢圆环，显示器采用 101 线 LED 光柱(第一线常亮，作为电源指示)。

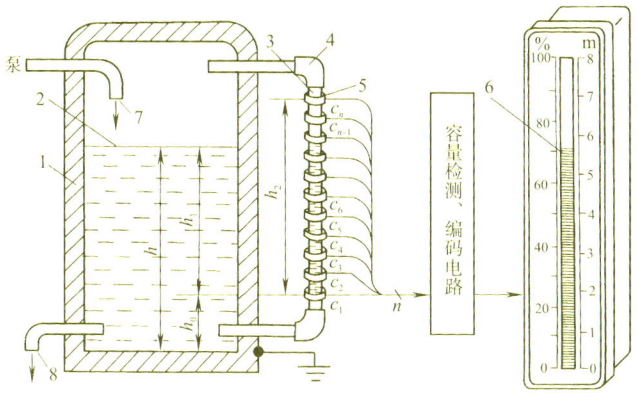

1—储液罐　2—液面　3—玻璃连通器　4—钢质直角接头　5—不锈钢圆环
6—101 段 LED 光柱　7—进水口　8—出水口

图 6-18　光柱显示分段电容传感器编码式液位计原理示意图

（1）该方法采用了电容式传感器中变极距、变面积、变介电常数三种原理中的哪一种？

（2）被测液体应该是导电液体还是绝缘体？

（3）设 $n=32$，$h_2=8m$，分别写出该液位计的分辨率（%）及分辨力（h_2/n，几分之一米），并说明如何提高此类传感器的分辨率。

（4）设当液体上升到第 32 个不锈钢圆环的高度时，101 线 LED 光柱全亮，则当液体上升到 $m=8$ 个不锈钢圆环的高度时，共有多少线 LED 被点亮？

（5）如果第 26 线亮，其他都不亮，能说明 $h_2=2m$ 吗？可能是什么问题？

3．人体感应式接近开关原理图如图 6-19 所示，图 6-20 为鉴频器的输入输出特性曲线。请分析该原理图并填空。

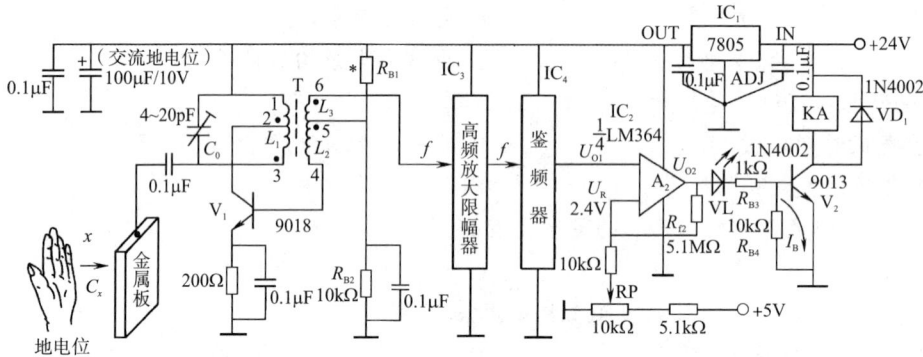

图 6-19　人体感应式接近开关原理图

（1）地电位的人体与金属板构成空间分布电容 C_x，C_x 与微调电容 C_0 从高频等效电路来看，两者之间构成_____联。V_1、L_1、C_0、C_x 等元件构成了_____电路，$f=$_____，f 略高于 f_R。当人手未靠近金属板时，C_x 最_____（大/小），检测系统处于待命状态。

（2）当人手靠近金属板时，金属板对地分布电容 C_x 变_____，因此高频变压器 T 的二次侧的输出频率 f 变_____（高/低）。

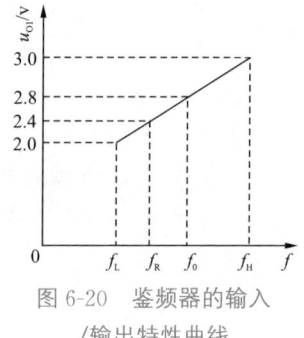

图 6-20　鉴频器的输入
/输出特性曲线

（3）从图 6-20 可以看出，当 f 低于 f_R 时，U_{01}_____于 U_R，A_2 的输出 U_{02} 将变为_____电平，因此 VL_____（亮/暗）。

（4）三端稳压器 7805 的输出为_____（正/负）_____伏，由于运放饱和时的最大输出电压约比电源低 1V 左右，所以 A_2 的输出电压约为_____伏，中间继电器 KA 变为_____状态（吸合/释放）。

（5）图中的运放接正反馈电阻 R_{f2}，所以 IC_2 在此电路中起_____器作用；V_2 起_____（电压放大/电流驱动）作用；基极电阻 R_5 起_____作用；VD_1 起_____作用，防止当 V_2 突然截止时，产生过电压而使_____击穿。

（6）通过以上分析可知，该接近开关主要用于检测_____，它的最大优点是_____。可以将它应用到_____以及_____等场所。

● 扩展阅读

创新驱动

创新驱动是关键。在创新驱动的战略下,我们实现由中国制造向中国创造的转变,向装备强国的阵营进发。2011 年 12 月,济南二机床集团有限公司(以下简称济二机床)获得了福特汽车美国两个工厂全部 5 条大型快速智能冲压生产线订货合同。济二机床第一次实施了"交钥匙"工程,实现了从分包商到总包商的"蝶变"。

沿着引进、消化、吸收再创新的道路,上海电气集团不断跨越。世界上最大的 120 万千瓦超临界汽轮机正在这里研发。其研制的大型船用曲轴,使中国实现了半组合曲轴制造零的突破。双良集团参与制定溴化锂制冷机、智能化锅炉、立体停车设备等产品的国家及行业标准,形成企业的核心竞争力,并引领世界产业潮流,运筹帷幄,力图革命性地解决全球能源问题。

创新是引领发展的第一动力,是建设现代化经济体系,推动经济高质量发展的战略支撑。蓝鲸一号、天眼、大飞机、国产航母,让国人自豪、让世界赞叹。而这些举世瞩目的成就背后,无一不体现着中国集中力量办大事的独有优势。机制、人才、金融,如同细密如织的神经网络和血管,不断滋养着中国的钢筋铁骨,这是制造重器的另一种重器——中国独有的制度沃土,正汇聚起最持久、最深层的创新力量。全球最大的水陆两栖飞机 AG600,年产 18 季蔬菜的现代农业装备,与 Alpha Go 抗衡的具有纯粹中国血统的人工智能"绝艺";世界上一流的电机设备,最具竞争力的芯片靶材制造企业,携带小乌龟进入临近空间的飞行器。一个个大国重器精彩亮相,中国成为全球创新速度最快的国家之一,并且正前所未有地接近世界舞台中央。

模块 7　电涌流式传感器

学习目标

知识目标
1. 了解电涌流式传感器的结构和原理。
2. 了解电涌流式传感器的测量方法。
3. 掌握各类电涌流式传感器的典型应用。

能力目标
1. 能正确识别电涌流式传感器。
2. 能根据任务要求,正确安装电涌流式传感器。
3. 能正确使用电涌流式传感器进行测量。

当导体处于交变磁场中时,铁芯会因电磁感应而在内部产生自行闭合的电涌流而发热。变压器和交流电动机的铁芯都是用硅钢片叠制而成的,就是为了减小电涌流,避免发热。但人们也能利用电涌流做有益的工作。例如电磁灶、中频炉、高频淬火等都是利用电涌流原理而工作的。

在检测领域,电涌流的用途也很多,可以用来探测金属(安全检测、探雷等)、非接触地测量微小位移和振动,以及测量工件尺寸、转速、表面温度等诸多与电涌流有关的参数,还可以作为接近开关和进行无损探伤。电涌流式传感器的最大特点是非接触测量。

7.1　电涌流式传感器的工作原理

教学视频

7.1.1　电涌流效应

电涌流式传感器的基本工作原理是电涌流效应。根据法拉第电磁感应定律,金属导体置于变化的磁场中时,导体表面就会有感应电流产生,电流的流线在金属体内自行闭合。这种由电磁感应原理产生的旋涡状感应电流称为电涌流,这种现象称为电涌流效应。电涌流传感器就是利用电涌流效应来检测导电物体的各种物理参数的。

图 7-1 是电涌流式传感器的工作原理示意图。当高频(100kHz 左右)信号源产生的高频电压施加到一个靠近金属导体的电感线圈 L_1 时,将产生高频磁场。如被测导体置于该交变磁场范围之内时,被测导体就产生电涌流 i_2。i_2 在金属导体的纵深方向并不是均匀分布的,而只集

中在金属导体的表面,这称为趋肤效应。

趋肤效应与激励源频率 f、磁导率 μ、工件的电导率 σ 以及表面因素(粗糙度、沟痕、裂纹等)有关。频率 f 越高,电涡流渗透的深度就越浅,趋肤效应就越严重。

由于存在趋肤效应,电涡流只能检测导体表面的各种物理参数。改变 f,可控制检测深度。激励源频率一般设定在 100kHz～1MHz。有时为了使电涡流能深入金属导体深处,或欲对距离较远的金属体进行检测,可采用十几千赫甚至几百赫的激励源频率。

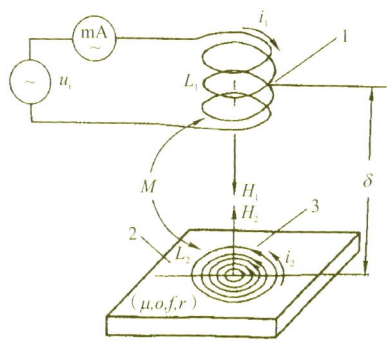

图 7-1　电涡流式传感器的工作原理

7.1.2　电涡流线圈的等效阻抗分析

图 7-1 中的 f、μ、σ 均会影响电涡流 i_2 在金属导体中的深度。当渗透深度很浅时,电涡流流经的导体就很薄,横截面积很小,等效电阻很大,i_2 也就很小。因此,线圈的阻抗变化与金属导体的 μ、σ 有关,与电涡流线圈的激励源频率 f、激励电流 i_1 有关。除此之外,还与金属导体的形状、表面因素 r(粗糙度、沟痕、裂纹等)有关。更重要的是与线圈到金属导体的间距(距离) x 有关。

图 7-1 中的线圈也称为电涡流线圈。它可以等效为一个电阻 R 和一个电感 L 串联的回路。电涡流线圈受电涡流影响时的等效阻抗 Z 的函数表达式为

$$Z = R + j\omega L(i_1、f、\mu、\delta、r、s) \tag{7-1}$$

如果控制式(7-1)中的 i_1、f、μ、σ、r 不变,电涡流线圈的阻抗 Z 就成为间距 x 的单值函数,这样就成为非接触地测量位移的传感器。

如果控制 x、i_1、f 不变,就可以用来检测与表面电导率 σ 有关的表面温度、表面裂纹等参数,或用来检测与材料磁导率 μ 有关的材料型号、表面硬度等参数。

当距离 x 减小时,电涡流线圈的等效电感 L 减小,等效电阻 R 增大。从理论和实验都证明,此时流过线圈的电流 i_1 是增大的。这是因为线圈的感抗 X_L 的变化比 R 的变化大得多。从能量守恒角度来看,也要求增加流过电涡流线圈的电流,从而为被测金属导体上的电涡流提供额外的能量。

由于线圈的品质因数 Q 与等效电感成正比,与等效电阻(高频时的等效电阻比直流电阻大得多)成反比,所以当电涡流增大时,Q 下降很多。

电涡流线圈的阻抗与 μ、σ、r、x 之间的关系均是非线性关系,必须由计算机进行线性化纠正。

7.2　电涡流式传感器的结构及特性

7.2.1　电涡流探头的结构

由前面内容可知,电涡流式传感器的传感元件是一只线圈,俗称为电涡流探头。由于激励源频率较高(数十千赫至数兆赫),所以圈数不必太多,一般为扁平空心线圈。有时为了使磁力

线集中,可将线圈绕在直径和长度都很小的高频铁氧体磁芯上。成品电涡流探头的结构十分简单,其核心是一个扁平"蜂巢"线圈。线圈用多股较细的绞扭漆包线绕制而成,置于探头的端部,外部用聚四氟乙烯等高品质塑料密封,如图 7-2 所示。

随着电子技术的发展,现在已能将测量转换电路安装到探头的壳体中。它具有输出信号大(输出信号为有一定驱动能力的直流电压或电流信号,有时还可以是开关信号)、不受输出电缆分布电容影响等优点。YD9800 系列电涡流探头的性能见表 7-1。

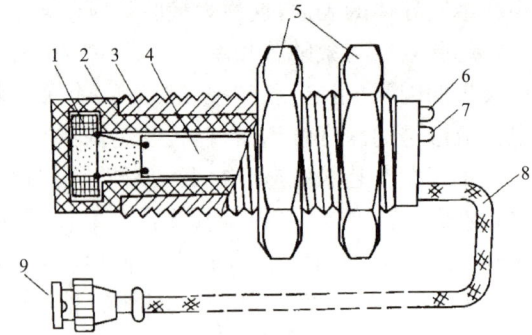

1—电涡流线圈 2—探头壳体 3—壳体上的位置调节螺纹
4—印制电路板 5—夹持螺母 6—电源指示灯
7—阈值指示灯 8—输出屏蔽电缆线 9—电缆插头
图 7-2 电涡流探头的结构

表 7-1 YD9800 系列电涡流位移传感器特性

线圈直径 ϕ /mm	壳体螺纹 /mm	线性范围 /mm	最佳安装距离 /mm	最小被侧面 ϕ /mm	分辨力 /μm
5	M8×1	1	0.5	15	1
11	M14×1.5	4	2	35	4
25	M16×1.5	8	4	70	8
50	M30×2	25	12	100	10

①工作温度:−50～+175℃;线性误差:1%;灵敏度温漂:0.05%/℃;稳定度:1%/年;互换性误差≤5%;频响:0～10kHz。

由上表可知,探头的直径越大,测量范围就越大,但分辨力就越差,灵敏度也降低。

7.2.2 被测物体材料、形状和大小对灵敏度的影响

线圈阻抗变化与金属导体的电导率、磁导率有关。对于非磁性材料,被测体的电导率越高,则灵敏度越高。但被测体是磁性材料时,其磁导率将影响电涡流线圈的感抗,其磁滞损耗还将影响电涡流线圈的 Q 值,所以其灵敏度要视具体情况而定。

为了充分利用电涡流效应,被测体为圆盘状物体的平面时,物体的直径应为于线圈直径的 2 倍以上,否则将使灵敏度降低;被测体为轴状圆柱体的圆弧表面时,它的直径必须为线圈直径的 4 倍以上,才不影响测量结果。被测体的厚度也不能太薄,一般情况下,厚度在 0.2mm 以上时,测量就不受影响。另外,在测量时,传感器线圈周围除被测体外,应尽量避开其他导体,以免干扰高频磁场,引起线圈的附加损失。

7.3 电涡流式传感器的测量转换电路

电涡流探头与被测金属之间的互感量变化可以转换为探头线圈的等效阻抗(主要是等效电感)以及品质因数 Q(与等效电阻有关)等参数的变化。因此测量转换电路的任务是把这些参数

变换为频率、电压或电流。相应地有调幅式、调频式和电桥等多种测量转换电路,这里简单介绍调幅式和调频式测量转换电路。

7.3.1　调幅式测量转换电路

调幅式电路也称为 AM 电路,它以输出高频信号的幅度来反映电涡流探头与被测金属导体之间的关系。图 7-3 是高频调幅式电路的原理框图。

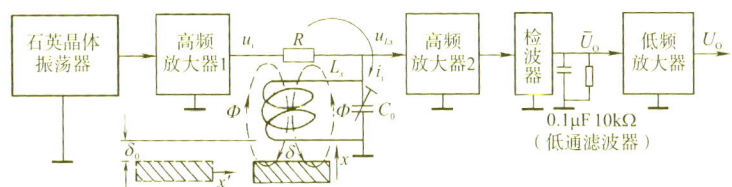

图 7-3　高频调幅式测量转换电路

石英晶体振荡器通过耦合电阻 R,向由探头线圈和一个微调电容 C_0 组成的并联谐振回路提供一个稳频、稳幅的高频激励信号,相当于一个恒流源。当被测金属导体距探头相当远时,调节 C_0,使 $L_x C_0$ 的谐振频率等于石英晶体振荡器的频率 f_0,此时谐振回路的 Q 值和阻抗 Z 也最大,恒定电流 i_t 在 $L_x C_0$ 并联谐振回路上的压降也最大

$$u_{Lx}=i_t Z \tag{7-2}$$

当被测体为非磁性金属时,探头线圈的等效电感 L_x 减小,并引起 Q 值下降,并联谐振回路谐振频率 $f_1 > f_0$,处于失谐状态,输出电压 U_o 及 u_{Lx} 就大大降低。

当被测体为磁性金属时,探头线圈的电感量略为增大,但由于被测磁性金属体的磁滞损耗,使探头线圈的 Q 值亦大大下降,输出电压也降低。以上几种情况见图 7-4 的曲线 0、1、2、3。被测体与探头的间距越小,输出电压就越低。经高放、检波、低放之后,输出的直流电压反映了被测物的位移量。

调幅式的输出电压 U_o 与位移 x 不是线性关系,必须用千分尺逐点标定,并用计算机线性化之后才能用数码管显示出位移量。调幅式还有一个缺点,就是电压放大器的放大倍数的漂移会影响测量准确度,必须采取各种温度补偿措施。

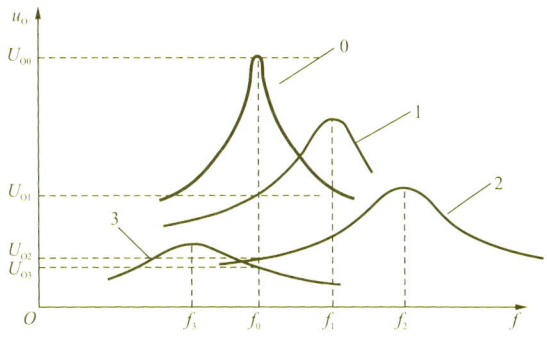

0—探头与被测物间距很远时　1—非磁性金属、间距较小时
2—非磁性金属、间距与探头线圈直径相等时
3—磁性金属、间距较小时
图 7-4　定频调幅式测量转换电路谐振曲线

7.3.2　调频式测量转换电路

调频式电路也称为 FM 电路,是将探头线圈的电感量 L 与微调电容 C_0 构成 LC 振荡器,以振荡器的频率 f 作为输出量。此频率可以通过 F/V 转换器(又称为鉴频器)转换成电压,由表头显示。也可以直接将频率信号(TTL 电平)送到计算机的计数定时器,测量出频率。

调频式的测量转换电路的原理框图如图 7-5(a)所示。我们知道,并联谐振回路的谐振频

率为

$$f = \frac{1}{2\pi\sqrt{LC_0}} \tag{7-3}$$

当电涡流线圈与被测体的距离 x 变小时,电涡流线圈的电感量 L 也随之变小,引起 LC 振荡器的输出频率变大,此频率可直接用计算机测量。如果要用模拟仪表进行显示或记录时,必须使用鉴频器,将 Δf 转换为电压 ΔU_0。鉴频器的特性如图 7-5(b)所示。

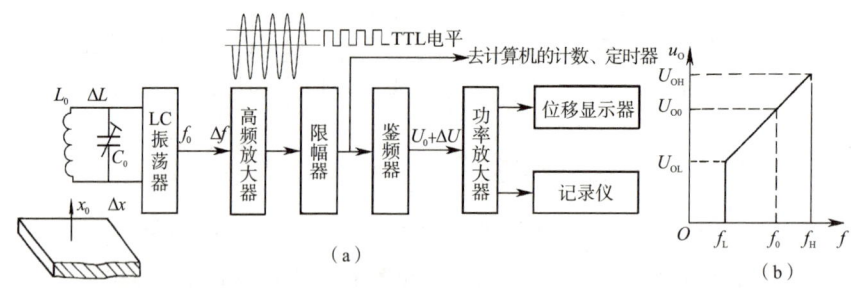

图 7-5　调频式测量转换电路

图 7-6 是用调频式测量铜板与电涡流探头间距 δ 时的特性曲线。测试时选用直径 $\Phi40mm$,$L_0 = 100\mu H$ 的电涡流探头,被测导体的面积必须比探头直径大 1 倍以上,在这个实验中,选取直径 $\Phi100mm$ 的纯铜板。导磁金属的频率变化不太明显,主要是 Q 值发生变化,不太适合调频式测量。

当铜板距离探头无穷远时,调节 C_0,使振荡器的振荡频率为 1MHz。然后使铜板逐渐靠近探头,用频率计逐点测量振荡器的输出频率 f,并计算出 Δf 值。可以发现 $\delta - \Delta f$ 的关系为非线性。如果用示波器观察振荡幅度,还可以发现振荡幅度随间距缩小而降低,

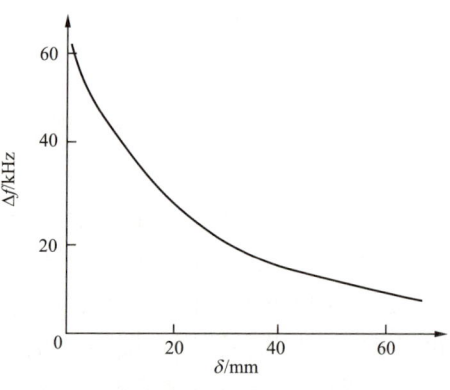

图 7-6　铜板与探头的 $\delta - \Delta f$ 曲线

但是由于限幅器的限幅特性,输入到鉴频器的幅度始终保持 TTL 电平(低电平为 $0\sim0.8V$,高电平为 $3.4\sim5V$),因此调频式电路受温度、电源电压等外界因素影响较小。

7.4　电涡流式传感器的应用

电涡流探头线圈的阻抗受诸多因素影响,例如金属材料的厚度、尺寸、形状、电导率、磁导率、表面因素及距离等。只要固定其他因素就可以用电涡流式传感器来测量剩下的一个因素,因此电涡流式传感器的应用领域十分广泛。但也同时带来许多不确定因素,一个或几个因素的微小变化就会影响测量结果,所以电涡流式传感器多用于定性测量。即使要用作定量测量,也必须采用前面述及的逐点标定、计算机线性纠正和温度补偿等措施。下面就几个主要应用作简单的介绍。

7.4.1   位移的测量

电涡流式传感器的主要用途之一是用于测量金属件的静态或动态位移,最大量程达数百毫米,分辨率为 0.1%。目前电涡流式传感器的分辨力最高已做到 0.05mm(量程 0~15mm)。凡是可转换为位移量的参数,都可用电涡流式传感器测量,如机器转轴的轴向窜动、金属材料的热膨胀系数、钢水液位、纱线张力、流体压力等。

某些旋转机械,如高速旋转的汽轮机对轴向位移的要求很高。当汽轮机运行时,叶片在高压蒸汽推动下高速旋转,它的主轴承受巨大的轴向推力。若主轴的位移超过规定值时,叶片有可能与其他部件碰撞而断裂。因此用电涡流式传感器测量金属工件的微小位移量就显得十分重要。利用电涡流原理可以测量诸如汽轮机主轴的轴向位移、电动机轴向窜动、磨床换向阀、先导阀的位移和金属试件的热膨胀系数等。位移测量范围可以从高灵敏度的 0~1mm 到大量程的 0~30mm,分辨率可达满量程的 0.1%,其缺点是线性度稍差,只能达到 1%。

某自控工程公司生产的 ZXWY 型电涡流轴向位移监测保护装置可以在恶劣的环境(例如高温、潮湿、剧烈振动等)下非接触测量和监视旋转机械的轴向位移。电涡流探头的安装如图 7-7 所示。

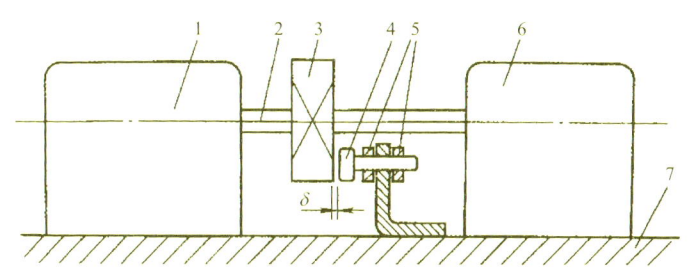

1—旋转设备(汽轮机) 2—主轴 3—联轴器 4—电涡流探头 5—夹紧螺母 6—发电机 7—基座

图 7-7   轴向位移的监测

在设备停机检修时,将探头安装在与联轴器端面距离 2mm 的机座上,调节二次仪表使示值为零。当汽轮机起动后,长期监测其轴向位移量。可以发现,由于轴向推力和轴承的磨损而使探头与联轴器端面的间隙 δ 减小,二次仪表的输出电压从零开始增大。可调整二次仪表面板上的报警设定值,位移量达到危险值(本例中为 0.9mm)时,二次仪表发出报警信号;当位移量达到 1.2mm 时,发出停机信号以避免事故发生。上述测量属于动态测量。参考以上原理还可以将此类仪器用于其他设备的安全监测。

7.4.2   振动的测量

电涡流式传感器可以无接触地测量各种振动的振幅、频谱分布等参数。在汽轮机、空气压缩机中常用电涡流式传感器来监控主轴的径向、轴向振动,也可以测量发动机涡流叶片的振幅。在研究机器振动时,常常采用多个传感器放置在机器不同部位进行检测,得到各个位置的振幅值和相位值,再进行合成,从而画出振型图,测量方法如图 7-8 所示。由于机械振动是由多个不同频率的振动合成的,所以其波形一般不是正弦波,可以用频谱分析仪来分析输出信号的频率分布及各对应频率的幅度。

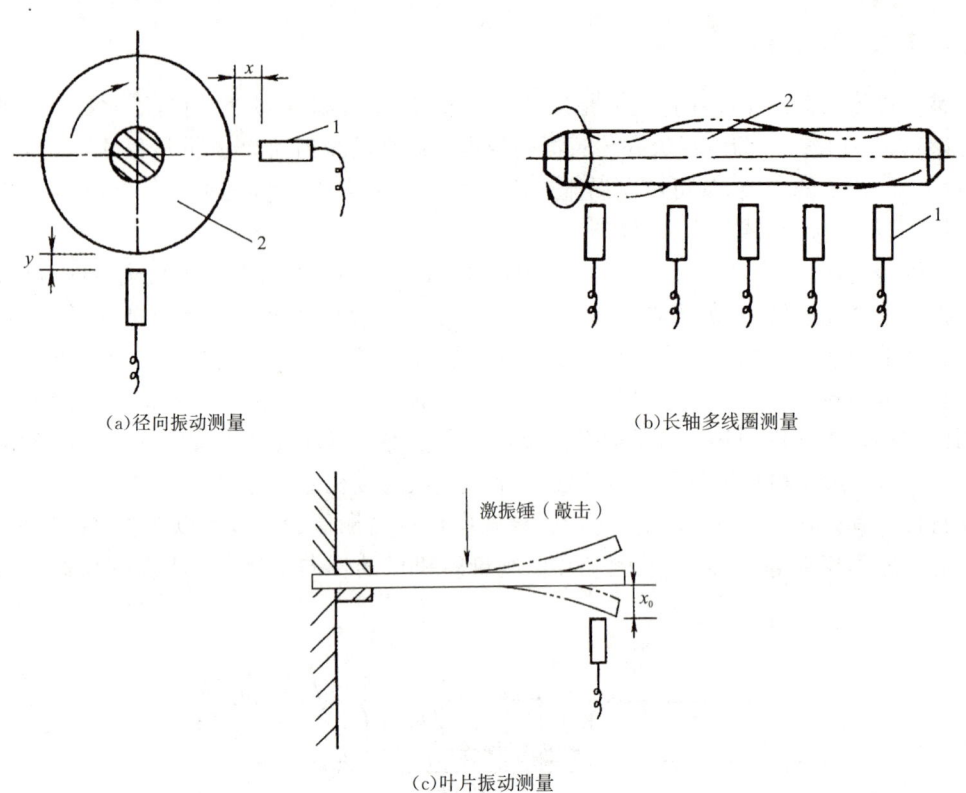

（a）径向振动测量   （b）长轴多线圈测量

（c）叶片振动测量

1—电涡流线圈   2—被测物

图 7-8   振幅的测量

7.4.3   转速的测量

图 7-9 为电涡流式转速传感器工作原理图。在软磁材料制成的输入轴上加工一键槽，在距输入表面 d_0 处设置电涡流式传感器，输入轴与被测旋转轴相连。

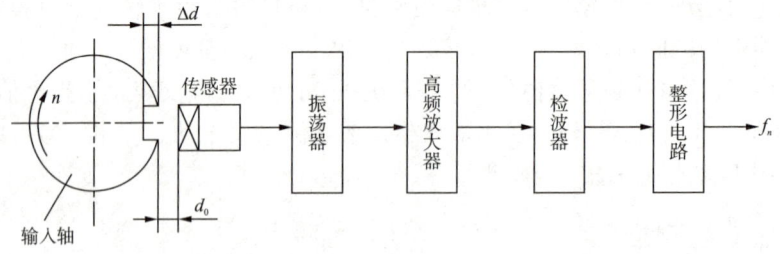

图 7-9   电涡流式转速传感器工作原理图

当被测旋转轴转动时，输入轴的距离发生变化。由于电涡流效应，这种变化将导致振荡谐振回路的品质因数变化，使传感器线圈电感随距离的变化而变化，它们将直接影响振荡器的电压幅值和振荡频率。因此，随着输入轴的旋转，从振荡器输出的信号中包含有与转数成正比的脉冲频率信号。该信号由检波器检出电压幅值的变化量，然后经整形电路输出脉冲频率信号 f_n。该信号经电路处理便可得到被测转速。

若旋转体上已开有一条或数条凹槽或做成凸槽，则可在旁边安装一个电涡流式传感器，如

图 7-10 所示。当转轴转动时,传感器周期地改变着与旋转体表面之间的距离,于是它的输出电压也周期性地发生变化,此脉冲电压信号经放大、整形后,可以用频率计测出其变化的重复频率,从而测出转轴的转速。若转轴上开 z 个槽(或齿),频率计的读数为 f(单位为 Hz),则转轴的转速 n(单位为 r/min)的计算公式为

$$n = 60\frac{f}{z} \tag{7-4}$$

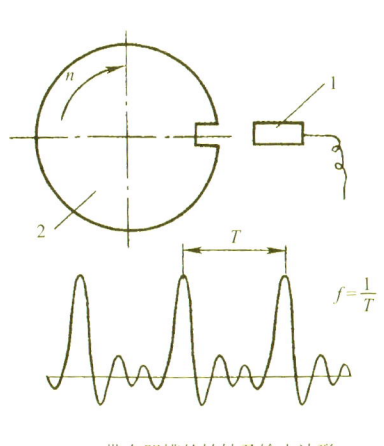

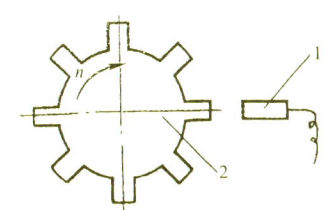

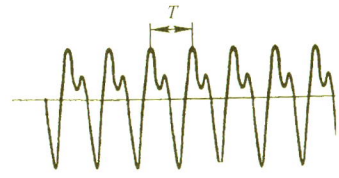

(a)带有凹槽的转轴及输出波形　　　　(b)带有凸槽的转轴及输出波形

1—传感器　2—被测物

图 7-10　转速的测量

这种转速传感器可实现非接触式测量,抗污染能力很强,可安装在旋转轴近旁长期对被测转速进行监视。最高测量转速可达 600000r/min。市售的电涡流式转速表俗称为"电感转速表",其工作原理实质上是电涡流效应。

7.4.4　镀层厚度的测量

用电涡流式传感器可以测量塑料表面金属镀层的厚度,以及印制电路板铜箔的厚度等。如图 7-11 所示。由于存在集肤效应,镀层或箔层越薄,电涡流越小。测量前,可先用电涡流测厚仪对标准厚度的镀层或铜箔做出"厚度—输出"电压的标定曲线,以便测量时对照。

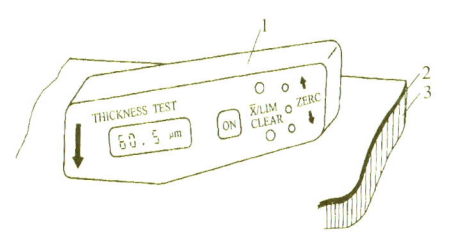

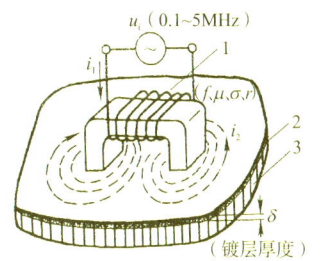

(a)外形图　　　　　　　　(b)感辨头结构

1—电涡流测厚仪　2—金属镀层　3—塑料工件

图 7-11　金属镀层厚度检测

7.4.5　电涡流式通道安全检查门

电涡流式通道安全检测门如图 7-12 所示,可有效地探测出枪支、匕首等金属武器及其他大件金属物品。它广泛应用于机场、海关、钱币厂和监狱等重要场所。

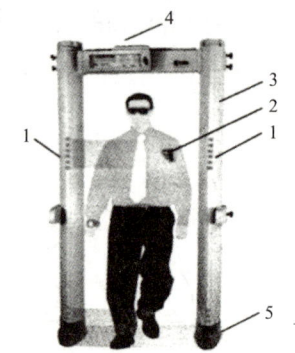

电涡流式通道安全检测门的基本原理框图如图 7-13 所示。L_{11}、L_{12} 为发射线圈,L_{21}、L_{22} 为接收线圈,均用环氧树脂浇灌,密封在门框内。10kHz 信号通过 L_{11}、L_{12} 在线圈周围产生同频率的交变磁场。L_{21}、L_{22} 实际上分成六个(可以增加到 32 个以上)扁平线圈,分布在门的两侧的上、中、下部位,形成多个探测区。

因为 L_{11}、L_{12} 与 L_{21}、L_{22} 相互垂直,呈电气正交状态,无磁路交链,$u_o = 0$。在有金属物体通过 L_{11}、L_{12} 形成的交变磁场时,交变磁场就会在该金属导体表面产生电涡流。电涡流也将产生一个新的微弱磁场,相位与金属体位置、大小等有关,因此可以在 L_{21}、L_{22} 中感应出电压。计算机根据感应电压的大小、相位,多级差来判定金属物体的大小。

1—等高指示灯　2—隐蔽的金属物体　3—内藏式电涡流线圈　4—信号控制报警器　5—电源模块

图 7-12　电涡流式通道安全检测门示意图

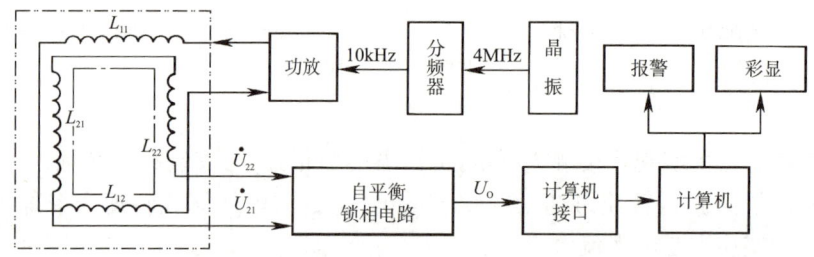

图 7-13　电涡流式通道安全检查门原理框图

由于个人携带的日常用品例如皮带扣、钥匙串、眼镜架、戒指甚至骨折时用到的固定材料钢钉等也会引起误报警。因此计算机还要对多组不同位置的线圈信号进行复杂的逻辑判断,才能获得既灵敏又可靠、准确的效果。

可以在安检门的侧面安装一台"软 X 光"或毫米波扫描仪。当发现疑点时,可启动对人体、胶卷无害的低能量狭窄扇面 X 射线,进行断面扫描。用软件处理的方法,合成完整的光学图像。

在更严格的安检中,还在安检门侧面安装能量微弱的中子发射管,对可疑对象开启该装置,让中子穿过密封的行李包,利用质谱仪来计算出行李物品的含氮量,以及碳、氧的精确比例,从而确认是否为爆炸品(氮含量较大)。计算其他化学元素的比例,还可以确认毒品或其他物质。

7.4.6　电涡流表面探伤

利用电涡流式传感器,可以检查金属表面(已涂防锈漆)的裂纹以及焊接处的缺陷等。在探伤中,传感器应与被测金属表面保持距离不变。检测过程中,缺陷将引起导体电导率、磁导率的变化,使电涡流 i_2 变小,从而引起输出电压突变。

图 7-14 是用电涡流探头检测高压输油管表面裂纹的示意图。两个导向辊用耐磨、不导电的聚四氟乙烯制作,有的表面还刻有螺旋导向槽,并以相同的方向旋转。油管在它们的驱动下,匀速地在楔形电涡流探头下方作 360°转动,并向前挪动。探头对油管表面逐点扫描,得到图 7-15(a)的输出信号。当油管存在裂纹时,电涡流所走的路程大为增加,所以电涡流突然减小,输出波形如图 7-15(a)中的"尖峰"所示。该信号十分紊乱,用肉眼很难分辨出缺陷性质。

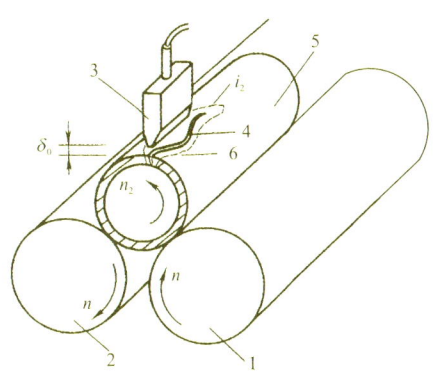

将该信号通过带通滤波器,滤去表面不平整、抖动等因素造成的输出异常后,得到图 7-15(b)中的两个尖峰信号。调节电压比较器的阈值电压,得到真正的缺陷信号。图 7-15(a)为时域信号。计算机还可以根据图 7-15(a)的信号计算电涡流探头线圈的阻抗,得到图 7-15

1.2—导向辊　3—楔形电涡流探头　4—裂纹
5—输油管　6—电涡流
图 7-14　用电涡流探头检测高压输油管表面裂纹的示意图

(c)所示的"8"字花瓣状阻抗图。根据长期积累的探伤经验,可以从该复杂的阻抗图中判断出裂纹的长短、深浅、走向等参数。图中的黑色边框为反视报警区。当"8"字花瓣图形超出报警区时即视为超标,产生报警信号。

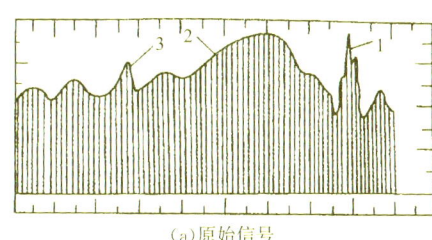 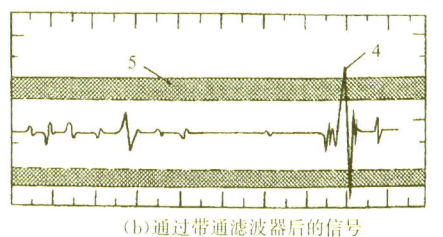

(a)原始信号　　(b)通过带通滤波器后的信号

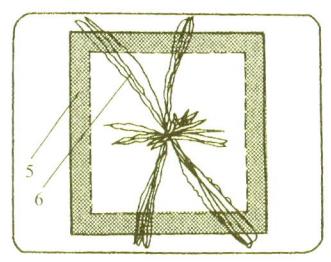

(c)阻抗图
1—尖峰信号　2—摆动引起的伪信号　3—可忽略的小缺陷　4—裂纹信号
5—反视报警框　6—花瓣阻抗图
图 7-15　探伤输出信号

电涡流探伤仪在实际使用时会受到诸多因素的影响,例如环境温度变化、表面硬度、机械传动不均匀、抖动等,用单个电涡流探头易受上述因素影响,严重时无法分辨缺陷和裂纹,因此必须采用差动电路。在楔形探头的尖端部位设置发射线圈,在其上方的左、右两侧分别设置一只接收线圈,它们的同名端相连,在没有裂纹信号时输出相互抵消。当裂纹进入左、右接收线圈下方时,由于相位上有先后差别,所以信号无法抵消,产生输出电压,这就是差动原理。温漂、抖动等干扰通常是同时作用于两只电涡流差动线圈,所以不会产生输出信号。如果计算机采用"相关"技术,就能进一步提高分辨力,这里就不展开讨论了。

上述系统的最大特点是非接触测量,不磨损探头,检测速度可达每秒几米。对机械系统稍做改造,还可用于轴类、辊子类的缺陷检测。

7.5　接近开关及应用

接近开关又称无触点行程开关。它能在一定的距离(几毫米至几十毫米)内检测有无物体靠近。当物体与其接近到设定距离时,就能够发出"动作"信号,而不像机械式行程开关那样,需要施加机械力。它给出的是开关信号(高电平或低电平)。多数接近开关具有较大的负载能力,能直接驱动中间继电器。

接近开关的核心部分是"感辨头",它必须对正在接近的物体有很高的感辨能力。在生物界里,眼镜蛇的尾部能感辨出人体发出的红外线。而电涡流探头能感辨金属导体的靠近。但是应变片、电位器之类的传感器无法用于接近开关,因为它们属于接触式测量。

多数接近开关已将感辨头和测量转换电路做在同一壳体内,壳体上多带有螺纹或安装孔,以便于安装和调整。

接近开关的应用已远超出行程开关的行程控制和限位保护范畴。它可以用于高速计数、测速,确定金属物体的存在和位置,测量物位和液位,用于人体保护和防盗以及无触点按钮等。

即使仅用于一般的行程控制,接近开关的定位准确度、操作频率、使用寿命、安装调整的方便性和耐磨性、耐腐蚀性等也是一般机械式行程开关所不能相比的。

7.5.1　常用的接近开关分类

(1)电涡流式(以下按行业习惯称其为电感接近开关)　只对导电良好的金属起作用。

(2)电容式　对接地的金属或地电位的导电物体起作用,对非地电位的导电物体灵敏度稍差。

(3)磁性干簧开关(也称干簧管)　只对磁性较强的物体起作用。

(4)霍尔式　只对磁性物体起作用。

从广义来讲,非接触式传感器均能用作接近开关。例如,光电传感器、微波和超声波传感器等。但是它们的检测距离一般均可以做得较大,可达数米甚至数十米,所以多把它们归入电子开关系列。

7.5.2　接近开关的特点

与机械开关相比,接近开关具有如下特点:

(1)非接触检测,不影响被测物的运行工况;

(2)不产生机械磨损和疲劳损伤,工作寿命长;

(3)响应快,一般响应时间可达几毫秒或十几毫秒;

(4)采用全密封结构,防潮、防尘性能较好,工作可靠性强;

(5)无触点、无火花,无噪声,所以适用于要求防爆的场合(防爆型);

(6)输出信号大,易于与计算机或可编程序控制器(PLC)等接口;

(7)体积小,安装、调整方便。

接近开关的缺点是触点容量较小,负载短路时易烧毁。

7.5.3 接近开关的主要性能指标

(1)动作距离 当被测物由正面靠近接近开关的感应面时,使接近开关动作(输出状态变为有效状态)的距离定义为接近开关的动作距离 δ_{min}(单位为 mm,以下同)。

(2)复位距离 当被测物由正面离开接近开关的感应面,接近开关转为复位时,被测物离开感应面的距离 δ_{max} 定义为复位距离。

(3)动作滞差 动作滞差 $\Delta\delta$ 指复位距离与动作距离之差。动作滞差越大,对抗被测物抖动等造成的机械振动干扰的能力越强,但动作准确度就越差。

(4)额定工作距离 指接近开关在实际使用中被设定的安装距离。在此距离内,接近开关不应受温度变化、电源波动等外界干扰而产生误动作。额定工作距离必然小于动作距离。但是,若设置得太小,有可能无法复位。实际应用中,考虑到各方面环境因素干扰的影响,较为可靠的额定工作距离(最佳安装距离)约为动作距离的 75%。

(5)重复定位准确度(重复性) 它表征多次测量的动作距离平均值。其数值离散性的大小一般为最大动作距离的 1%~5%。离散性越小,重复定位准确度越高。

(6)动作频率 每秒连续不断地进入接近开关的动作距离后又离开的被测物个数或次数称为动作频率。若接近开关的动作频率太低而被测物又运动得太快,接近开关就来不及响应物体的运动状态,有可能造成漏检。

接近开关的外形如图 7-16 所示,可根据不同的用途选择不同的型号。图 7-16(a)的形式便于调整与被测物的间距。图 7-16(b)、(c)的形式可用于板材的检测,图 7-16(d)、(e)可用于线材的检测。

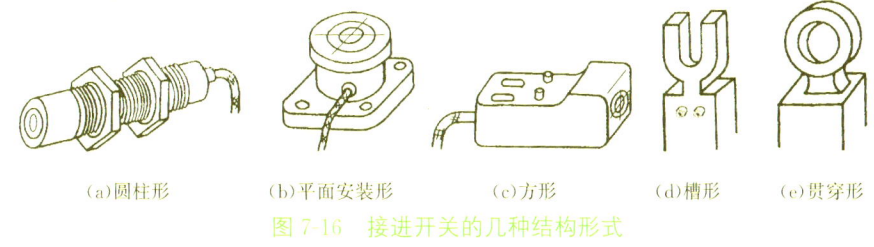

(a)圆柱形　　　(b)平面安装形　　　(c)方形　　　(d)槽形　　　(e)贯穿形

图 7-16 接进开关的几种结构形式

7.5.4 电涡流式接近开关应用实例

1. 生产工件加工定位

在机械加工自动生产线上,可以使用接近开关进行工件的加工定位,图 7-17(a)是它的示意图。当传送机构将待加工的金属工件运送到靠近"减速"接近开关的位置时,该接近开关发出"减速"信号,传送机构减速,以提高定位准确度。当金属工件到达"定位"接近开关面前时,定位接近开关发出"动作"信号,使传送机构停止运行。紧接着,加工刀具对工件进行机械加工。

定位的准确度主要依赖于接近开关的性能指标,如"重复定位准确度""动作滞差"等。可以仔细调整接近开关 6 的左右位置,使每一只工件均准确地停在加工位置。从图 7-17(b)可以看到该接近开关的内部工作原理。当金属体靠近电涡流探头线圈(感辨头)时,随着金属体表面电涡流的增大,电涡流线圈的 Q 值越来越低,振荡器的能量被金属体所吸收,其输出电压 U_{o1} 也越来越低,甚至有可能停振,使 $U_{o1}=0$。比较器将 U_{o1} 与基准电压(比较电压)U_R 做比较。当 $U_{o1}<U_R$ 时,比较器翻转,输出高电平,报警器(LED)报警(闪亮),执行机构动作(传送机构电动机停转)。从以上分析可知,该接近开关的电路未涉及频率的变化,只利用了振荡幅度的变化,所以属于调幅式转换电路。

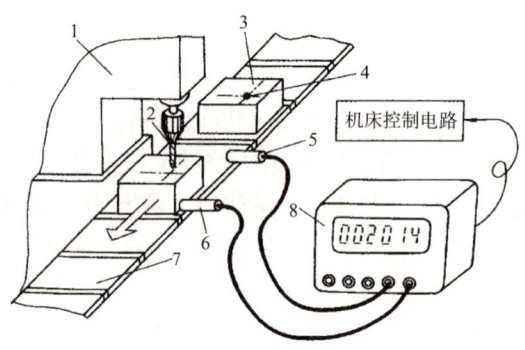

(a)接近开关的安装位置

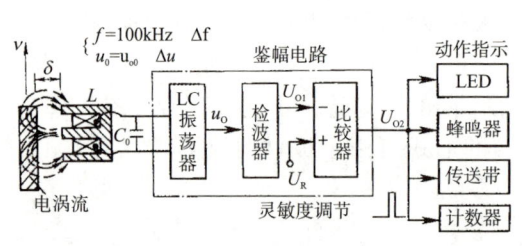

(b)感辨头及调幅式转换电路

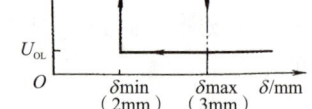

(c)PNP 型接近开关的动作滞差特性

1—加工机床 2—刀具 3—导电工件 4—加工位置 5—减速接近开关 6—定位接近开关 7—传送机构 8—计数器

图 7-17 工件的定位与计数

2. 生产零部件计数

在图 7-17 中,还可将传送带一侧的"减速"接近开关的信号接到计数器输入端。当传送带上的每一个金属工件从该接近开关面前掠过时,接近开关动作一次,输出一个计数脉冲,计数器加 1。

传送带在运行中有可能产生抖动,此时若工件刚进入接近开关动作距离区域,但因抖动,又稍微远离接近开关,然后再进入动作距离范围。在这种情况下,有可能会产生两个以上的计数脉冲。设计接近开关时为防止出现此种情况,通常在比较器电路中加入正反馈电阻,形成有滞差电压比较器,又称迟滞比较器,它具有"史密特"特性。当工件从远处逐渐向接近开关靠近,到达 δ_{max} 位置时,开关动作,输出高电平(仅指 PNP 型接近开关)。要想让它翻转回到低电平,则需要让工件倒退 $\Delta\delta$ 的距离(δ_{min} 的位置)。$\Delta\delta$ 大大超过抖动造成的倒退量,所以接近开关一旦动作,只能产生一个计数脉冲,微小的机械振动干扰是无法让其复位的,这种特性就称为动作滞差,如图 7-17(c)所示。

3. 成品零件缺位检测

有许多产品安装完毕即用铆钉铆接，而无法检验内部是否缺少零件。图 7-18 示出了扁平结构的断路器示意图。其内部安装金属零部件的区域用虚线框出。

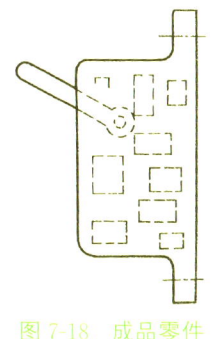

在流水线的最后一道工序的位置上方，安装一套检测装置，装置中使用了多只微型电感接近开关，其位置与图中的虚线框对应。调节各接近开关的灵敏度，使其在缺少零件时发出报警信号。在计算机显示屏模拟图上的相应位置显示红色闪光点。计算机将控制执行机构，将有缺陷的产品剔除出流水线。

图 7-18　成品零件
缺位检测示意图

章节习题

1. 单项选择题

(1) 欲测量镀层厚度，电涡流线圈的激励源频率约为（　　）。而用于测量小位移的螺线管式自感传感器以及差动变压器线圈的激励源频率通常约为（　　）。

　　A. 50～100Hz　　　B. 1～10kHz　　　C. 10～50kHz　　　D. 100kHz～2MHz

(2) 电涡流接近开关可以利用电涡流原理检测出（　　）的靠近程度。

　　A. 人体　　　　　B. 水　　　　　　C. 黑色金属零件　　D. 塑料零件

(3) 电感探头的外壳用（　　）制作较为恰当。

　　A. 不锈钢　　　　B. 塑料　　　　　C. 黄铜　　　　　　D. 玻璃

(4) 当电涡流线圈靠近非磁性导体（铜）板材后，线圈的等效电感 L（　　），调频转换电路的输出频率 f（　　）。

　　A. 不变　　　　　B. 增大　　　　　C. 减小

(5) 欲探测埋藏在地下的金银财宝，应选择直径为（　　）左右的电涡流探头。欲测量油管表面的细小裂纹，应选择直径为（　　）左右的探头。

　　A. 0.1mm　　　　B. 5mm　　　　　C. 50mm　　　　　D. 500mm

2. 请查阅电磁炉的资料，简述图 7-19 中的电磁炉工作原理（包含磁滞损耗、工作频率、锅具特性等），为什么不能用铝锅作为锅具？

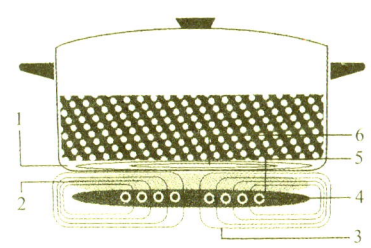

1— 不锈钢锅体　2—微晶玻璃炉面　3—磁力线　4—线圈　5—线圈骨架　6—电涡流

图 7-19　电涡流电磁炉原理

3. 电涡流式传感器的主要优点是什么？

4. 除了能测量位移外，电涡流式传感器还能测量哪些非电量？

扩展阅读

制造强国

制造强国渐行渐近。随着对关键核心技术的攻克和突破，中国正在用自己的方式，缩短着从制造大国到制造强国的距离。

沈阳新松把自己的移动机器人装到了位于长春的德国汽车制造生产线上，打破了德国企业绝不使用其他国家自动化装备的神话。现在，新松机器人已经进入全球机器人制造第一梯队。

在无锡经济开发区一排崭新的建筑上，赫然镌刻着"全球叶片供应商"字样，这就是无锡透平叶片有限公司的追求。在中国，大部分电站都使用无锡透平的叶片。无锡透平一半的产量服务于全球企业。

从注重质量的小作坊到走向世界的正泰集团，在与世界第一的电气企业德国施耐德的品牌与技术的诉讼之战中，最终以胜诉为中国装备制造业发出呐喊。现在，全球顶尖的太阳能设计制造专家加盟正泰，共同致力于太阳能科技发展。

模块 8　压电式传感器

学习目标

知识目标

1. 了解压电效应、压电材料及其特性。

2. 了解压电式传感器的基本结构和特点。

3. 掌握各类压电式传感器的典型应用。

能力目标

1. 正确识别压电式传感器及其使用、组成及特性。

2. 能够根据检测要求选择合适的压电式传感器。

3. 正确掌握测振传感器的不同应用。

模块 8

压电式传感器是一种典型的自发电式传感器。它以某些电介质的压电效应为基础，在外力作用下，在电介质表面产生电荷，从而实现非电量检测的目的。压电传感元件是力敏感元件，它可以测量最终能变换为力的非电物理量，例如动态压力和振动加速度等，但不能用于静态参数的测量。

压电式传感器具有体积小、质量轻、频响高、信噪比大等特点。由于它没有运动部件，因此结构坚固，可靠性、稳定性高。近年来，随着电子技术的发展，已可以将测量调理电路与压电探头封装在同一壳体中，不受电缆长度的影响。

8.1　压电式传感器的工作原理

教学视频

取一块干燥的冰糖，在完全黑暗的环境中，用榔头敲击之，可以看到冰糖在破碎的一瞬间，发出暗淡的蓝色闪光，这是强电场放电所产生的闪光。产生闪光的机理是晶体的压电效应。

8.1.1　压电效应

某些电介质在沿一定方向受到外力作用而变形时，内部会产生极化现象，同时在其表面上产生电荷，当外力去掉后，又重新回到不带电的状态，这种现象称为压电效应。反之，在电介质的极化方向上施加交变电场或电压，它会产生机械变形。当去掉外加电场时，电介质变形随之消失，这种现象称为逆压电效应（电致伸缩效应）。例如音乐贺卡中的压电片就是利用逆压电效应而发声的。具有压电效应的物质很多，如天然形成的石英晶体、人工制造的压电陶瓷等。

在晶体的弹性限度内,压电材料受动态力后,其表面产生的电荷 Q 与所施加的动态力 F 成正比,即

$$Q = dF_x \tag{8-1}$$

式中,d 是压电常数。

图 8-1 是压电效应示意图。自然界中与压电效应有关的现象很多。例如在敦煌的鸣沙山,当许多游客在沙丘上蹦跳或从鸣沙山上往下滑时,可以听到雷鸣般的隆隆声。产生这个现象的原因是无数干燥的沙子(SiO_2 晶体)在重压下引起振动,表面产生电荷。在某些时刻,恰好形成电压串联,产生很高的电压,并通过空气放电而发出声音。在电子打火机中,压电材料受到敲击,产生很高的电压,通过尖端放电,而点燃可燃气体。

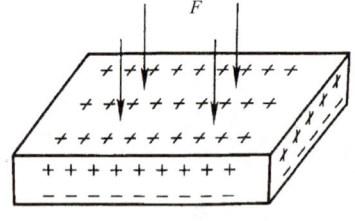

图 8-1　压电效应示意图

8.1.2　压电材料的分类及特性

压电式传感器中的压电元件材料一般有三类:一类是压电晶体(单晶体);另一类是经过极化处理的压电陶瓷(多晶体);第三类是高分子压电材料。

1. 石英晶体

石英晶体是一种性能良好的压电晶体,它的突出优点是性能非常稳定。在 20～200℃ 的范围内压电常数的变化率只有 −0.0001/℃。此外,它还具有自振频率高、动态响应好、机械强度高、绝缘性能好、迟滞小、重复性好、线性范围宽等优点。石英晶体的不足之处是压电常数较小($d = 2.31 \times 10^{-12}$ C/N)。因此石英晶体大多只在标准传感器、高准确度测量或环境温度较高的场合中使用,而在一般要求的测量中,基本上采用压电陶瓷。

2. 压电陶瓷

压电陶瓷是人工制造的多晶压电材料,它由无数细微的电畴组成。这些电畴实际上是分子自发极化的小区域。在无外电场作用时,各个电畴在晶体中杂乱分布,它们的极化效应被相互抵消了,因此原始的压电陶瓷呈中性,不具有压电性质。为了使压电陶瓷具有压电效应,必须在一定温度下做极化处理。极化处理之后,陶瓷材料内部存在有很强的剩余极化强度,当压电陶瓷受外力作用时,其表面也能产生电荷,所以压电陶瓷也具有压电效应。压电陶瓷的极化处理如图 8-2 所示。

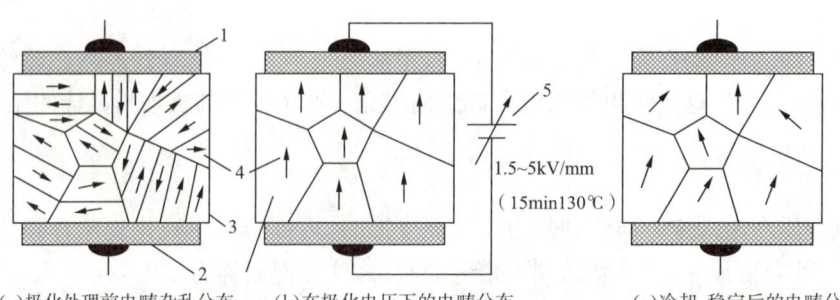

(a)极化处理前电畴杂乱分布　　(b)在极化电压下的电畴分布　　(c)冷却、稳定后的电畴分布

1—镀银上电极　2—镀银下电极　3—压电陶瓷　4—电畴　5—极化高压电源　↑—细微的电畴极化方向

图 8-2　压电陶瓷的极化

压电陶瓷的制造工艺成熟，通过改变配方或掺杂微量元素可使材料的技术性能有较大改变，以适应各种要求。它还具有良好的工艺性，可以方便地加工成各种需要的形状，在通常情况下，它比石英晶体的压电系数高得多，而制造成本却较低，因此目前国内外生产的压电元件绝大多数都采用压电陶瓷。

常用的压电陶瓷材料主要有以下几种：

(1)锆钛酸铅系列压电陶瓷(PZT)。

锆钛酸铅压电陶瓷是由钛酸铅和锆酸铅组成的固熔体。它有较高的压电常数和较高的居里点(500℃左右)，是目前经常采用的一种压电材料。在上述材料中加入微量的镧(La)、铌(Nb)或锑(Sb)等，可以得到不同性能的 PZT 材料。PZT 是工业中应用较多的压电陶瓷。

(2)非铅系压电陶瓷。

为减少铅对环境的污染，人们正积极研制非铅系压电陶瓷。目前非铅系压电铁电陶瓷体系主要有 $B_aT_iO_3$ 基无铅压电陶瓷、BNT 基无铅压电陶瓷、铌酸盐基无铅压电陶瓷、钛酸铋钠钾无铅压电陶瓷和钛酸铋锶钙无铅压电陶瓷等，它们的各项性能多数已超过含铅系列压电陶瓷，是今后压电、铁电陶瓷的发展方向。

3. 高分子压电材料

高分子压电材料是近年来发展很快的一种新型材料。典型的高分子压电材料有聚偏二氟乙烯(PVF_2 或 PVDF)、聚氟乙烯(PVF)、改性聚氯乙烯(PVC)等。其中以 PVDF 的压电常数最高，有的材料比压电陶瓷还要高十几倍，其输出脉冲电压有的可以直接驱动 CMOS 集成门电路。

高分子压电材料是一种柔软的压电材料，可根据需要制成薄膜或电缆套管等形状，经极化处理后就显现出电压特性。它不易破碎，具有防水性，可以大量连续拉制，制成较大面积或较长的尺度，因此价格便宜。其测量动态范围可达 80dB，频率响应范围可从 0.1Hz 直至 10^9 Hz。这些优点都是其他压电材料所不具备的。因此在一些不要求测量准确度的场合，例如水声测量、防盗、振动测量等领域中获得应用。它的声阻抗与空气的声阻抗有较好的匹配，因而是很有希望的电声材料。例如在它的两侧面施加高压音频信号时，可以制成特大口径的壁挂式低音喇叭。

高分子压电材料的工作温度一般低于 100℃。温度升高时，灵敏度将降低。它的机械强度不够高，耐紫外线能力较差，不宜暴晒，以免老化。

8.2　压电式传感器的测量转换电路

8.2.1　压电元件的等效电路

压电元件在承受沿敏感轴方向的外力作用时，将产生电荷，因此它相当于一个电荷发生器。当压电元件表面聚集电荷时，它又相当于一个以压电材料为介质的电容器，两电极板间的电容 C_a 为

$$C_a = \frac{\varepsilon_r \varepsilon_0 A}{\delta} \qquad (8\text{-}2)$$

式中，A 是压电元件电极面面积，δ 是压电元件厚度，ε_r 是压电材料的相对介电常数，ε_0 是真空的介电常数。

因此，可以把压电元件等效为一个电荷源与一个电容相并联的电荷等效电路，如图 8-3 所示。如果忽略阻值较大的漏电阻 R_a，则电压元件的端电压的有效值

$$U_0 \approx \frac{Q}{C_a} \qquad (8\text{-}3)$$

电压传感器与二次仪表配套使用时，还应考虑到连线电缆的分布电容 C_c、放大器的输入电阻 R_i、输入电容 C_i 等的影响。R_a、R_i 越小，C_c、C_i 越大，压电元件的输出电压 U_o 就越低。

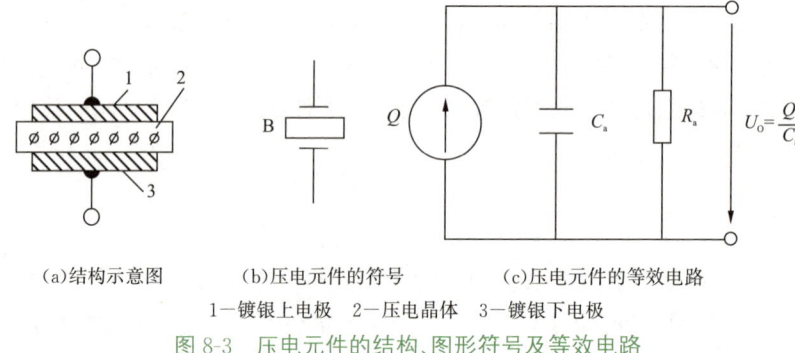

　　(a)结构示意图　　　　(b)压电元件的符号　　　　(c)压电元件的等效电路

1—镀银上电极　2—压电晶体　3—镀银下电极

图 8-3　压电元件的结构、图形符号及等效电路

由于外力作用在压电元件上产生的电荷只有在无泄漏的情况下才能保存，即需要二次仪表的输入测量回路具有无限大的输入电阻，这实际上是不可能的，因此压电式传感器不能用于静态测量。压电元件在交变应力的作用下，电荷可以不断补充，可以供给测量回路以一定的电流，故只适用于动态测量。

8.2.2　电荷放大器

压电式传感器的输出信号非常弱，一般需将电信号放大后才能检测出来。根据压电式传感器的工作原理及等效电路，它的输出可以是电荷信号也可以是电压信号，因此与之相配的前置放大器有电压前置放大器和电荷放大器两种形式。

因为压电式传感器的内阻抗极高，因此它需要与高输入阻抗的前置放大器配合。从图 8-3 可以看到，如果使用电压放大器，其输入电压有效值 $U_i = Q/(C_a + C_c + C_i)$，导致电压放大器的输入电压与屏蔽电缆线的分布电容 C_c 及放大器的输入电容 C_i 有关，它们均是变数，会影响测量结果，故目前多采用性能稳定的电荷放大器（电荷—电压转换器），如图 8-4 所示。

在电荷放大器电路中，C_f 在放大器输入端的"密勒等效电容"，$C_f' = (1+A)C_f \gg C_a + C_c + C_i$，所以 $C_a + C_c + C_i$ 的影响可以忽略，电荷放大器的输出电压仅与输入电荷和反馈电容有关，电缆长度等因素的影响很小。电荷放大器的输出电压可由下式得到

$$U_o \approx \frac{Q}{C_f} \qquad (8\text{-}4)$$

式中，Q 是压电传感器产生的电荷，C_f 是并联在放大器输入端和输出端之间的反馈电容。

便携式测振仪（内部包括电荷放大器）的外形如图 8-5 所示。

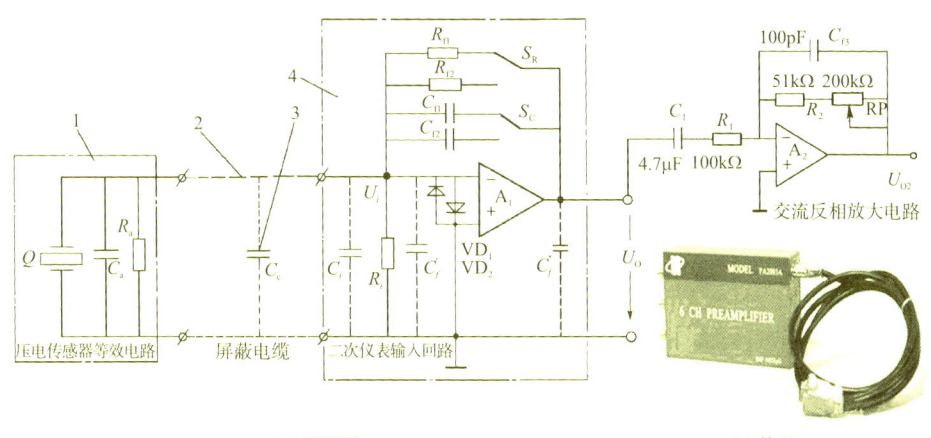

(a)原理图　　　　　　　　　　　　(b)外观

1—压电传感器　2—屏蔽电缆线　3—传输线分布电容　4—电荷放大器　S_C—灵敏度选择开关

S_R—带宽选择开关　$C'_f - C_f$ 在放大器输入端的密勒等效电容　$C''_f - C_f$ 在放大器输出端的密勒等效电容

图 8-4　电荷放大器

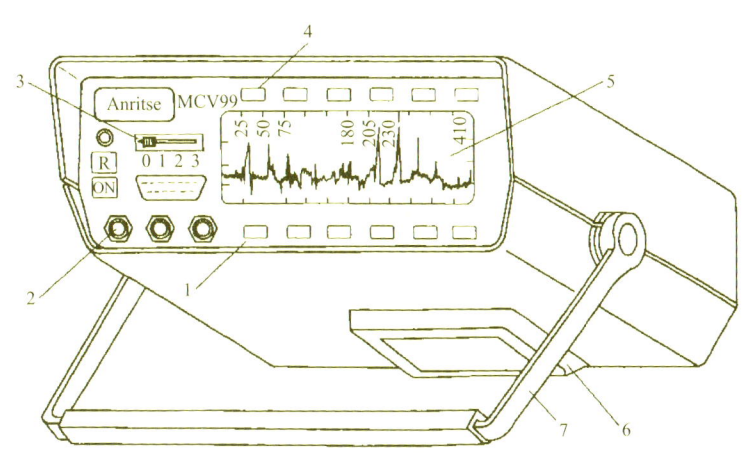

1—量程选择开关　2—压电式传感器输入信号插座　3—多路选择开关　4—带宽选择开关

5—带背光点阵液晶显示器　6—电池盒　7—可变角度支架

图 8-5　便携式测振仪外形

8.3　压电式传感器的结构及应用

教学视频

　　压电式传感器主要用于脉动力、冲击力、振动等动态参数的测量。由于压电材料可以是石英晶体、压电陶瓷和高分子压电材料等，它们的特性不尽相同，所以用途也不一样。

　　石英晶体主要用于精密测量，多作为实验室基准传感器；压电陶瓷灵敏度较高，机械强度稍低，多用作测力和振动传感器；而高分子压电材料多用作定性测量。下面分别介绍几种典型的应用，并对振动测量给予简介。

8.3.1　高分子压电材料的应用

1. 玻璃打碎报警装置

玻璃破碎时会发出几千赫兹甚至超声波（高于 20kHz）的振动。将高分子压电薄膜粘贴在玻璃上，可以感受到这一振动，并将电压信号传送给集中报警系统。图 8-6 为高分子压电薄膜振动感应片示意图。

高分子薄膜厚约 0.2mm，用聚偏二氟乙烯（PVDF）薄膜裁制成 10mm×20mm 大小。在它的正反两面各喷涂透明的二氧化锡导电电极，也可以用热印制工艺制作铝薄膜电极再用超声波焊接上两根柔软的电极引线，并用保护膜覆盖。

使用时，用瞬干胶（502 等）将高分子压电薄膜粘贴在玻璃上。当玻璃遭暴力打碎的瞬间，压电薄膜感受到剧烈振动，表面产生电荷 Q。在两个输出引脚之间产生窄脉冲电压。脉冲信号经放大后，用电缆输送到集中报警装置，产生报警信号。

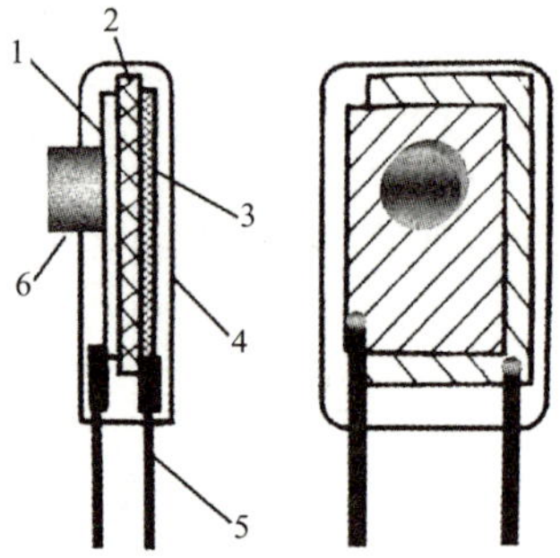

由于感应片很小且透明，不易察觉，所以可安装于贵重物品柜台、展览橱窗、博物馆及家庭等玻璃窗角落处。

1—正面透明电极　2—PVDF 薄膜
3—反面透明电极　4—保护膜
5—引脚　6—质量块
图 8-6　高分子压电薄膜
振动感应片

2. 压电式周界报警系统

周界报警系统又称线控报警系统。它警戒的是一条边界包围的重要区域。当入侵者进入防范区时，系统就会发出报警信号。

周界报警器最常见的是安装有报警器的铁丝网，但在民用部门常使用隐蔽的传感器。常用的有以下几种形式：地音式、高频辐射漏泄电缆、红外激光遮断式、微波多普勒式及高分子压电电缆等。高分子压电电缆周界报警系统如图 8-7 所示。

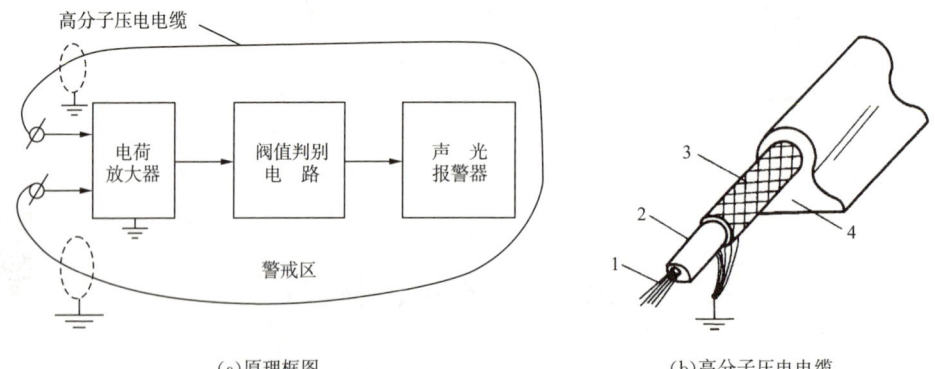

(a)原理框图　　　　　(b)高分子压电电缆

1—铜芯线（分布电容内电极）　2—管状高分子压电塑料绝缘层
3—铜网屏蔽层（分布电容外电极）　4—橡胶保护层（承压弹性元件）
图 8-7　高分子压电电缆周界报警系统

在警戒区域的四周埋设多根以高分子压电材料为绝缘物的单芯屏蔽电缆。屏蔽层接大地，它与电缆芯线之间以 PVDF 为介质而构成分布电容。当入侵者踩到电缆上面的柔性地面时，该压电电缆受到挤压，产生压电脉冲，引起报警。通过编码电路，还可以判断入侵者的大致方

模块
8

位。压电电缆可长达数百米,可警戒较大的区域,不易受电、光、雾、雨水等干扰,费用也比微波等方法便宜。

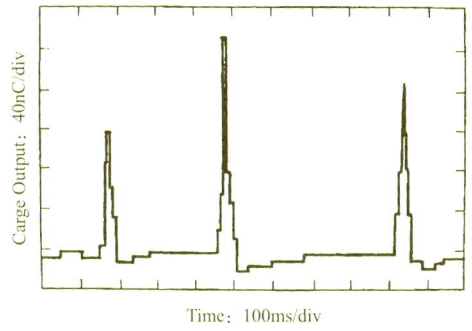

图 8-8　三轴重载大卡车载荷在二个轴上的分布

3. 交通监测

将高分子压电电缆埋在公路上,可以判定车速、载荷分布、车型等。图 8-8 是三轴重载大卡车载荷分布图。从图中可以判断出三个车轴的距离、每个车轴的动态载荷量等。

8.3.2　陶瓷压电式传感器的应用

压电陶瓷多制成片状,称为压电片。压电片通常是两片(或两片以上)黏结在一起,由于压电片上的电荷是有极性的,因此有串联和并联两种接法,一般常用的是并联接法,如图 8-9 所示。其总面积及输出电容 $C_并$ 是单片电容 C 的两倍,但输出电压 $U_并$ 仍等于单片电压 U,极板上的总电荷 $Q_并$ 为单片电荷 Q 的两倍,即 $C_并=2C$,$U_并=U$,$Q_并=2Q$。

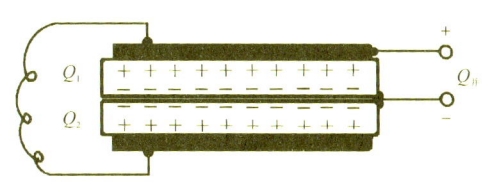

图 8-9　压电片的并联接法

压电片在传感器中必须有一定的预紧力,因为这样首先可以保证压电片在受力时,始终受到压力。其次能消除两压电片之间因接触不良而引起的非线性误差,保证输出与输入作用力之间的线性关系。但是这个预紧力也不能太大,否则将会影响其灵敏度。压电式传感器主要是用于动态力、振动加速度的测量。

1. 压电式动态力传感器

图 8-10 示出了压电式单向动态力传感器的结构,它主要用于变化频率不太高的动态力的测量,如车床动态切削力的测试。被测力通过传力上盖使压电片在沿轴方向受压力作用而产生电荷,两块压电片沿轴向反方向叠在一起,中间是一个片形电极,它收集负电荷。两压电片正电荷侧分别与传感器的传力上盖及底座相连。因此两块压电片被并联起来,提高了传感器的灵敏度。片形电极通过电极引出插头将电荷输出。电荷 Q 与所受的动态力成正比。只要用电荷放大器测出 ΔQ,就可以测知 ΔF。

压电式单向动态力传感器的测力范围与压电片的尺寸有关。例如,一片直径为 18mm、厚

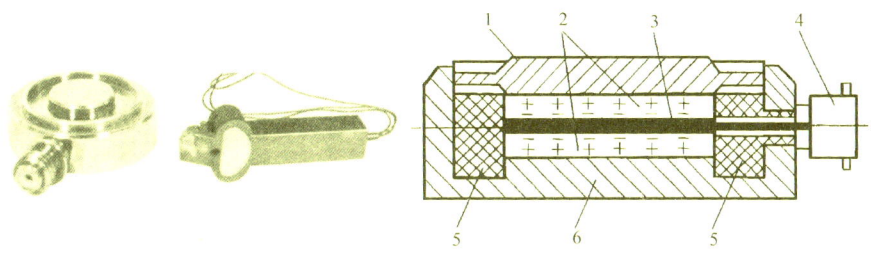

(a)单向力传感器外形　(b)三维切削力传感器外形　　　　　(c)内部结构

1—刚性传力上盖　2—压电片　3—电极　4—电极引出插头　5—绝缘材料　6—底座

图 8-10　压电式单向动态力传感器

度为 7mm 的压电片,可承受 5kN 的力,固有振动频率可达数十千赫兹。

2. 单向动态力传感器的应用

图 8-11 是利用单向动态力传感器测量刀具切削力的示意图,压电动态力传感器位于车刀前端的下方。

切削前,虽然车刀紧压在传感器上,压电片在压紧的瞬间也曾产生出很大的电荷,但几秒之后,电荷就通过电路的泄漏电阻中和掉了。

切削过程中,车刀在切削力的作用下,上下剧烈颤动,将脉动力传递给单向动态力传感器。传感器的电荷变化量由电荷放大器转换成电压,再用记录仪记录下切削力的变化量。

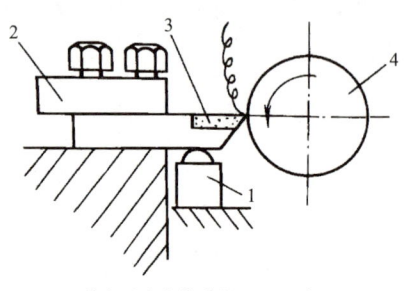

1—单向动态力传感器　2—刀架
3—车刀　4—工件

图 8-11　刀具切削力测量示意图

8.4　振动测量及频谱分析

教学视频

8.4.1　振动的基本概念

物体围绕平衡位置作往复运动称为振动。从振动对象来分,有机械振动(例如机床、电机、泵、风机等运行时的振动)、土木结构振动(房屋、桥梁等的振动)、运输工具振动(汽车、飞机等的振动)以及武器、爆炸引起的冲击振动等。

从振动的频率范围来分,有高频振动、低频振动和超低频振动等。

从振动信号的统计特征来看,可将振动分为周期振动、非周期振动以及随机振动等。周期振动是指经过相同的时间间隔,其振动特征量重复出现的振动。它包括简谐振动和复杂周期振动。复杂周期振动是由一些不同频率的简谐分量合成的振动。非周期振动的时域函数是一个衰减函数,冲击振动是最常见的非周期振动。随机振动是一种非确定性振动,事先无法确定其振幅、频率及相位的瞬时值,但有一定的统计规律性。

振动测量主要是研究上述各种振动的特征、变化规律以及分析产生振动的原因,从而找出解决问题的方法。

物体振动一次所需的时间称为周期,用 T 表示,单位是 s。每秒振动的次数称频率,用 f 表示,单位为 Hz。频率是分析振动的最重要内容之一。振动物体的位移用 x 表示,偏离平衡位置的最大距离称为振幅,用 A_p 表示,单位为 mm。振动的速度用 v 表示,单位为 m/s。加速度用 a 表示,单位为 m/s^2。

8.4.2　测振传感器的分类

测振用的传感器又称拾振器。它有接触式和非接触式之分。接触式中又有磁电式、电感式、压电式等。非接触式中又有电涡流式、电容式、霍尔式、光电式等。图 8-12 为测振系统的力学模型。

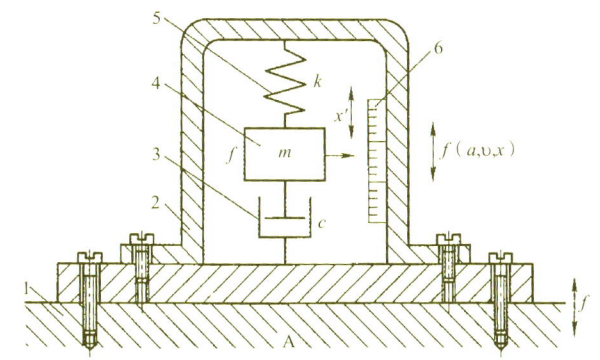

1—振动体基座　2—壳体　3—阻尼器　4—质量块(惯性体)　5—弹簧　6—标尺

图 8-12　测振系统的力学模型

当测振系统自身的固有振动频率 $f_0 \geqslant 5f$ 时,质量块与被测振动体 A 一起振动,质量块与被测振动体 A 所感受到的振动加速度基本一致,这样的测振传感器称为加速度计,如图 8-13 所示的压电式加速度计等。

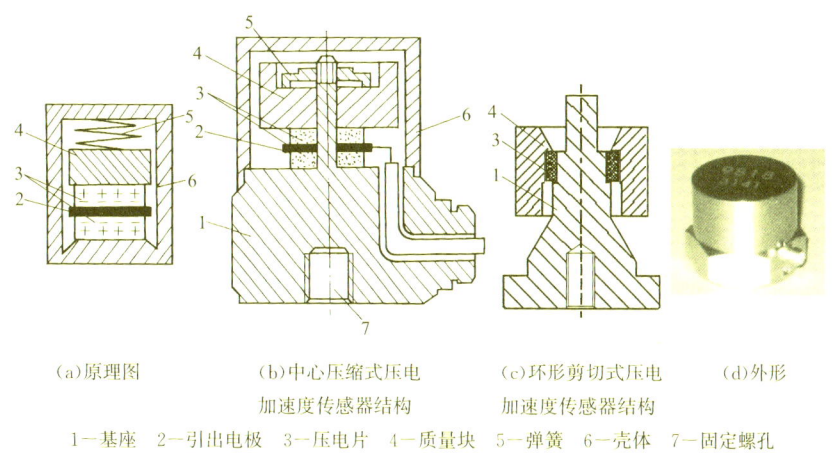

(a)原理图　　　　(b)中心压缩式压电　　　(c)环形剪切式压电　　(d)外形

　　　　　　　　　加速度传感器结构　　　　加速度传感器结构

1—基座　2—引出电极　3—压电片　4—质量块　5—弹簧　6—壳体　7—固定螺孔

图 8-13　常用的压电式振动加速度传感器

8.4.3　压电式振动加速度传感器的结构

压电式振动加速度传感器结构及原理如图 8-13 所示。当传感器与被测振动加速度的机件紧固在一起后,传感器受机械运动的振动加速度作用,压电晶片受到质量块惯性引起的压力,其方向与振动加速度方向相反,大小由 $F = ma$ 决定。惯性引起的压力作用在压电片上产生电荷。电荷由引出电极输出,由此将振动加速度转换成电参量。弹簧是给压电片施加预紧力的。预紧力的大小基本不影响输出电荷的大小。若预紧力不够,而加速度又较大时,质量块将与压电片敲击碰撞;预紧力也不能太大,否则会引起压电片的非线性误差。常用的压电式振动加速度传感器的结构多种多样,图 8-13(b)就是其中的一种。这种结构有较高的固有振动频率(符合 $f_0 \geqslant 5f$),可用于较高频率的测量(几千至几十千赫兹),它是目前应用较多的一种形式。除此之外,还有环形剪切压电式加速度传感器等。

8.4.4　压电式振动加速度传感器的性能指标

1. 灵敏度 K

压电式振动加速度传感器属于自发电型传感器，它的输出为电荷量，以 pC（皮库仑）为单位，$1pC = 10^{-12}C$，而输入量为加速度，单位为 m/s^2，所以灵敏度以 $pC/(m/s^2)$ 为单位。但是在振动测量中，往往用标准重力加速度 g（$1g \approx 9.8 m/s^2$）作为加速度的单位，这是检测行业的一种习惯用法。大多数测量振动的仪器都用 g 作为加速度单位，并在仪器的面板上以及说明书中标出，灵敏度的范围约为 $10 \sim 100 pC/g$。

目前，许多压电式振动加速度传感器已将电荷放大器封装在同一个壳体中，它的输出是电压，所以许多压电振动加速度传感器的灵敏度单位为 mV/g，通常为 $10 \sim 1000 mV/g$。

灵敏度并不是越高越好。灵敏度低的传感器可用于动态范围很宽的振动测量，例如打桩机的冲击振动、汽车的撞击试验、炸弹的贯穿延时引爆等。而高灵敏度的压电式传感器可用于测量微弱的振动。例如用于寻找地下管道的泄漏点（水管漏水处可发出几千赫兹的振动），或测量桥梁、楼房、桩基的受激振动，以及分析精密机床床身的振动以提高加工准确度等。

2. 频率范围

大多数压电式振动加速度传感器的频率范围为 $0.1Hz \sim 10kHz$。一个典型的通用加速度传感器的频率响应如图 8-14 所示。

3. 动态范围

常用的测量范围为 $0.1 \sim 100g$。测量冲击振动时应选用 $100 \sim 10000g$；而测量桥梁、地基等微弱振动往往要选择 $0.001 \sim 10g$ 高灵敏度的低频加速度传感器。

8.4.5　压电式振动加速度传感器的安装及使用

理论上，压电式振动加速度传感器应与被测振动体刚性连接。但在安装使用中，有如下几种方法。

（1）用于长期监测振动机械的压电式振动加速度传感器应采用双头螺栓牢固地固定在监视点上，如图 8-15（a）所示。

（2）短时间监测低频微弱振动时，可用磁铁将钢质传感器底座吸附在监测量上，如图 8-15（b）所示。

（3）测量更微弱的振动时，可以用环氧树脂或瞬干胶将传感器牢牢地粘贴于监测点上，如图 8-15（c）所示。但要注意传感器底座与被测体之间的胶层愈薄愈好，否则将会使高频响应变差，

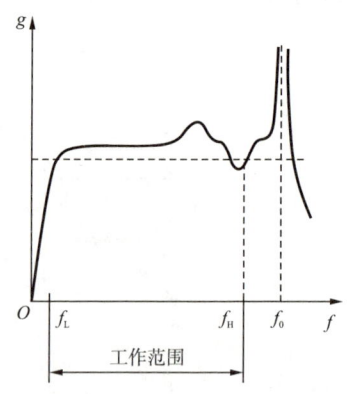

图 8-14　压电式振动加速度
传感器的频率响应范围

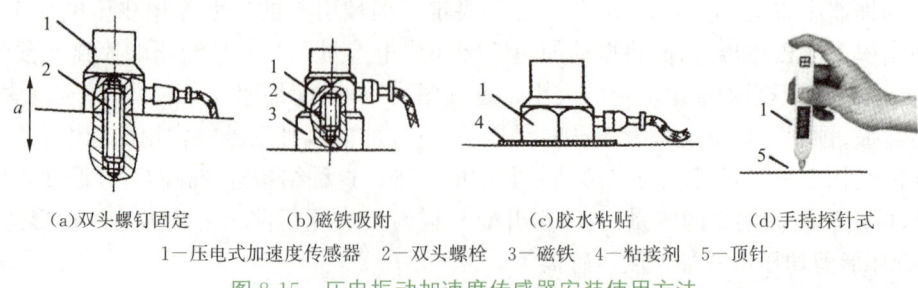

（a）双头螺钉固定　　（b）磁铁吸附　　（c）胶水粘贴　　（d）手持探针式

1—压电式加速度传感器　2—双头螺栓　3—磁铁　4—粘接剂　5—顶针

图 8-15　压电振动加速度传感器安装使用方法

使用上限频率降低。

(4)在对许多测试点进行定期巡检时,也可采用手持探针式加速度传感器。使用时,用手握住探针,紧紧地抵触在监测点上,如图 8-15(d)所示。此方法虽方便,但测量误差较大,重复性差,使用频率上限将降低到 1000Hz 以下。

8.4.6　压电式振动加速度传感器在汽车中的应用

在前面提到差动电容式加速度传感器可以用于汽车碰撞时使气囊迅速充气的例子。利用压电式振动加速度传感器也可以实现同样的目的,请读者自行思考。下面介绍压电式振动加速度传感器在汽油发动机点火时间控制中的作用。

汽车发动机中的气缸点火时刻必须十分精确。如果恰当地将点火时间提前一些,即有一个提前角,就可使气缸中汽油与空气的混合气体得到充分燃烧,使扭矩增大,排污减少。但提前角太大时,或压缩比太高时,混合气体燃烧受到干扰或自燃,就会产生冲击波,以超音速撞击气缸壁,发出尖锐的金属敲击声,称为爆震(俗称敲缸),可能使火花塞、活塞环熔化损坏,使缸盖、连杆、曲轴等部件过载、变形。

将类似于图 8-13 的压电式振动加速度传感器旋在气缸体的侧壁上。当内燃机发生爆燃时,传感器产生共振,输出尖脉冲信号(5kHz 左右)送到汽车发动机的电控单元(又称 ECU),进而推迟点火时刻,尽量使点火时刻接近爆燃区而不发生爆燃,又能使发动机输出尽可能大的扭矩。

8.4.7　振动的频谱分析

1. 时域图形

使用示波器可以看到振动加速度的波形图。图 8-16 是使用压电式振动加速度传感器测量一台振动剧烈的空调压缩机的振动波形。图 8-16 的横坐标为时间轴,因此称为时域图。从这个波形图中,我们可以看到它的幅度变化明显地存在着周期为 1s 的振动,还能隐隐约约地看到它包含其他频率高得多的周期振动。除此之外,无法从这些杂乱无章的波形中得到更多的信息,也无法用频率计一一测出这些复杂的频率分量。

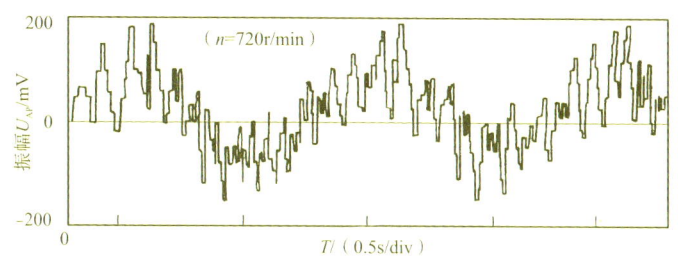

图 8-16　空调压缩机在 720r/min 带负载时的时域图形

2. 频域图形

如果将时域图经过快速傅立叶变换(FFT),就能在计算机显示器上显示出另一种坐标图,它的横坐标为频率 f,纵坐标可以是加速度,也可以是振幅或功率等。它反映了在频率范围之内,对应于每一个频率的振动分量的大小,这样的图形称为频谱图或频域图,专门用于测量和显示频谱的仪器称为频谱仪。

用频谱仪将图 8-16 的时域图经 FFT 变换,就可以得到图 8-17 的频谱图。从图中可以看到,这台压缩机在 $f=0.86$Hz 时存在很窄的尖峰电压,称为谱线,人们感觉到压缩机的低频颤动就是接近 1Hz 的振动造成的,它使人的心脏感到难受。从频谱图中还可以看到,在 24.9Hz、50Hz 以及其他频率点上还存在高低不一的谱线。依靠这些谱线,可以根据"故障分析技术"分析振动的原因和解决方案。

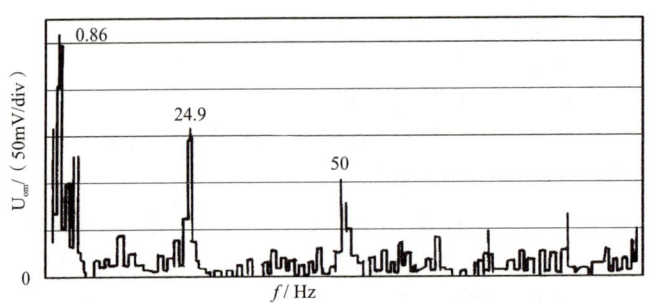

图 8-17　空调压缩机在 720r/min 带负载时的频谱图

3. 依靠频谱分析法进行故障诊断

图 8-18 是用压电式振动加速度传感器测量手扶拖拉机发动机活塞振动的时域图和频域图(频谱图)。从时域图可以看出,活塞的振动不是简谐振动(不是正弦波形),其中必定包括了其他的振动分量。从频谱仪得到的频域图形(见图 8-18(b))中可以清楚地看到,活塞的振动是由 5Hz 和 10Hz 等多个振动分量合成的。10Hz 的幅值大约是 5Hz 幅值的一半。

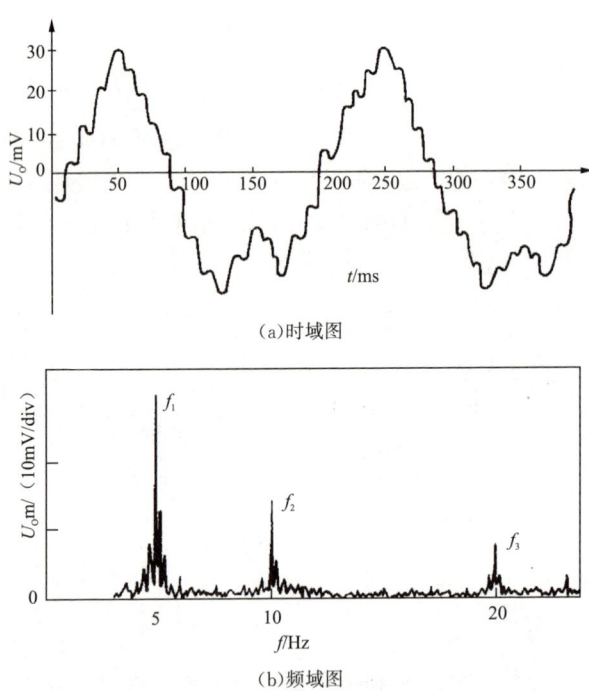

(a)时域图

(b)频域图

图 8-18　手扶拖拉机发动机活塞振动的时域图和频域图

根据图 8-18 所示的发动机活塞振动谱线,我们可以尝试依靠频谱分析法进行该拖拉机的故障诊断。有经验的工程师可能会告诉你:f_2 的存在说明发动机的燃气压缩比不正确;在 f_1 和 f_2 的两侧还出现较多的小谱线——我们称其为边带,说明发动机减速齿轮磨损严重,导致啮合不良……以上故障分析必须依靠长期的经验积累，并保存正常和各种非正常的频谱图档案，以便检修时作对比。当与正常运行状态下的频谱图相比较时，若发现出现新的谱线［见图 8-18(b)中的 f_3］时，就要考虑该机械发生了某些新的故障。

例 8-1　某钢管厂的轧辊减速箱振动很大，现将压电式振动传感器固定在减速箱体上如图 8-19 所示。测试得到的时域信号(使用示波器)和频域信号(使用频谱仪)如图 8-20 所示，请作频谱分析和故障诊断。

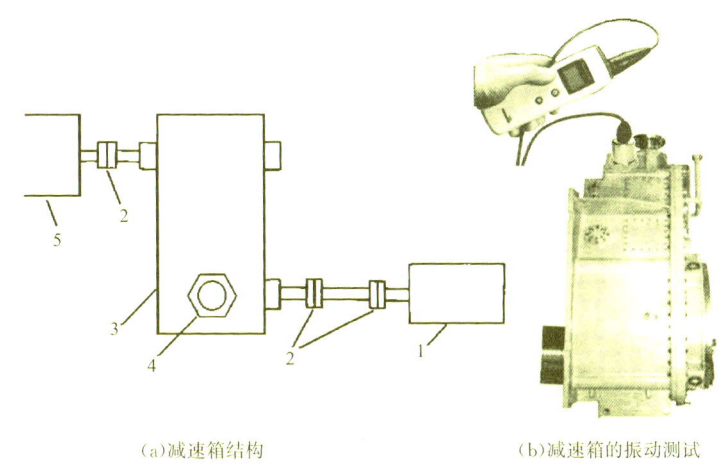

(a)减速箱结构　　　　　　　　(b)减速箱的振动测试

1—电动机　2—联轴器　3—减速箱　4—压电振动传感器　5—负载

图 8-19　减速箱的故障测试

解　从图 8-20(a)的时域图只能看到杂乱无章的信号，无法得到有意义的结论。而从图 8-20(b)的频域图上可以看到，在 70Hz 左右有一较高的谱线。要想知道 70Hz 谱线是何原因造成的，就必须知道电动机的转速和齿轮箱的减速比。

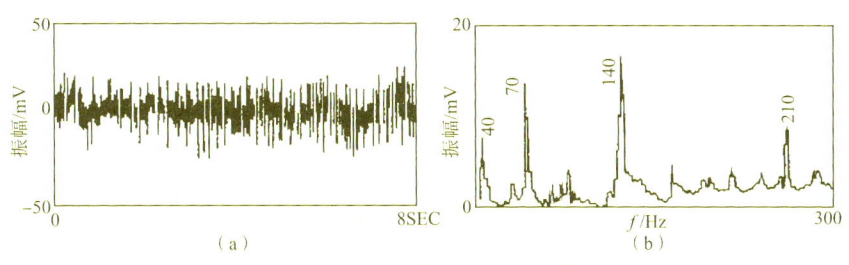

图 8-20　减速箱振动时域、频域图

用转速表测得此时的电动机转速约为 220r/min，相当于 3.66r/s。查阅该齿轮箱的资料得知其中只有两只齿轮。小齿轮 19 齿，大齿轮 36 齿，将转速乘以小齿轮齿数，其结果恰好与该谱线吻合：$3.66 \times 19 \approx 70$，故 70Hz 左右的谱线为齿轮的啮合频率。该频率两旁出现许多小谱线(称为边带)，这说明小齿轮磨损严重。而图 8-20(b)中的 140Hz 约为啮合频率的 2 倍(由于电动机抖动，所以不可能是 70Hz 的整数倍)。而 210Hz 是啮合频率的 3 倍频。这两根谱线均较高，根据以往的经验，可判断齿面啮合很不好。

从图 8-20(b)中还可以看到许多与大齿轮(36 齿)有关的频率。可以逐一分析产生这些谱线的原因。比如 40Hz 处还有一根很高的谱线，说明振动是大齿轮的某一个齿破损引起的。

频谱分析之后，可预先准备好有关机械配件，用最短的时间更换损坏的零件以减少停工时间。然后重新作频谱分析,可以发现某些谱线已经消失。

在调试时,还可以看到有一些谱线随着减速箱固定螺丝的旋紧,以及联轴器、电动机角度的调整而逐渐降低高度,依靠频谱仪可以将机械设备调整到最佳的状态。这些都是频谱分析在故障分析和现场实时调试中的应用。我们应在工作中逐渐积累频谱分析的经验和资料,以便发生事故时能很快地排除故障,减小损失。

上述频谱分析的方法还可以在电冰箱、空调、汽车等的生产、研究中,判定产生噪声和振动的原因,提高产品的竞争能力。

章节习题

1. 单项选择题

(1)将超声波(机械振动波)转换成电信号是利用压电材料的(　　　);蜂鸣器中发出"嘀……嘀……"声的压电片发声原理是利用压电材料的(　　　)。

　　A. 应变效应　　　　B. 电涡流效应　　　C. 压电效应　　　　D. 逆压电效应

(2)在实验室作检验标准用的压电仪表应采用(　　　)压电材料;能制成薄膜,粘贴在一个微小探头上、用于测量人的脉搏的压电材料应采用(　　　);用在压电式加速度传感器中测量振动的压电材料应采用(　　　)。

　　A. PTC　　　　　　B. PZT　　　　　　C. PVDF　　　　　　D. SiO$_2$

(3)使用压电陶瓷制作的压力传感器可测量(　　　)。

　　A. 人的体重　　　　　　　　　　　　B. 车刀的压紧力

　　C. 车刀在切削时感受到的切削力的变化量　　D. 自来水管中的水的压力

(4)动态压力传感器中,两片压电片多采用(　　　)接法,可增大输出电荷量;在电子打火机和煤气灶点火装置中,多片压电片采用(　　　)接法,可使输出电压达上万伏,从而产生电火花。

　　A. 串联　　　　　　B. 并联　　　　　　C. 既串联又并联

(5)测量人的脉搏应采用灵敏度 k 约为(　　　)的 PVDF 压电传感器;在家用电器(已包装)做跌落试验,以检查是否符合国家标准时,应采用灵敏度 k 为(　　　)的压电传感器。

　　A. 10V/g　　　　　　B. 1V/g　　　　　　C. 100mV/g

2. 用压电式加速度计及电荷放大器测量振动加速度,若传感器的灵敏度 $K=70$pC/g(g 为重力加速度),电荷放大器灵敏度为 10mV/pC,求:

(1)请确定输入 3g(平均值)加速度时,电荷放大器的输出电压 $\overline{U}_o$(平均值,不考虑正负号)为多少伏?

(2)计算此时该电荷放大器的反馈电容 C_f 为多少皮法?

3. 图 8-21 是振动式黏度计的原理示意图。导磁的悬臂梁 6 与铁芯 3 组成激振器。压电片 4 粘贴在悬臂梁上,振动板 7 固定在悬臂梁的下端,并插入到被测黏度的黏性液体中。请分析该黏度计的工作原理,并填空。

(1)当励磁线圈接到 10Hz 左右的交流激励源 u_i 上时,电磁铁芯产生＿＿＿＿＿Hz(两倍的激励频率)的交变＿＿＿＿＿,并对＿＿＿＿＿产生交变吸力。由于它的上端被固定,所以它将带动振

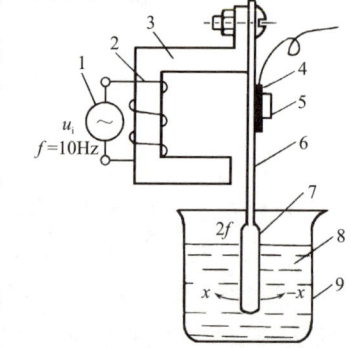

1—交流励磁电源　2—励磁线圈
3—电磁铁芯　4—压电片　5—质量块
6—悬臂梁　7—振动板　8—黏性液体
9—容器

图 8-21　振动式粘度计原理
示意图

动板 7 在_____里来回振动。

(2)液体的黏性越高,对振动板的阻力就越_____,振动板的振幅 A_p 就越_____,所以它的加速度 $a = A_p\omega^2\sin\omega t$ 就越_____,因此质量块 5 对压电片 4 所施加的惯性力 $F = ma$ 就越_____,压电片的输出电荷量 Q 或电压 u_a 就越_____,压电片的输出反映了液体的黏度。

(3)该黏度计的缺点是与温度 t 有关。温度升高,大多数液体的黏度变_____,所以将带来测量误差。

● 扩展阅读

发动中国

探索浩瀚宇宙,建设空天强国,中国人的飞天梦,迎来了圆梦的新时代。作为高新技术最为集中、产业溢出效应最强的领域,空天技术水平是一个国家科技实力的重要标志,也是一个国家经济实力、国防实力、综合国力的重要体现。大飞机腾空,国产飞机发动机揭开面纱;大推力火箭发动机点火试验,全景呈现;助力太空布局,中国卫星制造装备全新亮相;太空密闭生存试验,挑战全球极限。迈向航空航天强国,中国已全速前进。

超级装备让人类获得超越自身的能力,工程机械制造水平和能力,成为衡量一个国家工业水平的关键指标。中国已经是全球工程机械最大的制造基地。这是中国迈向制造强国最有可能率先跻身最先进行列的领域。但是中国人面对的,也是更极端的工况、更难挑战的技术。依托超强的装备体系实力,一批强悍的基建神器,正锻造出一支通达天下的超强战队。世界上最长的 86 米长钢制臂架泵车之王、最强悍的高原装载机、最先进的全断面掘进机、最绿色高效的造楼神器、最长的地下管廊、最先进的万吨水泥生产线、中国人独创的穿隧架桥机……一个个超级机器,在极端工况下,展示着中国制造的实力与魅力。

模块 8

模块 9　超声波传感器

学习目标

知识目标

1. 了解超声波的传播方式和传播特性。
2. 了解超声波传感器的结构和工作原理。
3. 掌握超声波传感器的典型应用。

能力目标

1. 能选用合适的超声波传感器进行流量测量。
2. 能使用超声波传感器进行物位、液位测量。
3. 能使用超声波传感器进行无损探伤。

超声波传感器是将超声波信号转换成其他能量信号(通常是电信号)的传感器。超声波是振动频率高于 20kHz 的机械波。它具有频率高、波长短、绕射现象小,特别是方向性好、能够成为射线而定向传播等特点。超声波对液体、固体的穿透本领很大,尤其是在不透明的固体中。超声波碰到杂质或分界面会产生显著反射形成反射回波,碰到活动物体能产生多普勒效应。超声波传感器广泛应用在工业、国防、生物医学等方面。

9.1　超声波的物理基础

教学视频

9.1.1　声波的分类

声波是一种机械波。当它的振动频率在 20～20kHz 的范围内时,可为人耳所感觉,称为可闻声波。低于 20Hz 的机械振动人耳不可闻,称为次声波,但许多动物却能感受到。比如地震发生前的次声波就会引起许多动物的异常反应。

频率高于 20kHz 的机械振动波称为超声波。超声波有许多不同于可闻声波的特点。比如,它的指向性很好,能量集中,因此穿透能力强,能穿透几米厚的钢板,而能量损失不大。在遇到两种介质的分界面(例如钢板与空气的交界面)时,能产生明显的反射和折射现象,这一现象类似于光波。超声波的频率越高,其声场指向性就愈好,与光波的反射、折散特性就越接近。声波的频率分布如图 9-1 所示。

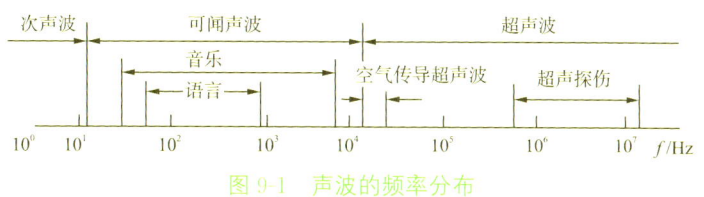

图 9-1 声波的频率分布

9.1.2 超声波的传播方式

超声波的传播波形主要可分为纵波、横波及表面波等几种。

（1）纵波 质点的振动方向与波的传播方向一致，这种波称为纵波，又称压缩波，如图 9-2（a）所示。质点的运动过程如 9-2（b）所示。纵波能够在固体、液体、气体中传播。人讲话时产生的声波就属于纵波。纵波在钢材中的传播如图 9-2（c）所示。

（2）横波 质点的振动方向与波的传播方向垂直，这种波称为横波，如图 9-2（d）所示。它是固体介质受到交变剪切应力作用时产生的剪切形变，所以又称剪切波，它只能在固体中传播。

（3）表面波 固体的质点在固体表面的平衡位置附近作椭圆轨迹的振动，使振动波只沿着固体的表面向前传播，如图 9-2（e）所示。

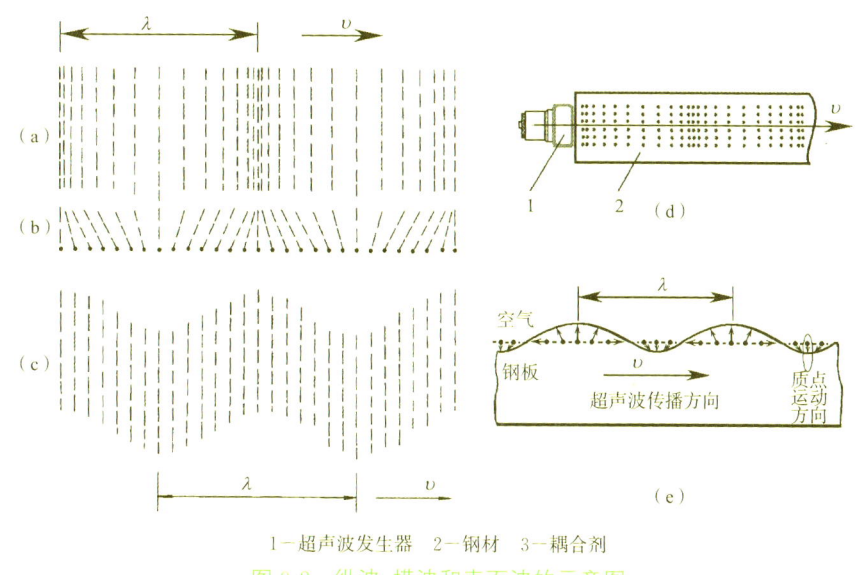

1—超声波发生器 2—钢材 3—耦合剂

图 9-2 纵波、横波和表面波的示意图

9.1.3 声速、波长与指向性

1.声速

声波的传播速度取决于介质的弹性系数、介质的密度以及声阻抗。表 9-1 给出了几种常用材料的声速与密度、声阻抗的关系。声阻抗是描述介质传播声波特性的一个物理量。

表 9-1　几种常用材料的声速与密度、声阻抗的关系(环境温度为 0℃)

材料	密度 $\rho/10^3 \text{kg} \cdot \text{m}^{-3}$	声阻抗 $Z/\text{MPa} \cdot \text{s} \cdot \text{m}^{-1}$	纵波声速 $C_L/\text{km} \cdot \text{s}^{-1}$	横波声速 $C_s/\text{km} \cdot \text{s}^{-1}$
钢	7.7	460	5.9	3.2
铜	8.9	420	4.7	2.2
铝	2.7	170	6.3	3.1
有机玻璃	1.18	32	2.7	1.20
甘油	1.27	24	1.9	—
水(20℃)	1.0	14.8	1.48	—
机油	0.9	12.8	1.4	—
空气	0.0012	4×10^3	0.34	—

固体的横波声速约为纵波声速的 1/2,且与频率关系不大。而表面波的声速约为横波声速的 90%,故又称表面波为慢波。温度越高,声速越慢。

2. 波长

超声波的波长 λ 与频率 f 的乘积恒等于声速 c,即

$$\lambda f = c \tag{9-1}$$

例如,将一束频率为 5MHz 的超声(纵波)射入钢极,查表 9-1 可知,纵波在钢中的声速 c_L =5.9km/s,所以此时的波长 λ 仅为 1.18mm。如果是可闻声波,其波长将大数千倍。

3. 指向性

超声波声源发出的超声波束以一定的角度向外扩散,如图 9-3 所示。在声束横截面的中轴线上,超声波最强,且随着扩散角度的增大而减小。指向角 θ 与超声源的直径 D 以及波长 λ 之间的关系为

$$\sin\theta = 1.22\lambda/D \tag{9-2}$$

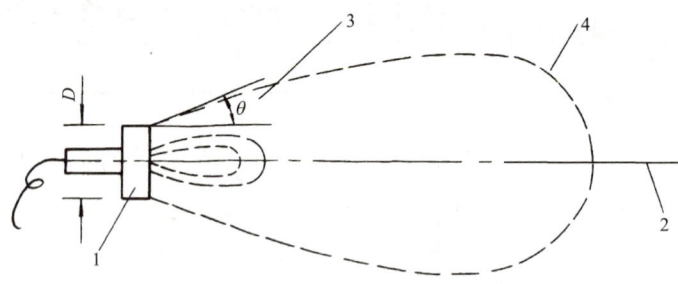

1—超声源　2—轴线　3—指向角　4—等强度线

图 9-3　声场指向性及指向角

例 9-1　设超声源的直径 D=20mm,射入钢板的超声波(纵波)频率为 5MHz,求指向角 θ。

解

$$\sin\theta = 1.22\lambda/D = \frac{1.22 \times 1.18}{20} \approx 0.07$$

所以 $\theta = 4°$。可见该超声波声源的指向性是十分尖锐的。

人声的频率(几百赫兹)比超声波低得多,波长 λ 很长,指向角就非常大,所以可闻声波不太适合用于检测领域。

9.1.4 声波的入射与衰减

1. 倾斜入射时的反射与折射

当一束光线照到水面上时,有一部分光线会被水面所反射,而剩余的能量射入水中,但前进的方向有所改变,称为折射。与此相似,当超声波以一定的入射角从一种介质传播到另一种介质的分界面上时,一部分能量反射回原介质,称为反射波;另一部分能量则透过分界面,在另一介质内继续传播,称为折射波或透射波,如图9-4所示。图中,P_c 为入射波,它在声阻抗不同的两个介质界面上可产生反射波 P_r。入射波进入介质之后,可产生折射波 P_s。超声波的入射角 α 与反射角 α_r 以及折射角 β 之间遵循类似光学的反射定律和折射定律。

入射声波的入射角 α 足够大时,将导致折射角 $\beta = 90°$,则折射声波只能在介质分界面传播,折射波形将转换为表面波,这时的入射角称为临界角。如果入射声波的入射角 α 大于临界角,将导致声波的全反射。

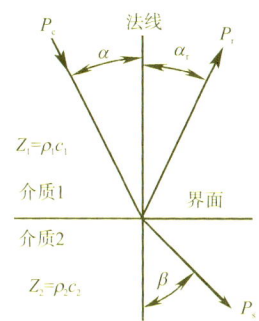

图9-4 超声波的反射与折射图

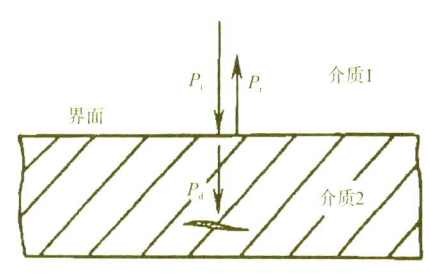

图9-5 超声波垂直入射示意图

2. 垂直入射时的反射与透射

前文已经提到当声波从一种质介质进入另一种介质时,在两种不同介质的结合面(界面)上,可产生反射声波和透射声波,如图9-5所示。反射和透射的比例与组成界面的两种介质的密度及声阻抗 Z 有关。

（1）当介质1与介质2的声阻抗相等或十分接近时,不产生反射波,可视为全透射。

（2）当超声波从密度低的介质射向密度高的介质时,大部分能量进入密度高的介质。

（3）当超声波从密度高的介质射向密度低的介质时,大部分能量被反射回到密度高的介质,而只有一小部分泄漏到密度低的介质中。

3. 声波在介质中的衰减

由于多数介质中都含有微小的结晶体或不规则的缺陷,超声波在非理想介质中传播时,在众多的晶体交界面或缺陷界面上会引起散射,从而使沿入射方向传播的超声波声强下降。其次,由于介质的质点在传导超声波时,存在弹性滞后及分子内摩擦,它将吸收超声波的能量,并将之转换成热能;又由于传播超声波的材料存在各向异性结构,使超声波发生散射,随着传播距离的增大,声强将越来越弱,见图9-6。

介质中的声强衰减与超声波的频率及介质的密度、晶粒粗细

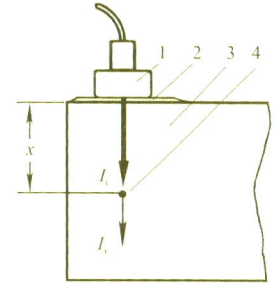

1—超声探头 2—耦合剂
3—试件 4—被测试点
图9-6 超声波在介质中的衰减

等因素有关。晶粒越粗或密度越小，衰减越快；频率越高，衰减也越快。气体的密度很小，因此衰减较快，尤其在超声波频率较高时衰减更快。因此在空气中传导的超声波的频率选得较低，为数十千赫，而在固体、液体中则选用较高的频率（MHz 数量级）。

教学视频

9.2　超声波换能器及耦合技术

超声波换能器有时又称超声波探头。超声波换能器的工作原理有压电式、磁致伸缩式及电磁式等数种，在检测技术中主要采用压电式。换能器又分为直探头、斜探头、双探头、表面探头、聚焦探头、水冲探头、空气传导探头以及其他专用探头等，如图 9-7 所示。

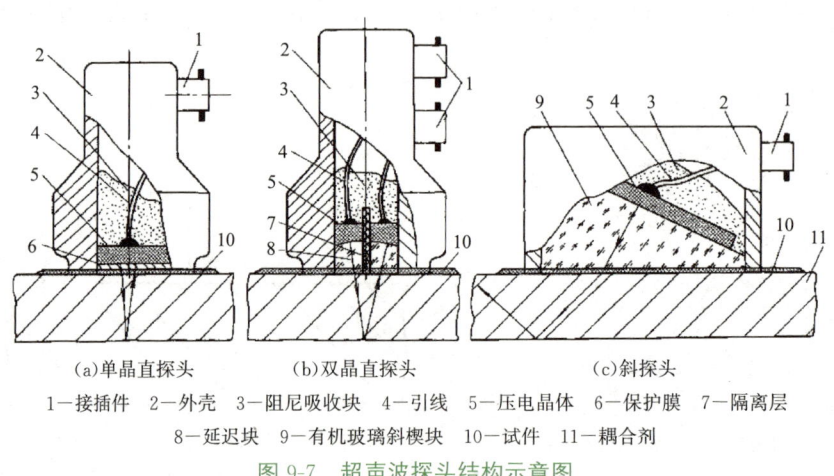

(a)单晶直探头　　　(b)双晶直探头　　　(c)斜探头

1—接插件　2—外壳　3—阻尼吸收块　4—引线　5—压电晶体　6—保护膜　7—隔离层
8—延迟块　9—有机玻璃斜楔块　10—试件　11—耦合剂

图 9-7　超声波探头结构示意图

9.2.1　以固体为传导介质的超声波探头

1. 单晶直探头

用于固体介质的单晶直探头（俗称直探头）的结构如图 9-7(a)所示。压电片采用 PZT 压电陶瓷材料制作，外壳用金属制作，保护膜用于防止压电片磨损。保护膜可以用三氧化二铝、碳化棚等硬度很高的耐磨材料制作。阻尼吸收块用于吸收压电片背面的超声脉冲能量，防止杂乱反射波产生，提高分辨力。阻尼吸收块用钨粉、环氧树脂等混合体浇注。

发射超声波时，将 500V 以上的高压电脉冲加到压电片 5 上，利用逆压电效应，使压电片发射出一束频率落在超声范围内、持续时间很短的超声振动波。向上发射的超声振动波被阻尼块所吸收，而向下发射的超声波垂直透射到图 9-7(a)中的试件 10 内。假设该试件为钢板，而其底面与空气交界，到达钢板底部的超声波的绝大部分能量被底部界面所反射。反射波经过一短暂的传播时间回到压电片 5。利用压电效应，压电片将机械振动波转换成同频率的交变电荷和电压。由于衰减等原因，该电压通常只有几十毫伏，还要加以放大，才能在显示器上显示出反射脉冲的波形和幅值。

从以上分析可知，超声波的发射和接收虽然均是利用同一块压电片，但时间上有先后之分，所以单晶直探头是处于分时工作状态，必须用开关来切换这两种不同的状态。

模块9

2. 双晶直探头

双晶直探头结构如图 9-7(b) 所示。它由两个单晶探头组合而成，封装在同一壳体内。其中一片压电片发射超声波，另一片压电片接收超声波。两压电片之间用一片吸声性能强、绝缘性能好的薄片加以隔离，使超声波的发射和接收互不干扰。略有倾斜的压电片下方还设置延迟块，它由有机玻璃或环氧树脂制作，能使超声波延迟一段时间后才入射到试件中，可减小试件接近表面处的盲区，提高分辨能力。双晶探头的结构虽然复杂些，但检测准确度比单晶直探头高，且超声信号的反射和接收的控制电路较单晶直探头简单。

3. 斜探头

有时为了使超声波能倾斜入射到被测介质中，可选用斜探头，如图 9-7(c) 所示。压电片粘贴在与底面呈一定角度（如 30°、45°等）的有机玻璃斜模块上，压电片的上方用吸声性强的阻尼吸收块覆盖。当斜模块与不同材料的被测介质（试件）接触时，超声波产生一定角度的折射，倾斜入射到试件中去。折射角可通过计算求得。

4. 聚焦探头

由于超声波的波长很短(mm 数量级)，所以它也像光波一样可以被聚焦成十分细的声束，其直径可小到 1mm 左右，可以分辨试件中细小的缺陷，这种探头称为聚焦探头，是一种很有发展前途的新型探头。

聚焦探头采用曲面压电片来发出聚焦的超声波，也可以采用两种不同声速的塑料来制作声透镜，也可以利用类似光学反射镜的原理制作声凸面镜来聚焦超声波。如果将双晶直探头的延迟块按上述方法加工，也可具有聚焦功能。

5. 箔式探头

使用聚偏二氟乙烯(PVDF)高分子薄膜制作出的薄膜式探头称为箔式探头，可以获得 0.2mm 直径的超细声束，用在医用诊断仪器上可以获得很高清晰度的图像。

9.2.2　以空气为传导介质的超声波探头

由于空气的声阻抗是固体声阻抗的几千分之一，所以空气超声探头的结构与固体传导探头有很大的差别。此类超声波探头的发射换能器和接收换能器一般是分开设置的，两者结构也略有不同，图 9-8 是空气传导用的超声波发射换能器和接收换能器（简称为发射器和接收器或超声探头）的结构示意图。发射器的压电片上粘贴了一只锥形共振盘，以提高接收效率。配套的

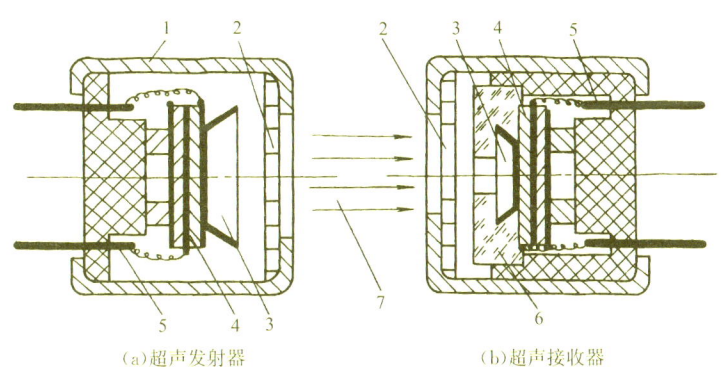

(a)超声发射器　　　　　　　　　　(b)超声接收器

1—外壳　2—金属丝网罩　3—锥形共振盘　4—压电片　5—引脚　6—阻抗匹配器　7—超声波束

图 9-8　空气传导型超声波发射器和接收器的结构

空气传导超声波发射器和接收器的有效工作范围可达几米至几十米。

在图 9-7 中，一般不能直接将探头放在被测介质（特别是粗糙金属）表面来回移动，以防磨损。更重要的是，由于超声波探头与被测物体接触时，在工件表面不平整的情况下，探头与被测物体表面间必然存在一层空气薄层。空气的密度很小，将引起三个界面间强烈的杂乱反射波，造成干扰，而且空气也将对超声波造成很大的衰减。为此，必须将接触面之间的空气排挤掉，使超声波能顺利地入射到被测介质中，在工业中，经常使用一种称为耦合剂的液体物质，使之充满在接触层中，起到传递超声波的作用。常用的耦合剂有水、机油、甘油、水玻璃、胶水、化学浆糊等。耦合剂的厚度应尽量薄一些，以减小耦合损耗。

有时为了减少耦合剂的成本，还可在探头的侧面，加工一个自来水接口，工作时自来水通过此孔压入到保护膜和试件之间的空隙中，使用完毕，将水迹擦干即可。这种探头称为水冲探头。

教学视频

9.3　超声波传感器的应用

根据超声波的出射方向及发射器与接收器的安装方向的不同，超声波传感器的应用可分为透射型和反射型两种基本类型，如图 9-9 所示。当超声发射器与接收器分别置于被测物两侧时，这种类型称为透射型。透射型可用于遥控器、防盗报警器、接近开关等。超声发射器与接收器置于同侧的属于反射型，反射型可用于接近开关、测距、测液位或料位、金属探伤以及测厚等。

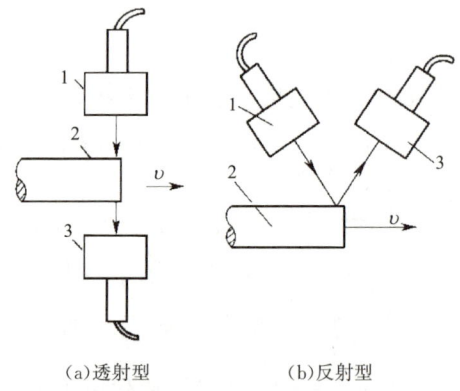

(a)透射型　　　(b)反射型

图 9-9　超声波应用的两种基本类型

从超声波的波形来分，又可分为连续超声波和脉冲波。连续波是指持续时间较长的超声振动。而脉冲波是持续时间只有几十个重复脉冲的超声振动。为了提高分辨力，减少干扰，超声波传感器多采用脉冲超声波。

下面简要介绍超声波传感器的几种应用。

9.3.1　超声波流量计

流量的检测方式有很多种，比如热丝式气体流量计、风速仪、差压节流式流量计等。超声波流量计虽然成本比上述流量计高，但有许多突出优点，因此它的使用也越来越广泛。

图 9-10 是超声波流量计原理图。在被测管道上下游的一定距离上，分别安装两对超声波发射和接收探头(F_1, T_1)、(F_2, T_2)，其中(F_1, T_1)的超声波是顺流传播的，而(F_2, T_2)的超声波是逆流传播的。根据这两束超声波在液体中传播速度的不同，采用测量两接收探头上超声波传播的时间差 Δt、相位差 $\Delta \phi$ 或频率差 Δf 等方法，可测量出流体的平均速度及流量。

时间差的测量可用标准脉冲计数器来实现，称为时间差法。在这种方法中，流量与声速 c 有关，而声速一般随介质的温度变化而变化，因此将造成温漂。如果使用下述的频率差法测量流量，则可克服温度的影响。

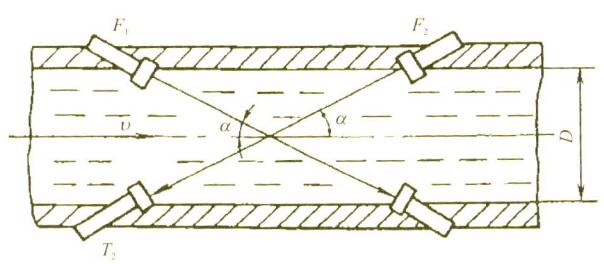

图 9-10 超声流量计原理图

频率差法测量流量的原理如图 9-11 所示。F_1、F_2 是完全相同的超声探头，安装在管壁外面，通过电子开关的控制，交替地作为超声波发射器与接收器使用。

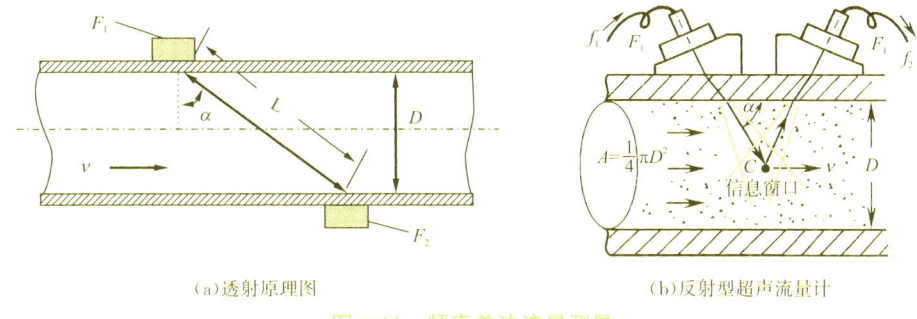

(a)透射原理图   (b)反射型超声流量计

图 9-11 频率差法流量测量

首先由 F_1 发射出第一个超声脉冲，它通过管壁、流体及另一侧管壁被 F_2 接收，此信号经放大后再次触发 F_1 的驱动电路，使 F_1 发射第二个超声脉冲，以此类推。设在一个时间间隔 t_1 内，F_1 共发射了 n_1 个脉冲，脉冲的重复频率 $f_1 = n_1/t_1$。

在紧邻的另一个相同的时间间隔 t_2($t_2 = t_1$)内，与上述过程相反，由 F_2 发射超声脉冲，而 F_1 作接收器。同理可以测得 F_2 的脉冲重复频率为 f_2。经推导，顺流发射频率 f_1 与逆流发射频率 f_2 的频率差 Δf 为

$$\Delta f = f_1 - f_2 \approx \frac{\sin 2\alpha}{D} v \tag{9-3}$$

式中，α 是超声波束与流体的夹角，v 是流体的流速，D 是流体横截面的直径。

由式(9-3)可知，Δf 只与被测速 v 成正比，而与声速 c 无关，所以频率法温漂较小。发射、接收探头也可如图 9-11(b)所示的那样，安装在管道的同一侧。

超声流量计的最大特点是：探头可装在被测管道的外壁，实现非接触测量；既不干扰流场，又不受流场参数的影响。其输出与流量基本上呈线性关系，准确度一般可达 ±1%，其价格不随管道直径的增大而增大，因此特别适合大口径管道和混有杂质或腐蚀性液体的测量。液体流速还可采用超声多普勒法测量，请参阅相关资料。

9.3.2 超声波测厚

测厚度的方法很多，比如可以用电感测微器、电涡流测厚仪(只能测小于 0.5mm 的金属厚度)、容栅式游标卡尺等。超声测厚仪具有便携、测量速度快的优点，它的缺点是测量准确度与温度及材料的材质有关。

图 9-12 是便携式超声波测厚仪及使用示意图,它可用于测量钢及其他金属、有机玻璃、硬塑料等材料的厚度。

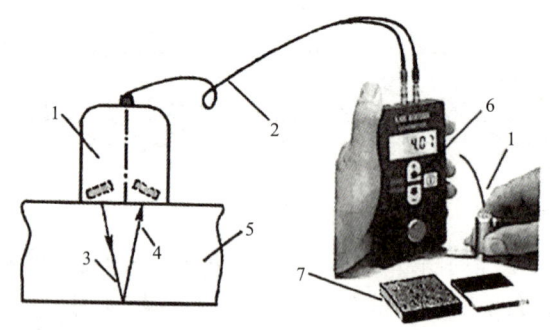

(a)超声波测厚原理   (b)超声波测厚仪的使用

1—双晶直探头 2—引线电缆 3—入射波 4—反射波 5—试件 6—试件的声速设定 7—标准试块

图 9-12 频率差法流量测量

从图中可以看到,双晶直探头左边的压电晶片发射超声波脉冲,经探头底部的延迟块延时后,超声波脉冲进入被测试件,到达试件底面时,被反射回来,并被右边的压电晶片所接收。只要测出从发射超声波波脉冲到接收超声波脉冲所需的时间 t(扣除经两块延迟块引入的延时时间),再乘上被测体的声速常数 c,就是超声波脉冲在被测件中所经历的来回距离,也就代表了厚度 δ,即

$$\delta = \frac{1}{2}ct \tag{9-4}$$

只要从发射到接收这段时间内使计数电路计数,便可达到数字显示之目的。使用双晶直探头可以使信号处理电路趋于简化。探头内部的延迟块可减小杂乱反射波的干扰。对不同材质的试件,由于其声速 c 各不相同,所以测试前必须将 c 值从面板输入。

9.3.3 超声波测量液体的密度

图 9-13 所示为超声波测量液体的密度原理示意图。图中测量室长度为 L,根据 $c = 2L/t$ 的关系(t 为探头从发射到接收超声波所需的时间),可以求得超声波的声速 c。实验证明,超声波在液体中的传播速度 c 与液体的密度有关。因此可通过 t 的大小来反映出液体的密度,能对密度进行在线测量,并能对过程进行自动控制。

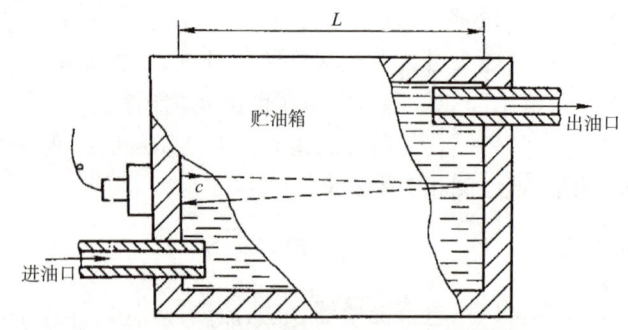

图 9-13 超声波测量液体的密度原理示意图

9.3.4　超声波测量液位和物位

在液位上方安装空气传导型超声发射器和接收器如图 9-14 所示。按超声脉冲反射原理，根据超声波的往返时间就可以测出液体的液面。如果液面晃动，就会由于反射波散射而使接收困难，此时可用直管将超声波传播路径限定在某一空间内。由于空气中的声速随温度改变会造成温漂，所以在传送路径中还设置了一个反射性良好的小板作标准参照物，以便计算修正。上述方法除了可以测量液位外，也可以测量粉状物体和粒状的物位。

例 9-2　超声波液位计原理如图 9-14 所示，从显示屏上测得 $t_0 = 2\text{ms}$, $t_{h1} = 5.6\text{ms}$。已知水底与超声探头的间距 h 为 10m，反射小板与探头的间距 h_0 为 0.34m，求液位 H。

解　由于

$$c = \frac{2h_0}{t_0} = \frac{2h_1}{t_{h1}}$$

所以有

$$\frac{h_0}{t_0} = \frac{h_1}{t_{h1}}$$

$$h_1 = \frac{t_{h1}}{t_0} h_0 = \frac{5.6\text{ms}}{2\text{ms}} \times 0.34\text{m} \approx 0.95\text{m}$$

所以液位

$$H = h_2 - h_1 = 10\text{m} - 0.95\text{m} = 9.05\text{m}$$

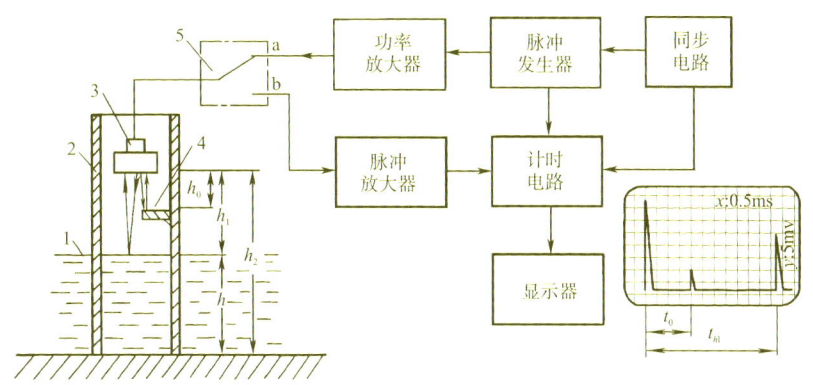

1—液面　2—直管　3—空气超声探头　4—反射小板　5—电子开关

图 9-14　超声波液位计原理图

9.3.5　超声波报警器

图 9-15 为超声波报警器电路原理示意图，其上部分为发射部分，下部分为接收部分。它们装在同一块线路板上。发射器发射出频率 $f = 40\text{kHz}$ 左右的连续超声波（空气超声探头选用 40kHz 工作频率可获得较高灵敏度，并可避开环境噪声干扰）。如果有人进入信号的有效区域，相对速度为 v，从人体反射回接收器的超声波将由于多普勒效应而发生频率偏移 Δf。

多普勒效应是指当超声波源与传播介质之间存在相对运动时，接收器接收到的频率与超声波源发射的频率将有所不同。产生的频偏 $\pm \Delta f$ 与相对速度的大小及方向有关。当高速行驶的火车向你逼近和掠过时，所产生的变调声就是多普勒效应引起的。接收器将收到两个不同频率所组成的差拍信号（40kHz 以及偏移的频率 $40\text{kHz} \pm \Delta f$）。这些信号由 40kHz 选频放大器放大，并经检波器检波后，由低通滤波器滤去 40kHz 信号，而留下 Δf 的多普勒信号。此信号经

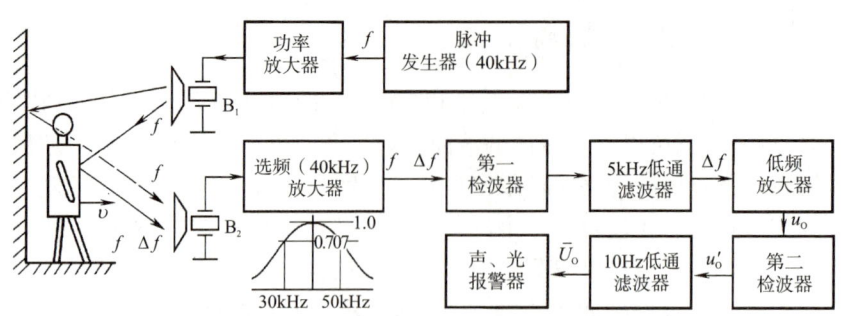

图 9-15　超声波报警器电路原理示意图

低频放大器放大后由检波器转换为直流电压,去控制报警扬声器或指示器。

利用多普勒效应可以排除墙壁、家具的影响(它们不会产生 Δf),只对运动的物体起作用。由于振动和气流也会产生多普勒效应,故该防盗报警器多用于室内。根据本装置的原理,还能运用多普勒效应去测量运动物体的速度,液体、气体的流速等。

9.4　无损探伤

教学视频

9.4.1　无损探伤的基本概念

1. 材料的缺陷

人们在使用各种材料,尤其是金属材料的长期实践中,观察到大量的断裂现象,它曾给人类带来许多灾难事故,涉及舰船、飞机、轴类、压力容器、宇航器、核设备等。

实际金属材料的强度比理论计算值要低 2~3 个数量级。究其原因,是因为金属原子间的结构不是理想晶体,而是存在着大量微观和宏观的缺陷。微观缺陷如杂质原子、晶格错位、晶界等;宏观缺陷则是材料和构件在冶炼、铸造、锻造、焊接、轧制和热处理等加工过程中产生的,例如气孔、夹渣、裂纹和焊缝等。由于这些微观和宏观缺陷的存在,大大降低了材料和构件的强度。

2. 无损探伤方法及分类

对上述缺陷的检测手段有破坏性试验和无损探伤。由于无损探伤以不损坏被检验对象为前提,所以可以在设备运行过程中进行连续监测。

无损检测的方法多种多样,可依具体对象,选择一种或几种方法来综合评定检测结果。

例如,对铁磁材料,可采用磁粉检测法;对导电材料,可用电涡流法;对非导电材料还可以用荧光染色渗透法。以上几种方法只能检测材料表面及接近表面的缺陷。

采用放射线(X 光、中子)照相检测法可以检测材料内部的缺陷,但对人体有较大的危险,且设备复杂,不利于现场检测。

超声波检测和探伤是目前应用十分广泛的无损探伤手段。它既可检测材料表面的缺陷,又可检测内部几米深的缺陷,这是 X 光探伤所达不到的深度。

3. 超声波检测分类

超声波检测目前可分为 A、B、C 等几种类型。

（1）A 型超声检测。

A 型超声波检测的结果以二维坐标图形式呈现。它的横坐标为时间轴，纵坐标为反射波强度。可以从二维坐标图上分析出缺陷的深度、大致尺寸，但较难识别缺陷的性质、类型。

（2）B 型超声波检测。

B 型超声波检测的原理类似于医学上的 B 超。它将探头的扫描距离作为横坐标，探伤深度作为纵坐标，以屏幕的辉度（亮度）来反映反射波的强度。它可以绘制被测材料的纵截面图形。探头的扫描可以是机械式的，更多的是用计算机来控制一组发射压电片阵列（线阵）来完成与机械式移动探头相似的扫描动作，但扫描速度更快，定位更准确。

（3）C 型超声波检测。

目前发展最快的是 C 型超声波检测，它类似于医学上的 CT 扫描原理。计算机控制探头中的三维压电片阵列（面阵），使探头在材料的纵、深方向上扫描，因此可绘制出材料内部缺陷的横截面图，这个横截面与扫描声束相垂直。横截面图上各点的反射波强可对应几十种颜色，在计算机的高分辨率彩色显示器上显示出来。经过复杂的算法，可以得到缺陷的立体图像和每一个断面的切片图像。利用三维动画原理，分析员可以在屏幕上控制该立体图像，以任意角度来观察缺陷的大小和走向。

当需要观察缺陷的细节时，还可以对该缺陷图像进行放大（放大倍数可达几十倍），并显示出图像的各项数据，如缺陷的面积、尺寸和性质。对每一个横断面都可以做出相应的解释和评判其是否超出设定标准。

每一次扫描的原始数据都可记录并存储，可以在以后的任何时刻调用，并打印探伤结果。

下面介绍最常用的 A 型超声波检测原理。B 型和 C 型超声波检测请参阅有关文献。

9.4.2　A 型超声波检测

A 型超声波检测仪外形如图 9-16 所示。采用超声波脉冲反射法，而脉冲反射法根据波形

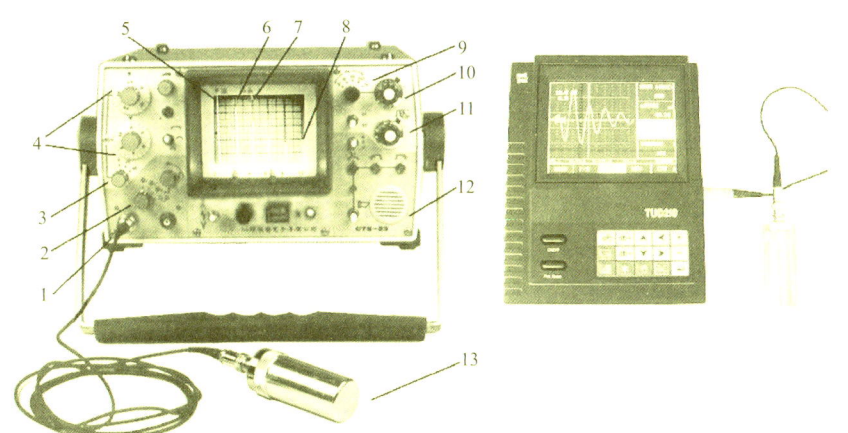

(a)台式 A 型超声波检测仪　　　　　　(b)便携式 A 型超声波检测仪

1—探头电缆插头座　2—工作方式选择　3—衰减细调　4—衰减粗调　5—发射波 T

6—第一次底反射波 B_1　7—第二次底反射波 B_2　8—第五次底反射波 B_5　9—扫描时间调节

10—扫描时间微调　11—脉冲 x 轴位置设定　12—报警扬声器　13—直探头

图 9-16　A 型超声波检测仪外形

不同又可分为纵波检测、横波检测和表面波检测等。

1. 纵波检测

测试前,先将探头插入检测仪的连接插座上。探伤仪面板上有一个荧光屏,通过荧光屏可知工件中是否存在缺陷、缺陷大小及缺陷位置。工作时探头放于被测工件上,并在工件上来回移动进行检测。探头发出的超声波,以一定速度向工件内部传播,如工件中没有缺陷,则超声波传到工件底部便产生反射,反射波到达表面后再次向下反射,周而复始,在荧光屏上出现始脉冲 T 和一系列底脉冲 B_1、B_2、B_3……如图 9-16(a)所示。B 波的高度与材料对超声波的衰减有影响,可以用于判断试件的材质、内部晶体粗细等微观缺陷。

此后,可减小显示器的横坐标轴扫描时间,使荧光屏上只出现始脉冲 T 和一个底脉冲 B,如图 9-17(a)所示。如工件中有缺陷,一部分声脉冲在缺陷处产生反射,另一小部分继续传播到工件底面产生反射,在荧光屏上除出现始脉冲 T 和底脉冲 B 外,还出现缺陷脉冲 F,如图 9-17(b)所示。荧光屏上的水平亮线为扫描线(时间基线),其长度与工件的厚度成正比(可调整),通过判断缺陷脉冲在荧光屏上的位置(div 数×扫描时间)可确定缺陷在工件中的深度。亦可通过缺陷脉冲幅度的高低差别来判断缺陷的大小。如缺陷面积大,则缺陷脉冲的幅度就高,而 B 脉冲的幅度就低。通过移动探头还可确定缺陷大致长度和走向。

例 9-3　图 9-17(b)中,显示器的 x 轴为 $10\mu s/div$(格),现测得 B 波与 T 波的距离为 10 格,F 波与 T 波的距离为 3.5 格。求:(1)t_δ 及 t_F;(2)钢板的厚度 δ 及缺陷与表面的距离 x_F。

解　(1)$t_\delta = 10\mu s/div \times 10div = 100\mu s = 0.1ms$

$$t_F = 10\mu s/div \times 3.5div = 35\mu s = 0.035ms$$

(2)查表 9-1 得到纵波在钢构件中的声速 $c = 5.9 \times 10^3 m/s$,则

$$\delta = ct_\delta/2 = 5.9 \times 10^3 m/s \times (0.1 \times 10^3)/2 \approx 0.3m$$

$$x_F = ct_F/2 = 5.9 \times 10^3 m/s \times (0.035 \times 10^3 s)/2 \approx 0.1m$$

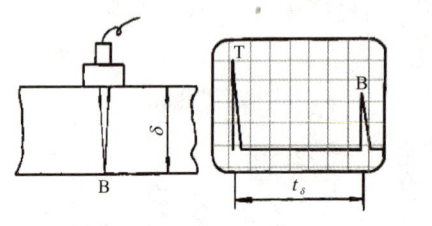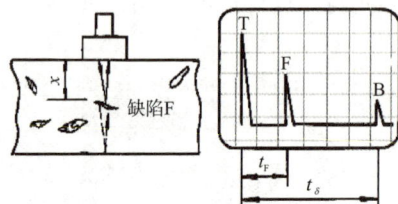

(a)无缺陷时超声波的反射及显示波形　　　　(b)有缺陷时超声波的反射及显示波形

图 9-17　直探头纵波探伤示意图

2. 横波检测

使用直探头检测时,当超声波束中心线与缺陷截面垂直时,探测灵敏度最高。但如遇到图 9-18 所示的纵深方向的缺陷时,就不能真实反映缺陷的大小,甚至有可能漏检。这时用斜探头探测,则检测效果较佳。

斜探头发出的超声波(纵波)以较大的倾斜角进入钢试件后,将转换为两个波束:一束仍为纵波,另一束为横波。由于纵波的声速比横波大一倍,所以折射角也比横波大一倍。控制探头的倾斜角,就可以使探头只能接收到横波,而对纵波(在这里成为干扰)"视而不见",所以斜探头检测又称为横波检测。

如果整块试件均没有大的缺陷,则横波在试件的上下表面之间逐次反射,直至到达试件的

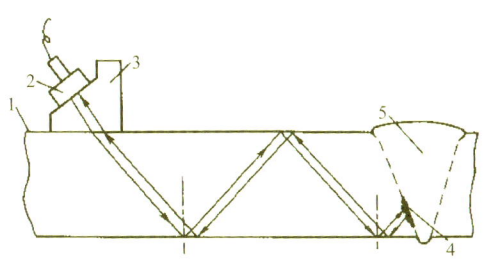
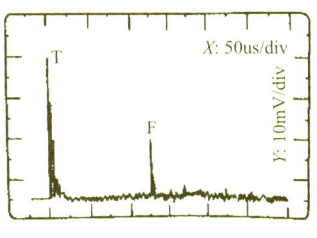

(a)横波在试件中的传播　　　　　　　(b)缺陷回波

1—试件　2—斜探头　3—斜楔块　4—缺陷(焊渣或气孔)　5—V形焊缝中的焊料

图9-18　斜探头纵波探伤示意图

端面为止。所以只要调节显示器的横坐标轴扫描时间(ms/格数),就可以很快将整个试件粗检一遍。在有怀疑之处,再用直探头仔细探测。所在试件的缺陷性质、取向事先不能确定时,为了保证探伤质量,应采用一套不同的探头进行反复探测,最后给用户打印出探测结果的详细报告。图9-18(b)示出了两块钢板电弧焊的焊缝中存在焊渣时的缺陷波形。探伤结束后,应及时将耦合剂擦拭干净。

　　以上列举的仅为超声波传感器应用的一小部分,而且仅属检测方面。实际上,超声波在其他领域还有许多应用,如:用超声波进行液体雾化、机械加工、清洗及焊接等;将超声波传感器装在渔船上可帮助渔民探测鱼群;将超声波传感器装在汽车上可帮助驾驶员倒车,也可用超声波传感器测量车距等。这里就不一一枚举了。

章节习题

1.单项选择题

(1)人讲话时,声音从口腔沿水平方向向前方传播,则沿传播方向的空气分子(　　　)。

A. 从口腔附近通过振动,移动到听者的耳朵

B. 在原来的平衡位置前后振动而产生横波

C. 在原来的平衡位置上下振动而产生横波

D. 在原来的平衡位置前后振动而产生纵波

(2)一束频率为1MHz的超声波(纵波)在钢板中传播时,它的声速约为(　　　)m/s,波长约为(　　　)。

A. 5.9m　　　　　B. 340m　　　　　C. 5.9mm　　　　　D. 1.2mm

E. 5.9km/s　　　　F. 340m/s

(3)超声波频率越高,(　　　)。

A. 波长越短,指向角越小,方向性越好　　　B. 波长越长,指向角越大,方向性越好

C. 波长越短,指向角越大,方向性越好　　　D. 波长越短,指向角越小,方向性越差

(4)超声波在有机玻璃中的声速比在水中的声速(　　　),在有机玻璃中的声速比在钢中的声速(　　　)。

A. 大　　　　　　B. 小　　　　　　C. 相等　　　　　　D. 无法确定

(5)超声波从水(密度小的介质),以45°倾斜角入射到钢(密度大的介质)中时,折射角(　　　)于入射角。

A. 大于   B. 小于   C. 等于   D. 无法确定

(6)单晶直探头发射超声波时,是利用压电片的(   ),而接收超声波时是利用压电片的(   ),发射在(   ),接收在(   )。

A. 压电效应   B. 逆压电效应   C. 电涡流效应   D. 先

E. 后   F. 同时

(7)钢板探伤时,超声波的频率多为(   )。在房间中利用空气探头进行超声防盗时,超声波的频率多为(   )。

A. 20～20kHz   B. 35k～45kHz

C. 0.5M～5MHz   D. 100M～500MHz

(8)大面积钢板探伤时,耦合剂应选(   )为宜;机床床身探伤时,耦合剂应选(   )为宜;给人体做B超时,耦合剂应选(   )。

A. 自来水   B. 机油   C. 液体石蜡   D. 化学浆糊

(9)A型探伤时,显示图像的x轴为(   ),y轴为(   );而B型探伤时,显示图像的x轴为(   ),y轴为(   ),辉度为(   )。

A. 时间轴   B. 扫描距离   C. 反射波强度   D. 探伤的深度

E. 探头移动的速度

(10)在A型探伤中,F波幅度较高,与T波的距离较接近,说明(   )。

A. 缺陷横截面积较大,且较接近探测表面

B. 缺陷横截面积较大,且较接近底面

C. 缺陷横截面积较小,但较接近探测表面

D. 缺陷横截面积较小,但较接近底面

(11)对处于钢板深部的缺陷宜采用(   )探伤;对处于钢板表面的缺陷宜采用(   )探伤。

A. 电涡流   B. 超声波   C. 测量电阻值

2. 在图9-11的超声波流量测量中,流体密度$\rho=0.9t/m^3$,管道直径$D=1m$,$\alpha=45°$,测得$\Delta f=10Hz$,求:

(1)管道横截面积A;(2)流体流速v;(3)体积流量q_v;(4)质量流量q_m;(5)1小时的累计流量$q_总$。

3. 利用A型探伤仪(纵波探头)测量某一根钢质$\Phi0.5m$、长约数米的轴的长度,从图9-17的显示器中测得B波与T波的时间差$t_\delta=1.2ms$,求轴的长度。

4. 图9-19是汽车倒车防碰装置的示意图。请根据学过的知识,分析该装置的工作原理。并说明该装置还可以有其他哪些用途?

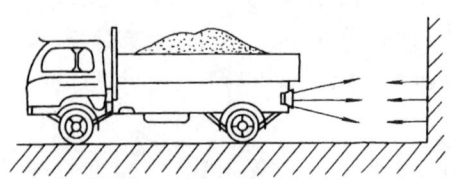

图9-19 汽车倒车防碰装置的示意图

● 扩展阅读

造血通脉

中国是世界上最大的能源生产国和消费国。在能源这个关系国家繁荣发展、人民生活改善、社会长治久安的战略领域，中国的态度是明确的——着力推动能源生产利用方式变革，建设一个清洁低碳、安全高效的现代能源体系。这背后，一个个超级装备，正成为造血通脉的利器。在全球最高等级特高压工程的起点，揭开核心重器换流变压器的制造诀窍。在全球最大的单体煤液化基地，见证高等级空分装置的中外比拼。在中国最大的页岩气开采现场，探索压裂车小身材大力气的秘密。从全球最薄的新能源电池，到全球独一无二的核电双胞胎工程，中国的新能源技术已经全面发力。

近年来，中国海洋经济年均增速高达 7.44%，高于同期世界经济增速 3.8 个百分点。海洋正为中国经济提供澎湃动力。第一艘国产航母下水；第一次可燃冰试开采成功；从海上粮仓，到海上油气田；从海水淡化，到海上风场。依海富国，以海强国，建设海洋强国，创新发展的"蓝色中国梦"正越来越近。全球最大的深海钻井平台蓝鲸系列的制造；"深海勇士号"探索深海区域的神秘资源；全球第一座海洋牧场，世界上最先进的吹砂造陆设备；全球起重能力最强的海上巨无霸，世界上最先进的远洋货船，世界上最完备的海洋运输舰队——大国重器，挺进深蓝。

模块 10　热电偶温度传感器

学习目标

知识目标

1. 掌握温度测量相关概念。
2. 了解热电偶温度传感器的工作原理。
3. 了解热电偶温度传感器的结构和性能。
4. 掌握热电偶温度传感器的典型应用。

能力目标

1. 能选用热电偶温度传感器进行温度测量。
2. 能正确对热电偶的冷端进行温度补偿。
3. 能正确使用热电偶的配套仪器。

热电偶是温度测量仪表中常用的测温元件,它直接测量温度,并把温度信号转换成热电动势信号,通过电气仪表(二次仪表)转换成被测介质的温度。各种热电偶的外形常因需要而极不相同,但是它们的基本结构却大致相同,通常由热电极、绝缘套保护管和接线盒等主要部分组成,通常和显示仪表、记录仪表及电子调节器配套使用。

热电偶测温的主要优点有:

(1)它属于自发电型传感器,因此测量时可以不要外加电源,可直接驱动动圈式仪表。

(2)结构简单,使用方便,热电偶的电极不受大小和形状的限制,可按照需要选择。

(3)测温范围广,高温热电偶可达 1800℃以上,低温热电偶可达−260℃。

(4)测量准确度较高,各温区中的误差均符合国际计量委员会的标准。

本模块首先介绍温度测量的基本概念,然后分析热电偶的工作原理、分类及应用。

10.1　温度测量的基本概念

教学视频

温度是一个和人们生活环境有着密切关系的物理量,也是一种在生产、科研、生活中需要测量和控制的重要物理量。在之前的内容曾简单介绍过用于温度测量的铂热电阻,这里将系统地介绍有关温度、温标、测温方法等一些基本知识。

10.1.1　温度的物理基础

1. 温度的概念

温度是表征物体冷热程度的物理量。温度概念是以热平衡为基础的。如果两个相接触的物体的温度不相同,它们之间就会产生热交换,热量将从温度高的物体向温度低的物体传递,直到两个物体达到相同的温度为止。

温度的微观概念是:温度标志着物质内部大量分子的无规则运动的剧烈程度。温度越高,表示物体内部分子热运动越剧烈。

2. 温标

温标是衡量温度高低的标尺,是描述温度数值的统一表示方法。温标明确了温度的单位、定义、固定点的数值等参数。各类温度计的刻度均由温标确定。国际上规定的温标有摄氏温标、华氏温标及热力学温标等。

(1)摄氏温标　把在标准大气压下冰的熔点定为零度($0℃$),把水的沸点定为 100 度($100℃$)。在这两固定点间划分 100 个等分(1990 国际温标规定是 1/99.971 等分),每一等分为摄氏一度,符号为 t。

(2)华氏温标　规定在标准大气压下,冰的熔点定为 $32℉$,水的沸点定为 $212℉$,两固定点间划分 180 个等分,每一等分为华氏一度,符号为 θ。它与摄氏温度的关系式为

$$\theta/℉ = 1.8t/℃ \tag{10-1}$$

例如,摄氏温度为 $20℃$ 时,华氏温度 $\theta = 32 + 36 = 68℉$。现在一些西方国家在日常生活中仍然使用华氏温标。

(3)热力学温标　是建立在热力学第二定律基础上的温标,是由开尔文(Kelvin)根据热力学定律总结出来的,因此又称为开氏温标。它的符号是 T,其单位是开(K)。

热力学温标规定分子运动停止(即没有热的存在)时的温度为绝对零度,水的三相点(气、液、固三态同时存在且进入平衡时的温度)的温度为 273.16K,把从绝对零度到水的三相点之间的温度均分为 273.16 格,每格为 1K。

由于以前曾规定冰点的温度为 273.15K,所以现在沿用这个规定,用下式进行开氏和摄氏的换算:

$$t/℃ = T/K - 273.15 \tag{10-2}$$

或

$$T/K = t/℃ + 273.15 \tag{10-3}$$

例如,$100℃$ 时的热力学温度 $T = (100 + 273.15)K = 373.15K$。

(4)1990 国际温标(ITS-90)　国际计量委员会在 1968 年建立了一种国际协议性温标,即 IPTS-68 温标。这种温标与热力学温标基本吻合,其差值符合规定的范围,而且复现性好(在全世界用相同的方法,可以得到相同的温度值),所规定的标准仪器使用方便、容易制造。

在内 IPTS-68 温标的基础上,根据第 18 届国际计量大会的决议,从 1991 年 1 月 1 日开始在全世界范围内采用 1990 年国际温标,简称 ITS-90。

ITS-90 定义了一系列温度的固定点,测量和重现这些固定点的标准仪器以及计算公式。例如,规定了氢的三相点为 13.8033K、氧的三相点为 54.3584K、汞的三相点为 234.3156K、水的三相点为 273.16K($0.01℃$)等。

ITS-90 规定了不同温度段的标准测量仪器。例如:在极低温度范围,用气体体积热膨胀

温度计来定义和测量;在氢的三相点和银的凝固点之间,用铂电阻温度计来定义和测量;而在银凝固点以上用光学辐射温度计来定义和测量等。

10.1.2　温度测量及传感器分类

常用的各种材料和元器件的性能大都会随着温度的变化而变化,具有一定的温度效应。其中一些稳定性好、温度灵敏度高、能批量生产的材料就可以作为温度传感器。

温度传感器的分类方法很多。按照用途可分为基准温度计和工业温度计;按照测量方法又可分为接触式和非接触式;按工作原理又可分为膨胀式、电阻式、电热式、辐射式等;按输出方式可分为自发电型、非电测型等。总之,测量温度的方法很多,而且直到今天,人们仍在不断地研究性能更好的温度传感器。人们根据成本、准确度、测温范围及被测对象的不同,选择不同的温度传感器。表 10-1 列出了常用温度传感器的种类及特点。

表 10-1　温度传感器的种类及特点

所利用的物理现象	传感器类型	测温范围/℃	特点
体积热膨胀	气体温度计 液体压力温度计 玻璃水银温度计 双金属片温度计	−250~1000 −200~350 −50~350 −50~300	不需要电源,耐用;但感温部件体积较大
接触热电动势	钨铼热电偶 铂铑热电偶 其他热电偶	1000~2100 200~800 −200~1200	自发电型,标准化程度高,品种多,可根据需要选择;须进行冷端温度补偿
电阻的变化	铂热电阻 热敏电阻	−200~00 −50~200	标准化程度高;但需要接入桥路才能得到电压输出
PN 结结电压	硅半导体二极管 (半导体集成温度传感器)	−50~150	体积小,线性好;但测温范围小
温度—颜色	示温涂料 液晶	−50~1300 0~100	面积大,可得到温度图像;但易衰老,准确度低
光辐射 热辐射	红外辐射温度计 光学高温温度计 热释电温度计 光子探测器	−50~1500 500~3000 0~1000 0~3500	非接触式测量,反应快;但易受环境及被测体表面状态影响,标定困难

10.2　热电偶传感器的工作原理

教学视频

10.2.1　热电效应

1821 年,德国物理学家赛贝克(T. J. Seebeck)用两种不同金属组成闭合回路,并用酒精灯加热其中一个接触点(称为结点),发现放在回路中的指南针发生偏转,如图 10-1 所示。如果用两盏酒精灯对两个结点同时加热,指南针的偏转角反而减小。显然,指南针的偏转说明回路中有电动势产生并有电流在回路中流动,电流的强弱与两个结点的温差有关。

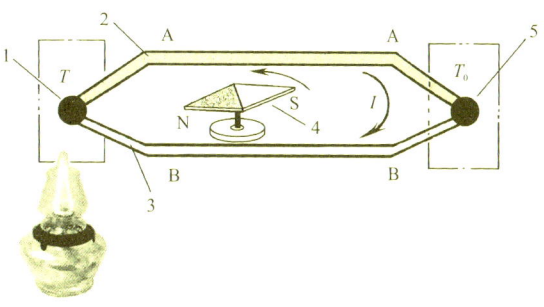

1—工作端　2—热电极 A　3—热电极 B　4—指南针　5—参考端

图 10-1　热电偶原理图

据此,赛贝克发现和证明了两种不同材料的导体 A 和 B 组成的闭合回路,当两个结点温度不相同时,回路中将产生电动势。这种物理现象称为热电效应。两种不同材料的导体所组成的测温回路称为"热电偶",组成热电偶的导体称为"热电极",热电偶所产生的电动势称为热电动势。热电偶的两个结点中,置于温度为 T 的被测对象中的结点称之为测量端,又称为工作端或热端;而置于参考温度为 T_0 的另一结点称之为参考端,又称自由端或冷端。

热电偶产生的热电动势 $E_{AB}=(T,T_0)$ 主要由接触电动势组成。

将两种不同的金属互相接触,由于不同金属内自由电子的密度不同,在两金属 A 和 B 的接触点处会发生自由电子的扩散现象。自由电子将从密度大的金属 A 扩散到密度小的金属 B,使 A 失去电子带正电,B 得到电子带负电,直至在接触点处建立起充分强大的电场,能够阻止电子的继续扩散,达到动态平衡为止,从而建立起稳定的热电动势。这种在两种不同金属的接触点处产生的热电动势称为珀尔帖(Peltier)电动势,又称接触电动势。它的数值取决于两种导体的自由电子密度和接触点的温度,而与导体的形状及尺寸无关。

由于热电偶的两个结点均存在珀尔帖电动势,所以热电偶所产生的总的热电动势是两个结点温差 Δt 的函数 f_{AB},如图 10-2 所示。

其中
$$E_{AB}(T,T_0)=f_{AB}(T,T_0)=f_{AB}(\Delta t) \tag{10-4}$$

由式(10-4)可以得出下列几个结论:

(1)如果热电偶两结点温度相同,则回路总的热电动势必然等于零。两结点温差越大,热电动势越大。

(2)如果热电偶两电极材料相同,即使两端温度不同($T \neq T_0$),但总输出热电动势仍为零。因此必须由两种不同材料才能构成热电偶。

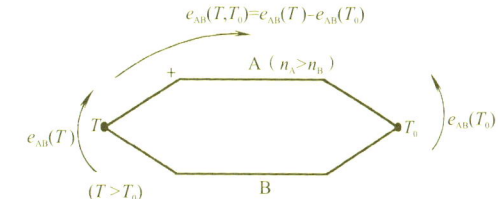

图 10-2　热电偶的热电动势示意图

(3)式(10-4)中未包含与热电偶的尺寸形状有关的参数,所以热电动势的大小只与材料和结点温度有关,而热电偶的内阻与其长短、粗细、形状有关。热电偶越细,内阻越大。

如果以摄氏温度为单位,$E_{AB}=(T,T_0)$ 也可以写成 $E_{AB}=(t,t_0)$,其物理意义略有不同,但热电动势的数值是相同的。

10.2.2　中间导体定律

若在热电偶回路中插入中间导体,只要中间导体两端温度相同,则对热电偶回路的总电势无影响。这就是中间导体定律,见图 10-3(a)所示。如果热电偶回路中插入多种导体(HNi、Cu、Sn、NiMn、…),如图 10-3(b)所示,只要保证插入的每种导体的两端温度相同,则对热电偶的热电动势也无影响。

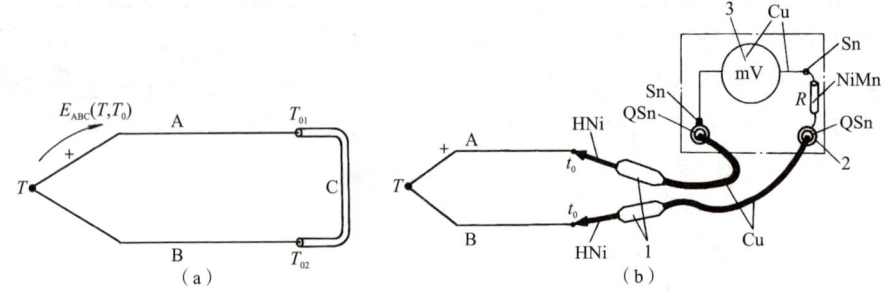

1—毫伏表的镍铜表棒 2—磷铜接插件 3—漆包线动圈表头
HNi—镍黄铜 QSn—锡磷青铜 Sn—焊锡 NiMn—镍锰铜电阻丝 Cu—紫铜导线

图 10-3 具有中间导体的热电偶回路

利用热电偶来实际测温时,连接导线、显示仪表和接插件等均可看成是中间导体,只要保证这些中间导体两端的温度各自相同,则对热电偶的热电动势没有影响。因此中间导体定律对热电偶的实际应用是十分重要的。在使用热电偶及各种仪表时,应尽量使上述元器件两端的温度相同,才能减少测量误差。

10.3 热电偶的种类及结构

10.3.1 热电极材料和通用热电偶

热电极和热电偶的种类繁多,我国从 1991 年开始采用国际计量委员会规定的"1990 年国际温标"(简称 ITS—90)的新标准。按此标准,共有 8 种标准化了的通用热电偶,如表 10-2 所示。表 10-2 所列热电偶中,写在前面的热电极为正极,写在后面的为负极。对于每一种热电偶,还制定了相应的分度表,并且有相应的线性化集成电路与之对应。所谓分度表,就是热电偶自由端(冷端)温度为 0℃时,反映热电偶工作端(热端)温度与输出热电动势之间的对应关系的表格。

表 10-2 8 种国际通用热电偶特性表

名 称	分度号	测温范围 /℃	100℃时的热电动势/mV	1000℃时的热电动势/mV	特点
铂铑 30—铂铑 6[①]	B	50～1820	0.033	4.834	熔点高,测温上限高,性能稳定,准确度高,100℃以下热电动势小,所以可不必考虑冷端温度补偿;价昂,热电动势小,线性差;只适用于高温域的测量

续表

名　称	分度号	测温范围/℃	100℃时的热电动势/mV	1000℃时的热电动势/mV	特点
铂铑 13－铂	R	－50～1768	0.647	10.506	使用上限较高、准确度高、性能稳定、复现性好；但热电动势较小，不能在金属蒸气和还原性气氛中使用，在高温下连续使用时特性会逐渐变坏，价昂；多用于精密测量
铂铑 10－铂	S	－50～1768	0.646	9.587	优点同上，但性能不如 R 热电偶；长期以来曾经作为国际温标的法定标准热电偶
铂铑－镍硅	K	－270～1370	4.096	41.276	热电动势大、线性好、稳定性好、价廉；但材质较硬，在 1000℃以上长期使用会引起热电动势漂移；多用于工业测量
镍铬硅－镍硅	N	－270～1300	2.744	36.256	是一种新型热电偶，各项性能均比 K 热电偶好，适宜于工业测量
镍铬－铜镍（康铜）	E	－270～800	6.319	—	热电动势比 K 热电偶大 50℃ 左右、线性好、价廉；但不能用于还原性气氛；多用于工业测量
铁－铜镍（康铜）	J	－210～760	5.269	—	价格低廉，在还原性气体中较稳定；但纯铁易被腐蚀和氧化；多用于工业测量
铜－铜镍（康铜）	T	－270～400	4.279	—	价廉、加工性能好、离散性小、性能稳定、线性好、准确度高；铜在高温时易被氧化，测温上限低；多用于低温域测量，可作为－200～0℃温域的计量标准

①铂铑 30 表示该合金含 70% 的铂及 30% 的铑，以下类推。

　　图 10-4 给出了几种常用热电偶的热电动势与温度的关系曲线。从图中可以看到，在 0℃时它们的热电动势均为零，这是因为绘制热电动势温度曲线或制定分度表时，总是将冷端置于 0℃这一规定环境中的缘故。

　　从图中还可以看到，B、R、S 等热电偶在 100℃时的热电势几乎为零，只适合高温测量。多数热电偶的输出都是非线性的，但国际计量委员会已对这些热电偶的每一度的热电动势做了非常精密的测试，并向全世界公布了它们的分度表（$t_0 = 0℃$）。使用前，只要将这些分度表输入到计算机中，由计算机根据测得的热电动势自动查表就可获得被测温度值。

模块
10

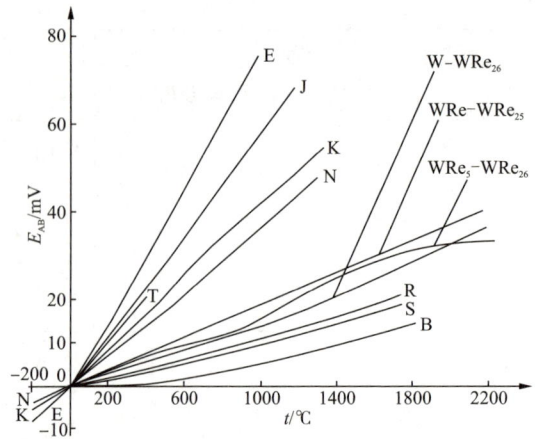

图 10-4　常用热电偶的热电动势与温度的关系曲线

10.3.2　热电偶的结构型式

1. 装配式热电偶

装配式热电偶主要用于测量气体、蒸汽和液体等介质的温度。这类热电偶已做成标准形式，包括棒形、角形、锥形等，强度高，安装方便。从安装固定方式来看，有固定法兰式、活动法兰式、固定螺栓式、焊接固定式和无专门固定式等几种。装配式热电偶的外形和在测量管道中流体温度时的常见安装方法如图 10-5 和 10-6 所示。

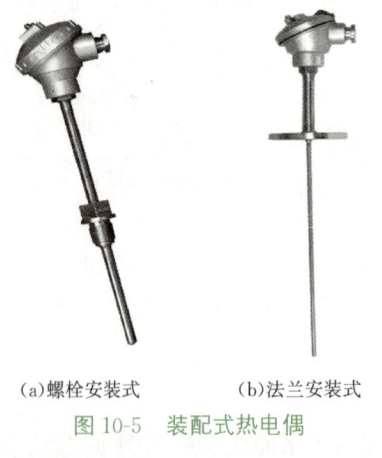

(a)螺栓安装式　　(b)法兰安装式

图 10-5　装配式热电偶

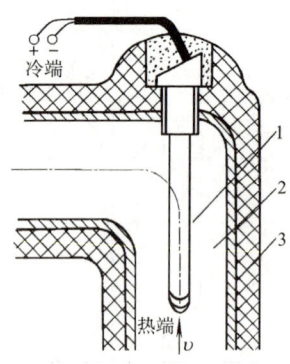

1—热电偶　2—管道　3—绝热层

图 10-6　装配式热电偶在管道中的安装方法

2. 铠装式热电偶

铠装热电偶是由金属保护套管、绝缘材料和热电极三者组合成一体的特殊结构的热电偶。它是在薄壁金属套管(金属铠)中装入热电极，在两根热电极之间及热电极与管壁之间牢固充填无机绝缘物(MgO 或 Al_2O_3)，使它们之间相互绝缘，使热电极与金属铠成为一个整体。它可以做得很细很长，而且可以弯曲。热电偶的套管外径最细能达 0.5mm，长度可达 100m 以上，如图 10-7 所示。

铠装式热电偶具有响应速度快、可靠性好、耐冲击、比较柔软、可挠性好、便于安装等优点，因此特别适用于复杂结构(如狭小弯曲管道内)的温度测量。

模块
10

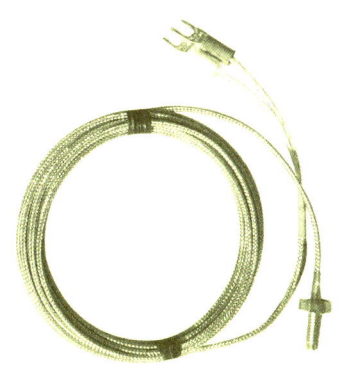

图 10-7　铠装式热电偶

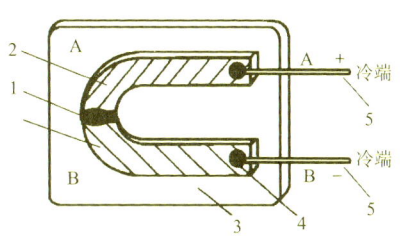

1—工作端　2—薄膜热电极　3—绝缘基板
4—引脚接头　5—引出线（相同材料的热电极）

图 10-8　薄膜式热电偶

3. 薄膜式热电偶

薄膜式热电偶如图 10-8 所示。它是用真空蒸镀的方法，把热电极材料蒸镀在绝缘基板上面制成的。测量端既小又薄，厚度可以薄到几微米，热容量小，响应速度快，便于敷贴。适用于测量微小面积上的瞬变温度。

10.4　热电偶冷端的延长和温度补偿

教学视频

10.4.1　热电偶冷端的延长

实际测温时，由于热电偶长度有限，自由端温度将直接受到被测物温度和周围环境温度的影响。例如，热电偶安装在电炉壁上，而自由端放在接线盒内，电炉壁周围温度不稳定，波及接线盒内的自由端，造成测量误差。虽然可以将热电偶做得很长，但这将提高测量系统的成本，是很不经济的。工业中一般是采用补偿导线来延长热电偶的冷端，使之远离高温区。

补偿导线测温电路如图 10-9 所示。补偿导线（A'、B'）是两种不同材料的、相对比较便宜的金属（多为铜与铜的合金）导体。它们的自由电子密度比与所配接型号的热电偶的自由电子密

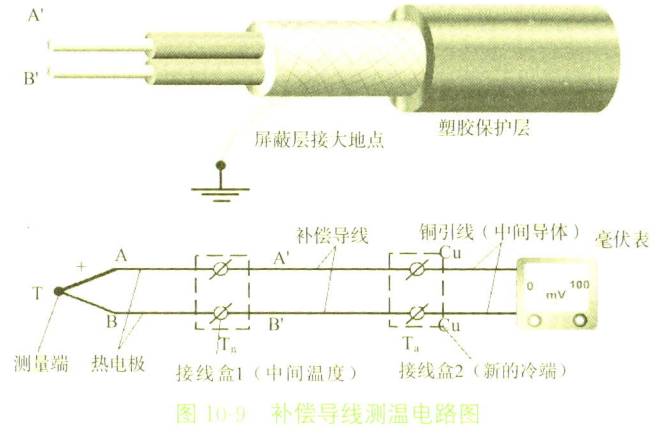

图 10-9　补偿导线测温电路图

度比相等,所以补偿导线在一定的环境温度范围内,如 0～100℃,与所配接的热电偶的灵敏度相同,即具有相同的温度-热电动势关系

$$E_{A'B'}(t,t_0)=E_{AB}(t,t_0) \tag{10-5}$$

使用补偿导线的好处是:

(1)它将自由端从温度波动区延长到温度相对稳定区 t_0,使指示仪表的示值(毫伏数)变得稳定起来。

(2)购买补偿导线比使用相同长度的热电极(A、B)便宜许多,可节约大量贵金属。

(3)补偿导线多是用铜及铜的合金制作,所以单位长度的直流电阻比直接使用很长的热电极小得多,可减小测量误差。

(4)由于补偿导线通常用塑料(聚氯乙烯或聚四氟乙烯)作为绝缘层,其自身又为较柔软的铜合金多股导线,所以易弯曲,便于敷设。

必须指出的是,使用补偿导线仅能延长热电偶的冷端,虽然总的热电动势在多数情况下会比不用补偿导线时有所提高,但从本质上看,这并不是因为温度补偿引起的,而是因为使冷端远离高温区、两端温差变大的缘故,故将其称"补偿导线"只是一种习惯用语。真正的冷端补偿方法将在后续内容介绍。

使用补偿导线必须注意四个问题:

(1)两根补偿导线与热电偶两个热电极的接点必须具有相同的温度。

(2)各种补偿导线只能与相应型号的热电偶配用。

(3)必须在规定的温度范围内使用。

(4)极性切勿接反。

常用热电偶补偿导线的特性见表 10-3。

表 10-3　常用热电偶补偿导线的特性

型号	配用热电偶 正-负	补偿导线 正-负	导线外皮颜色		100℃热电动 势/mV	20℃时的电阻 率/(Ω·m)
			正	负		
SC	铂铑 10-铂	铜-铜镍	红	绿	0.646±0.023	0.05×10^{-6}
KG	镍铬-镍硅	铜-康铜	红	蓝	4.096±0.063	0.52××10^{-6}
WC5/26	钨铼 5-钨铼 26	铜-铜镍	红	橙	1.451±0.051	0.10××10^{-6}

10.4.2　热电偶的冷端温度补偿

由热电偶测温原理可知,热电偶的输出热电动势是热电偶两端温度 t 和 t_0 差值的函数,当冷端温度 t_0 不变时,热电动势与工作端温度成单值函数关系。各种热电偶温度与热电动势关系的分度表都是在冷端温度为 0℃ 时作出的,因此用热电偶测量时,若要直接应用热电偶的分度表,就必须满足 $t_0=0℃$ 的条件。但在实际测温中,冷端温度常随环境温度而变化,这样 t_0 不但不是 0℃,而且也不恒定,因此将产生误差,一般情况下,冷端温度均高于 0℃,所以热电势总是偏小。消除或补偿这个损失的方法,常用的有以下几种。

1. 冷端恒温法

(1)将热电偶的冷端置于装有冰水混合物的恒温容器中,使冷端的温度保持在 0℃ 不变。此法也称冰浴法,它消除了 t_0 不等于 0℃ 而引入的误差,由于冰融化较快,所以一般只适用于实

验室中。冰浴法接线图如图 10-10 所示。

　　(2)将热电偶的冷端置于电热恒温器中,恒温器的温度略高于环境温度的上限(例 40℃)。

　　(3)将热电偶的冷端置于恒温空调房中,使冷端温度恒定。

　　应该指出,除了冰浴法是使冷端温度保持在 0℃外,后两种方法只是使冷端维持在某一恒定(或变化较小)的温度上,因此后两种方法仍必须采用下述几种方法予以修正。

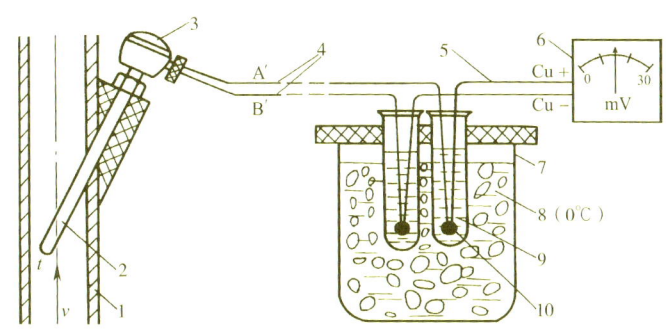

图 10-10　冰浴法接线图

2. 计算修正法

　　当热电偶的冷端温度 $t_0 \neq 0℃$ 时,由于热端与冷端的温差随冷端的变化而变化,所以测得的热电动势 $E_{AB}(t, t_0)$ 与冷端为 0℃ 时所测得的热电动势 $E_{AB}(t, 0℃)$ 不等。若冷端温度高于 0℃,则 $E_{AB}(t, t_0) < E_{AB}(t, 0℃)$。可以利用下式计算并修正测量误差:

$$E_{AB}(t, 0℃) = E_{AB}(t, t_0) + E_{AB}(t_0, 0℃) \tag{10-6}$$

　　上式中,$E_{AB}(t, t_0)$ 是用毫伏表直接测得的热电动势毫伏数。修正时,先测出冷端温度 t_0,然后从该热电偶分度表中查出 $E_{AB}(t_0, 0℃)$(此值相当于损失掉的热电动势),并把它加到所测得的 $E_{AB}(t, t_0)$。根据式(10-6)求出 $E_{AB}(t, 0℃)$(此值是已得到补偿的热电势),根据此值再在分度表中查出相应的温度值。计算修正法共需要查分度表两次。若冷端温度低于 0℃,由于查出的 $E_{AB}(t_0, 0℃)$ 是负值,所以仍可用式(10-6)计算修正。

　　例 10-1　用镍铬—镍硅(K)热电偶测炉温时,其冷端温度 $t_0 = 30℃$,在直流毫伏表上测得的热电动势 $E_{AB}(t, 30℃) = 38.505\text{mV}$,试求炉温为多少?

　　解　查镍铬—镍硅热电偶 K 分度表,得到 $E_{AB}(30℃, 0℃) = 1.203\text{mV}$。根据式(10-6)有

$E_{AB}(t, 0℃) = E_{AB}(t, 30℃) + E_{AB}(30℃, 0℃) = 38.5058\text{mV} + 1.203\text{mV} \doteq 39.709\text{mV}$

反查 K 分度表,求得 $t = 960℃$。

　　该方法适用于热电偶冷端温度较恒定的情况。在智能化仪表中,查表及运算过程均可由计算机完成。

3. 仪表机械零点调整法

　　当热电偶与动圈式仪表配套使用时,若热电偶的冷端温度比较恒定,对测量准确度要求又不太高时,可将动圈仪表的机械零点调整至热电偶冷端所处的 t_0 处,这相当于在输入热电动势前就给仪表输入一个热电势 $E_{AB}(t_0, 0℃)$。这样,仪表在使用时所指示的值约为 $E_{AB}(t, t_0) + E_{AB}(t_0, 0℃)$。

　　进行仪表机械零点调整时,首先必须将仪表的电源及输入信号切断,然后用螺钉旋具调节仪表面板上的螺钉,使指针指到 t_0 的刻度上。当气温变化时,应及时修正指针的位置。此法虽

有一定的误差,但非常简便,在动圈仪表上经常采用。

4. 利用半导体集成温度传感器测量冷端温度

在计算修正法中,首先必须测出冷端温度 t_0,才有可能按照公式进行计算修正。现在普遍使用半导体集成温度传感器(简称温度 IC)来测量室温。温度 IC 具有体积小、集成度高、准确度高、线性好、输出信号大、不需要进行温度标定、热容量小和外围电路简单等优点。只要将温度 IC 置于热电偶冷端附近,将温度 IC 的输出电压作简单的换算,就能得到热电偶的冷端温度,从而用计算修正法进行冷端温度补偿。典型的半导体温度传感器有 AD590、AD7414、AD22100、LM35、LM74,76,77、LM83、LM92、DS1820、MAX6675、TMP03 和 TMP35 等系列,读者可上网阅读有关资料。

10.5 热电偶的配套仪表及应用

10.5.1 热电偶的配套仪表

我国生产的热电偶均符合 ITS-90 国际温标所规定的标准,其一致性非常好,国家又规定了与每一种标准热电偶配套的仪表,它们的显示值为温度,而且均已线性化。

这类仪表多具有以下功能:

(1)双屏显示 主屏显示测量值,副屏显示控制设定值。

(2)输入分度号切换 仪表的输入分度号可按键切换(如 K、R、S、B、N、E 型等)。

(3)量程设定 测量量程和显示分辨力由按键设定。

(4)控制设定 上限、下限或上上限、下下限等各控制点值可在全量程范围内设定,上下限控制回差值也可分别设定。

(5)继电器功能设定 内部的数个继电器可根据需要设定成上限控制(报警)方式或下限控制(报警)方式,有多个报警输出模块。

(6)断线保护输出 可预先设定各继电器在传感器输入断线时的保护输出状态(ON/OFF/KEEP)。

(7)全数字操作 仪表的各参数设定、准确度校准均采用按键操作,无须电位器调整,掉电不丢失信息,还具有数字滤波功能。

(8)冷端补偿范围 0～60℃。

(9)接口 许多型号的仪表还带有计算机总线接口和打印接口。

与热电偶配套的 XMT 仪表外形及接线图如图 10-11 所示。

按测量时是否与被测对象接触,可分为接触式测量和非接触式测量。例如用多普勒雷达测速仪测量汽车超速与否,利用红外线辐射成像仪测量供电变压器的表面温度就属于非接触式测量。非接触式测量不影响被测对象的运行工况,是目前发展的趋势。

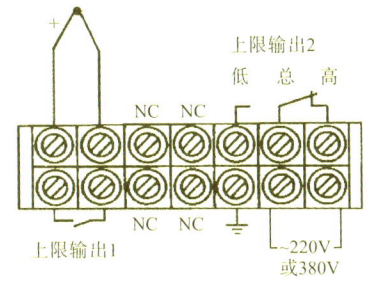

(a)XMT 型仪表面板　　　　　　(b)XMT 型仪表背面接线端子

图 10-11　与热电偶配套的仪表外形及接线图

10.5.2　热电偶的应用

1. 金属表面温度的测量

对于机械、冶金、能源及国防等部门来说,金属表面温度的测量是非常普遍而复杂的问题。例如,热处理工作中锻件、铸件以及各种余热利用的热交换器表面、气体蒸气管道、炉壁面等表面温度的测量。根据对象特点,测温范围从几百摄氏度到一千多摄氏度,而测量方法通常采用直接接触测温法。

直接接触测温法是指采用各种型号及规格的热电偶(视温度范围而定),用粘贴或焊接的方法,将热电偶与被测金属表面(或去掉表面后的浅槽)直接接触,然后把热电偶接到显示仪表上组成测温系统。

图 10-12 所示的是适合不同壁面的热电偶使用方式。如果金属壁比较薄,那么一般可用胶合物将热电偶丝粘贴在被测元件表面,如图 10-12(a)所示。为减少误差,在紧靠测量端的地方应加足够长的保温材料保温。

如果金属壁比较厚,且机械强度又允许,则对于不同壁面,测量端的插入方式有从斜孔内插入,如图 10-12(b)所示。图 10-12(c)所示给出了利用电动机起吊螺孔,将热电偶从孔槽内插入的方法。

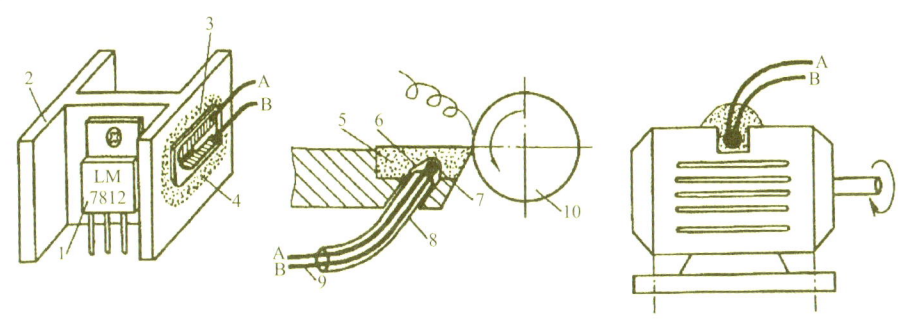

(a)将热电偶丝粘贴在被测元件表面　　(b)测量端从斜孔内插入　　(c)测量端从原有的孔内插入图

1—功率元件　2—散热片　3—薄膜热电偶　4—绝热保护层　5—车刀　6—激光加工的斜孔

7—露头式铠装热电偶测量　8—薄壁金属保护套管　9—冷端　10—工件

图 10-12　适合不同壁面的热电偶使用方式

WREM、WRNM 型表面热电偶专供测量 0～800℃ 范围内各种不同形状固体的表面温度,常作为锻造、热压、局部加热、电机轴瓦、塑料注射机、金属淬火和模具加工等现场测温的有效工具。表面热电偶的外形如图 10-13(a)所示。使用时,将表面热电偶的热端紧压在被测物体表面,待热平衡后读取温度数据。表面热电偶的冷端插头材料与对应的补偿导线的材料相同,不影响测量结果,但要注意插头与插座的正负极不要接反。热电偶冷端延长中的接线盒也经常采用图 10-13(b)所示的热电偶插头插座代替。

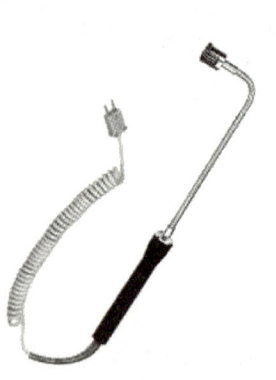 

(a)表面热电偶外形　　　　　　　　　　(b)热电偶插头插座

图 10-13　表面热电偶外形及热电偶插头插座

2. 热电堆在红外线探测器中的应用

红外线辐射可引起物体的温度上升。将热电偶置于红外辐射的聚焦点上,可根据其输出的热电势来测量入射红外线的强度。

单根热电偶的输出十分微弱。为了提高红外辐射探测器的探测效应,可以将许多对热电偶相互串联起来,即第一根负极接第二根正极,第二根负极再接第三根正级,依次类推。它们的冷端置于环境温度中,热端发黑(提高吸热效率),集中在聚焦区域,就能成倍地提高输出热电势,这种接法的热电偶称为热电堆,如图 10-14 所示。

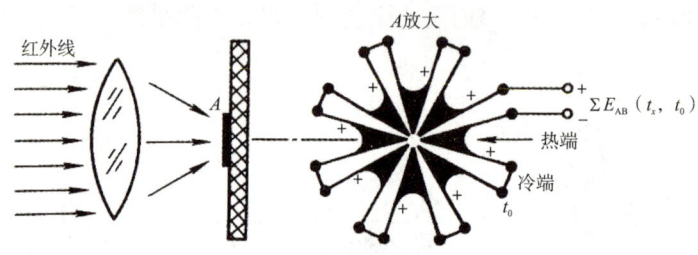

图 10-14　热电堆原理图

章节习题

1. 单项选择题

(1)两端密闭的弹簧管中的气体温度升高后,气体对容器内壁的压强随之增大,弹簧管的截面趋向于圆形,截面的短轴力图伸长,长轴缩短。截面形状的改变导致弹簧管趋向伸直,一直到与压力的作用相平衡为止使弹簧管撑直,从而可用于测量温度。从微观上分析,弹簧管内部压强随温度增大的原因是(　　　)。

A. 气体分子的无规则运动加剧,撞击容器内壁的能量增大

B. 气体分子的直径增大

C. 气体分子之间的排斥力增大

D. 气体分子对容器壁的碰撞后的动量总和减小

(2)正常人的体温为 37℃,则此时的华氏温度约为(　　),热力学温度约为(　　)。

A. 32F,100K　　　　B. 99F,236K　　　　C. 99F,310K　　　　D. 37F,310K

(3)(　　)的数值越大,热电偶的输出热电动势就越大。

A. 热端直径　　　　　　　　　　　B. 热端和冷端的温度

C. 热端和冷端的温差　　　　　　　D. 热电极的电导率

(4)测量钢水的温度,最好选择(　　)热电偶;测量钢退火炉的温度,最好选择(　　)热电偶;测量汽轮机高压蒸汽(200℃左右)的温度,且希望灵敏度高一些,选择(　　)热电偶为宜。

A. R　　　　　B. B　　　　　C. S　　　　　D. K　　　　　E. E

(5)测量 CPU 散热片的温度应选用(　　)型的热电偶;测量锅炉烟道中的烟气温度,应选用(　　)型的热电偶;测量 100m 深的岩石钻孔中的温度,应选用(　　)型的热电偶。

A. 普通　　　　B. 铠装　　　　C. 薄膜　　　　D. 热电堆

(6)镍铬—镍硅热电偶的分度号为(　　),铂铑$_{13}$—铂热电偶的分度号是(　　),铂铑$_{30}$—铂铑$_6$ 热电偶的分度号是(　　)。

A. R　　　　　B. B　　　　　C. S　　　　　D. K　　　　　E. E

(7)在热电偶测温回路中经常使用补偿导线最主要的目的是(　　)。

A. 补偿热电偶冷端热电动势的损失　　　B. 起冷端温度补偿作用

C. 将热电偶冷端延长到远离高温区的地方　　D. 提高灵敏度

(8)在图 10-9 中,热电偶新的冷端在(　　)。

A. 温度为 t 处　　B. 温度为 t_n 处　　C. 温度为 t_0 处　　D. 毫伏表接线端子上

(9)在实验室中测量金属的熔点时,冷端温度补偿采用(　　),可减小测量误差;而在车间,用带微处理器的数字式测温仪表测量炉膛的温度时,应采用(　　)较为妥当。

A. 计算修正法　　　　　　B. 仪表机械零点调整法

C. 冰浴法　　　　　　　　D. 冷端补偿器法(电桥补偿法)

2. 在炼钢厂中,有时直接将廉价热电极(易耗品,例如镍铬、镍硅热偶丝,时间稍长即熔化)插入钢水中测量钢水温度,如图 10-15 所示。试说明

(1)为什么不必将工作端焊在一起?

(2)要满足哪些条件才不影响测量准确度? 采用上述方法是利用了热电偶的什么定律?

(3)如果被测物不是钢水,而是熔化的塑料行吗? 为什么?

3. 图 10-16 所示为镍铬—镍硅热电偶测温电路,热电极 A、B 直接焊接在钢板上(V 型焊接),A′、B′为补偿导线,Cu 为铜导线。已知接线盒 1 的温度 $t_1=40.0℃$,冰水温度 $t_2=0.0℃$,接线盒 2 的温度 $t_3=20.0℃$。

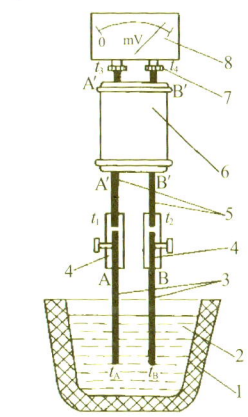

1—钢水包　2—钢熔融体
3—热电极 A,B　4—热电极接线柱
5—补偿导线　6—保护管
7—补偿导线与毫伏表的接线柱
8—毫伏表

图 10-15　用浸入式热电偶
测量熔融金属示意图

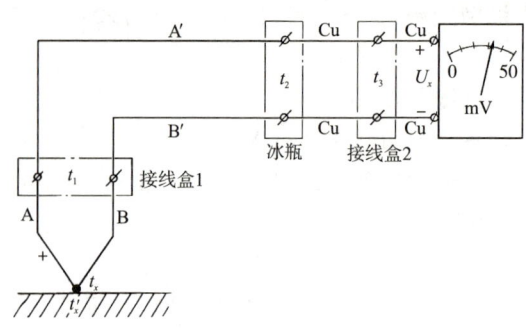

图 10-16　采用补偿导线的镍铬－镍硅热电偶测温示意图

（1）当 $U_x = 39.314\text{mV}$ 时，计算被测点温度 t_x。

（2）如果 A′、B′换成铜导线，此时 $U_x = 37.702\text{mV}$，再用计算修正法求 t_x。

（3）直接将热电极 A、B 焊接在钢板上时，t_x 与 t_x' 哪一个略大一些？为什么？如何减小这一误差？

扩展阅读

赢在互联

　　大数据、云计算、移动互联网，以新一代信息技术为代表的科技革命风起云涌，它们正以前所未有的力量，改变着人类的思维、生产、生活和学习方式。中国的网民规模已占全球网民总数的五分之一。互联网普及率达到 54.3%，超出全球平均水平 4.6 个百分点。建设网络强国的愿景已经织就，信息装备和技术正成为这个东方大国赢得未来的强大驱动力。从"缺芯少屏"到"芯屏器和"，从世界上最长的单根无接头海底光缆、中国自主研发的第一台 7 纳米芯片刻蚀机到中国第一条柔性屏生产线，从北斗通信技术到人脸识别技术，从智慧大脑到智慧云端，赢在互联时代的中国重器，已经崭露头角。

模块 11　光电传感器

 学习目标

知识目标

　　1.了解光电器件的分类以及工作原理。

　　2.了解光电传感器应用的四大类型。

　　3.掌握光电开关及应用。

　　4.了解光纤传感器的工作原理及应用。

能力目标

　　1.会选择正确的光电元件进行光电测量。

　　2.能正确安装光电开关和光电断续器。

　　3.能选用合适的光纤传感器进行测量。

　　几个世纪以来,关于光的本质,一直是物理界争论的一个课题。2000 多年前,人类已了解到光的直线传播特性,但对光的本质并不了解。1860 年,英国物理学家麦克斯韦建立了电磁理论,认识到光是一种电磁波。光的波动学说很好地说明了光的反射、折射、干涉、衍射、偏振等现象,但是仍然不能解释物质对光的吸收、散射和光电子发射等现象。1900 年德国物理学家普朗克提出了量子学说,认为任何物质发射或吸收的能量是一个最小能量单位(称为量子)的整数倍。1905 年德国物理学家爱因斯坦用光量子学说解释了光电发射效应,并为此而获得 1921 年诺贝尔物理学奖。

　　爱因斯坦认为,光由光子组成,每一个光子具有的能量 E 正比于光的频率 f,即 $E=hf$(h 为普朗克常数),光子的频率越高(即波长越短),光子的能量就越大。比如绿色光的光子就比红色光的光子能量大,而相同光子数目的紫外线能量比红外线能量大得多,紫外线可以杀死病菌,改变物质的结构等。爱因斯坦确立了光的波动粒子两重性质,并为实验所证明。

　　光照射在物体上会产生一系列的物理或化学效应,例如植物的光合作用,化学反应中的催化作用,人眼的感光效应,取暖时的光热效应以及光照射在光电元件上的光电效应等。光电传感器是将光信号转换为电信号的一种传感器。使用这种传感器测量其他非电量(如转速、浊度、二维码等)时,只要将这些非电量转换为光信号的变化即可。此种测量方法具有反应快、非接触等优点,故在非电量检测中应用较广。本模块简单介绍光电效应、光电元件的结构和工作原理及特性,着重介绍光电传感器的各种应用。

教学视频

11.1　光电效应及光电器件

　　光电传感器的理论基础是光电效应。用光照射某一物体,可以看作物体受到一连串能量为hf 的光子的轰击,组成该物体的材料吸收光子能量而发生相应电效应的物理现象称为光电效应。通常把光电效应分为三类:

　　(1)在光线的作用下,能使电子逸出物体表面的现象称为外光电效应。基于外光电效应的光电元件有光电管、光电倍增管等。

　　(2)在光线的作用下能使物体的电阻率改变的现象称为内光电效应。基于内光电效应的光电元件有光敏电阻、光敏二极管、光敏三极管及光敏晶闸管等。

　　(3)在光线的作用下,半导体材料产生一定方向电动势的现象称为光生伏特效应。基于光生伏特效应的光电元件有光电池等。

　　第一类光电器件属于玻璃真空管元件,第二、第三类属于半导体元件。

11.1.1　基于外光电效应的光电器件

　　光电管属于外光电效应的光电器件,下面简要介绍它的工作原理。光电管及外光电效应示意图如图 11-1 所示。金属阳极 a 和阴极 b 封装在一个石英玻璃壳内,当入射光照射在阴极板上时,光子的能量传递给阴极表面的电子,当电子获得的能量足够大时,电子就可以克服金属表面对它的束缚(称为逸出功)而逸出金属表面,形成电子发射,这种电子称为“光电子”。

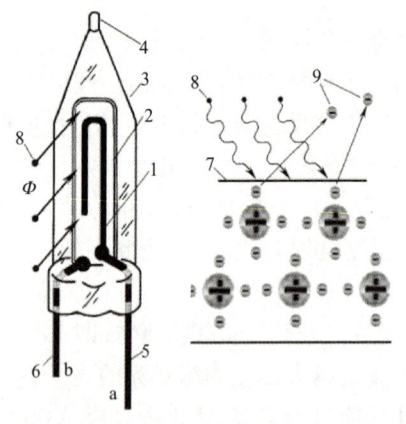

1—阳极 a　2—阴极 k　3—石英玻璃外壳　4—抽气管蒂
5—阳极引脚　6—阴极引脚　7—金属表面　8—光子
9—光致发射电子

图 11-1　光电管及外光电效应示意图

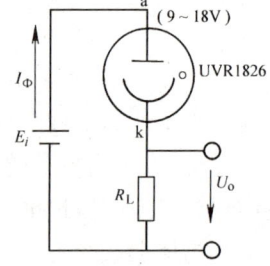

图 11-2　光电管的图形符号及测量电路

　　当光电管阳极加上适当电压(几伏至数十伏,视不同型号而定)时,从阴极表面逸出的电子被具有正电压的阳极所吸引,在光电管中形成电流,称为光电流。光电流 I_Φ 正比于光电子数,而光电子数又正比于光照度。

　　由于材料的逸出功不同,所以不同材料的光电阴极对不同频率的入射光有不同的灵敏度。光电管的图形符号及测量电路如图 11-2 所示。目前,紫外光电管在工业检测中多用于紫外线测量、火焰监测等,可见光较难引起光电子的发射。

11.1.2 基于内光电效应的光电器件

1. 光敏电阻

(1)工作原理。

光敏电阻的工作原理基于内光电效应。在半导体光敏材料两端装上电极引线,将其封装在带有透明窗的管壳里就构成光敏电阻,如图 11-3(a)所示。为了增加有效接触面,从而提高灵敏度,两电极常做成梳状,如图 11-3(b)所示,图形符号如图 11-3(c)所示。

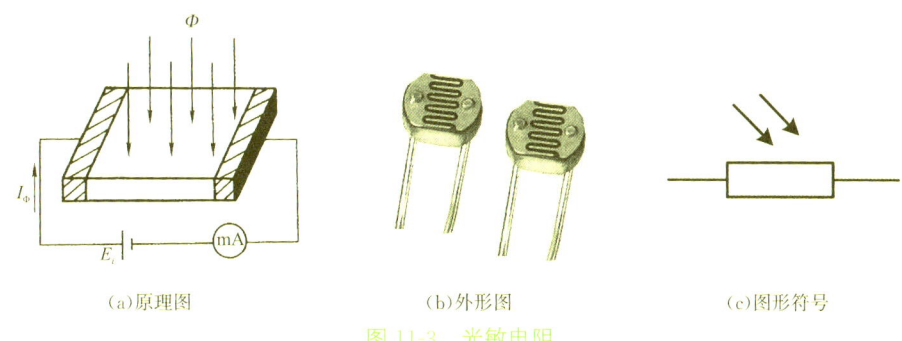

(a)原理图   (b)外形图   (c)图形符号

图 11-3 光敏电阻

构成光敏电阻的材料有金属的硫化物、硒化物及碲化物等半导体。半导体的导电能力完全取决于半导体内载流子数目的多少。当光敏电阻受到光照时,半导体材料的表面产生自由电子,同时产生空穴,电子-空穴对的出现使电阻率变小。光照愈强,光生电子空穴对就越多,阻值就愈低。入射光消失,电子-空穴对逐渐复合,电阻也逐渐恢复原值。

(2)特性和参数。

①暗电阻。置于室温、全暗条件下测得的稳定电阻值称为暗电阻,通常大于1MΩ。光敏电阻受温度影响甚大:温度上升,暗电阻减小;暗电流增大,灵敏度下降。这是光敏电阻的一大缺点。

②光电特性。在光敏电阻两极电压固定不变时,光照度与电阻及电流间的关系称为光电特性。某型号的光敏电阻的光电特性曲线如图 11-4 所示。从图中可以看到,当光照大于 100lx 时,它的光电特性非线性就十分严重了。由于光敏电阻光电特性为非线性,又有较大的温漂,所以不能用于光的精密测量,只能用于定性地判断有无光照,或光照度是否大于某一设定值。又

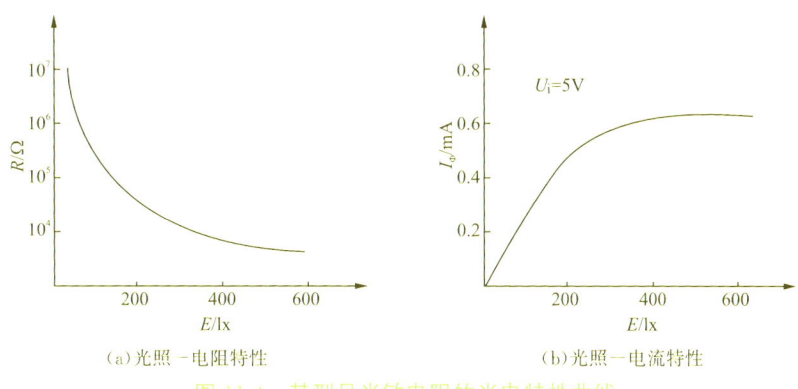

(a)光照-电阻特性   (b)光照-电流特性

图 11-4 某型号光敏电阻的光电特性曲线

由于光敏电阻的光电特性接近于人眼,所以也可以用于照相机测光元件。

③响应时间。光敏电阻受光照后,光电流需要经过一段时间(上升时间)才能达到其稳定值。同样,在停止光照后,光电流也需要经过一段时间(下降时间)才能恢复到其暗电流值。这就是光敏电阻的时延特性。光敏电阻的上升响应时间和下降响应时间为 $10^{-2} \sim 10^{-3}$ s,可见光敏电阻不能用在要求快速响应的场合。

(3)发光强度、光通量、光照度简介。

发光强度的单位是国际单位制中 7 个基本单位之一,540×10^{12} Hz(约 $0.55 \mu m$)的单色光是人眼最敏感的黄绿色光。光源在单位时间内向周围空间辐射并引起视觉的能量,称为光通量,用符号 Φ 表示,单位为流明(lm)。一个 100W 白炽灯约可产生约 1700lm 的光通量,而一支 40W 白色荧光灯管则可产生约 3000lm 的光通量。

光照度是用来表示受照物体被照亮的程度。受照物体表面每单位面积(m^2)上接收到的光通量称为光照度,符号为 E,单位为勒克斯(lx)。在图 11-4 所示的光电特性曲线中光敏电阻的输入信号即为光照度 E。被光均匀并垂直照射平面的光照度 $E = \Phi / A$。其中,Φ 为物体表面单位面积上接收到的总光通量,A 为被照面积,所以 1lx 等效于 $1 lm/m^2$。

为了使读者对光照度值有感性认识,现举实际情况下的几个光照度值供参考。20cm 远处的烛光约为 $10 \sim 15$lx;在 40W 荧光灯正下方 1.3m 处的光照度约为 90lx;距 40W 白炽灯下 1m 处的光照度约为 30lx,加一灯罩后将增加到 300lx;晴天中午室外的光照度可达 10000 ～ 80000lx;晴天中午室内窗口桌面的光照度约为 2000 ～ 4000lx;阴天中午室外的光照度约为 6000lx;黄昏室内为 10lx;满月时地面上的光照度仅为 0.2lx;一般办公室要求的光照度为 100 ～ 200lx;一般学习的光照度应不少于 75lx。教育部门规定,所有教室课桌面的光照度必须大于 150lx。由于瞳孔的存在,人眼对光线强弱的感觉类似于数学中的对数关系,所以在太阳光及昏暗的灯光下看书时的光照度将相差几百倍。

2. 光敏二极管、光电晶体管

光敏二极管、光电晶体管、光控晶闸管等统称为光电管,它们的工作原理基于内光电效应。光电晶体管的灵敏度比光电二极管高,但频率特性较差,暗电流也较大。目前还研制出可由强光触发而导通的光控晶闸管,它的工作电流比光电晶体管大得多,工作电压有的可达数百伏,因此输出功率大,主要用于光控开关电路及大电流光电耦合器中。

(1)光电二极管结构及工作原理。

光电二极管结构与一般二极管的不同之处在于:将光电二极管的 PN 结设置在透明管壳顶部的正下方,可以直接受到光的照射。图 11-5 是光电二极管的结构示意图,它在电路中处于反向偏置状态,如图 11-5(c)及图 11-6 所示。

在没有光照时,由于二极管反向偏置,所以反向电流很小,这时的电流称为暗电流,相当于普通二极管的反向饱和漏电流。当光照射在二极管的 PN 结(又称耗尽层)上时,在 PN 结中产生的电子空穴对数量也随之增加,光电流也相应增大,光电流与光照度成正比。目前还研制出几种新型的光敏二极管,它们都具有优异的特性。

①PIN 光电二极管。它是在 P 区和 N 区之间插入一层电阻率很大的 I 层,从而减小了 PN 结的电容,提高了工作频率,响应频率可达 GHz 数量级。PIN 光敏二极管的工作电压(反向偏置电压)高达 100V 左右,光电转换效率较高,所以其灵敏度比普通的光敏二极管高得多,可用作光盘的读出光敏元件、光纤通信接收管等。特殊结构的 PIN 二极管还可用于测量紫外线等。

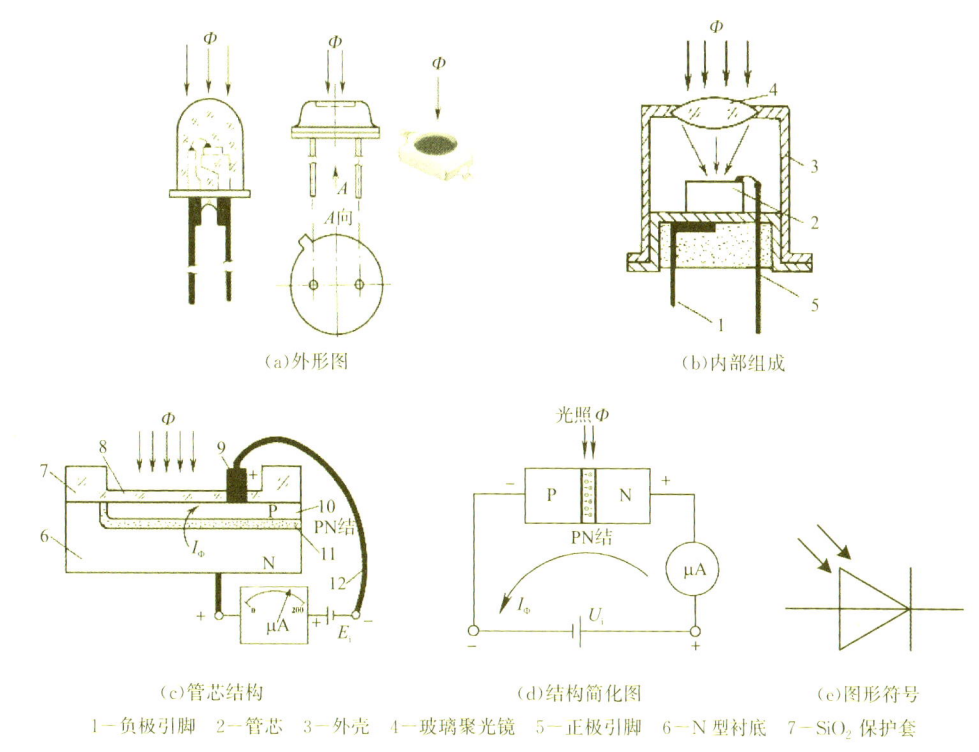

(a)外形图　　　　　　　　　　　　(b)内部组成

(c)管芯结构　　　　　(d)结构简化图　　　　　(e)图形符号

1—负极引脚　2—管芯　3—外壳　4—玻璃聚光镜　5—正极引脚　6—N型衬底　7—SiO₂保护套
8—SiO₂透明保护层　9—铝引出电极　10—P型扩散层　11—PN结　12—金引出线

图 11-5　光电二极管

②APD光电二极管(雪崩光敏二极管)。它是一种具有内部倍增放大作用的光敏二极管。它的工作电压高达上百伏,它的工作原理有点类似于雪崩型稳压二极管。

当有一个外部光子射入到其PN结上时,将产生个电子-空穴对。由于PN结上施加了很高的反向偏压,PN结中的电场强度可达 10^4 V/mm左右,因此将光子所产生的光电子加速到具有很高的动能,撞击其他原子,产生新的电子-空穴对。如此多次碰撞,以致最终造成载流子按几何级数剧增的"雪崩"效应,形成对原始光电流的放大作用,增益可达几千倍,而雪崩产生和恢复所需的时间小于

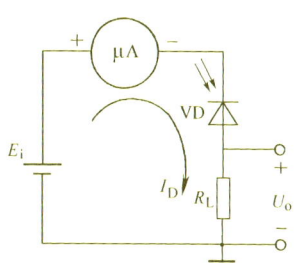

图 11-6　光电二极管的
反向偏置接法

1ns。所以APD光敏二极管的工作频率可达几千兆赫,适用于微光信号检测及通信等,可以取代光电倍增管,但噪声较大,易饱和。

(2)光电晶体管结构及工作原理。

光电晶体管有两个PN结。与普通晶体管相似,也有电流增益。图11-7示出了NPN型光电晶体管的结构。多数光电晶体管的基极没有引出线,只有正负(C、E)两个引脚,所以其外形与光电二极管相似,从外观上很难区别。

光线通过透明窗口落在基区及集电结上,当电路按11-7(b)所标示的电压极性连接时,集电结反偏,发射结正偏。当入射光子在集电结附近产生电子-空穴对后,与普通晶体管的电流放大作用相似,光电晶体管比二极管的灵敏度高许多倍。

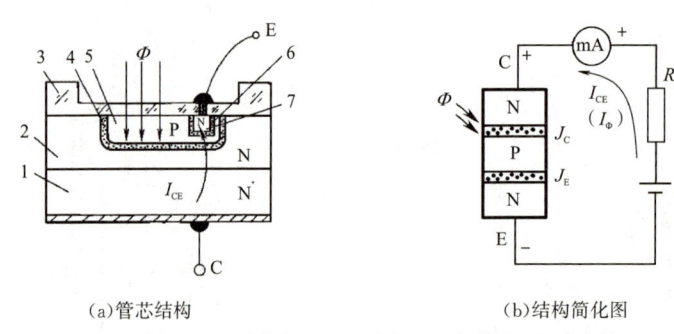

(a)管芯结构 　　　　　　　(b)结构简化图

1—N+衬底　2—N 型集电区　3—透光 SiO₂ 保护圈　4—集电结 JC

5—P 型基区　6—发射结 J_E　7—N 型发射区

图 11-7　NPN 光电晶体管示意图

图 11-8(a)是光电晶体管的图形符号。有时生产厂家还将光电晶体管与另一个普通晶体管封装在同一个管芯里,连接成复合管型式,如图 11-8(b)所示,称为达林顿型光电晶体管。它的灵敏度更高,且允许输出较大的电流。但是达林顿光电晶体管的漏电(暗电流)也较大,频响较差,温漂也较大。

(a)光电晶体管图形符号　　　(b)达林顿光电晶体管图形符号

图 11-8　光电晶体管的图形符号

3. 光电二极管及光电晶体管的基本特性

(1)光谱特性。

不同材料的光电晶体管对不同波长的入射光,其相对灵敏度 K_r 是不同的,即使是同材料(如硅光电晶体管),只要控制其 PN 结的制造工艺,也能得到不同的光谱特性。例如,硅光电元件的峰值为 $0.8\mu m$ 左右,但现在已分别制出对红外光、可见光直至蓝紫光敏感的光敏晶体管,其光谱特性曲线分别如图 11-9 中的曲线 1、2、3 所示。有时还可在光电晶体管的透光窗口上配以不

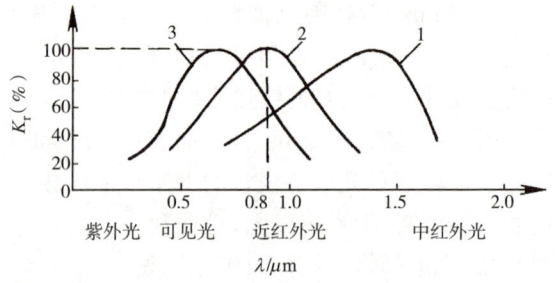

图 11-9　硅光电晶体管的光谱特性曲线

同颜色的滤光玻璃,以达到光谱修正的目的,使光谱响应峰值波长根据需要而改变,据此可以制作色彩传感器。锗光电晶体管的峰值波长为 $1.3\mu m$ 左右,由于它的漏电及温漂较大,已逐渐被其他新型材料的光电晶体管所代替。目前已研制出的几种光敏材料光谱峰值波长如表 11-1 所示。光的波长与颜色的关系如表 11-2 所示。广义电磁波谱(波长的大致分布)如图 11-10 所示。

表 11-1　几种光敏材料的光谱峰值波长

材料名称	GaAsP	GaAs	Si	HgCdTe	Ge	GaInAsP	AlGaSb	GaInAs	InSb
峰值波长/μm	0.6	0.65	0.8	1~2	1.3	1.3	1.4	1.65	5.0

表 11-2　光的波长与颜色的关系

颜色	紫外	紫	蓝	绿	黄	橙	红	红外
波长/μm	0.01~0.39	0.39~0.46	0.46~0.49	0.49~0.58	0.58~0.60	0.60~0.62	0.62~0.76	0.76~1000

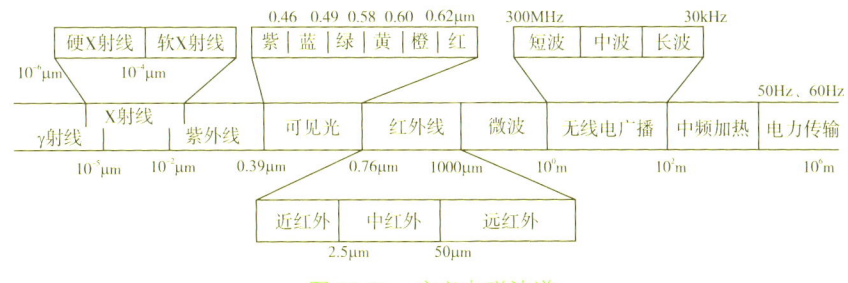

图 11-10　广义电磁波谱

（2）伏安特性。

光电晶体管在不同照度下的伏安特性与一般晶体管在不同基极电流下的输出特性相似。

（3）光电特性。

图 11-11 中的曲线 1、2 分别是某种型号光电二极管、光电晶体管的光电特性。从图上可看出，光电流 I_Φ 在设定的范围内与光照度呈线性关系，光电晶体管的光电特性曲线斜率较大，说明其灵敏度较高。

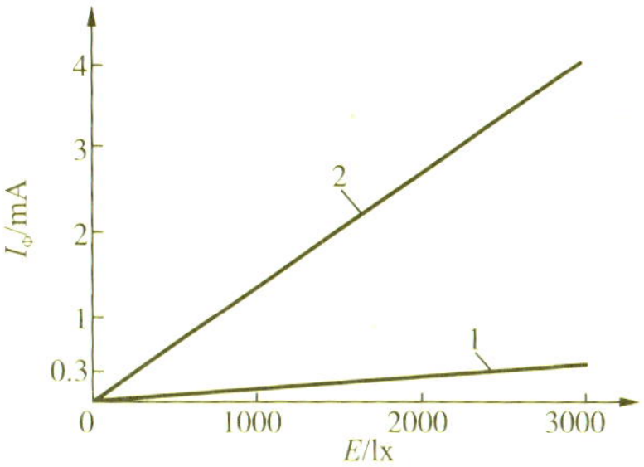

（4）温度特性。

温度变化对亮电流影响不大，但对暗电流的影响非常大，并且是非线形的，将给微光测量带来误差。硅光电晶体管的温漂比光电二极管大许多，虽然硅光电晶体管的灵敏度较高，但在高准确度测量中却必须选用硅光电二极管，并采用低温漂、高准确度的运算放大器来提高灵敏度。

1—光电二极管的光电特性
2—光电晶体管的光电特性

图 11-11　光电二极管与光电晶体管的光电特性

（5）响应时间。

工业级硅光电二极管的响应时间为 10^{-7}～10^{-5} s，光电晶体管的响应时间比相应的二极管慢约一个数量级。因此在要求快速响应或入射光调制频率（明暗交替频率）较高时，应选硅光电二极管。

图 11-12 示出了光电二极管的光脉冲响应。当光脉冲的重复频率提高时，由于光电二极管的 PN 结电容需要一定的充放电时间，所以它的输出电流的变化无法立即跟上光脉冲的变化，输出波形产生失真。当光电二极管的输出电流或电压脉冲幅度减小到低频时的 $1/\sqrt{2}$ 时，失真十分严重，该光脉冲的调制频率就是光电二极管的最高工作频率 f_H，又称截止频率。图中的 t_r 为上升时间，t_f 为下降时间。

由于光电晶体管基区的电荷存储效应，所以在强光照和无光照时，光电晶体管的饱和与截止需要更多的时间,对入射调制光脉冲的响应时间更慢,最高工作频率 f_H 更低。

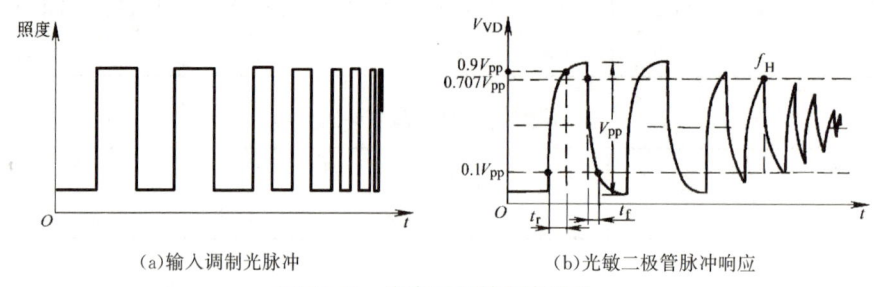

(a)输入调制光脉冲　　　　　　　(b)光敏二极管脉冲响应

图 11-12　光电二极管频率特性

11.1.3　基于光生伏特效应的光电器件

光电池能将入射光能量转换成电压和电流,属于光生伏特效应器件。从能量转换角度来看,光电池是作为输出电能的器件而工作的,如人造卫星上就安装有展开达十几米长的太阳能光电池板。从信号检测角度来看,光电池作为一种自发电型的光电传感器,可用于检测光的强弱,以及能引起光强变化的其他非电量。

1. 结构工作原理及特性

光电池的种类较多,有硅、砷化镓、硒、锗、硫化镉光电池等,其中应用最广的是硅光电池。这是因为它有一系列优点:性能稳定、光谱范围宽、频率特性好、传递效率高、能耐高温辐射、价格便宜等。

硅光电池的材料有单晶硅、多晶硅和非晶硅。单晶硅电池转换效率高、稳定性好,但成本较高。单晶硅光电池的结构示意图如图 11-13(a)所示。硅光电池实质上是一个大面积的半导体 PN 结,基体材料多为数百微米的 P 型单晶硅。在 P 型硅的表面,利用扩散法生成一层很薄的 N 型受光层,再在上面覆盖栅状透明电极。

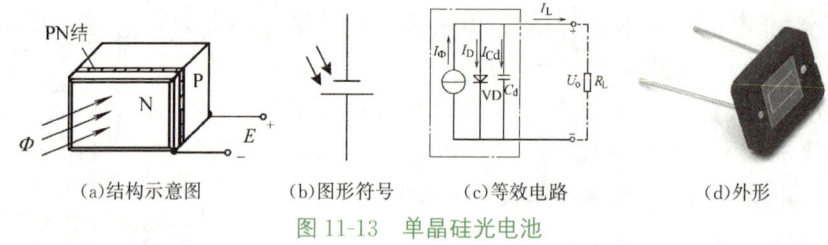

(a)结构示意图　　　(b)图形符号　　　(c)等效电路　　　(d)外形

图 11-13　单晶硅光电池

PN 结又称阻挡层或空间电荷区,靠近 N 区的区域带正电,靠近 P 区的区域带负电。当入射光子的能量足够大时,PN 结每吸收一个光子就产生一对光生电子-空穴对。光生电子在 PN 结的内电场作用下,漂移进入 N 区;光生空穴在 PN 结的内电场作用下,漂移进入 P 区。光生电子在 N 区的聚集使 N 区带负电,光生空穴在 P 区的集结使 P 区带正电。如果光照是连续的,经短暂的时间(μs 数量级),PN 结两侧就有一个稳定的光生电动势 E 输出。当硅光电池接入负载后,光电流从 P 区经负载流至 N 区(自由电子从 N 区经负载至 P 区),向负载输出功率。

2. 光电池的基本特性

(1)光谱特性。

图 11-14 所示给出硒、硅、锗光电池的光谱特性曲线。随着制造业的进步,硅光电池已具有

从蓝紫到近红外的宽光谱特性。目前许多厂家已生产出峰值波长为 $0.7\mu m$(可见光)的硅光电池,在紫光($0.4\mu m$)附近仍有 $65\%\sim70\%$ 的相对灵敏度,这大大扩展了硅光电池的应用领域。硒光电池和锗光电池由于稳定性较差,目前应用较少。

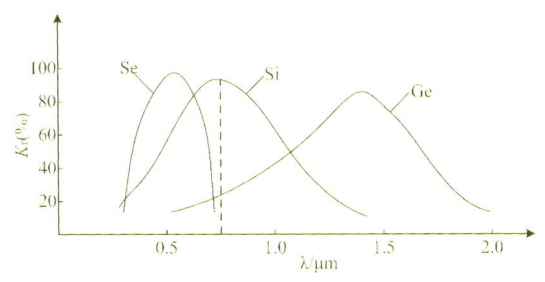

图 11-14　光电池的光谱特性曲线

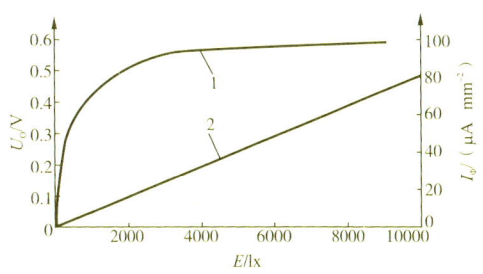

1—开路电压曲线　2—短路电流曲线

图 11-15　某系列硅光电池的光电特性曲线

(2)光电特性。

硅光电池的负载电阻不同,输出电压和电流也不同。图 11-15 中的曲线 1 是某光电池负载开路时的"开路电压"U_o 的特性曲线,曲线 2 是负载短路时的"短路电流"I_ϕ 的特性曲线。开路电压 U_o 与光照度的关系是非线性的,近似于对数关系,在 2000lx 照度以上就趋于饱和。由实验测得,负载电阻越小,光电流与光照度之间的线性关系就越好。当负载短路时,光电流在很大范围内与光照度呈线性关系。因此当测量与光照度成正比的其他非电量时,应把光电池作为电流源来使用;当被测非电量是开关量时,可以把光电池作为电压源来使用。

光电池事实上是一个光控恒流源。当 $R_L=0$ 时,光电池输出的光电流 I_ϕ 与光照度 E 成正比。当 R_L 开路,且当它的输出电压超过 PN 结的导通电压 0.6V 时,I_ϕ 就通过该 PN 结形成回路,所以单个硅光电池的输出电压不可能超过 PN 结的导通电压。如果要得到较大的输出电压,必须将数块光电池串联起来。

(3)伏安特性。

图 11-16 是某系列硅光电池的伏安特性曲线。当 R_L 很小(例如图中所示的 500Ω 以下)时,光照度 E 每变化 100lx,其输出电流的变化间隔基本相等,说明此时 I_ϕ 与 E 成正比。

当 R_L 增大时,输出电流与输出电压的非线性越来越大。当把光电池作为换能器使用时,必须选择最佳负载电阻,以得到最大功率输出。在精密测量时,必须设法使 $R_L=0$,这就必须采用电流—电压转换电路。

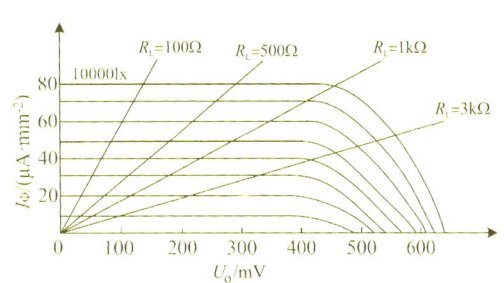

图 11-16　某系列硅光电池的伏安特性曲线

(4)光电池的温度特性。

光电池的温度特性是描述光电池的开路电压 U_o 及短路电流 I_o 随温度变化的特性。开路电压随温度增加而下降,电压温度系数约为 $-2mV/℃$,短路电流随温度上升缓慢增加,输出电流的温度系数较小。当光电池作为检测元件时,应考虑温度漂移的影响,采取相应措施进行补偿。

(5)频率特性。

频率特性是描述入射光的调制频率与光电池输出电流间的关系。由于光电池受照射产生电子-空穴对需要一定的时间,因此当入射光的调制频率太高时,光电池输出的光电流将下降。硅光电池的面积越小,PN 结的极间电容也越小,频率响应就越好。硅光电池的频率响应可达数十千赫兹至数兆赫兹;硒光电池的频率特性较差,目前已较少使用。

11.2　光电器件的基本应用电路

光敏电阻、光电晶体管、光电池等光电元器件必须根据各自的特点,使用不同的电路,才能达到最佳的使用效果。

11.2.1　光敏电阻基本应用电路

图 11-17 中,光敏电阻与负载电阻串联后,接到电源上。在图 11-17(a)中,当无光照时,光敏电阻 R_{Φ} 很大,在 R_L 上的压降 U_o 很小。随着入射光增大,R_{Φ} 减小,U_o 也随之增大。

图 11-17(b)的情况恰好与图 11-17(a)相反,入射光增大,U_o 反而减小。

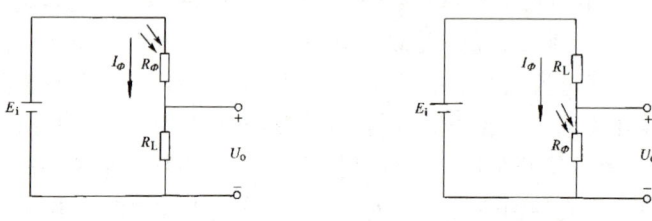

(a)U_o 与光照变化趋势相同的电路　　(b)U_o 与光照变化趋势相反的电路

图 11-17　光敏电阻基本应用电路

11.2.2　光电二极管应用电路

光电二极管在应用电路中必须反向偏置,否则其电流就与普通二极管的正向电流一样,不受入射光的控制了。

图 11-6 和图 11-18 都是正确的接法。在图 11-18 中,利用反相器可将光电二极管的输出电压转换成 TTL 电平。

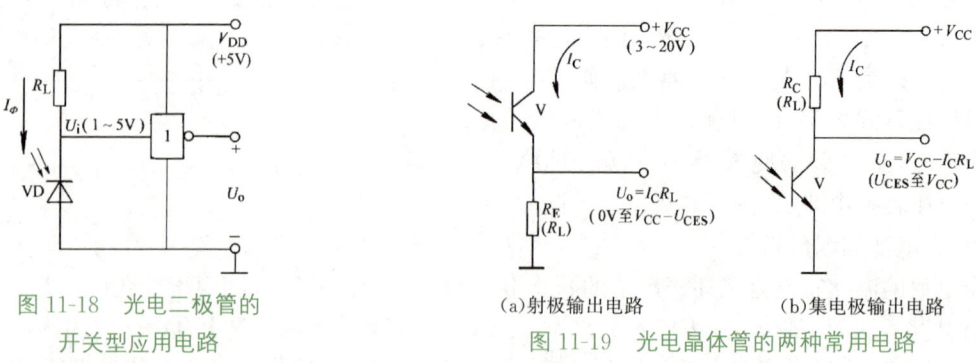

图 11-18　光电二极管的
开关型应用电路

(a)射极输出电路　　(b)集电极输出电路

图 11-19　光电晶体管的两种常用电路

11.2.3　光电晶体管应用电路

光电晶体管在电路中必须遵守集电结反偏、发射结正偏的原则,这与普通晶体管工作在放大区时条件是一样的。

图 11-19 给出了两种常用的光电晶体管电路,表 11-3 是光电晶体管的发射极输出电路与集电极输出电路的输出状态比较表。

表 11-3　光电晶体管的输出状态比较

电路型式	无光照时			强光照时		
	晶体管状态	I_C	U_o	晶体管状态	I_C	U_o
发射极输出	截止	0	0(低电平)	饱和	$(V_{CC}-0.3)/R_L$	$V_{CC}-U_{CES}$(高电平)
集电极输出	截止	0	V_{CC}(高电平)	饱和	$(V_{CC}-0.3)/R_L$	U_{CES}(0.3V)(低电平)

从表 11-3 可以看出发射极输出电路的输出电压变化与光照的变化趋势相同,而集电极输出恰好相反。

例 11-1　图 11-20 是利用光电晶体管来达到强光照时继电器吸合的电路,请分析工作过程。

解　当无光照时,V_1 截止,$I_\Phi=0$,V_2 也截止,继电器 KA 处于释放状态。

当有强光照时,V_1 产生较大的光电流 I_Φ,I_Φ 一部分流过下偏流电阻 R_{B2}(起稳定工作点作用),另一部分流经 R_{B1} 及 V_2 的发射结。当 $I_B>I_{BS}$($I_{BS}=I_{CS}/\beta$)时,V_2 也饱和,产生较大的集电极饱和电流 I_{CS},$I_{CS}=(V_{CC}-0.3V)/R_{kA}$,因此继电器得电并吸合。

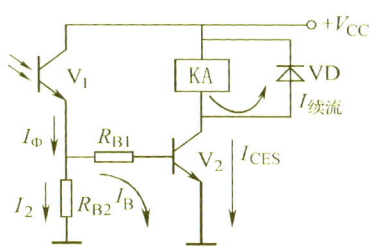

图 11-20　光控继电器电路

如果将 V_1 与 R_{B2} 位置上下对调,其结果相反。请读者自行分析。

11.2.4　光电池的应用电路

为了得到光电流与光照度呈线性的特性,要求光电池的负载必须短路(负载电阻趋向于零)。可是,这在直接采用动圈式仪表的测量电路中是很难做到的。采用集成运算放大器组成的 I—U 转换电路就能较好地解决这个矛盾。图 11-21 是光电池的短路电流测量电路。由于运算放大器的开环放大倍数 $A_{od}\rightarrow\infty$,所以 $U_{AB}\rightarrow0$,A 点为地电位(虚地)。从光电池的角度来看,相当于 A 点对地短路,所以其负载特性属于短路电流的性质。又因为运放反相端输入电流 $I_A\rightarrow0$,所以 $I_{R_f}=I_\Phi$,则输出电压为

$$U_o=-U_{R_f}=-I_\Phi R_f \tag{11-1}$$

由式(11-1)可知,该电路的输出电压 U_o 与光电流 I_Φ 成正比,从而达到电流/电压转换的

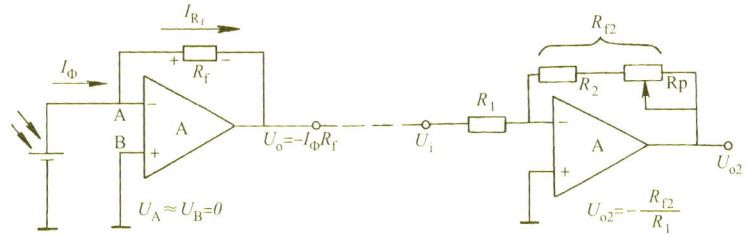

图 11-21　光电池短路电流测量电路

目的。

若希望 U_o 为正值，可将光电池极性调换。若光电池用于微光测量时，I_Φ 可能较小，则可增加一级放大电路 A_2，并使用电位器 RP 微调总的放大倍数，如图 11-21 中右边的反相比例放大器电路所示。

教学视频

11.3 光电传感器的应用

光电传感器属于非接触式测量，目前越来越多地用于生产的各领域。按被测物、恒光源、光电元件三者之间的关系，可以将光电传感器分为下述四种类型：

（1）被测物是恒光源。被测物发出的光投射到光电器件上，光电器件的输出反映了恒光源的某些物理参数，如图 11-22(a)所示。典型的例子有光电高温比色温度计、光照度计、照相机曝光量控制等。

（2）被测物吸收光通量。恒光源发射的光通量穿过被测物，一部分由被测物吸收，剩余部分投射到光电器件上，吸收量决定于被测物的某些参数，如图 11-22(b)所示。典型例子如透明度计、浊度计等。

（3）被测物的表面具有反射能力。恒光源发出的光通量投射到被测物上，然后从被测物表面反射到光电器件上，光电器件的输出反映了被测物的某些参数，如图 11-22(c)所示。典型的例子如用反射式光电法测转速、工件表面粗糙度、纸张的白度等。

（4）被测物遮蔽光通量。恒光源发出的光通量在到达光电器件的途中遇到被测物，照射到光电器件上的光通量被遮蔽掉一部分，光电器件的输出反映了被测物的尺寸，如图 11-22(d)所示。典型的例子如振动测量、工件尺寸测量等。

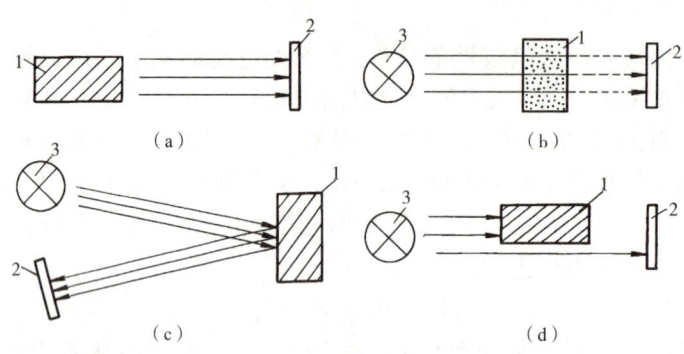

（a）　　　　　　　　　　　（b）

（c）　　　　　　　　　　　（d）

1—被测物　2—光电元件　3—恒光源

图 11-22　光电传感器的几种形式

11.3.1　被测物是光源的应用实例

1. 红外线辐射测量温度

任何物体在开氏温度零度以上都能产生热辐射。温度较低时，辐射的是不可见的红外光，随着温度的升高，波长短的光开始丰富起来。温度升高到 500℃ 时，开始辐射一部分暗红色的光。从 500～1500℃，辐射光颜色逐渐从红色→橙色→黄色→蓝色→白色。也就是说，在

1500℃时的热辐射中已包含了从几十 μm 至 $0.4\mu m$ 甚至更短波长的连续光谱。如果温度再升高,比如达到 5500℃时,辐射光谱的上限已超过蓝色、紫色,进入紫外线区域。因此测量光的颜色以及辐射强度,可粗略判定物体的温度。特别是在高温(2000℃以上)区域,已无法用常规的温度传感器来测量,例如钨铼$_5$一钨铼$_{26}$热电偶的测温上限也只有 2100℃,所以超高温测量多依靠辐射原理的温度计。

辐射温度计可分为高温辐射温度计、高温比色温度计、红外辐射温度计及红外热像仪等。其中红外辐射温度计既可用于高温测量,又可用于冰点以下的温度测量,所以是辐射温度计的发展趋势。市售的红外辐射温度计的温度范围可以从 50~3000℃,中间分成若干个不同的规格,可根据需要选择适合的型号。图 11-23 是红外辐射温度计的外形和原理框图。

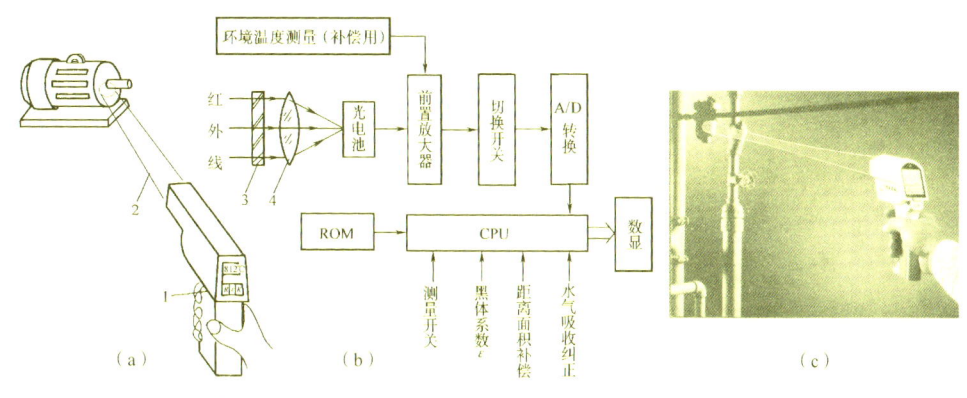

1一枪形外壳 2一红色激光瞄准系统 3一滤光片 4一聚焦透镜

图 11-23   红外辐射温度计

图 11-23(a)是电动机表面温度测量示意图。测试时,按下手枪形测量仪的按钮开关,枪口即射出两束低功率的红色激光(瞄准用)。被测物发出的红外辐射能量就能准确地聚焦在红外辐射温度计内部的红外光电器件(例如 InGaSa、α-Si 等)上。红外辐射温度计内部的 CPU 根据距离、被测物表面黑度辐射系数、水蒸气及粉尘吸收修正系数、环境温度以及被测物辐射出来的红外光强度等诸多参数,计算出被测物体的表面温度。其反应速度只需 0.5s,有峰值、平均值显示及保持功能,可与计算机串行通信。它广泛用于铁路机车轴温检测、冶金、化工、高压输变电设备、热加工流水线表面温度测量,还可快速测量人体温度。

当被测物不是绝对黑体时,在相同温度下,辐射能量将减小。比如十分光亮的物体只能发射或接收很少一部分光的辐射能量,因此必须根据预先标定过的温度,输入光谱黑度修正系数 ε_λ(或称发射本领系数)。上述测量方法中,必须保证被测物体的热像充满光电池的整个视场。

高温测量还经常使用一种称为光电比色温度计的仪表。其优点是:理论上与被测物表面的辐射系数(黑体系数)无关;不受视野中灰尘和其他吸光气体的影响;与距离、环境温度无关,不受镜头脏污(这在现场使用中是不可避免的)程度的影响。光电比色温度计多做成望远镜式。使用前先进行参数设置,然后对准目标,调节焦距至从目镜中看到清晰的像为止。按下锁定开关,被测参数即被记录到内部的微处理器中,经一系列运算后显示出被测温度值。

2. 热释电传感器在人体检测、报警中的应用

红外线是波长大于 $0.76\mu m$ 的不可见光。红外线检测的方法很多,有前面述及的有热电偶检测、光电池检测、光导纤维检测、量子器件检测等。近年来,热释电元件在红外线检测中得到

广泛的应用。它可用于能产生远红外辐射的人体检测,如防盗门、宾馆大厅自动门、自动灯的控制以及辐射中红外线的物体温度的检测等。

(1)热释电效应 某些电介物质如锆钛酸铅(PZT),表面温度发生变化时,在这些介质的表面就会产生电荷,这种现象称为热释电效应,用具有这种效应的介质制成的元件称为热释电元件。红外热释电传感器由滤光片、热释电红外敏感元器件,高输入阻抗放大器等组成,如图 11-24 所示。

制作敏感元器件时,先把热释电材料制成很小的薄片,再在薄片两侧镀上电极,把两个极性相反的热释电敏感元器件做在同一晶片上,并且反向串联,如图 11-24(c)所示。

由于环境影响而使整个晶片温度变化时,两个传感器件产生的热释电信号相互抵消,所以它对缓慢变化的信号没有输出。但如果两个热释电器件的温度变化不一致,它们的输出信号就不会被抵消。只要想办法使照射到两个热释电器件表面的红外线忽强忽弱,传感器就会有交变电压输出。

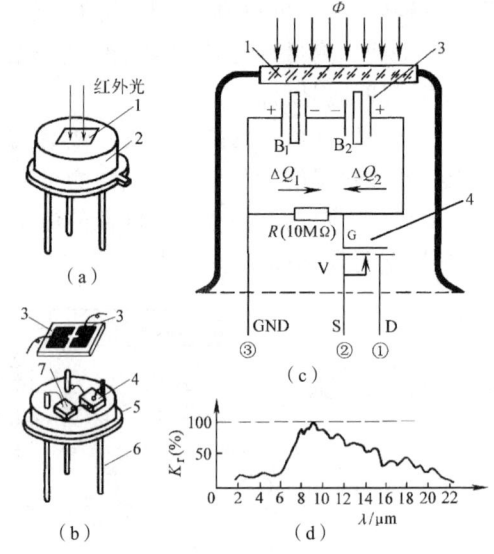

1—滤光片 2—管帽 3—敏感元件
4—放大器 5—管座 6—引脚 7—高阻值电阻 R
图 11-24 红外热释电传感器

为了使热释电器件更好地吸收远红外线,需要在其表面镀覆一层能吸收远红外能量的黑色薄膜。为了防止可见光对热释电器件的干扰,必须在其表面安装一块滤光片(FT)。如果某种型号的热释电传感器是用于防盗报警器的,那么滤光片应选取 7.5~14μm 波段。这是因为,不同温度的物体发出的红外辐射波长不同。当人体外表温度为 36℃ 时,人体辐射的红外线在 9.4μm 处最强。

热释电器件输出的交变电压信号由高输入阻抗的场效应管(FET)放大器放大,并转换为低输出阻抗的电压信号。

热释电传感器用于红外防盗器时,其表面必须罩上一块由一组平行的棱柱型透镜所组成的菲涅尔透镜,如图 11-25(a)所示。若从热释电器件来看,它前面的每个透镜单元都只有一个不大的视场角,而且相邻的两个单元透镜的视场既不连续,也不重叠,相隔着一个盲区,当人体在透镜总的监视范围(视野约 70° 角)中运动时,顺次地进入某一单元透镜的视场,又走出这一视场。热释电器件对运动物体一会儿"看得见",一会儿又变得"看不见",再过一会儿又变得"看得见",如此循环往复。传感器晶片上的两个反向串联热释电器件是轮流"看到"运动物体的,所以人体的红外辐射以光脉冲的形式不断改变两个热释电器件的温度,使它输出一串交变脉冲信号。当然,如果人体静止不动地站在热释电器件前面,它是"视而不见"的。

(2)对信号处理电路要求的人体运动速度不同,传感器输出信号的频率也不同。在正常行走速度下,由菲涅尔透镜产生的光脉冲调制频率为 6Hz 左右;当人体快速奔跑通过传感器面前时,可能高达 20Hz。再考虑到荧光灯的脉动频闪(人眼不易察觉)为 100Hz,所以信号处理电路中的放大器带宽不应太宽,应为 0.1~20Hz。放大器的带宽对灵敏度和可靠性有重要影响:带宽窄,则干扰小,误判率低;带宽大,噪声电压大,可能引起误报警,但对快速和极慢速移动响应好。图 11-25(b)所示为热释电型人体检测原理图,目前已可将图中的所有电路集成到一片厚膜电路中。

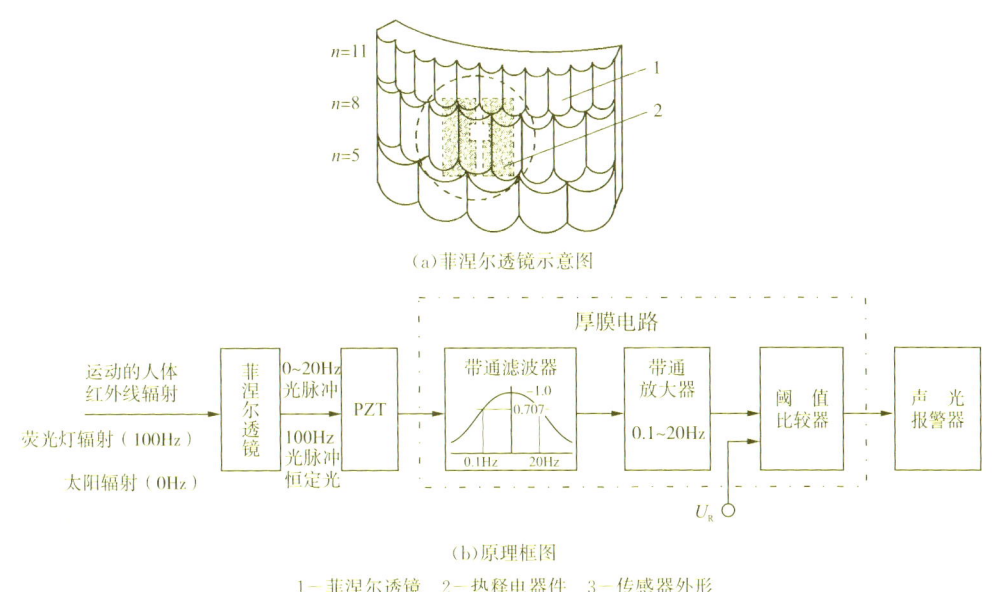

(a)菲涅尔透镜示意图

1—菲涅尔透镜　2—热释电器件　3—传感器外形

图 11-25　热释电型人体检测原理图

11.3.2　被测物吸收光通量的应用实例

1.光电式浊度计

水样本的浊度是水文资料的重要内容之一,图 11-26 是光电式浊度计的原理图。

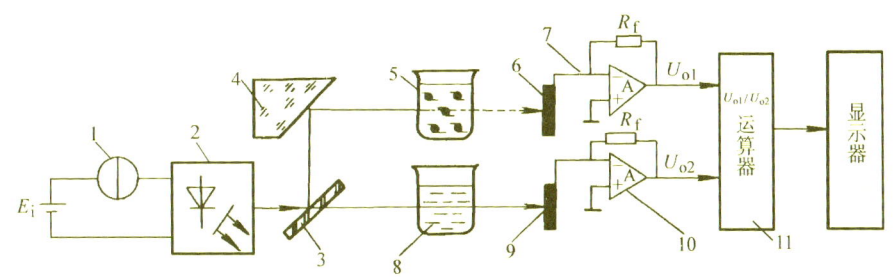

1—恒流源　2—半导体激光器　3—半反半透镜　4—反射镜　5—被测水样　6、9—光电池
7、10—电流/电压转换器　8—标准水样　11—运算器

图 11-26　光电式浊度计原理图

光源发出的光线经过半反半透镜分成两束强度相等的光线,一路光线穿过标准水样 8(有时也采用标准衰减板),到达光电池 9,产生作为被测水样浊度的参比信号。另一路光线穿过被测水样 5 到达光电池 6,其中一部分光线被样品介质吸收,样品水样越混浊,光线衰减量越大,到达光电池 6 的光通量就越小。两路光信号均转换成电压信号 U_1、U_2,由运算器 11 计算出 U_1、U_2 的比值,并进一步算出被测水样的浊度。

采用分光镜 3、标准水样 8 以及光电池 9 作为参比通道的好处是:当光源的光通量因种种原因有所变化或环境温度变化引起光电池灵敏度发生改变时,由于两个通道的结构完全一样,

所以在最后运算 U_1/U_2 值(其值的范围是 $0\sim1$)时,上述误差可自动抵消,减小了测量误差。检测技术中经常采用类似上述的方法,因此从事测量工作的人员必须熟练掌握参比和差动的概念。将上述装置略加改动,还可以制成光电比色计,用于血色素测量、化学分析等。

2. 烟雾报警器

宾馆等对防火设施有严格考核的场所均必须按规定安装火灾传感器。火灾发生时伴随有光和热的化学反应。物质在燃烧过程中一般有下列现象发生:

(1)产生热量,使环境温度升高　物质剧烈燃烧时会释放出大量的热量,这时可以用各种温度传感器来测量。但是在燃烧速度非常缓慢的情况下,环境温度的上升是不易鉴别的。

(2)产生可燃性气体　有机物在燃烧的初始阶段,首先释放出来的是可燃性气体,如 CO 等。

(3)产生烟雾　烟雾是人们肉眼能见到的微小悬浮颗粒,其粒子直径大于 10nm。烟雾有很大的流动性,可潜入烟雾传感器中,是较有效的检测火灾的手段。

(4)产生火焰　火焰是物质产生灼烧气体而发出的光,是一种辐射能量。火焰辐射出红外线、可见光和紫外线。其中红外线和可见光不太适合用于火灾报警,这是因为正常使用中的取暖设备、电灯、太阳光线都包含有红外线或可见光。用本模块第一节介绍过的紫外线管(外光电效应型)也可以用某些专用的半导体内光电效应型紫外线传感器,能够有效地监测火焰发出的紫外线,但应避开太阳光的照射,以免引起误动作。下面简单介绍光电直射式烟雾传感器的结构和工作原理。

图 11-27 中,红外线 LED 与红外光电晶体管的峰值波长相同,称为红外对管。它们的安装孔处于同一轴线上。

无烟雾时,光电晶体管接收到 LED 发射的恒定红外光。而在火灾发生时,烟雾进入检测室,遮挡了部分红外光,使光电晶体管的输出信号减弱,经阈值判断电路后,发出报警信号。

必须指出的是,室内抽烟也可能引起误报警,所以还必须

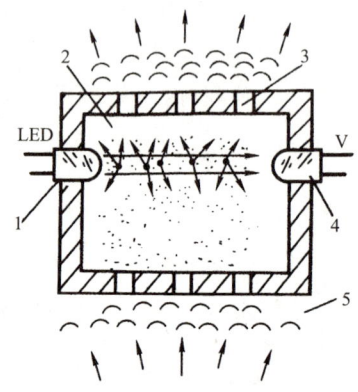

1—红外发光二极管　2—烟雾检测室
3—透烟孔　4—红外光敏晶体管
5—烟雾

图 11-27　光电直射式烟雾传感器示意图

与其他火灾传感器组成综合火灾报警系统,由大楼中的主计算作出综合判断,并开启相应房间的消防设备。

11.3.3　被测物体反射光通量的应用实例

1. 反射式烟雾报警器

上述直射式烟雾报警器的灵敏度不高,只有在烟气较浓时光通量才有较大的衰减。图 11-28 所示的反射式烟雾报警器灵敏度较高。在没有烟雾时,由于红外对管相互垂直,烟雾室内又涂有黑色吸光材料,所以红外 LED 发出的红外光无法到达红外光敏晶体管。当烟雾进入烟雾室后,烟雾的固体粒子对红外光产生漫反射(图中画出几个微粒的反射示意图),使部分红外光到达光电晶体管。

在反射式烟雾报警器中,红外 LED 的激励电流不是连续的直流电,而且用 40kHz 调制的脉冲,所以红外光敏晶体管接收到的光信号也是同频率的调制光。它输出的 40kHz 电信号经窄带选频放大器放大、检波后成为直流电压,再经低放和阈值比较器输出报警信号。室内的灯光、太阳光即使泄漏进烟雾检测室也无法通过 40kHz 选频放大器,所以不会引起误报警。

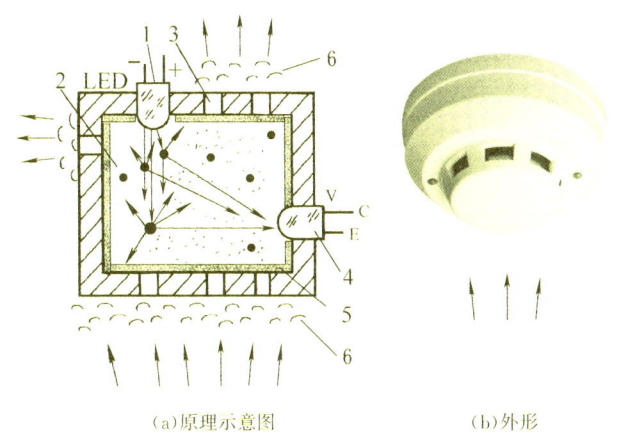

（a）原理示意图　　　　　　　　（b）外形

1—红外发光二极管　2—烟雾检测室　3—透烟孔　4—红外光敏晶体管　5—黑色吸光绒布　6—烟雾

图 11-28　反射式烟雾传感器

2. 光电式转速表

转速是指每分钟内旋转物体转动的圈数，它的单位是 r/min。机械式转速表和接触式电子转速表会影响被测物的旋转速度，已不能满足自动化的要求。光电式转速表属于反射式光电传感器，它可以在距被测物数十毫米外非接触地测量其转速。由于光电器件的动态特性较好，所以可以用于高转速的测量而又不干扰被测物的转动，图 11-29（a）是光电式转速表的工作原理图。

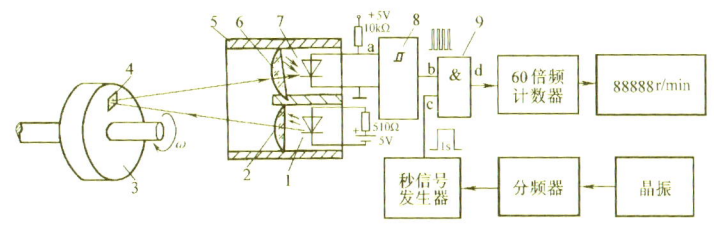

（a）光路及工作原理框图

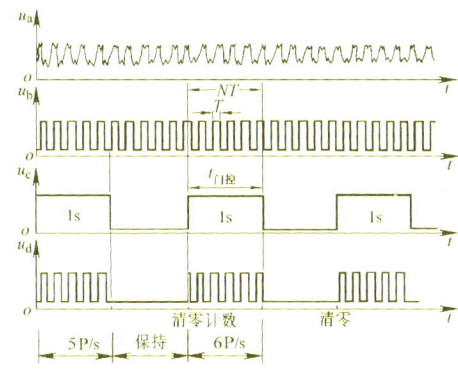

（b）各点波形

1—光源（红色 LED）　2、6—聚焦透镜　3—被测旋转物　4—反光纸　5—遮光罩

7—光敏二极管　8—施密特整形电路　9—秒信号闸门

图 11-29　光电式转速表工作原理及各点波形

红色 LED 发出的光线经聚焦透镜 2 会聚成平行光束，照射到被测旋转物 3 上，光线经事先粘贴在旋转物体上的反光纸 4 反射回来，经透镜 5 聚焦后落在光敏二极管 6 上。旋转物体每转

一圈,光敏二极管就产生一个脉冲信号,经放大整形电路得到 TTL 电平的脉冲信号,该信号在与门中和"秒信号"进行"逻辑与",所以与门在 1s 的时间间隔内输出的脉冲数就反映了旋转物体的每秒转数,再经数据运算电路处理后,由数码显示器显示出每分钟的转数即转速 n。

以上大部分脉冲在处理过程可以通过微处理来完成,并可利用"同步电路"来减小"±1 误差"。

3. 色彩传感器

白色光源照在物体上时,物体表面的反射光颜色将由物体的性质决定。在许多场合,必须判定反射光的颜色,但由于人的生理和情感因数的影响,要对色彩做出准确判断以及定量描述是较困难的。用色彩传感器就可以实现对色彩的测定,目前它在图像处理和美工、纺织、印染、涂料、食品加工、农作物生长和成熟判断等方面得到越来越广泛的应用。

现代色度学是采用 CIE(国际照明委员会)所规定的一套颜色测量原理及计算方法来确定颜色的。任何一个物体的颜色都可用红、绿、蓝(R、G、B)三原色的光功率谱的函数来表示。射入眼睛的光线刺激视网膜上对不同颜色有不同灵敏度的视觉细胞,并通过视神经传送到大脑,从而感觉到色彩。

采用新型半导体材料——无定型硅($\alpha-Si$)制成的色彩传感器能得到三色信号,其结构如图 11-30 所示。在玻璃基板上按顺序粘贴红、绿、蓝滤色镜,分别与 R、G、B 三个输出电极处于同一轴线上。$\alpha-Si$ 本身的光谱灵敏度与人眼十分接近,峰值波长为 $0.5\sim0.6\mu m$,而不像单晶硅那样为 $0.8\mu m$(见图 11-31)。因此当光线透过红、绿、蓝滤光片后,就可以分别得到三种图 11-31 所示的光谱特性。

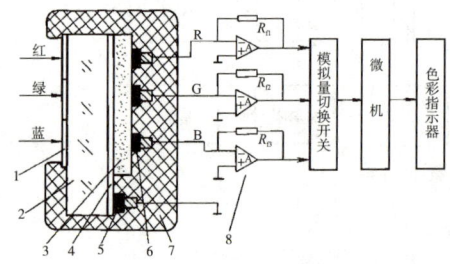

1—红、绿、蓝滤色片   2—玻璃基板   3—$\alpha-Si$
4—透明导电膜   5—公共电极   6—背面引出电极
7—遮光保护树脂   8—电流/电压转换器

图 11-30   色彩传感器及信号处理示意图

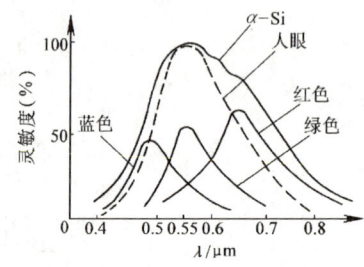

图 11-31 $\alpha-Si$ 彩色传感器的光谱灵敏度

$\alpha-Si$ 的工作原理是光生伏特效应,其输出是与接收到的光成正比的电流信号 I_R、I_G、I_B,它们分别经 I—U 转换器转换为电压信号,由计算机根据色度学原理,计算出被测物的颜色参数。

使用 $\alpha-Si$ 色彩传感器必须采用日光型照明光源,在更换光源时,必须重新校正物体的色彩设定值。

11.3.4   被测物遮挡光通量的应用实例

1. 光电式带材走偏检测器

带材走偏检测器是用来检测带型材料在加工过程中偏离正确位置的大小及方向,从而为纠偏控制电路提供纠偏信号。例如在冷轧带钢厂中,带钢在某些工艺如连续酸洗、退火和镀锡等过程中易产生走偏。在其他工业部门如印染、造纸、胶片和磁带等生产过程中也会发生类似的问题。带材走偏时,边缘经常与传送机械发生碰撞,易出现卷边,造成废品。

光电式边缘位置检测纠偏及测控原理如图 11-32 所示。光源 1 发出的光线经扩束透镜 2 和汇聚透镜 3,变为平行光束,投向汇聚透镜 4,再次被汇聚为 Φ8mm 左右的光斑,落到光电池 E_1 上。在平行光束到达透镜 4 的途中,有部分光线受到被测带材 6 遮挡,从而使到达光电池的光通量 Φ 减小。

采用 I/U 电路来将光电池的短路电流转换为输出电压,$U_o = -I_{\Phi 1} R_{f1}$。图 11-32(b)中的 E_1、E_2 是相同型号的光电池,E_1 作为测量元件装在带材下方,而 E_2 用遮光罩罩住,与 A_2 共同起温度补偿作用。当带材处于正确位置(中间位置)时,由运算放大器 A_1、A_2 组成的两路"光电池短路电流放大电路"的输出电压绝对值相同,即 $U_{o1} = -U_{o2}$,则减法器电路 A_3 的输出电压 U_{o3} 为零。

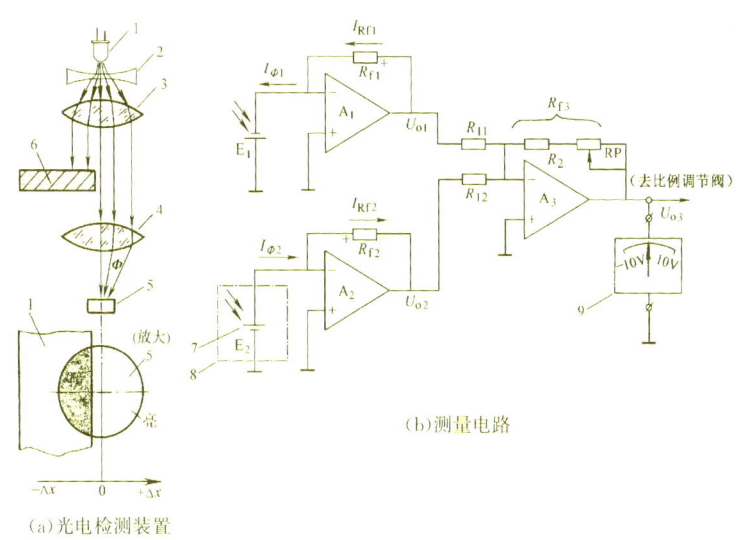

(a)光电检测装置

(b)测量电路

1—LED 光源　2—扩速透镜　3—平行光束透镜　4—汇聚透镜

5—光电池 E_1　6—被测带材　7—温度补偿光电池 E_2　8—遮光罩　9—跑偏指示

图 11-32　光电式边缘位置检测纠偏及测控原理图

当带材左偏时,遮光面积减小,光电池 E_1 的受光面积增大,输出电流增加,导致 A_1 的输出电压 U_{o1} 变大,而 A_2 的输出电压 U_{o2} 不变。A_3 将这一不平衡电压加以放大,输出电压 U_{o3} 为负值,它反映了带材跑偏的方向及大小。输出电压 U_{o3} 一方面由显示器显示出来,另一方面被送到比例调节阀的电磁绕组,使液压缸中的活塞向右推动开卷机构,达到纠偏的目的。

2. 光电线阵在带材宽度检测中的应用

上述光电式边缘位置检测纠偏装置是光电器件的线性应用的例子。若使用光电线阵,也同样可以测量带材的边缘位置宽度。它具有数字式测量的特点:准确度高、漂移小,可不考虑光敏元件的线性误差等。图 11-33 是用光电二极管线阵测量钢板宽度的例子。

光源置于钢板上方。采用特殊形状的圆柱形透镜和同样长度的窄缝,可形成薄片状的平行光光源,称为"光幕"。在钢板下方的两侧,各安装一条光电二极管线阵。钢板阴影区内的光电二极管输出低电平,而亮区内的光电二极管输出高电平。用计算机读取输出高电平的二极管编号及数目,再乘以光电二极管的间距就是亮区的宽度,再考虑到光电线阵的总长度及安装距离 x_0,就可计算出钢板的宽度 L 及钢板的位置。如果用准确度更高的 CCD 面阵,则还可以计算出钢板的面积。利用类似原理,可制成光幕式汽车探测器、光幕式防侵入系统、光幕式安全保护系统等。这些系统的工作原理请读者自行思考。

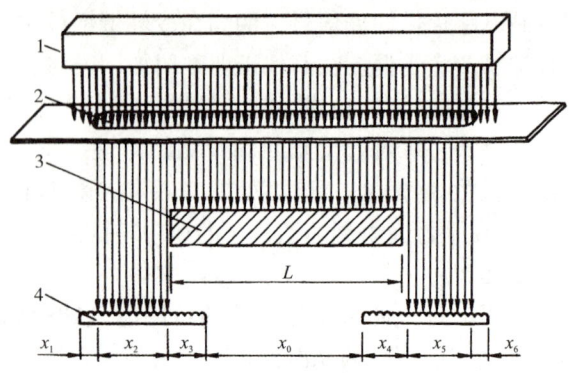

1—平行光源(光幕) 2—狭缝 3—被测带材 4—光敏二极管阵列

图 11-33   光敏二极管线阵在带材宽度检测中的应用

11.4   光电开关与光电断续器

光电开关与光电断续器都是用来检测物体的靠近、通过等状态的光电传感器。近年来,随着生产自动化、机电一体化的发展,光电开关及光电断续器已发展成系列产品,其品种及规格日增,用户可根据生产需要,选用适当规格的产品,而不必自行设计光路和电路。

从原理上讲,光电开关及光电断续器没有太大的差别,都由红外线发射元件与光电接收元件组成,只是光电断续器是整体结构,其检测距离只有几毫米至几十毫米,而光电开关的检测距离可达几米至几十米。

11.4.1   光电开关的结构和分类

光电开关可分为两类:遮断型和反射型,如图 11-34 所示。图 11-34(a)中,发射器和接收器相对安放,轴线严格对准。当有物体在两者中间通过时,红外光束被遮断,接收器接收不到红外线而产生一个负脉冲信号。遮断型光电开关的检测距离一般可达十几米。

反射型分为两种情况:反射镜反射型及被测物漫反射型(简称散射型),分别如图 11-34(b)、(c)所示。反射镜反射型传感器需要调整反射镜的角度以取得最佳的反射效果,它的检测距离不如遮断型。反射镜一般不用平面镜,而使用偏光三角棱镜,它对安装角度的变化不太敏感,能将光源发出的光转变成偏振光(波动方向严格一致的光)反射回去。光敏元件表面覆盖一层偏光透镜,只能接收反射镜反射回来的偏振光,而不响应表面光亮物体反射回来的各种非偏振光。这种设计使它也能用于检测诸如玻

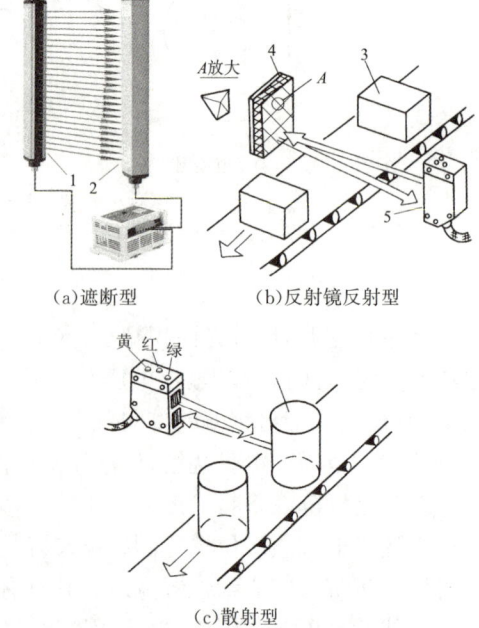

(a)遮断型
(b)反射镜反射型
(c)散射型

1—发射器 2—接收器 3—被测物 4—偏振光反射镜
5—带偏振光滤光片的接收器

图 11-34   光电开关类型及应用

璃瓶等具有反光面的物体而不受干扰。反射镜反射型光电开关的检测距离一般可达几米。

散射型安装最为方便,只要不是全黑的物体均能产生漫反射。散射型光电开关的检测距离与被测物的黑度有关,一般较小,只有几百毫米。用户可根据实际需要决定所采用的光电开关的类型。

光电开关中的红外光发射器一般采用功率较大的发光二极管,而接收器可采用光敏二极管、光敏晶体管或光电池。为了防止荧光灯的干扰,可选用红外 LED,并在光敏元件表面加红外滤光透镜或表面呈黑色的专用红外接收管;如果要求方便地瞄准(对中),亦可采用红色 LED。其次,LED 最好用中频(40kHz 左右)窄脉冲电流驱动,从而发射 40kHz 调制光脉冲。相应地,接收光电元件的输出信号经 40kHz 选频交流放大器及专用的解调芯片处理,可以有效地防止太阳光的干扰,又可减小发射 LED 的功耗。

光电开关可用于生产流水线上统计产量、检测装配件到位与否及装配质量,并且可以根据被测物的特定标记给出自动控制信号。它已广泛地应用于自动包装机、自动灌装机、装配流水线等自动化机械装置中。

11.4.2　光电断续器

光电断续器的工作原理与光电开关相同,但其光电发射、接收器做在体积很小的同一塑料壳体中,所以两者能可靠地对准,为安装和使用提供了方便,其外形如图 11-35 所示。它也可以分为遮断型和反射型两种。遮断型(槽式)的槽宽、深度及光电元件可以有各种不同的形式,并已形成系列化产品,可供用户选择。反射型的检测距离较小,多用于安装空间较小的场合。由于检测范围小,光电断续器的发光二极管可以直接用直流电驱动,亦可用 40kHz 左右的窄脉冲电流驱动。红外 LED 的正向压降为 1.1～1.3V,驱动电流控制在 20mA 以内。

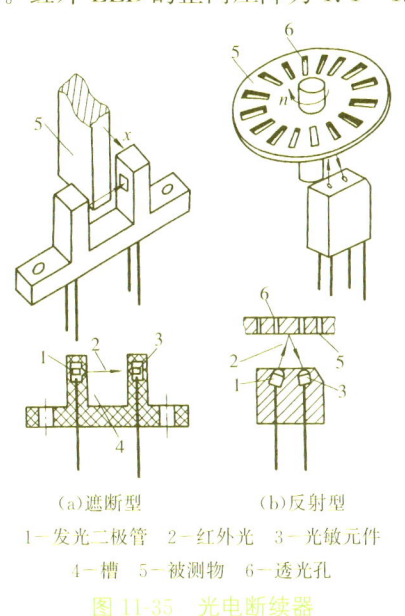

(a)遮断型　　(b)反射型

1—发光二极管　2—红外光　3—光敏元件
4—槽　5—被测物　6—透光孔

图 11-35　光电断续器

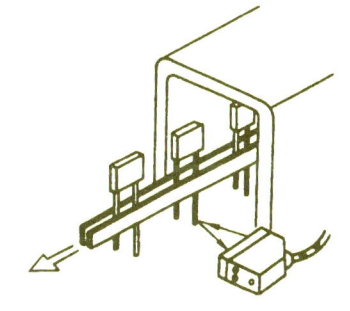

图 11-36　电子元件生产
流水线检测

光电断续器是较便宜、简单、可靠的光电器件。它广泛应用于自动控制系统、生产流水线、机电一体化设备、办公设备和家用电器中。例如:在复印机和打印机中,它被用来检测复印纸的有无;在流水线上检测细小物体的通过及物体上的标记,检测印制电路板元件是否漏装以及检测物体是否靠近等。如图 11-36 中,用两只反射型光电断续器来检测肖特基二极管的两个引脚的长短是否有误,以便于包装和焊接。

11.5　光导纤维传感器及应用

取一根无色有机玻璃圆棒,加热后弯曲成约 90°圆弧,将其一头朝向地板,用手电筒照射有机玻璃棒的上端,我们可以看到,光线顺着弯曲的有机玻璃棒传导,从棒的下端射出,在地板上出现一个圆光斑。这就是光的全反射实验。

光导纤维简称光纤,它是以特别的工艺拉成的细丝。光纤透明、纤细,虽比头发丝还细,却具有能把光封闭在其中,并沿轴向进行传播的特征。1966 年,高银博士提出,利用光的全反射原理,将 SiO_2 石英玻璃制成细长的玻璃纤维,用于传输光信号。1970 年,康宁公司制造出了损耗为 20dB/km(光在光纤中传输 1km,光强衰减为原来的 1/10)的光纤。随着加工工艺的进步,目前好的光纤的损耗已接近 0.01dB/km。光导纤维的用途也越来越广泛,可用于网络通信,高速传递大量的信息;还可以用于建筑的照明等。

光纤传感器是近年来随着光导纤维技术的进步而发展起来的新型传感器。光纤传感器具有抗电磁干扰能力强、不怕雷击、防燃防爆、绝缘性好、柔韧性好、耐高温、重量轻等特点。它的测量范围十分广泛,可用于热工参数、电工参数、机械参数、化学参数的测量,还可以在医用内窥镜、工业内窥镜等领域进行图像扫描和图像传输。

11.5.1　光纤的基本概念

1.光的全反射

当一束光线以一定的入射角 θ_1 从介质 1 射到介质 2 的分界面上时,一部分能量反射回原介质;另一部分能量则透过分界面,在另一介质内继续传播,称为折射光,如图 11-37(a)所示。反射光与折射光之间的相对比例取决于两种介质的折射率 n_1、n_2 的比例。

当 $n_1 > n_2$ 时,若减小 θ_1,则进入介质 2 的折射光与分界面的夹角 θ_2 也将相应减小,折射光束将趋向界面。当入射角进一步减小时,将导致 $\theta_2 = 0°$,则折射波只能在介质分界面上传播,如图 11-37(b)所示。对 $\theta_2 = 0$ 的极限值时的 θ_1 角,定义为临界角 θ_c。当 $\theta_1 < \theta_c$ 时,入射光线将发生全反射,能量不再进入介质 2,如图 11-37(c)所示。光纤就是利用全反射的原理来高效地传输光信号的。

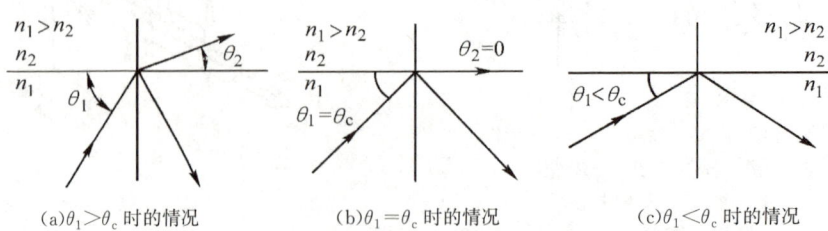

(a)$\theta_1 > \theta_c$ 时的情况　　　(b)$\theta_1 = \theta_c$ 时的情况　　　(c)$\theta_1 < \theta_c$ 时的情况

图 11-37　光线在两种介质界面的反射与折射

2.光纤的结构及分类

目前使用的光纤绝大多数采用由纤芯、包层和外护套三个同心圆组成的结构形式,如图

11-38 所示。纤芯的折射率大于包层的折射率，这样，光线就能在纤芯中进行全反射，从而实现光的传导。外护套处于光纤的最外层，包围着包层区，外护套的功能有两个：一是加强光纤的机械强度；二是保证外面的光不能进入光纤之中。图中所示的结构还有缓冲层和加强层，以进一步保护纤芯和包层。

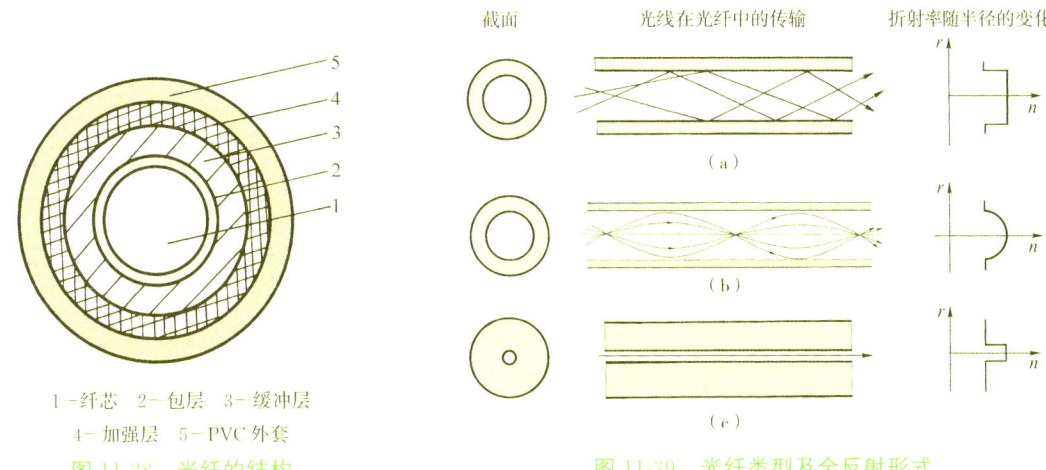

1—纤芯　2—包层　3—缓冲层
4—加强层　5—PVC 外套
图 11-38　光纤的结构

截面　　光线在光纤中的传输　　折射率随半径的变化

(a)

(b)

(c)

图 11-39　光纤类型及全反射形式

纤芯的直径和折射率决定光纤的传输特性，图 11-39 所示给出了三种不同光纤的纤芯直径和折射率对光传播的影响。

（1）阶跃型　阶跃型光纤纤芯的折射率各点分布均匀一致，如图 11-39(a)所示。

（2）梯度型　梯度型光纤的折射率呈聚焦型，即在轴线上折射率最大，离开轴线则逐步降低，至纤芯区的边沿时，降低到与包层区一样，如图 11-39(b)所示。

（3）单孔型　由于单孔型光纤的纤芯直径较小（数微米）接近于被传输光波的波长，光以电磁场"模"的原理在纤芯中传导，能量损失很小，适宜于远距离传输，又称为单模光纤，如图 11-39(c)所示。

阶跃型和梯度型的纤芯直径为 $100\mu m$ 左右，加塑套后的外径一般小于 1mm。可在确定的波长（0.85～1.3μm）工作，有多个不同的模式在光纤中传输，所以称为多模光纤。其价格较单模光纤便宜。

3. 光纤损耗

设计光纤传感器时，总希望光纤在传输信号的过程中损耗尽量小且稳定。光纤损耗主要由三部分组成，如图 11-40 所示。

（1）吸收损耗　石英玻璃中的微量金属如 Fe、Co、Cr、M 等对光有吸收作用。

（2）散失损耗　光纤材料不均匀使光在传导中产生散射而造成的损耗。

（3）机械弯曲变形损耗　光纤发生弯曲时，若光的入射角接近临界角，部分光将向包层外折射而造成的损耗。

第（1）、（2）两项是固有损耗，第（3）项与光纤在

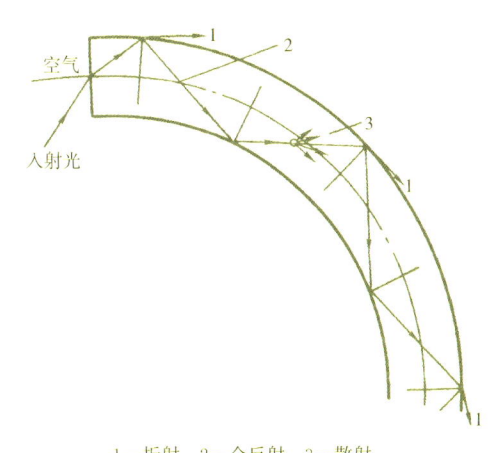

1—折射　2—全反射　3—散射
图 11-40　光纤的损耗

传感器中所处的状态有关。许多物理量可以使光纤产生机械弯曲变形,造成光纤的弯曲损耗,使光纤的出射光发生变化,从而实现测量目的。

4. 电光与光电转换器件

光纤两端必须与光发射器和光接收器匹配。光发射器执行从电信号到光信号的转换,如图11-41所示。实现电光转换的元件通常是发光二极管(LED)或激光二极管(IED)。多模光纤多使用成本较低的近红外(或红色)LED作为光发射器。LED产生的光并不是单色光,例如,红色LED发出的红光是包含$\lambda = \lambda_0 \pm 20nm$的混合光谱,在传导过程中的发散损耗较大,测量准确度较差;单模光纤不能使用LED,只能采用寿命较短但能发射单一光谱的IED作为光发射器,IED与光纤耦合时,两者的轴心必须严格对准并固定,可使用专用的连接头及光纤插座来完成。

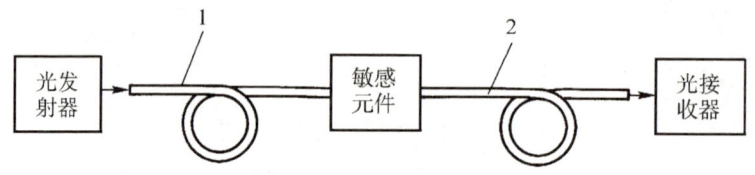

1—发射光纤　2—接收光纤

图 11-41　光纤与光发射器及光接收器的配合

实现从光信号到电信号转换的元件是光敏二极管或光敏晶体管。在接收到光脉冲时,光敏晶体管能给出对应的电脉冲。光敏晶体管的响应通常较慢,只用于慢速测量;高速光敏二极管的响应时间较快,有的可达1ns左右。

单模光纤传感器的终端设备及信号处理电路比较复杂,也较昂贵,但检测效果较好。

11.5.2　光纤传感器及分类

1. 概述

光纤传感器是近年来出现的新型传感技术,是光导纤维在数字通信之外,在检测领域中的应用。可以测量如高电压、大电流、磁场、辐射、温度、压力、流量、液位、pH值、角度、长度、位移、振动、加速度及应力等参数。

由于它有很强的抗干扰、抗化学腐蚀等能力,不存在一次仪表与二次仪表之间的接地麻烦,所以特别适合在狭小的空间、强电磁干扰和高电压环境或潮湿的环境里工作。例如:在工厂车间里有许多大功率电动机、产生电火花的交流接触器、产生电源畸变的晶闸管调压设备、产生很强磁场干扰的感应电炉等,在这些场合采用电气测量就会遇到电磁感应引起的噪声问题;在可能产生化学泄漏或可燃性气体溢出的场合,就会遇到腐蚀和防爆的问题。在这些环境恶劣的场所,选用光纤传感器就较合适。

当然,光纤传感器也有缺点,如:光纤质地较脆、机械强度低;要求比较好的切断、连接技术;分路、耦合比较麻烦等。

2. 光纤传感器分类

从广义上讲,凡是采用了光导纤维的传感器都可称为光纤传感器。例如,可以将前几个模块学过的传感器输出信号经LED转换成光信号,再耦合到光纤端部,光纤作为光的传输线,将被测量传送到二次仪表去。在这种传感器系统中,传统的传感器和光纤结合起来,大大提高了传输过程中的抗电磁干扰能力,可实现遥测和远距离传输。光纤在传感器测量系统中仅起信号传输作用,所以本教材不讨论这种形式的光纤传感器。

本节提到的光纤传感器是指光纤自身传感器。所谓光纤自身传感器,就是将光纤自身作为敏感元件(称作测量臂),直接接收外界的被测量。被测量引起光纤的长度、折射率、直径等方面的变化,从而使得在光纤内传输的光被调制。若将光看成简谐振动的电磁波,则光可以被调制的参数有四个,即振幅(强度)、相位、波长和偏振方向。

(1)强度调制型光纤传感器。

强度调制型光纤传感器是应用较多的光纤传感器,它的结构比较简单,可靠性高,但灵敏度稍低,目前有许多已达到商品化的阶段。图 11-42 给出了强度调制型光纤传感器的几种形式。

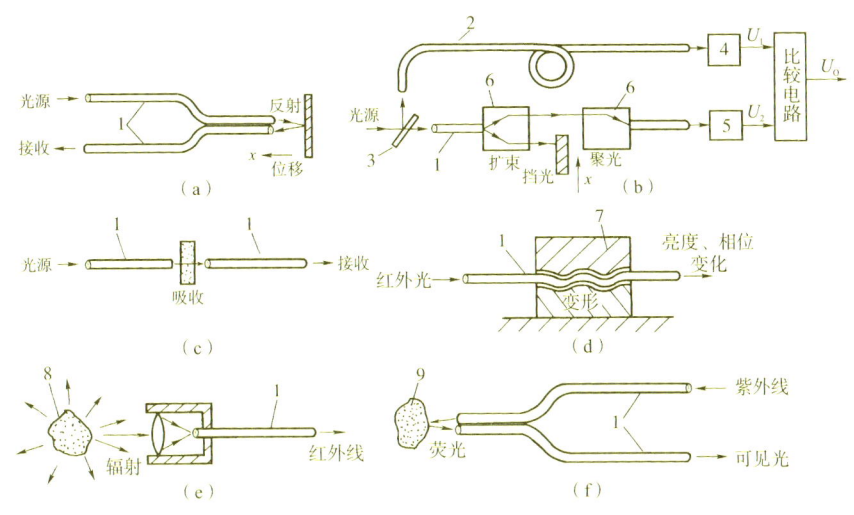

1—传感器光纤　2—参考臂光纤　3—半反半透镜(分束镜)
4—光电探测器 A　5—光电探测器 B　6—透镜　7—变形器　8—辐射体　9—荧光体
图 11-42　强度调制型光纤传感器的几种形式

①反射式　反射式的基本结构如图 11-42(a)所示,当被测表面前后移动时引起反射光强发生变化。利用该原理,可进行位移、振动、压力等参数的测量。

②遮光式　遮光式的基本结构如图 11-42(b)所示,不透光的被测物部分遮挡在两根传感臂光纤的聚焦透镜之间,当被测物上下移动时,引起另一根传感臂光纤接收到的光强发生变化。利用该原理,也可进行位移、振动、压力等参数的测量。

③吸收式　吸收式的基本结构见图 11-42(c)所示,透光的吸收体遮挡在两根光纤之间,当被测物理量引起吸收体对光的吸收量改变时,引起光纤接收到的光强发生变化。利用该原理,可进行温度等参数的测量。

④微弯式　微弯式的基本结构如图 11-42(d)所示,将光纤放在两块齿型变形器之间,当变形器受力时,将引起光纤发生弯曲变形,使光纤损耗增大,光电检测器接收到的光强变小。利用该原理,可进行压力、重量、振动等参数的测量。

⑤接收光辐射式　接收光辐射式的基本结构如图 11-42(e)所示,在这种形式中,被测体本身为光源,传感器本身不设置光源,根据光纤接收到的光辐射强度来检测与辐射有关的被测量。这种结构的典型应用是利用黑体受热发出红外辐射来检测温度,还可用于检测放射线等。

⑥荧光激励式　荧光激励式的基本结构如图 11-42(f)所示,在这种形式中,传感器的光源

为紫外线。紫外线照射到某些荧光物质上时，就会激励出荧光。荧光的强度与材料自身的各种参数有关。利用这种原理，可进行温度、化学成分等参数的测量。

大部分强度调制式光纤传感器都属于传光型，对光纤的要求不高，但希望耦合进入光纤的光强尽量大些，所以一般选用较粗芯径的多模光纤，甚至可以使用塑料光纤。强度调制式光纤传感器的信号检测电路比较简单，可使用前面介绍的光电检测电路。

（2）相位调制型光纤传感器。

某些被测量作用于光纤时，将引起光纤中光的相位发生变化。由于光的相位变化难以用光电元件直接检测出来，因此通常要利用光的干涉效应，将光相位的变化量转换成光干涉条纹的变化来检测，所以相位调制型光纤传感器有时又称为干涉型光纤传感器。

相位调制型光纤传感器的灵敏度极高，并具有大的动态范围。一个好的光纤干涉系统可以检测出微小相位变化。当然，环境参数的变化也必然对这样灵敏的系统造成干扰，因此系统必须考虑适当的补偿措施，例如采用差动结构或图 11-26 介绍过的参比通道等。相位调制型光纤传感器的结构比较复杂，且需要使用激光（ILD）及单模光纤。图 11-43 所示为双路光纤干涉仪的原理。

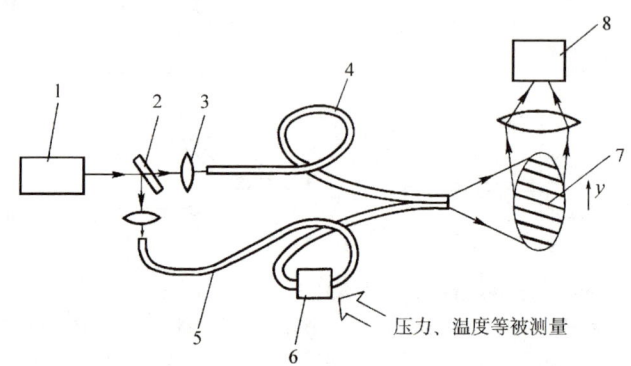

1—ILD　2—分束镜　3—透镜　4—参考光纤（参考臂）
5—传感光纤（测量臂）　6—敏感头　7—干涉条纹　8—光电读出器
图 11-43　双路光纤干涉仪原理图

将光纤测量臂输出的光与不受被测量影响的另一根光纤（称作参考臂）的参考光作比较，根据比较结果可以计算出被测量。

双路光纤干涉仪必须设置两条光路：一束光通过敏感头，受被测量影响；另一路通过参考光纤，它的光程是固定的。在两束光的汇合投影处，测量臂传输的光与参考臂传输的光将因相位不同而产生明暗相间的干涉条纹。当外界因素使传感光纤中的光产生光程差 Δl 时，干涉条纹将发生移动，移动的数目 $m=\Delta l/\lambda$（λ 为光的波长）。所谓的外界因素可以是被测的压力、温度、磁致伸缩、应变等物理量。根据干涉条纹的变化量，就可检测出被测量的变化。常见的检测方法有条纹计数法等。

11.5.3　光纤传感器的应用举例

1. 光纤液位传感器

光纤液位传感器是利用强度调制型光纤传感器反射式原理制成的，其工作原理如图 11-44 所示。

LED 发出的红光被聚焦射入到入射光纤中,经在光纤中长距离全反射,到达球形端部。有一部分光线透出端面,另一部分经端面反射回到出射光纤,被另一根接收光纤末端的光敏二极管 VD 接收(图中未画出)。

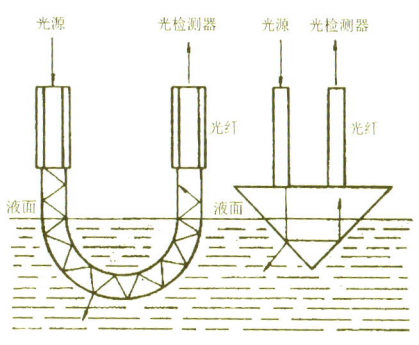

当球形端面与液体接触时,因为液体的折射率比空气大,通过球形端面的光透射量增加而反射量减少,由后续电路判断反光量是否小于阈值,就可判断传感器是否与液体接触。该液位传感器的缺点是:液体在透明球形端面的黏附现象会造成误判;另外,不同液体的折射率不同,对反射光的衰减量也不同,例如水将引

图 11-44　光纤液位传感器工作原理图

起 −6dB 左右的衰减,而油可达 −30dB 的衰减。因此,必须根据不同的被测液体调整相应的阈值。

光纤液位传感器在高压变压器冷却油液面检测报警电路中的应用如图 11-45 所示。因为光纤传感器不会将高电压引入到计算机控制系统,所以绝缘问题较易解决。

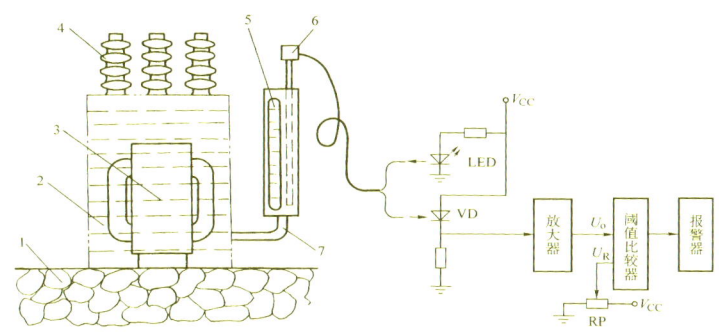

1—鹅卵石　2—冷却油　3—高压变压器　4—高压绝缘子
5—冷却油液位指示窗口　6—光纤液位传感器　7—连通器

图 11-45　光纤液位传感器用于高压变压器冷却油的液位检测

当变压器冷却油液体低于光纤液位传感器的球形端面时,出射光纤的接收光敏二极管接收到光量减少。当 U_0 小于阈值 U_R 时,报警器报警。如果要检测上、下限油位,可设置两个光纤液位传感器。具体实现过程请读者自行思考。

2. 光纤混凝土应变传感器

光纤混凝土应变传感器是利用强度调制型光纤原理制成的,如图 11-46 所示。

测量光纤作为应变传感器固定在钢板上,入射光纤左端的光纤插头与光源光纤(图中未画出)连接,出射光纤右端的插头与传导光纤(图中未画出)连接。当钢板由四个螺栓固定在混凝土表面时,它将随混凝土一起受到应力而产生应变,引起入射光纤与接收光纤之间的距离变大,使光电检测器接收到的光强变小,测量电路根据受力前后的光强变化计算出对应的应力。若应力超标,将产生报警信号。

钢板也可埋入混凝土构件内,进行长期监测。测量信号通过光纤进行远程传输(可超过40km),监测现场无须供电。从这个意义上讲,该传感器属于无源传感器。

模块
11

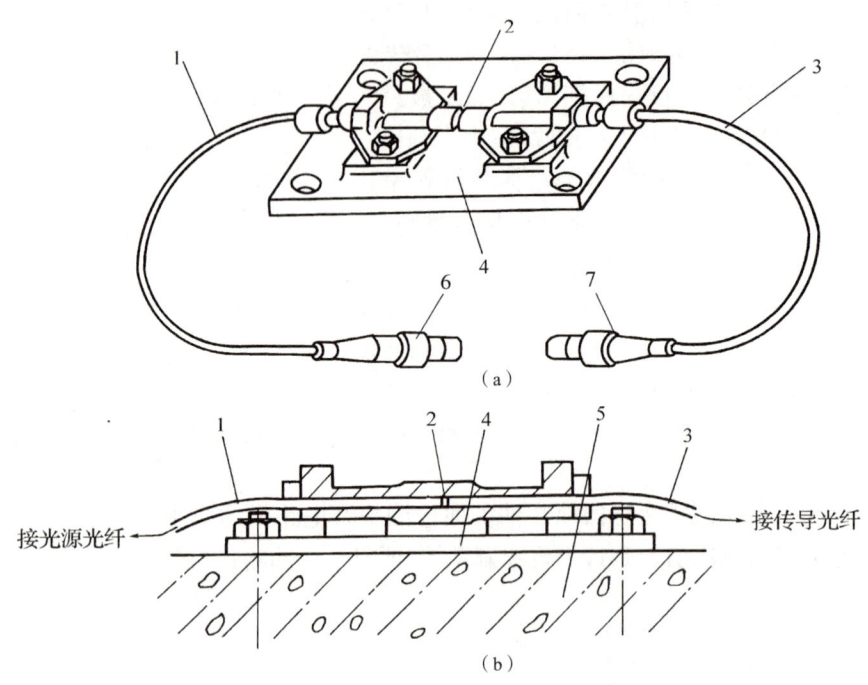

1—入射光纤　2—气隙　3—出射光线　4—钢板
5—混凝土　6—光源光纤连接头　7—传导光纤连接头
图 11-46　光纤混凝土应变传感器

3. 光纤温度传感器

光纤温度传感器是利用强度调制型光纤荧光激励式原理制成的，如图 11-47 所示。

LED 将 $0.64\mu m$ 的可见光耦合投射到入射光纤中。感温壳体左端的空腔中充满彩色液晶，入射光经液晶散射后耦合到出射光纤中。当被测温度 t 升高时，液晶的颜色变暗，出射光纤得到的光强变弱，经光敏三极管及放大器后，得到的输出电压 U_0 与被测温度 t 成某一函数关系。光纤温度传感器特别适合于远距离防爆场所的环境温度检测。

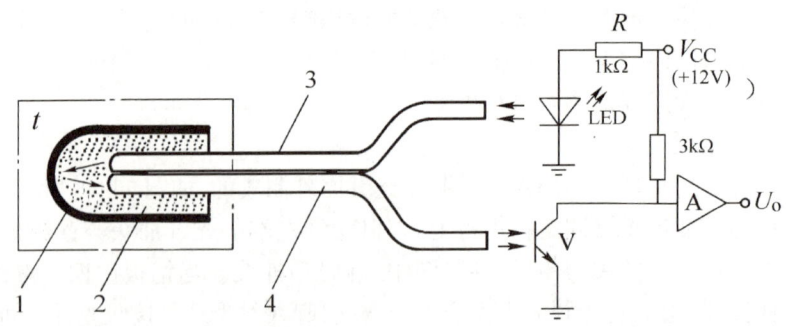

1—感温黑色壳体　2—液晶　3—入射光纤　4—出射光纤
图 11-47　光纤温度传感器

4. 光纤高温传感器

光纤高温传感器是利用强度调制型光纤接收光辐射式原理制成的。光纤高温传感器包括端部掺杂质的高温蓝宝石单晶光纤探头、光电探测器和辐射信号处理系统，如图 11-48 所示。

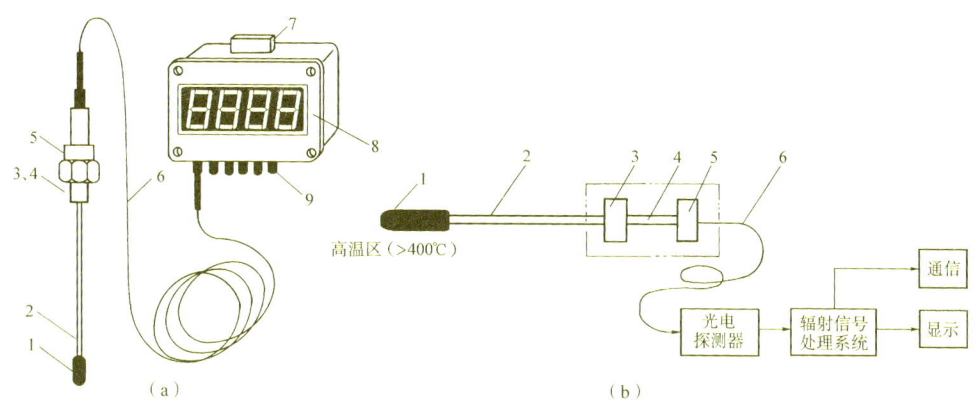

1—黑体腔　2—蓝宝石高温光纤　3—光纤耦合器　4—低温耦合光纤　5—滤光器
6—传导光纤　7—通信接口　8—辐射信号处理系统及显示器　9—多路输入端子

图 11-48　光纤高温传感器

当光纤高温传感器端部达到 400℃ 以上时，由于黑体腔被加热而引起热辐射(红外光)蓝宝石光纤收集黑体腔的红外热辐射，红外线经蓝宝石高温光纤传输并耦合进入低温光纤，然后射入末端的光敏二极管(两者轴线对准)。光电二极管接收到的红外信号经过光电转换、信号放大、线性化处理、A—D 转换、微处理器处理后给出待测温度。为实现多点测量，加入多路开关，通过微处理器控制，选择测点顺序。

该光纤高温传感器的测温上限可达 1800℃。在 800℃ 以上时，灵敏度优于 1℃；在 1000℃ 以上，可分辨温度优于 0.1℃。对于铸造、热处理的工艺和质量控制具有积极的意义。

5. 光纤声压传感器

光纤声压传感器是利用双路光纤干涉原理制成的，如图 11-49 所示。

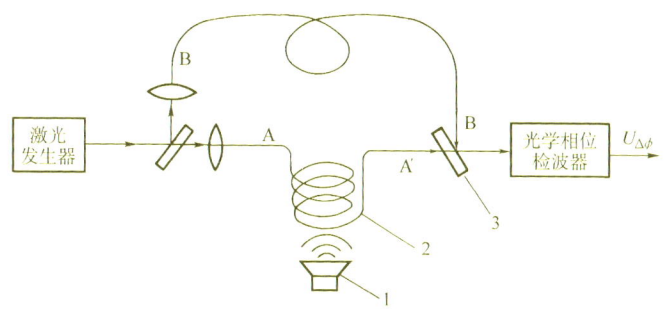

1—声源　2—光纤线圈　3—干涉镜

图 11-49　光纤声压传感器

激光束用分束镜分成两束，A 束通过由多圈光纤组成的声波感测器，B 束作为激光的相位比较基准。当有声波作用于由光纤线圈组成的声波探测器时，光纤线圈随声波而伸缩，这样 A 束光纤的相位会有变化。A、B 两束光产生干涉，光学相位检波器输出与被测声波呈一定函数关系的输出电压 U。这种传感器能检测出微小相位差，灵敏度很高。

6. 光纤大电流传感器

光纤大电流传感器是利用双路光纤干涉原理制成的，如图 11-50 所示。

由电工理论可知，通电导线周围存在产生磁场，磁场强度 H 与电流 I 成正比，通过对磁场

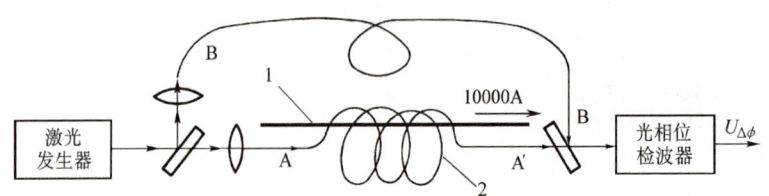

1—大电流导线　2—涂敷磁致伸缩材料的光纤线圈

图 11-50　光纤大电流传感器

的测量就可间接获得电流值。

　　将磁致伸缩材料涂敷在光纤表面,并将光纤绕在通有大电流的导线上。大电流导线周围产生磁场,由于磁致伸缩效应,光纤线圈伸缩,所以两根光纤的光束产生干涉条纹。干涉条纹的相位差 φ 与被测电流有关,检测出 Δφ 就可确定被测电流的大小。由于光纤的绝缘电阻非常高,所以光纤大电流传感器非常适合于超高压测量。

7. 光纤高电压传感器

　　光纤高电压传感器测量交流高电压的原理如图 11-51 所示。

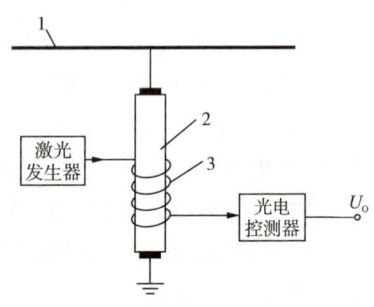

　　光纤绕在棒状压电陶瓷(PZT 锆钛酸铅晶体)上,PZT 两端施加交流高电压。PZT 在高压电场作用下产生电致伸缩,使光纤随 PZT 的长度和直径变化而产生变形,光电探测器测得这一变化,输出与被测高电压呈一定函数关系的输出电压 U_0。

　　由于 PZT 和光纤的绝缘电阻很高,所以适合于高压的测量,其结构和体积比高压电压互感器小得多。

1—被测高压电线　2—棒状压电陶瓷 PZT
3—光纤线圈

图 11-51　光纤高电压传感器

章节习题

　　1. 单项选择题

　　(1)晒太阳取暖利用了(　　　);人造卫星的光电池板利用了(　　　);植物的生长利用了(　　　)。

　　A. 光电效应　　　　　　B. 光化学效应　　　　　C. 光热效应　　　　　　　D. 感光效应

　　(2)蓝光的波长比红光(　　　),相同光子数目的蓝光能量比红光(　　　)。

　　A. 长　　　　　　　　　B. 短　　　　　　　　　C. 大　　　　　　　　　　D. 小

　　(3)光敏二极管属于(　　　),光电池属于(　　　)。

　　A. 外光电效应　　　　　B. 内光电效应　　　　　C. 光生伏特效应　　　　　D. 光热效应

　　(4)光敏二极管在测光电路中应处于(　　　)偏置状态,而光电池通常处于(　　　)偏置状态。

　　A. 正向　　　　　　　　B. 反向　　　　　　　　C. 零

　　(5)光纤通信中,与出射光纤耦合的光电元件应选用(　　　)。

　　A. 光敏电阻　　　　　　B. PIN 光敏二极管　　　C. APD 光敏二极管　 D. 光敏三极管

　　(6)温度上升,光敏电阻、光敏二极管、光敏三极管的暗电流(　　　)。

　　A. 增加　　　　　　　　B. 减小　　　　　　　　C. 不变

　　(7)普通型硅光电池的峰值波长为(　　　),落在(　　　)区域。

A. 0.8m　　　　　B. 8mm　　　　　　C. 0.8μm　　　　　D. 0.8nm

E. 可见光　　　　F. 近红外光　　　　G. 紫外光　　　　　H. 远红外光

(8)欲精密测量光的照度,光电池应配接( )。

A. 电压放大器　　B. A/D 转换器　　C. 电荷放大器　　D. I/U 转换器

(9)欲利用光电池为手机充电,需将数片光电池( )起来,以提高输出电压,再将几组光电池( )起来,以提高输出电流。

A. 并联　　　　　B. 串联　　　　　　C. 短路　　　　　D. 开路

(10)欲利用光电池在灯光(约 200lx)下驱动液晶计算器(1.5V)工作,设每片光电池的有载输出电压约为 0.4V,则必须将( )片光电池串联起来才能正常工作。

A. 2 片　　　　　B. 3 片　　　　　　C. 4 片　　　　　D. 20 片

(11)光导纤维是利用( )原理来远距离传输信号的。

A. 光的偏振　　　B. 光的干涉　　　　C. 光的散射　　　D. 光的全反射

(12)光纤通信应采用( )作为光纤的光源;光纤水位计可以采用( )作为光纤的光源较为经济。

A. 白炽灯　　　　B. LED　　　　　　C. LCD　　　　　D. ILD

(13)要测量高压变压器的三相绝缘子是否过热,应选用( );要监视银行大厅的人流,应选用( )。

A. 热敏电阻　　　B. 数码摄像机　　　C. 红外热像仪　　D. 热电偶

(14)CCD 数码相机的像素越高,分辨率就越( ),每张照片占据的存储器空间就越( )。

A. 高　　　　　　B. 低　　　　　　　C. 大　　　　　D. 小

2. 某光电开关电路如图 11-52(a)所示,VD_1 输出特性如图 11-11 所示,史密特型反相器 CD40106 的输出特性如图 11-52(b)所示,请分析填空。

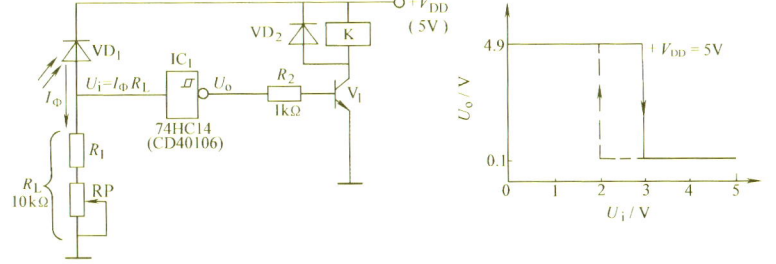

　　　　(a)电路　　　　　　　　　(b)74HC14(CD40106)的输入/输出特性

图 11-52　光电开关

(1)当无光照时,VD_1 _____(导通/截止),I_Φ 为 _____,U_i 为 _____,所以 U_o 为 _____ 电平,约为 _____ V,设 V_1 的 $U_{be} = 0.7$V,则 I_b 约为 _____ mA,设 V_1 的 $\beta = 200$,集电极饱和压降 U_{CES} 为 0.3V,继电器 KA 的线圈直流电阻 R_K 为 100Ω,则晶体管的饱和电流 I_{CES} 为 _____ mA。若 KA 的额定工作电流为 45mA,则 KA 必定处于 _____(吸合/释放)状态。

(2)若光照增强,从图 11-52(b)可以看出,当 U_i _____(大/小)于 _____ V 时,史密特反相器翻转,U_o 跳变为 _____ 电平,KA _____。

（3）若希望在光照度很小的情况下 KA 动作，R_L 应_____（变大/变小），此时应将 RP 往_____（上/下）调。RP 称为调_____电位器。

（4）图中的 R_2 起_____作用，V_1 起_____（电压/功率）放大作用，VD_2 起_____作用，保护_____在 KA 突然失电时不致被继电器线圈的反向感应电动势所击穿，因此 VD_2 又称为_____二极管。

3．某光敏晶体管在强光照时的光电流为 2.5mA，选用的继电器吸合电流为 50mA，直流电阻为 200Ω。现欲设计两个简单的光电开关，其中一个是有强光照时继电器吸合（得电）；另一个是相反，是在有强光照时继电器释放（失电）。请分别画出两个光电开关的电路图（只允许采用普通晶体管放大光电流），并标出各电阻值及选用的电源电压值及电源极性。

4．某光电池的有效受光面积为 $2mm^2$，光电特性如图 11-15 所示，测量电路如图 11-21 所示。求：

（1）设 $R_f=10kΩ$，当光照度为 10000lx 时，输出电压 U_o 为多少伏？

（2）设 $R_1=10kΩ$，$R_{f2}=1MΩ$，则第二级运放的放大倍数 K_2 是多少？

（3）当光照度为 25lx 时，第二级运放的输出电压 U_{o2} 约为多少伏？

5．在一片 0.5mm 厚的不锈钢圆片边缘，用线切割机加工出等间隔的透光缝，缝的总数 N_1=60，如图 11-53 所示。将该薄圆片置于光电断续器（具体介绍见 11-35（a））的槽内，并随旋转物转动。用计数器对光电断续器的输出脉冲进行计数，在 10s 内测得计数脉冲数 N 如图 11-53 所示（计数时间从清零以后开始计算，10s 后自动停止）。问：

（1）流过光电断续器左侧的发光二极管电流 I_{VL} 为多少毫安？（注：红外发光二极管的正向压降 $U_{VL}=1.2V$）

（2）光电断续器的输出脉冲频率 f 约为多少赫？

（3）旋转物平均每秒约转多少圈？平均每分钟约转多少圈？

（4）数码显示器的示值与转速 n 之间是什么关系？

（5）如果为加工方便，将不锈钢圆片缝的总数减少，使 $N_1=6$，则转速与数码显示器的示值之间是几倍的关系？

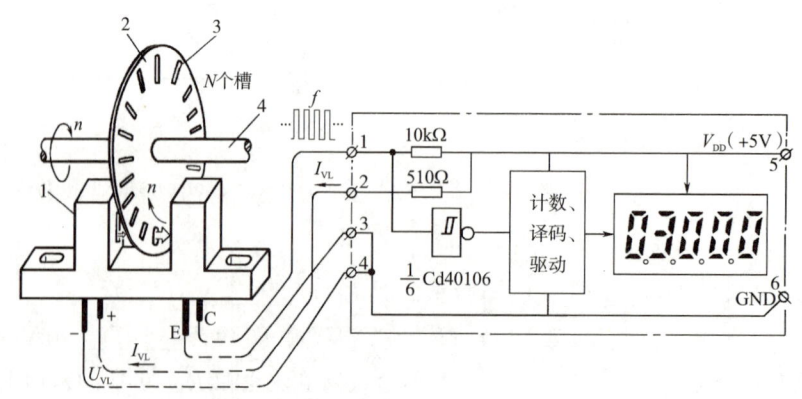

1—光电断续器　2—不锈钢薄圆片　3—透光缝　4—旋转物转轴

图 11-53　利用光电断续器测量转速和圈数

6．冲床工作时，工人稍不留神就有可能被冲掉手指头。请选用两种以上的传感器来同时探测工人的手是否处于危险区域（冲头下方）。只要有一个传感器输出有效（检测到手未离开该危险区),则不让冲头动作,或使正在动作的冲头惯性轮刹车。请以文字形式,谈谈你的检测控制方案,以及必须同时设置两个传感器组成"或"逻辑的关系以及必须使用两只手(左右手)同时操作冲床开关的必要性。

7.请观察宾馆的玻璃大门,谈谈如何利用热释电传感器及其他元器件实现宾馆玻璃大门的自动开闭。

8.请根据图 11-28 的基本原理,设计一个汽车烟雾报警器,安装在轿车车厢里。当车内有人吸烟时,自动启动抽风机,将烟排出车外。请画出测控原理框图,简要说明其工作原理,并画出控制电路。

扩展阅读

智造先锋

作为世界第一制造大国,中国 500 多种主要工业产品中有 220 多种产量位居世界第一。制造业与互联网深度融合,智能制造为经济注入新动能。从百年梦想川藏铁路工程,到孟加拉国帕德玛大桥的千年圆梦;从中国高铁拉动一个个产业基地,到中国核工业产业链上一个个尖兵。它们托起了冶金、轴承、型材、精密仪器等数十个高端装备行业的自主创新。从海上科学城"远望七号"实施远洋测控,和地面测控系统,形成体系,助力航天梦的实现,到神威太湖之光打造世界上速度最快的超级计算机。站在历史的新起点,中国正在向现代化强国进发。

信息化、工业化不断融合,以机器人技术为代表的智能装备产业蓬勃兴起。中国现为全球第一大工业机器人市场,约占全球总产量的三分之一。连续九年成为全球高端数控机床第一消费大国,全球 50% 的数控机床装在了中国的生产线上。互联网、大数据、人工智能和实体经济深度融合,是科技创新优先重点发展的领域,中国企业正努力制造出全新的装备。中国第一套全流程数字化仿真系统、中国第一部超精密加工数控系统、全球最大的砂芯 3D 打印机、世界上最大的工程机械工厂的智能化改造。在这个世界上最大、最完备的工业体系内,智能制造正成为先锋,引领中国工业制造一场前所未有的变革。

模块 12　数字式位置传感器

学习目标

知识目标

1. 了解位置测量的几种方式。
2. 了解绝对式和增量式角编码器的测量原理。
3. 了解光栅、磁栅和容栅的原理与计算。

能力目标

1. 能选择合适的测量方式对位置进行测量。
2. 能正确安装角编码器。
3. 会利用角编码器测量电机的转速与位置。

在用普通机床进行零件加工时,操作人员要控制进给量以保证零件的加工尺寸,如长度、高度、直径、角度及孔距等,一般通过读取操作手柄上的刻度盘数值或机床上的标尺来获取加工尺寸。在加工高精度的零件时,零件的加工质量与机床本身的精度和操作者的经验有直接的联系。在用刻度盘读数时,往往还要停止机床运转,反复调整,这样就会影响加工效率及精度。如果有一种检测装置能自动地测量出直线位移或角位移,并用数字形式显示出来,那么就可实时地读取位移数值,从而提高加工效率及加工精度。本模块所讲述的数字式位置传感器就能完成上述任务。

几十年来,世界各国都致力于发展数字位置测量技术,寻找理想的测量元件和信息处理技术。早在 1874 年,物理学家瑞利就发现了构成计量光栅基础的莫尔条纹,但直到 20 世纪 50 年代初,英国 FERRANTI 公司才成功地将计量光栅用于数控铣床。与此同时,美国 FARRAND 公司发明了感应同步器。20 世纪 60 年代末,日本 SONY 公司发明了磁栅数显系统。20 世纪 90 年代初,瑞士 SYLVAC 公司又推出了较为廉价的容栅数显系统。目前,数字位置测量的直线位移分辨力可达 $0.1\mu m$,角位移分辨力可达 $0.1''$,并正朝着大量程、自动补偿、测量数据处理高速化的方向发展。

数字式位置传感器一方面应用于测量工具中,使传统的游标卡尺、千分尺、高度尺等实现了数显化,读数过程变得既方便、又准确;另一方面,数字式位置传感器还广泛应用于数控机床中,通过测量机床工作台、刀架等运动部件的位移,进行位置伺服控制。与此同时,数字式位置传感器在机床数显改造上得到了越来越多的应用,这是提高我国机床水平的一条途径。

本模块将从结构、原理、应用等方面介绍几种常用的数字式位置传感器,如角编码器、光栅式传感器、磁栅式传感器、容栅式传感器等,它们均能直接给出数字脉冲信号,所以称为数字式位置传感器。它们既具有很高的准确度，又可测量很大的位移量，这是前几个模块介绍过的其他位置传感器如电感式传感器、电容式传感器等无法比拟的。

12.1　位置测量的方式

教学视频

位置测量主要是指直线位移和角位移的精密测量。机械、设备的工作过程多与长度和角度发生关系，存在着位置或位移测量问题。随着科学技术和生产的不断发展，对位置检测提出了高准确度、大量程、数字化、高可靠性等一系列要求。数字式位置传感器正好能满足这种要求，目前得到广泛应用的有角编码器、光栅、磁栅和容栅等测量技术。

数字式位置测量就是将被测的位置量以数字的形式来表示，它具有以下特点：

（1）将被测的位置量直接转变为脉冲个数或编码，便于显示和处理；

（2）测量精度取决于分辨力，和量程基本无关；

（3）输出脉冲信号的抗干扰能力强。

数字式位置传感器可以单独组成数字显示装置（简称数显表），专门用于位置测量和测量结果显示，也可以和数控系统（一种专门用于机床控制的计算机系统）组成位置控制系统。

12.1.1　直接测量和间接测量

位置传感器有直线式和旋转式两大类。若位置传感器所测量的对象就是被测本身，即直线式传感器测直线位移，旋转式传感器测角位移，则该测量方式为直接测量。例如直接用于直线位移测量的直线光和长磁栅等，直接用于角度测量的角编码器、圆光栅、圆磁栅等。

若旋转式位置传感器测量的回转运动只是中间值，由它再推算出与之关联的移动部件的直线位移，则该测量方式为间接测量。图 12-1 所示为直接测量和间接测量示意图。

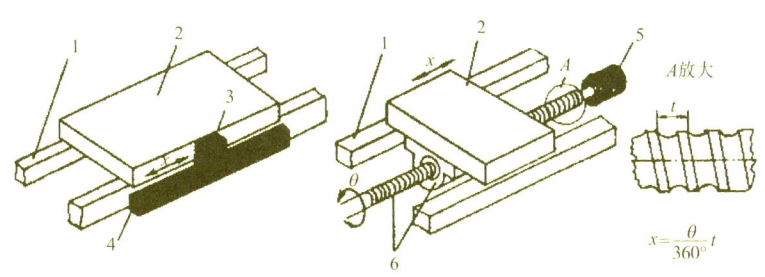

（a）直接测量　　　　　　　　　　　　（b）间接测量

1—导轨　2—运动部件　3—直线式位置传感器的随动部件
4—直线式位置传感器的固定部件　5—旋转式位置传感器　6—丝杠—螺母副

图 12-1　直接测量和间接测量示意图

图 12-1 中，丝杠的正、反向旋转通过螺母带动运动部件作正、反向直线运动。若测量对象为运动部件的直线位移，则安装在移动部件上的直线式位置传感器即为直接测量，如图 12-1（a）所示；而安装在丝杠上的旋转式位置传感器通过测量丝杠旋转的角度可间接获得移动部件的直线位移，即为间接测量，如图 12-1（b）所示。

例 12-1　设丝杠螺距＝6.00mm（当丝杠转一圈 360°时，螺母移动的直线距离），旋转式位置传感器测得丝杠旋转角度为 7290°,求:螺母的直线位移 x 为多少毫米?

解 螺母的直线位移

$$x=(6mm/360°)×7290°=121.50mm$$

用直线式位置传感器进行直线位移的直接测量时,传感器必须与直线行程等长,测量范围受传感器长度的限制,但测量精度高;而用旋转式进行间接测量时则无长度限制,但由于存在着直线与旋转运动的中间传递误差,如机械传动链中的间隙等,故测量精度不及直接测量。能够将旋转运动转换成直线运动的机械传动装置除了丝杠—螺母外,还有齿轮—齿条、带—带轮(俗称皮带—皮带轮)等传动装置。

12.1.2 增量式和绝对式测量

增量式测量的特点是只能获得位移增量。在图 12-1 中,移动部件每移动一个基本长度或角度单位,位置传感器便发出一个输出信号,此信号通常是脉冲形式。这样,一个脉冲所代表的基本长度或角度单位就是分辨力,对脉冲计数,便可得到位移量。

例 12-2 在图 12-1(a)中,若增置式测量系统的每个脉冲代表为 0.01mm,直线光栅传感器发出 200 个脉冲,求:工作台的直线位移 x。

解 根据题意,工作台每移动 0.01m,直线光栅传感器便发出 1 个脉冲,计数器就加 1 或减 1。当计数值为 200 时,工作台移动了

$$x=200×0.01mm=2.00mm$$

增量式位置传感器必须有一个零位标志,作为测量起点的标志,见图 12-4 中的序号 4 元件和图 12-11 中的序号 5 元件。即使如此,如果中途断电,增量式位置传感器仍然无法获知移动部件的绝对位置。典型的增量式位置传感器有增量式光电编码器、光栅等。

绝对式测量的特点是:每一被测点都有一个对应的编码,常以二进制数据形式来表示。绝对式测量即使断电之后再重新通电,也能读出当前位置的数据。典型的绝对式位置传感器有绝对式角编码器。在这种装置中,编码器所对应的每个角度都有一组二进制数据与之对应。能分辨的角度值越小,所要求的二进制位数就越多,结构就越复杂。

12.2 角编码器

教学视频

角编码器又称码盘,是一种旋转式位置传感器,它的转轴通常与被测轴连接,随被测轴一起转动,如图 12-1(b)所示。它能将被测轴的角位移转换成二进制编码或一串脉冲。角编码器有两种基本类型:绝对式编码器和增量式编码器。

12.2.1 绝对式编码器

绝对式编码器是按照角度直接进行编码的传感器,可直接把被测转角用数字代码表示出来。根据内部结构和检测方式有接触式、光电式等形式。

1. 接触式编码器

图 12-2 所示为一个 4 位二进制接触式码盘。它在一个不导电基体上做成许多有规律的导电金属区,其中阴影部分为导电区,用"1"表示,其他部分为绝缘区,用"0"表示。码盘分成四个

码道,在每个码道上都有一个电刷,电刷经取样电阻接地,信号从电阻上取出。这样,无论码盘处在哪个角度上,该角度均有四个码道上的"1"和"0"组成四位二进制码与之对应。码盘最里面一圈轨道是公用的,它和各码道所有导电部分连在一起,经限流电阻接激励电源 U_i 的正极。

由于码盘是与被测转轴连在一起的,而电刷位置是固定的,当码盘随被测轴一起转动时,电刷和码盘的位置就发生相对变化。若电刷接触到导电区域,则该回路中的取样电阻上有电流流过,产生压降,输出为"1";反之,若电刷接触的是绝缘区域,则不能形成回路,取样电阻上无电流流过,输出为"0"。由此可根据电刷的位置得到由"1"、"0"组成的四位二进制码。例如,在图 12-2(b)中可以看到,此时的输出为 0101。

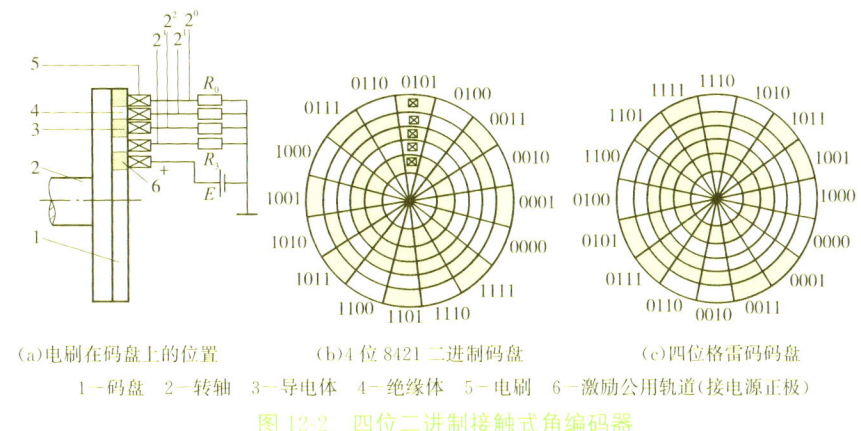

(a)电刷在码盘上的位置　　　　(b)4 位 8421 二进制码盘　　　　(c)四位格雷码码盘

1—码盘　2—转轴　3—导电体　4—绝缘体　5—电刷　6—激励公用轨道(接电源正极)

图 12-2　四位二进制接触式角编码器

从以上分析可知,码道的圈数(不包括最里面的公用码道)就是二进制码的位数,且高位在内,低位在外。由此可以推断出,若是 N 位二进制码盘,就必须有 N 圈码道,且圆周均分 2^N 个数据来分别表示其不同位置,所能分辨的角度 α 为

$$\alpha = 360°/2^N \tag{12-1}$$

$$分辨率 = 1/2^N \tag{12-2}$$

显然,位数 N 越大,所能分辨的角度 α 就越小,测量准确度就越高。所以,若要提高分辨力,就必须增加码道数,即二进制码位数。若为 13 码道,则每转位置数为 $2^{13} = 8192$,分辨角度为 $\alpha = 360°/2^{13} = 2.67'$。

例 12-3　求 12 码道的绝对式角编码器的分辨率及分辨力 α。

解　该 12 码道的绝对式角编码器的圆周被均分为 $2^{12} = 4096$ 个位置数,所以分辨率为 1/4096,能分辨的角度为

$$\alpha = 360°/2^{12} = 5.27'$$

另外,在实际应用中,对码盘制作和电刷安装要求十分严格,否则就会产生非单值性误差。例如,当电刷由位置(0111)向位置(1000)过渡时,若电刷安装位置不准或接触不良,可能会出现 8～15 之间的任意十进制数。为了消除这种非单值性误差,可采用二进制循环码盘(格雷码盘)。

图 12-2(c)为一个四位格雷码盘,与图 12-2(b)所示的四位自然二进制码盘相比,不同之处在于,码盘旋转时,任何两个相邻数码间只有一位是变化的,所以每次只切换一位数,可把误差控制在最小单位内。

2. 绝对式光电角编码器

绝对式光电角编码器由绝对式光电码盘及光电元件构成。图 12-3(a)中,黑的区域为不透光区,用"0"表示;白的区域为透光区,用"1"表示。每一码道上都有一组如图 12-3(b)所示的光电元件,在任意角度都有对应的、唯一的二进制编码。

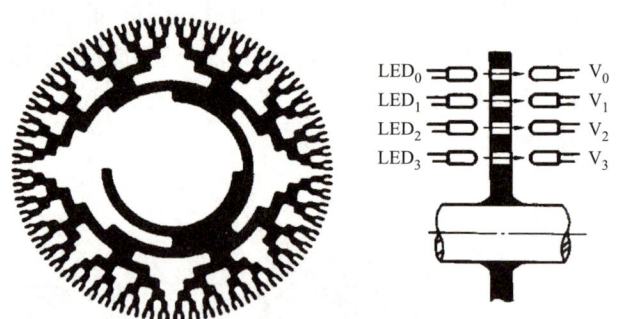

(a)12 码道光电码盘的平面结构　　(b)4 码道码盘与光源、光敏元件对应关系

图 12-3　绝对式光电码盘

由于径向各码道的透光和不透光,使各光敏元件中,受光的输出"1"电平,不受光的输出"0"电平,由此而组成 n 位二进制编码。

光电码盘的特点是没有接触磨损,码盘寿命长,额定转速高,分辨力也较高。就码盘材料而言,不锈钢薄板所制成的光电码盘要比玻璃码盘抗震性好、耐不洁环境。但由于槽数受限,所以分辨力较后者低。

12.2.2　增量式编码器

增量式编码器通常为光电码盘,结构形式如图 12-4 所示。

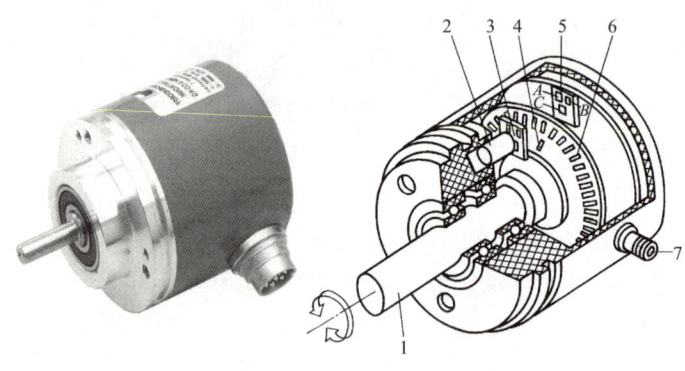

(a)外形　　　　　　　　　(b)内部结构

1—转轴　2—发光二极管　3—光栏板　4—零标志位光槽　5—光敏元件
6—码盘　7—电源及信号线连接座

图 12-4　增量式光电码盘结构示意图

光电码盘与转轴连在一起。码盘可用玻璃材料制成,表面镀上一层不透光的金属铬,然后在边缘切割出向心透光狭缝。透光狭缝在码盘圆周上等分,数量从几百条到几千条不等。这样,整个码盘圆周上就等分成 N 个透光的槽。除此之外,增量式光电码盘也可用不锈钢薄板制成,然后在圆周边缘切割出均匀分布的透光槽,其余部分均不透光。

光电码盘的光源最常用的是自身有聚光效果的 LED 灯。当光电码盘随工作轴一起转动时,在光源的照射下,透过光电码盘和光栏板狭缝形成忽明忽暗的光信号,光敏元件把此光信号转换成电脉冲信号,通过信号处理电路的整形、放大、细分、辨向后,向数控系统输出脉冲信号,也可由数码管直接显示位移量。

光电编码器的测量准确度取决于它所能分辨的最小角度,而这与码盘圆周上的狭缝条纹数目 N 有关,能够分辨的最小角度

$$\alpha = \frac{360°}{N} \tag{12-3}$$

$$分辨率 = \frac{1}{N} \tag{12-4}$$

例 12-4　某增量式角编码器的技术指标为每圈 1024 个脉冲/r(即 N=1024p/r),求分辨力 α。

解　按题意,码盘边缘的透光槽数为 1024 个,则能分排的最小角度为

$$\alpha = 360°/N = 360°/1024 = 0.352° = 21.12'$$

为了得到码盘转动的绝对位置,还须设置一个基准点,如图 12-4 中的"零标志位光槽",又称"一转脉冲";为了判断码盘旋转的方向,光栏板上的两个狭缝距离是码盘上的两个狭缝距离的$(m+1/4)$倍,m 为正整数,并设置了两组光敏元件,如图 12-4 中的 A、B 光敏元件,有时又称为 cos、sin 元件。光电编码器的输出波形如图 12-5 所示。有关波形辨向、细分的原理将在本模块 12.3 中论述。

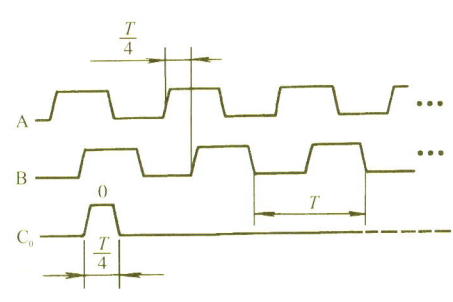

图 12-5　光电编码器的输出波形

12.2.3　角编码器的应用

码盘除了能直接测量角位移或间接测量直线位移外,还有以下用途:

1. 数字测速

由于光电编码器的输出信号是脉冲形式,因此,可以通过测量脉冲频率或周期的方法来测量转速。光电编码器可代替测速发电机的模拟测速而成为数字测速装置。数字测速方法有 M 法测速、T 法测速等,原理如图 12-6 所示。

在一定的时间间隔 t_s 内(如 10s、1s、0.1s 等),用编码器所产生的脉冲数来确定速度的方法称为 M 法测速。

若编码器每转产生 N 个脉冲,在 t_s 时间间隔内得到 m_1 个脉冲,则编码器所产生的脉冲频率为

$$f = \frac{m_1}{t_s} \tag{12-5}$$

则转速 n(单位为 r/min)为

$$n = 60\frac{m_1}{t_s N} \tag{12-6}$$

例 12-5　某编码器的指标为 1024 个脉冲/r(1024p/r),在 0.4s 时间内测得 4K 脉冲(1K=

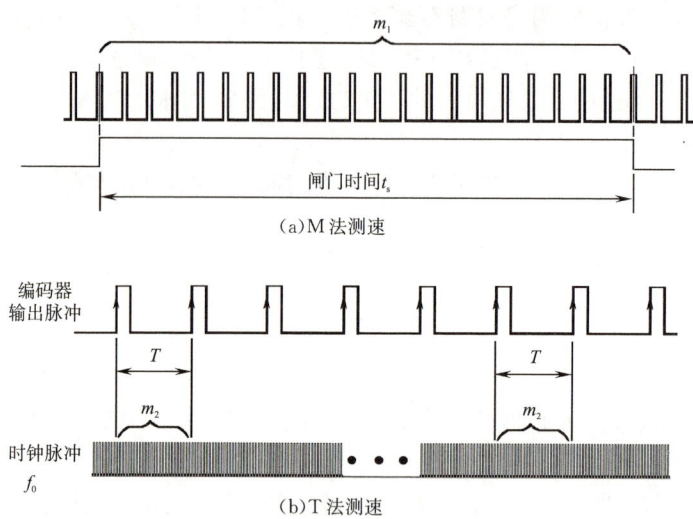

图 12-6 M 法和 T 法测速原理

1024)，即 $N=1024\text{p/r}$，$t_s=0.4\text{s}$，$m_1=4K=1024\times4=4096$ 脉冲，求转速 n。

解 编码器轴的转速

$$n=60\frac{m_1}{t_sN}=60\times\frac{4096}{0.4\times1024}\text{r/min}=600\text{r/min}$$

M 法测速适合于转速较快的场合。例如：脉冲的频率 $f=1000\text{Hz}$，$t_s=1\text{s}$ 时，此时的测量准确度可达 0.1% 左右；而当转速较慢时，编码器的脉冲频率较低，测量准确度则降低。

t_s 的长短也会影响测量准确度。t_s 取得较长时，测量准确度较高，但不能反映速度的瞬时变化，不适合动态测量；t_s 也不能取得太小，以至于在 t_s 时段内得到的脉冲太少，而使测量准确度降低。倒如，脉冲的频率 f 仍为 1000Hz，t_s 缩短到 0.01s 时，此时的测量准确度将降低到 10% 左右。

2. 角编码器在交流伺服电动机中的应用

交流伺服电动机是当前伺服控制中最新技术之一。交流伺服电动机的运行需要角度位置传感器，以确定各个时刻转子磁极相对于定子绕组转过的角度，从而控制电动机的运行。图 12-7(a)所示为某交流伺服电动机外形。

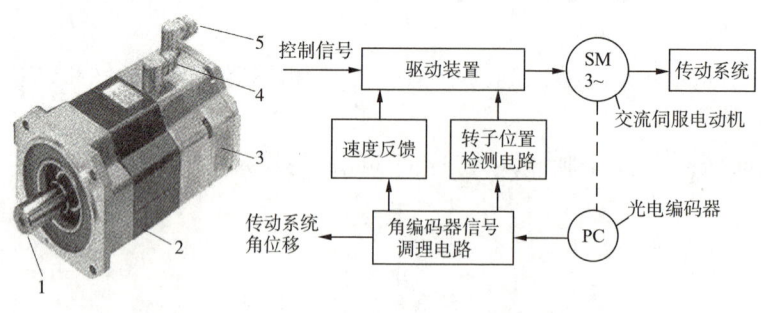

（a）外形　　　　　（b）控制系统框图

1—电动机转子轴　2—电动机壳体　3—光电编码器　4—三相电源连接座

5—光电角编码器输出端子(航空插头)

图 12-7 交流伺服电动机及控制系统

从图 12-7(b)中可以看出,光电编码器在交流伺服电动机控制中起了三个方面的作用:①提供电动机定、转子之间相互位置的数据;②通过数字测速提供速度反馈信号;③提供传动系统角位移信号,作为位置反馈信号。

3. 角编码器在工件加工定位中的应用

由于绝对式编码器每一转角位置均有一个固定的编码输出,若编码器与转盘同轴相连,则转盘上每一工位安装的被加工工件均可以有一个编码相对应,如图 12-8 所示。当转盘上某一工位转到加工点时,该工位对应的编码由编码器输出给控制系统。

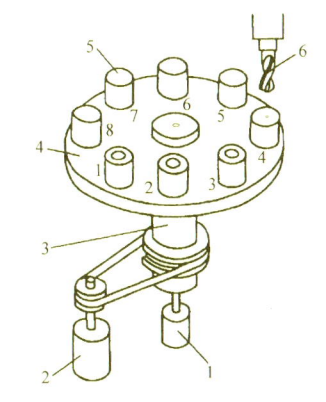

例如,要使处于工位 2 上的工件转到加工点等待钻孔加工,计算机就控制电动机通过传动机构带动转盘顺时针旋转。与此同时,绝对式编码器输出的编码不断变化。当输出为 0000 变为 0010(假设为四码道时)时,表示转盘已将工位 2 转到加工点,伺服电动机停转并锁定。

这种编码方式在加工中心(一种带刀库和自动换刀装置的数控机床)的刀库选刀控制中得到广泛应用。

1—绝对式编码器　2—电动机　3—转轴
4—转盘　5—工件　6—刀具
图 12-8　转盘加工工位的编码

12.3　光栅式传感器

12.3.1　光栅的类型和结构

光栅的种类很多,可分为物理光栅和计量光栅。物理光栅主要利用光的衍射现象,常用于光谱分析和光波波长测定,而在检测中常用的是计量光栅。计量光栅主要利用光的透射和反射现象,常用于位移测量,有很高的分辨力,可优于 $0.1\mu m$。另外,计量光栅的脉冲读数速率可达每毫秒几百次,非常适用于动态测量。

计量光栅可分为透射式光栅和反射式光栅两大类,均由光源、光栅副、光器件三大部分组成。光敏元件可以是光电二极管,也可以是光电池。透射式光栅一般用光学玻璃做基体,在其

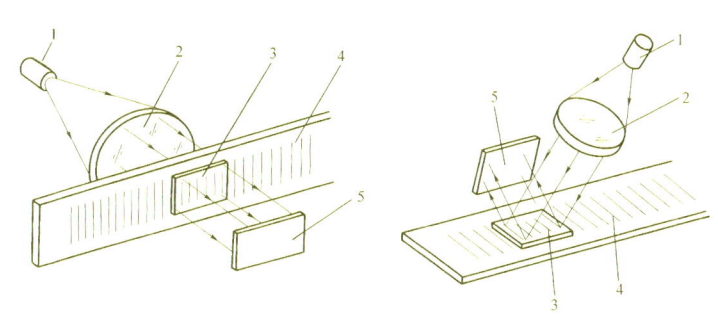

(a)透射式光栅　　　　　(b)反射式光栅
1—光源　2—透镜　3—指示光栅　4—标尺光栅　5—光敏元件
图 12-9　计量光栅的分类示意图

上均匀地刻画出间距、宽度相等的条纹,形成连续的透光区和不透光区,如图 12-9(a)所示;反射式光栅一般使用不锈钢制作基体,在其上用化学方法制作出黑白相间的条纹,形成反光区和不反光区,如图 12-9(b)所示。

计量光栅按形状可分为长光栅和圆光栅。长光栅用于直线位移测量,故又称直线光栅;圆光栅用于角位移测量。两者工作原理基本相似。图 12-10 所示为直线光栅的结构及外观,图 12-11 为直线透射式光栅测量示意图。

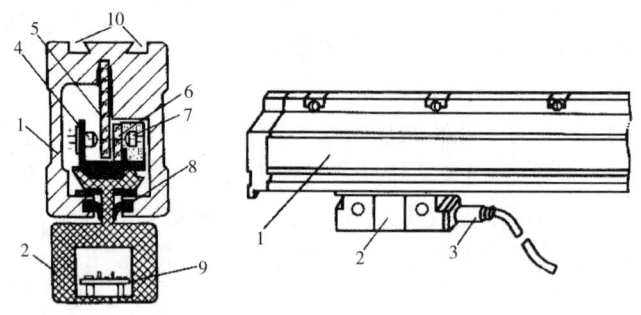

(a)内部结构剖面图   (b)安装示意图

1—铝合金定尺尺身外壳 2—读数头(动尺) 3—电缆 4—带聚光镜的 LED

5—主光栅(标尺光栅,固定在定尺尺身上) 6—指示光栅(随读数头及溜板移动)

7—光敏元件 8—密封唇 9—信号调理电路 10—安装槽

图 12-10 直线光栅的结构及外观

计量光栅由标尺光栅(主光栅)和指示光栅组成,所以计量光栅又称光栅副。标尺光栅和指示光栅的刻线宽度和间距完全相同。将指示光栅与标尺光栅叠合在一起,两者之间保持很小的间隙(0.05mm 或 0.1mm)。在长光栅中标尺光栅固定不动,而指示光栅安装在运动部件上,所以两者之间形成相对运动。在圆光栅中,指示光栅通常固定不动,而标尺光栅随转轴转动。

在图 12-11 中,a 为栅线宽度,b 为栅缝宽度,$W=a+b$ 称为光栅常数,或称栅距。通常 $a=b=W/2$,栅线密度一般为 10 线/mm、25 线/mm、50 线/mm、100 线/mm 和 200 线/mm 等几种。

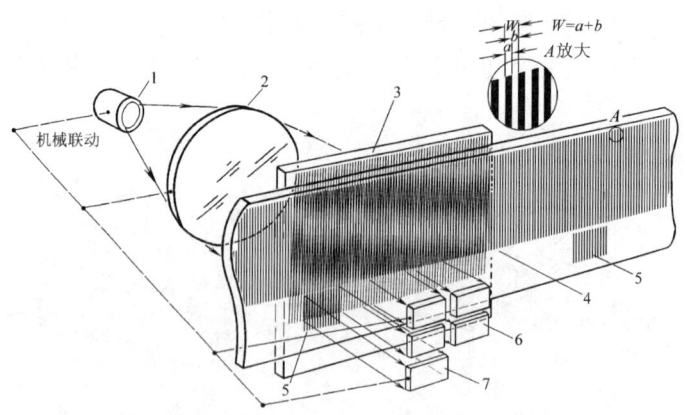

1—光源 2—透镜 3—指示光栅 4—主光栅(标尺光栅) 5—零位光栅

6—细分辨向用光敏元件(二路或四路) 7—零位光敏元件

图 12-11 直线透射式光栅测量示意图

对于圆光栅来说,两条相邻刻线的中心线之夹角称为角节距,每圈的栅线数从较低准确度的 100 线到高准确度等级的 21600 线不等。

无论长光栅或圆光栅,由于刻线很密,如果不进行光学放大,则不能直接用光敏元件来测量光栅移动所引起的光强变化,必须采用以下论述的莫尔条纹来放大栅距。

12. 3. 2　计量光栅的工作原理

(1)亮带和暗带。

在透射式直线光栅中,把两光栅的刻线面相对叠和在一起,中间留有很小的间隙,并使两者的栅线保持很小的夹角 θ。在两光栅的刻线重合处,光从缝隙透过,形成亮带,如图 12-12 中 a —a 线所示;在两光栅刻线的错开处,由于相互挡光作用而形成暗带,如图 12-12 中 $b-b$ 线所示。从图 12-11 中,也可以看到亮带和暗带。

这种亮带和暗带形成的明暗相间的条纹称为莫尔条纹,条纹方向与刻线方向近似垂直。通常在光栅的适当位置(如图 12-12 中的 sin 位置或 cos 位置)安装光敏元件,参见图 12-11 中的元件 6。

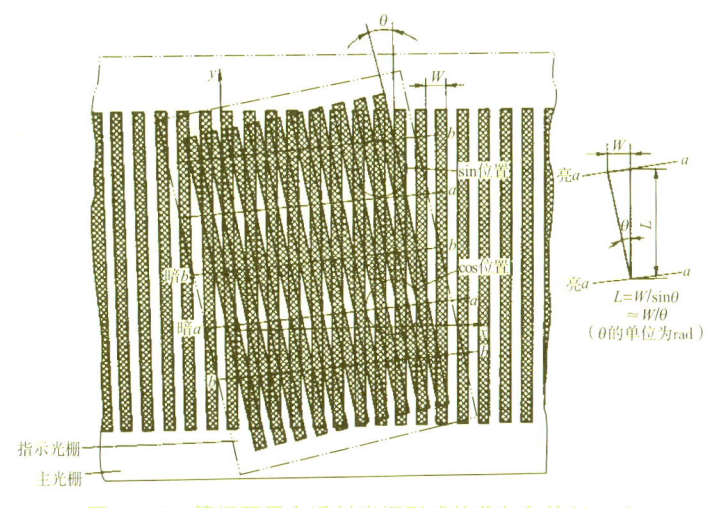

图 12-12　等栅距黑白透射光栅形成的莫尔条纹($\theta \approx 0$)

(2)sin 和 cos 光电器件。

当指示光栅沿 x 轴自左向右移动时,莫尔条纹的亮带和暗带(a —a 线和 $b-b$ 线)将顺序自下而上(图中的 y 方向)不断地掠过光敏元件。光电器件"观察"到莫尔条纹的光强变化近似于正弦波变化。光栅移动一个栅距 W,光强变化一个周期,sin 和 cos 光敏元件的输出电压的波形如图 12-13 所示。

莫尔条纹有如下特征:

(1)莫尔条纹是由光栅的大量刻线共同形成的,对光栅的刻划误差有平均作用,从而能在很大程度上消除光栅刻线不均匀引起的误差。

(2)当两光栅沿与栅线垂直的方向作相对移动时,莫尔条纹则沿光栅刻线方向移动(两者的运动方向相互垂直);光栅反向移动,莫尔条纹亦反向移动。在图 12-12 中,当指示光栅向右移动时,莫尔条纹向上运动。

(3)莫尔条纹的间距是放大了的光栅栅距,它随着指示光栅与主光栅刻线夹角而改变。由

于 θ 很小，所以其关系可用下式表示：

$$L = W/\sin\theta \approx W/\theta \qquad (12\text{-}7)$$

式中，L 是莫尔条纹间距；W 是光栅栅距；θ 是两光栅刻线夹角，必须以弧度（rad）为单位，式（12-7）才能成立。

从式（12-7）可知，θ 越小，L 越大，相当于把微小的栅距放大了 $1/\theta$ 倍。由此可见，计量光栅起到光学放大器的作用。

例 12-6 某长光栅的刻线数为 25 线/mm，指示光栅与主光栅刻线的夹角 $\alpha = 1°$。求：栅距 W 和莫尔条纹间距 L。

解 $$W = \frac{1\text{mm}}{25} = 0.04\text{mm}$$

$$\theta = \frac{2\pi}{360°} = 0.017\text{rad}$$

由于夹角 θ 较小，所以：

$$L = \frac{W}{\sin\theta} \approx \frac{W}{\theta} = \frac{0.04\text{mm}}{0.017} = 2.35\text{mm}$$

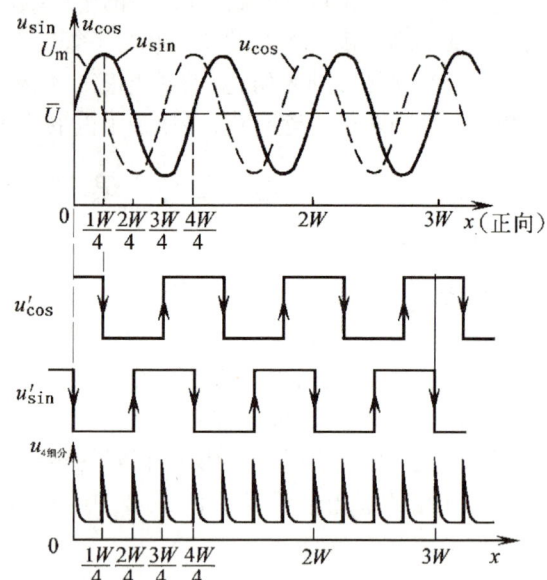

图 12-13　sin 和 cos 光敏元件的输出电压波形及细分脉冲

莫尔条纹的宽度必须大于光敏元件的尺寸，否则光敏元件无法分辨光强的变化。例如，光敏元件可以分辨上例中的 2mm 左右的明线和暗线的区别，但无法分辨光栅刻线（0.04mm）的亮暗变化。

计量光栅的光学放大作用与安装角度有关，而与两光栅的安装间隙无关。指示光栅与主光栅刻线的间隙越小，莫尔条纹的清晰度越高。

（4）莫尔条纹移过的条纹数与光栅移过的刻线数相等。例如，采用 100 线/mm 光栅时，若光栅从左向右移动了 $x$mm（移过了 $100x$ 条光栅刻线），则从光电器件面前从下往上掠过的莫尔条纹也是 $100x$ 条。由于莫尔条纹比栅距宽得多，所以能够被光电器件所识别。将此莫尔条纹产生的电脉冲信号计数，就可知道移动的实际距离了。

12.3.3　辨向及细分

1. 辨向原理

如果传感器只安装一套光电器件，则在实际应用中，无论光栅作正向移动还是反向移动，光敏元件都产生相同的正弦信号，是无法分辨移动方向的。为此，必须设置辨向电路。

通常可以在沿光栅线的 y 方向上相距 $(m \pm 1/4)L$（相当于电相角 1/4 周期）的距离上设置 sin 和 cos 两套光电元件，见图 12-12 中的 sin 位置和 cos 位置。这样就可以得到如图 12-13 所示的两个相位相差 $\pi/2$ 的电信号 $u_{\sin}$ 和 $u_{\cos}$，也称正弦信号和余弦信号，经放大、整形后得到 $u'_{\sin}$ 和 $u'_{\cos}$ 两个方波信号，分别送到微处理器，来判断两路信号的相位差。当指示光栅向右移动时，$u_{\sin}$ 滞后于 $u_{\cos}$；当指示光栅向左移动时，$u_{\sin}$ 超前于 $u_{\cos}$。微处理器据此相位差判断指示光栅的移动方向，并对内部的计数器做加法运算或减法运算。

2. 细分技术

细分电路能在不增加光栅刻线数（线数越多，就越昂贵）的情况下提高光栅的分辨力。该电

路能在一个 W 的距离内等间隔地给出 n 个计数脉冲。由前面的讨论可知,当两光栅相对移过一个栅距 W 时,莫尔条纹也相应移过一个 L,光敏元件的输出就变化一个电周期 2π。如将这个电信号直接计数的话,则光栅的分辨力只有一个 W 的大小。为了能够分辨比 W 更小的位移量,必须采用细分电路。由于细分后计数脉冲的频率提高了 n 倍,所以细分又称倍频。细分后,传感器的分辨力有较大的提高。通常采用的细分方法有四倍频、十六倍频法。例如,在图 12-13 中,如果在 sin 和 cos 脉冲的上升沿及下降沿均取出微分尖脉冲,合并后,在一个 W 的距离内,就能得到四个计数脉冲,从而实现四细分。

例 12-7　某光栅电路的细分数 $n=4$,光刻线数 $N=100$ 根/mm,求细分后光的分辨力 Δ。

解　栅距 $W=1/N=(1/100)\text{mm}=0.01\text{mm}$

$$\Delta=W/n=(0.01/4)\text{mm}=0.0025\text{mm}=2.5\mu m$$

由上例可见,光栅信号通过四细分技术处理后,相当于将光栅的分辨力提高了三倍(能够分辨的数值是原来的四分之一)。

3. 零位光栅

在增量式光栅中,为了寻找坐标原点、消除误差积累,测量系统需要有零位标记(位移的起始点),因此在光栅尺上除了主光栅刻线外,还必须刻有零位基准的零位光栅,以形成零位脉冲,又称参考脉冲。把整形后的零位信号作为计数开始的条件。

在使用光栅时要注意运动速度必须在允许的范围内。当速度过高时,光电元件来不及响应,造成输出信号的幅值降低,波形变坏。

需要说明的是,光栅式传感器(直线光栅和圆光栅)除了上述所讲的增量式外,还有绝对式光栅。它的输出为格雷码或其他二进制码,请读者参阅有关文献资料。

12.3.4　光栅式传感器的应用

由于光栅具有测量准确度高等一系列优点,若采用不锈钢反射式光栅,测量范围可达数十米,而且不需接长,信号抗干扰能力强,因此在国内外受到重视和推广,但必须注意防尘、防震问题。近年来我国设计、制造了很多光栅式测量长度和角度的计量仪器,并成功地将光栅作为数控机床的位置检测元件,用于精密机床和仪器的精密定位,长度检测,速度、振动和爬行的测量等。

1. 光栅式数显表

微机光栅式数显表的组成框图如图 12-14 所示。微机是在 20 世纪 80 年代研制的,类似于现在的单片机。虽然其功能比较简单,但能够处理数字信号,在 20 世纪得到广泛的应用。在微

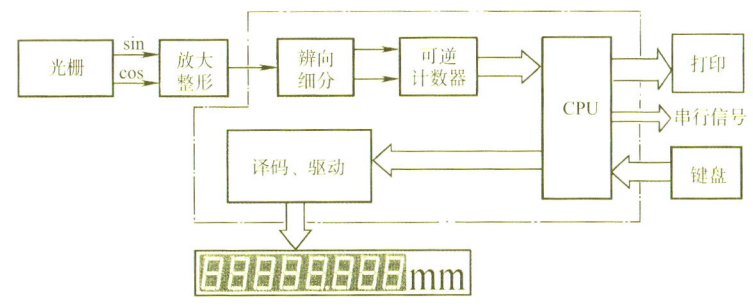

图 12-14　微机光栅式数显表的组成框图

机光栅数显表中,放大、整形采用传统的集成电路,辨向、细分均由微处理器来完成。图 12-15 所示为光栅式数显表在机床进给运动中的应用。

在机床操作过程中,由于用数字显示方式代替了传统的标尺刻度读数,大大提高了加工精度和加工效率。以横向进给为例,光栅读数头固定在工作台上,尺身固定在床鞍上,当工作台沿着床鞍左右运动时,工作台移动的位移量(相对值/绝对值)可通过数字显示装置显示出来。同理,床鞍前后移动的位移量可按同样的方法来处理。

2. 轴环式数显表

在现代数控机床中,光栅用于位置检测并作为位置反馈,可用于位置控制,它监视和测量数控机床的每一步工作过程。图 12-16 是 ZBS 型轴环式光栅数显表示意图。它的主光栅用不锈钢圆薄片制成,可用于角位移的测量。

定片(指示光栅)固定,动片(主光栅)可与外接旋转轴相联并转动。动片表面均匀地镂空 500 条透光条纹,见图 12-16(b),定片为圆弧形薄片,在其表面刻有两组透光条纹(每组 3 条),定片上的条纹与动片上的条纹呈一角度 θ。两组条纹分别与两组红外发光二极管和光敏晶体管相对应。当动片旋转时,产生的莫尔条纹亮暗信号由光敏晶体管接收,相位正好相差 $\pi/2$,即第一个光敏晶体管接收到正弦信号,第二个光敏晶体管接收到余弦信号。经整形电路处理后,两者仍保持相差 1/4 周期的相位关系。再经过细分及辨向电路,根据运动的方向来控制可逆计数器做加法或减法计数,测量电路框图如图 12-16(c)所示。测量显示的零点由外部复位开关完成。

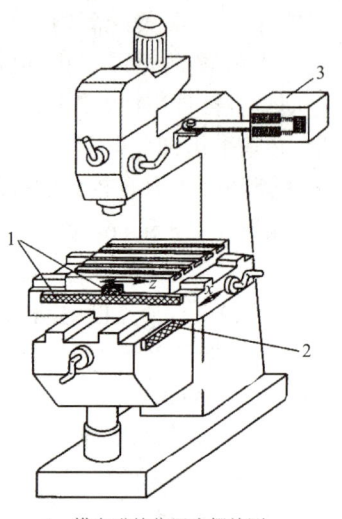

1—横向进给位置光栅检测
2—纵向进给位置光栅检测
3—2 维数字显示装置

图 12-15 光栅式数显表在机床进给运动中的应用

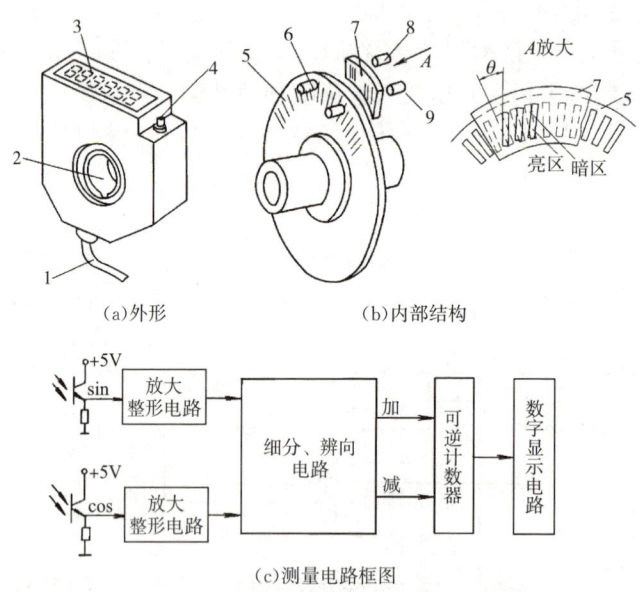

(a)外形   (b)内部结构

(c)测量电路框图

1—电源线(+5V) 2—轴套 3—数字显示器 4—复位开关 5—主光栅
6—红外发光二极管 7—指示光栅 8—sin 光敏三极管 9—cos 光敏三极管

图 12-16 ZBS 型轴环式光栅数显表

光栅型轴环式数显表具有体积小、实装简便、读数直观、工作稳定、可靠性好、抗干扰能力强、性能/价格比高等优点,适用于中小型机床的进给或定位测量,也适用于老机床的改造。如把它装在车床进给刻度轮的位置,可以直接读出进给尺寸,减少停机测量的次数,从而提高工作效率和加工精度。图 12-17 所示为轴环式数显表在车床纵向进给显示中的安装示意图。

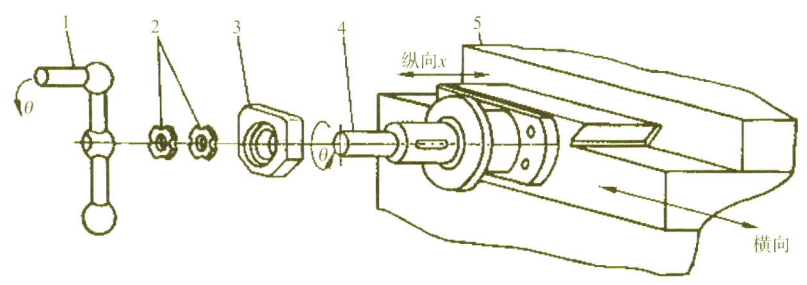

1—手柄　2—紧固螺母　3—轴环式数显表拖板　4—丝杠轴　5—溜板
图 12-17　轴环式数显表在车床纵向进给显示中的安装示意图

12.4　磁栅式传感器

与其他类型的位置检测元件相比,磁栅式传感器具有制作简单、录磁方便、易于安装及调整、测量范围宽可达十几米、不需接长、抗干扰能力强、价格比光栅便宜等一系列优点,因而在大型机床的数字检测及自动化机床的定位控制等方面得到了广泛的应用。但要注意防止退磁和定期更换磁头。

磁栅可分为长磁栅和圆磁栅两大类。长磁栅主要用于直线位移的测量,圆磁栅主要用于角位移的测量。图 12-18 为长磁栅外观示意图。

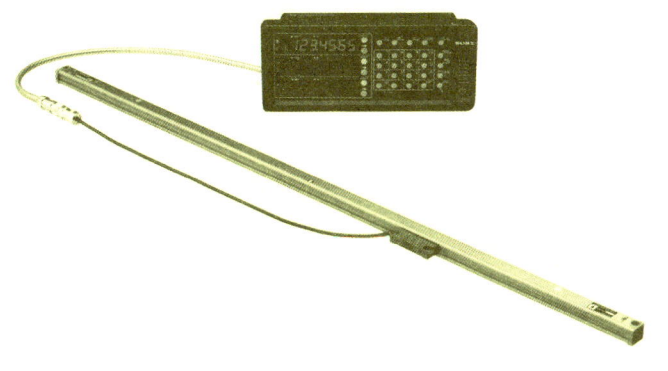

图 12-18　长磁栅外观示意图

12.4.1　磁栅结构及工作原理

磁栅式传感器主要由磁尺、磁头和信号处理电路组成。

1. 磁尺

磁尺按基体形状有带状磁尺、线状磁尺(又称同轴型)和圆形磁尺,如图 12-19 所示。

带状磁栅是用约宽 20mm、厚 0.2mm 的金属作为尺基,其有效长度可达 30m 以上。带状

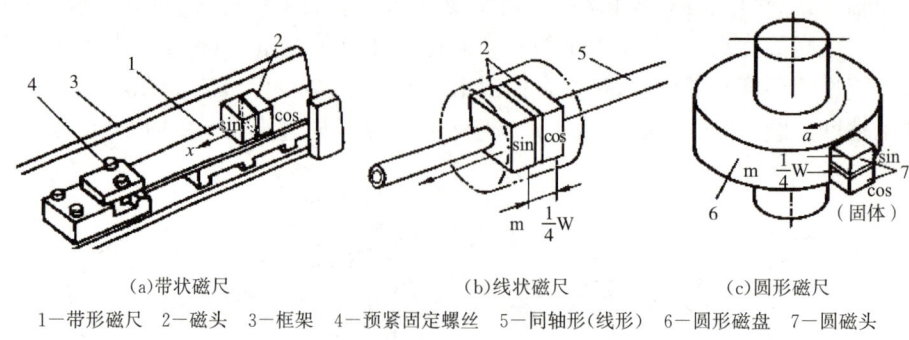

(a)带状磁尺　　　　　　　(b)线状磁尺　　　　　　　(c)圆形磁尺

1—带形磁尺　2—磁头　3—框架　4—预紧固定螺丝　5—同轴形(线形)　6—圆形磁盘　7—圆磁头

图 12-19　磁尺的分类及结构

磁尺固定在用低碳钢做的屏蔽壳体内,并以一定的预紧力固定在框架中,框架又固定在设备上,使带状磁尺同设备一起胀缩,从而减少温度对测量精度的影响。线状磁尺是用 $\Phi 2 \sim \Phi 4mm$ 的圆形线材作尺基,磁头套在圆形材上,由于磁尺被包围在磁头中间,对周围电磁场起到了屏蔽作用,所以抗干扰能力较强,安装和使用都十分方便。圆形磁尺做成圆形磁盘或磁鼓形状,用于组成圆磁栅。

利用与录音技术相似的方法,通过录磁磁头在磁尺上录制出节距严格相等的磁信号作为计数信号,信号可为正弦波或方波,节距 W 通常为 0.05mm、0.1mm、0.2mm。最后在磁尺表面还要涂上一层 $1 \sim 2\mu m$ 厚的保护层,以防磁头频繁接触而造成磁膜磨损。图 12-20 上部所示为磁尺的磁化波形,在 N 和 N、S 与 S 重叠部分的磁感应强度最大,从 N 到 S 磁感应强度呈正弦波变化。

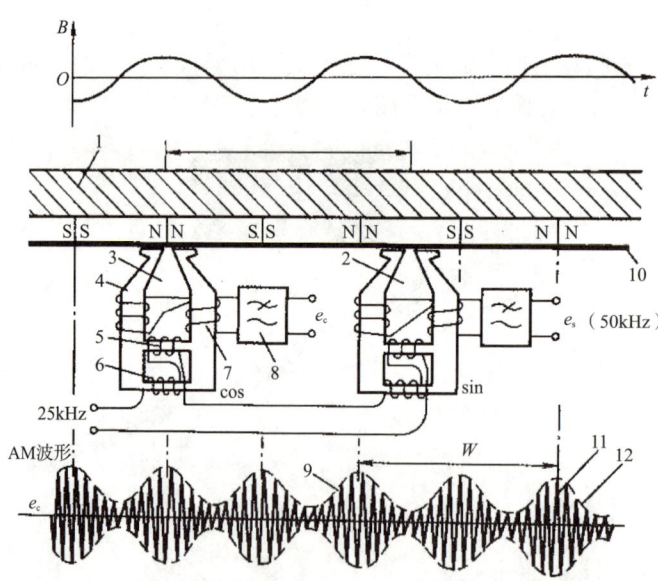

1—磁尺　2—sin 磁头　3—cos 磁头　4—磁极铁芯　5—可饱和铁芯　6—励磁绕组　7—感应输出绕组
8—低通滤波器　9—匀速运动时 sin 磁头的输出波形　10—保护膜　11—载波　12—包络线

图 12-20　磁尺的磁化波形、静态磁头的结构及磁尺上的配置

2. 磁头

磁头可分为动态磁头(速度响应式磁头)和静态磁头(磁通响应式磁头)。动态磁头只有在

磁头与磁尺间有相对运动时，才有信号输出，故不适用于速度不均匀、时走时停的机床。静态磁头在磁头与磁栅间没有相对运动时也有信号输出。图 12-20 为静态磁头的结构及其在磁尺上的配置。

为了辨别磁头运动的方向，类似于光栅的原理，采用两只磁头(sin 磁头、cos 磁头)来拾取信号。它们相互距离为$(m\pm1/4W)$，m 为整数。为了保证距离的准确性，通常将两个磁头做成一体，用计算机或 FPGA、DSP 来判别两只磁头的输出电压的相位变化。

12.4.2　磁栅式数显表及其应用

磁头、磁尺与专用磁栅数显表配合，可用于检测机械位移量，行程可达数十米，分辨力小于 $1\mu m$。图 12-21 为上海机床研究所生产的 ZCB-101 鉴相型磁栅数显表的原理框图。

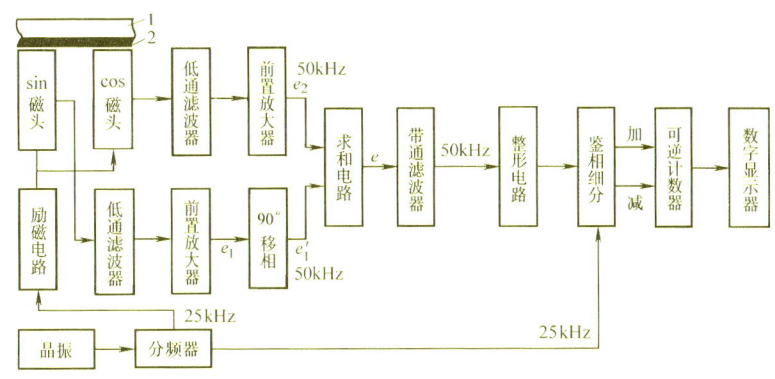

1—磁尺基底　2—录磁后的硬磁性薄膜

图 12-21　ZCB-101 鉴相型磁栅数显表的原理框图

图 12-21 中，晶体振荡器输出的脉冲经分频器变为 25kHz 方波信号，再经功率放大后同时送入 sin 磁头、cos 磁头的励磁绕组(串联)，对磁头进行励磁。两只磁头产生的感应电动势经低通滤波器和前置放大器送到求和放大电路，得到相位能反映位移量的电动势 e，$e=E_{m}\sin(\omega t\pm2\pi x/W)$。

由于求和电路的输出信号中还包括有许多高次谐波、干扰等无用信号，所以还需将其送入一个"带通滤波器"，取出角频率 ω(50kHz)的正弦信号，并将其整形为方波。当磁头相对磁尺位移一个节距 W 时，其相位就变化 $360°$。

"鉴相、细分"电路有"加""减"两个脉冲输出端。当磁头正向位移时，电路输出加脉冲，可逆计数器作加法；反之则做减法。计数结果由多位十进制数码管显示。

目前的磁栅数显表多已采用微处理器来实现图 14-21 框图中的功能。这样，硬件的数量大大减少，而功能却优于普通数显表。现以上海机床研究所生产的 WCB 系列微机磁栅数显表为例来说明带微机数显表的功能。

WCB 与该所生产的 XCC 系列以及日本 SONY 公司各种系列的直线形磁尺兼容，组成直线位移数显表装置。该表具有位移显示功能、直径/半径、公制/英制转换及显示功能、数据预置功能、断电记忆功能、超限报警功能、非线性误差修正功能、故障自检功能等，能同时测量 x、y、z 三个方向的位移，通过计算机软件程序对三个坐标轴的数据进行处理，分别显示三个坐标轴的位移数据。

磁栅数显表同样可用于图 12-15 所示的机床进给位置显示。

随着材料技术的进步,目前带状磁栅可做成开放式的,长度可达几十米,并可卷曲。安装时可直接用特殊的材料粘贴在被测对象的基座上,读数头与控制器(如可编程控制器 PLC)相连并进行数据通信,可随意对行程进行显示和控制。

12.5   容栅式传感器

容栅式传感器是一种新型数字式位移传感器,是一种基于变面积工作原理的电容式传感器。因为它的电极排列如同栅状,故称此类传感器为容栅式传感器。与其他大位移传感器如光栅、磁栅等相比,虽然准确度稍差,但体积小、造价低、耗电省和环境使用性强,广泛应用于电子数显卡尺、千分尺、高度仪、坐标仪和机床行程的测量中。

12.5.1   结构及工作原理

根据结构形式,容栅式传感器可分为三类,即直线容栅式传感器、圆容栅式传感器和圆筒形容栅式传感器。其中,直线容栅式传感器用于直线位移的测量,圆容栅式传感器用于角位移的测量。图 12-22 所示为直线容栅式传感器结构简图。

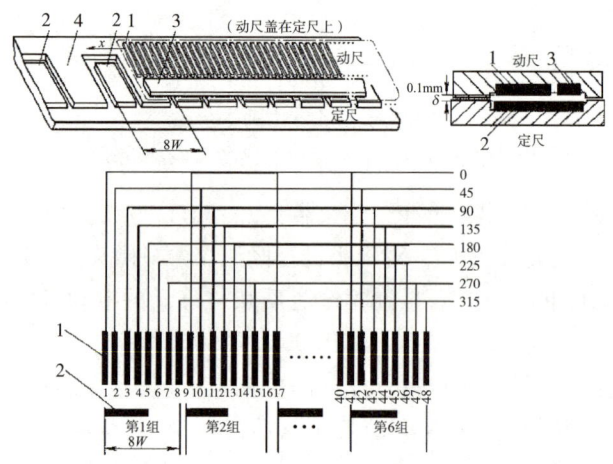

1—发射电极   2—反射电极   3—接收电极   4—屏蔽电极

图 12-22   直线容栅式传感器结构简图

直线容栅式传感器由动尺和定尺组成,动尺是有源的,定尺是无源的,两者保持很小的间隙 δ(约 0.1mm),如图 12-22 所示。动尺上有多个发射电极和一个长条形接收电极;定尺上有多个相互绝缘的反射电极和一个屏蔽电极(接地)。一个发射电极的宽度为一个节距 W,一个反射电极对应于一组发射电极。

在图 12-22 中,若发射电极有 48 个,分成 6 组,则每组有 8 个发射电极。每隔 8 个接在一起,组成一个激励相,在每组相同序号的发射电极上加一个幅值、频率和相位相同的激励信号,相邻序号电极上激励信号的相位差是 45°(360°/8)。设第一组序号为 1 的发射电极上加个相位为 0°的激励信号,序号为 2 的发射电极上的激励信号相位则为 45°。以此类推,则序号为 8 的发射电极上的激励信号相位就为 315°；而第二组序号为 9 的发射电极上的激励信号相位与第一组序号为 1 的相位相同，也为 0°。以此类推，直到第 6 组的序号 48 为止。

发射电极与反射电极、反射电极与接收电极之间存在着电场。由于反射电极的电容耦合和电荷传递作用，所以接收电极上的输出信号随发射电极与反射电极的位置变化而变化。

当动尺向右移动距离为 x 时，发射电极与反射电极间的相对面积发生变化，反射电极上的电荷量发生变化，并将电荷感应到接收电极上，在接收电极上累积的电荷 Q 与位移量 x 成正比。容栅测量转换电路如图 12-23 所示。

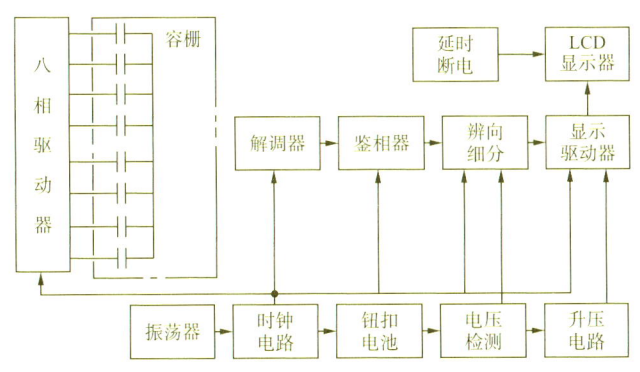

图 12-23　容栅测量转换电路框图

一般用于数显卡尺的容栅的节距 $W=0.635\mathrm{mm}$（25 毫英寸），最小分辨力为 0.01mm，非线性误差小于 0.01mm，150mm 总测量误差为 0.02～0.03mm。

直线容栅式传感器还有一种梳状结构，能接近衍射光栅和激光干涉仪的测量准确度，但造价远比它们低。

12.5.2　容栅式传感器在数显尺中的应用

普通测量工具，如游标卡尺、千分尺等在读数时存在视差。随着容栅技术在测量工具中的应用及性能/价格比的不断提高，数显卡尺、千分尺应运而生，并在生产中越来越多地替代了传统卡尺。图 12-24 是数显游标卡尺示意图。

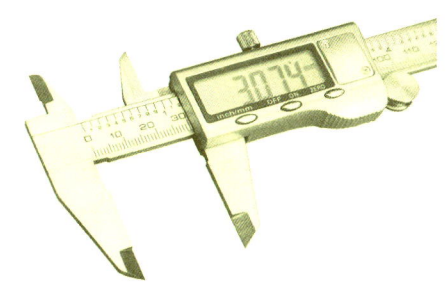

图 12-24　数显游标卡尺

在图 12-24 中，容栅定尺安装在尺身上，动尺与单片测量转换电路（专用 IC）安装在游标上，分辨力为 0.01mm，重复精度 0.01mm。若干分钟不移动动尺时，自动断电，因此 1.5V 氧化银扣式电池可使用一年以上。通过复位按钮可在任意位置置零，消除累积误差；通过公制/英制转换钮实现公/英转换；通过串行接口可与计算机或打印机相联，经软件处理，可对测量数据进行统计处理。

除此以外，直线式容栅还可应用于数显测高仪中，测量范围可达 1m 以上，分辨力可达 0.01mm。

图 12-25 所示为容栅数显千分尺外形，它的分辨力为 0.001mm，重复准确度为 0.002mm，累积误差为 0.002mm。数显千分尺采用的是圆容栅。圆容栅由旋转容栅和固定容栅组成，图

12-26 所示为圆容栅示意图。

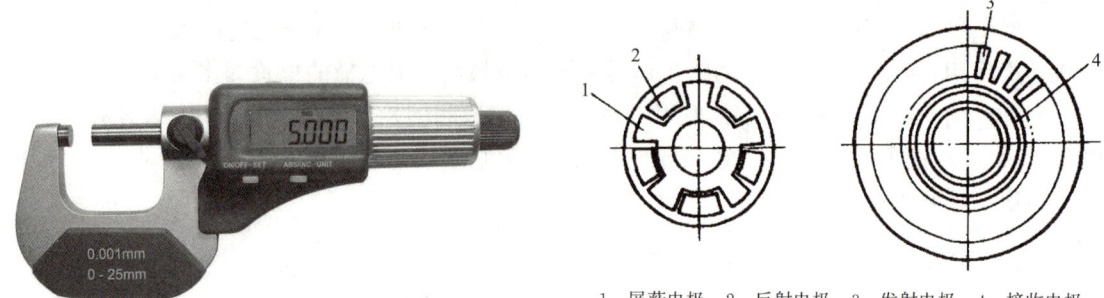

1—屏蔽电极　2—反射电极　3—发射电极　4—接收电极

图 12-25　数显千分尺　　　　　图 12-26　圆容栅示意图

旋转容栅上面有 5 块独立的、互相隔离且均匀分布的金属导片,相当于反射电极,其余部分的金属连成一片并接地,相当于屏蔽电极。固定容栅的外圆均匀分布着 40 条金属导片,共分成 8 组,每组 5 条导片,每隔 4 条连成一组形成发射电极。这 5 组导片分别接到 5 个引出端子,由 5 个依次相移 72°(360°/5)的方波进行激励。固定容栅的中间有两圈金属环与发射电极相对应,一个金属环作为接收电极,另一个最里圈的金属环接地,也相当于屏蔽电极。

使用数显千分尺时,固定容栅不动,安装在尺身上,旋转容栅随螺杆旋转,发射电极与反射电极的相对面积发生变化,反射电极上的电荷也随之发生变化,并感应到接收电极上。接收电极上的电荷量与角位移存在一定的比例关系,并间接反映了螺杆的直线位移。接收电极上的电荷量经信号处理电路(一种专用集成电路)处理后,由显示器显示出位移量。

章节习题

1. 单项选择题

(1)数字式位置传感器不能用于(　　　)的测量。

A. 机床刀具的位移　　　　　　　　B. 机械手的旋转角度

C. 人体步行速度　　　　　　　　　D. 机床的位置控制

(2)不能直接用于直线位移测量的传感器是(　　　)。

A. 长光栅　　　　B. 长磁栅　　　　C. 角编码器

(3)绝对式位置传感器输出的信号是(　　　),增量式位置传感器输出的信号是(　　　)。

A. 电流信号　　　B. 电压信号　　　C. 脉冲信号　　　D. 二进制格雷码

(4)有一只 10 码道绝对式角编码器,其分辨率为(　　　),能分辨的最小角位移为(　　　)。

A. 1/10　　　　　B. 1/210　　　　C. 1/102　　　　D. 3.6°

E. 0.35°　　　　F. 0.01°

(5)有一只 1024p/r 增量式角编码器,在零位脉冲之后,光敏元件连续输出 10241 个脉冲。则该编码器的转轴从零位开始转过了(　　　)。

A. 10241 圈　　　B. 1/10241 圈　　　C. 10 又 1/1024 圈　　D. 11 圈

(6)有一只 2048p/r 增量式角编码器,光敏元件在 30 秒内连续输出了 204800 个脉冲,则该编码器转轴的转速为(　　　)。

A. 204800r/min　　B. (60 ×204800)r/min　　C. (100/30)r/min　　D. 200r/min

(7)某直线光栅每毫米刻线数为 50 线,采用四细分技术,则该光栅的分辨力为(   )。

A. 5 μm   B. 50 μm   C. 4 μm   D. 20 μm

(8)能将直线位移转变成角位移的机械装置是(   )。

A. 丝杠—螺母   B. 齿轮—齿条   C. 蜗轮—蜗杆

(9)光栅中采用 sin 和 cos 两套光电元件是为了(   )。

A. 提高信号幅度   B. 辨向   C. 抗干扰   D. 作三角函数运算

(10)光栅传感器利用莫尔条纹来达到(   )。

A. 提高光栅的分辨力   B. 辨向的目的

C. 使光敏元件能分辨主光栅移动时引起的光强变化   D. 细分的目的

(11)当主光栅与指示光栅的夹角为 θ(rad)、主光栅与指示光栅相对移动一个栅距时,莫尔条纹移动(   )。

A. 一个莫尔条纹间距 L   B. θ 个 L   C. $1/\theta$ 个 L   D. 一个 W 的间距

(12)磁带录音机中应采用(   );磁栅传感器中应采用(   )。

A. 动态磁头   B. 静态磁头   C. 电涡流探头

(13)容栅传感器是根据电容的(   )工作原理来工作的。

A. 变极距式   B. 变面积式   C. 变介质式

(14)粉尘较多的场合不宜采用(   );直线位移测量超过 1m 时,为减少接长误差,不宜采用(   )。

A. 光栅   B. 磁栅   C. 容栅

(15)测量超过 30m 的位移量应选用(   ),属于接触式测量的是(   )。

A. 光栅   B. 磁栅   C. 容栅   D. 光电式角编码器

2.在检修某机械设备时,发现某金属齿轮的两侧各有 A、B 检测元件,如图 12-27(a)所示。请分析填空。

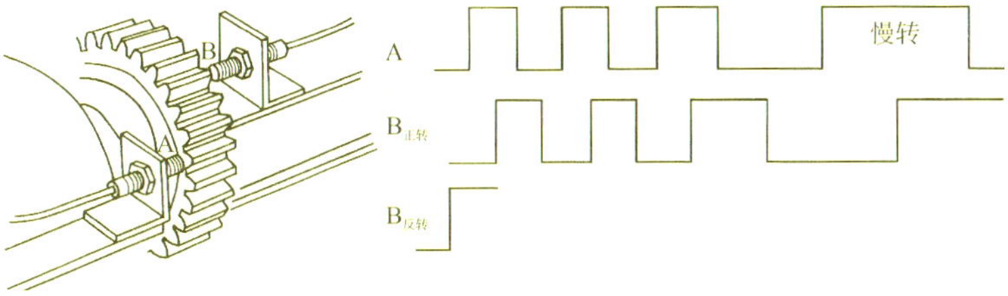

(a)安装简图   (b)输出波形

图 12-27 机械设备中的旋转参数测量原理分析

(1)根据已学过的知识,可以确认 A、B 两个检测元件是_____(行程开关/接近开关),其检测原理是属于_____传感器。

(2)齿轮每转过一个齿,则 A、B 各输出_____个脉冲。在设定的时间内,对脉冲进行计数,就可以测量齿轮的_____和_____。

(3)若齿轮的齿数 $z=36$,在 2s 内测得 A(或 B)输出的脉冲数为 1026 个,则说明齿轮转过了_____圈。

(4)若齿轮正转时 A、B 的输出脉冲如图 12-27(b)所示,由 b 图可以看出,设置 A、B 两个检测元件是为了判别_____。

（5）若齿轮反转，请以 A 的波形为基准，画出 B 的输出波形（应考虑相位差）。

（6）若发现 A 或 B 无信号输出，产生故障的可能原因为_____、_____、_____、_____等。

（7）可用_____（塑料/铁片）来判断 A 或 B 是否损坏。

3. 一透射式 3600 线/圈的圆光栅，采用四细分技术，求：

角节距 θ 为多少度？换算为多少分？

细分前的分辨力为多少分？

四细分后该圆光栅数显表每产生一个脉冲，说明主光栅旋转了多少分？

若测得主光栅顺时针旋转时产生加脉冲 1200 个（细分后），然后又测得减脉冲 200 个，则主光栅的角位移为多少度？

4. 图 12-28（a）所示为一人体身高和体重测量装置外观，图 12-28（b）所示为测量身高的传动机构简图。请分析填空并列式计算。

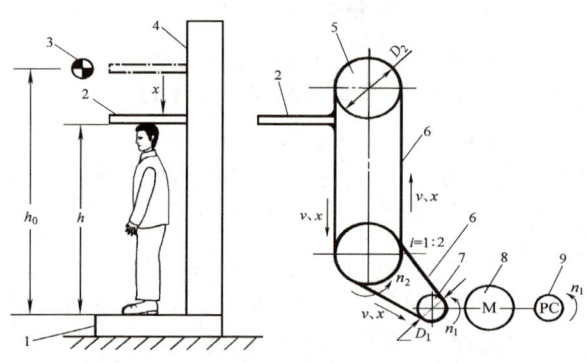

（a）测量装置外观　　　　（b）传动机构简图

1—底座　2—标杆　3—原点　4—立柱　5—大带轮　6—传动带　7—小带轮　8—电动机　9—光电编码器

图 12-28　测量身高的装置示意图

（1）测量体重的荷重传感器应该选择_____（压电/应变片/超声波）传感器，该传感器应安装在_____部位。

（2）电动机与角编码器及小带轮联轴，再带动大带轮及标杆，且两根传动带外表面的线速度 v 处处相同。设小带轮的直径 $D_1 = 79.6\text{mm}$，则电动机及小带轮每转一圈，传动带及标杆就上升或下降_____mm。

（3）若角编码器的参数为 1024p/r，不采用细分技术，则电动机每转动一圈，光电编码器产生_____个脉冲。则每测得一个光电编码器产生的脉冲，就说明标杆上升或下降_____mm。

（4）设标杆原位（基准位置）距踏脚平面的高度 $h_0 = 2.2\text{m}$，当标杆从图中的原位下移碰到人的头部时，共测得 2048 个脉冲，则标杆位移了_____mm，该人的身高 $h =$_____m。

（5）每次测量完毕，标杆回到原位的目的是_____。

5. 有一增量式光电编码器，其参数为 1024p/r，采用四细分技术，编码器与丝杠同轴连接，丝杠螺距 $t = 2\text{mm}$，如图 12-29 所示。当丝杠从图中所示的基准位置开始旋转，在 0.5s 时间里，光电编码器后续的细分电路共产生了 4×51456 个脉冲。请列式计算：

（1）丝杠共转过_____圈，又_____度；

(2)丝杠的平均转速 n(r/min)为 _____ ;

(3)螺母从图中所示的基准位置移动了 _____ mm;

(4)螺母移动的平均速度 v 为 _____ m/s;

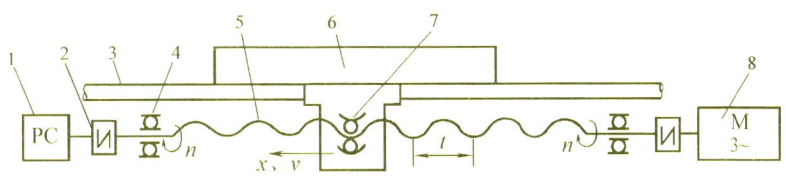

1—光电角编码器　2—联轴器　3—导轨　4—轴承　5—滚珠丝杠　6—工作台
7—螺母(和工作台连在一起)　8—电动机

图 12-29　光电编码器与丝杠的连接

扩展阅读

中国超算

超级计算机是 1929 年《纽约世界报》最先报道出的一个名词,它是将大量的处理器集中在一起以处理庞大的数据量,同时运算速度比常规计算机快许多倍。但是从结构上看,超级计算机和普通计算机是大同小异的,而这种并行化处理使得人们可以对庞大数据进行处理,进而影响到各个行业运行。1976 年,美国克雷公司推出了世界上首台运算速度达每秒 2.5 亿次的超级计算机。突出表现一国科技实力的超级计算机,堪称集万千宠爱于一身的高科技宠儿,在诸如天气预报、生命科学的基因分析、核业、军事、航天等高科技领域大展身手,让各国科技精英竞折腰,各国都在着手研发亿亿级超级计算机。

一般来说,超级计算机的运算速度平均每秒 1000 万次以上,存储容量在 1000 万位以上。如美国的 ILLIAC—Ⅳ、日本的 NEC,欧洲的尤金、中国的"银河"计算机,就属于巨型计算机。巨型计算机的发展是电子计算机的一个重要发展方向。它的研制水平标志着一个国家的科学技术和工业发展的程度,体现着国家经济发展的实力。一些发达国家正在投入大量资金和人力、物力,研制运算速度达几百万亿次的超级大型计算机。

2009 年,我国国防科技大学发布峰值性能为每秒 1.206 千万亿次的"天河一号"超级计算机,标志着我国成为美国之后第二个可以独立研制千万亿次超级计算机的国家。尤其2016 年"神威太湖之光"的出现,更是标志我国进入超算世界领先地位。

模块
12

模块 13 多传感器融合应用

 学习目标

知识目标

1. 了解智能传感器的结构组成和应用。
2. 了解多传感器信息融合技术。
3. 了解多传感器的典型综合应用案例。

能力目标

1. 能够正确分析设备中应用的传感器类型及作用。
2. 能够正确选择并使用合适的传感器。
3. 能够设计简单的自动控制检测系统。

在实际应用中,复杂的控制系统往往不会单独使用某个传感器来进行检测。

一部小汽车里配置了几十个传感器,用于测量行驶速度、距离、发动机转速、燃料余量、润滑油温度和水温等。在电子控制汽油喷射式发动机中,还要对进气管的空气压力、流量进行测量,CPU 再根据怠速、加速度、气温、水温、爆震和尾气氧含量等众多参数决定喷射汽油量,得到最佳空燃比,并决定最佳的点火时刻,以得到最高的效率和最低的废气污染。

一个现代化火力发电厂需要多台计算机来快速地测量锅炉、汽轮机、发电机上许多重要部位的温度、压力、流量、转速、振动、位移、应力和燃烧状况等热工、机械参数,还必须测量发电机的电压、电流、功率、功率因数以及各种辅机的运行状态,然后进行综合处理,将被监测的重要参数进行数字或模拟显示,自动调整运行工况,对某些超限参数进行声光报警或采取紧急措施。在上述这个系统中,需要数百个不同的传感器将各种不同的机械、热工量转换成电量,供计算机采样。

再比如,身边的家用电器如空调、洗衣机、电冰箱、微波炉,甚至电饭煲,大多数的电气设备都配备了多个不同类型的传感器,并与 CPU、控制电路以及机械传动部件组成一个综合系统,来达到某种设定的目的,这种系统称为检测控制系统。

小汽车属于小型系统,是由多个传感器和一台 CPU 组成的检测控制系统。现代化火力发电厂属于大型系统,是由多个传感器、多台计算机组成多个检测控制子系统,再由一台工控机将各子系统数据进行融合,形成一个完整且有反馈功能的检测控制系统。

为探索多传感器的综合应用,本模块介绍多传感器信息融合技术、智能传感器以及几种典型的多传感器检测控制系统。

13.1　多传感器信息融合技术

单一传感器只能获得环境或被测对象的部分信息段,而多传感器作用于同一系统时,经过数据融合后能够完善地、准确地反映环境的特征。信息融合,是多元信息综合处理的一项新技术,它有多种译名,如多传感器相关、多源相关、多传感器融合、数据融合等。

信息融合比较确切的定义可概括为:充分利用不同时间和空间的多传感器信息资源,采用计算机技术对按时序获得的多传感器观测信息在一定的准则下加以自动分析、综合、支配和使用,获得被测对象的一致性解释与描述,以完成所需的决策和估计任务,使系统获得比它的各个组成部分更优越的性能。

13.1.1　多传感器信息融合

多传感器信息融合技术从多信息的视角进行处理及综合,得到各种信息的内在联系和规律,从而剔除无用的和错误的信息,保留正确的和有用的成分,最终实现信息的优化。它也为智能信息处理技术的研究提供了新的观念。

从生物学的角度来看,人类和自然界中其他动物对客观事物的认知过程,就是对多源数据的融合过程。人类不是单纯依靠一种感官,而是通过视觉、听觉、触觉、嗅觉等多种感官获取客观对象不同质的信息,或通过同类传感器(如双耳)获取同质而又不同量的信息,然后通过大脑对这些感知信息依据某种规则进行组合和处理,从而得到对客观对象和谐与统一的理解和认识。这一处理过程是复杂的,也是自适应的,它将各种信息(图像、声音、气味和触觉)转换为对环境的有价值的解释。自动化数据融合系统实际上就是模仿这种由感知到认知的过程。

多传感器信息融合就像人脑综合处理信息一样,其基本原理就是充分利用多传感器资源,通过对这些传感器及观测信息的合理支配和使用,把多传感器在空间或时间上的冗余或互补信息依据某种准则进行组合,以获得被测对象的一致性解释或描述。其目的是基于各独立传感器的观测数据,通过融合导出更丰富的有效信息,获得最佳协同效果,发挥多个传感器的联合优势,提高传感器系统的有效性,消除单一传感器的局限性。

多传感器信息融合分为组合、综合、融合和相关四个类型:

(1)组合是由多个传感器组合成平行或互补方式来获得多组数据输出的一种处理方法,是一种最基本的方式,涉及的问题有输出方式的协调、综合以及传感器的选择。

(2)综合是一种信息优化处理中的获得明确信息的有效方法。例如在虚拟现实技术中,使用两个分开设置的摄像机同时拍摄到一个物体不同侧面的两幅图像,综合这两幅图像可以复原出一个准确的有立体感的物体的图像。

(3)融合技术是将传感器数据组之间进行相关或将传感器数据与系统内部的知识模型进行相关,而产生信息的一个新的表达式。

(4)相关是通过处理传感器信息获得某些结果,不仅需要单项信息处理,而且需要通过相关来进行处理,获悉传感器数据组之间的关系,从而得到正确信息,剔除无用和错误的信息。相关处理的目的是对识别、预测、学习和记忆等过程的信息进行综合和优化。

在多传感器信息融合系统中,各种传感器的数据可以具有不同的特征,可能是实时的或非

模块
13

实时的、模糊的或确定的、互相支持的或互补的,也可能是互相矛盾或竞争的。所以,多传感器融合系统具有四个显著的特点:

(1)信息的冗余性。对于环境的某个特征,可以通过多个传感器(或者单个传感器的多个不同时刻)得到它的多份信息,这些信息是冗余的,并且具有不同的可靠性,通过融合处理,可以从中提取出更加准确和可靠的信息。此外,信息的冗余性可以提高系统的稳定性,从而能够避免因单个传感器失效而对整个系统所造成影响。

(2)信息的互补性。不同种类的传感器可以为系统提供不同性质的信息,这些信息所描述的对象是不同的环境特征,它们彼此之间具有互补性。如果定义一个由所有特征构成的坐标空间,那么每个传感器所提供的信息只属于整个空间的一个子空间,和其他传感器形成的空间相互独立。

(3)信息处理的及时性。各传感器的处理过程相互独立,整个处理过程可以采用并行导热处理机制,从而使系统具有更快的处理速度,提供更加及时的处理结果。

(4)信息处理的低成本性。多个传感器可以花费更少的代价来得到相当于单传感器所能得到的信息量。另一方面,如果不将单个传感器所提供的信息用来实现其他功能,单个传感器的成本和多传感器的成本之和是相当的。

13.1.2 多传感器信息融合过程

信息融合过程主要包括多传感器信号获取、数据预处理、数据融合中心(特征提取、数据融合计算)和结果输出等环节,其过程如图 13-1 所示。由于被测对象多半为具有不同特征的非电量,如压力、温度、色彩和灰度等,因此首先要将它们转换成电信号,然后经过 A/D 转换将它们转换为能由计算机处理的数字量。数字化后的电信号由于环境等随机因素的影响,不可避免地存在一些干扰和噪声信号,通过预处理滤除数据采集过程中的干扰和噪声,以便得到有用信号。预处理后的有用信号经过特征提取,并对某一特征量进行数据融合计算,最后输出融合结果。

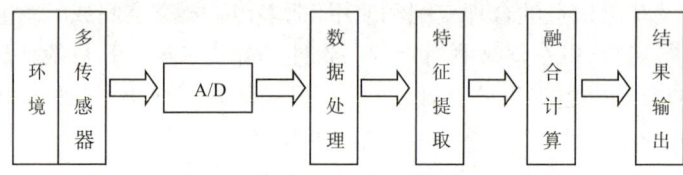

图 13-1　多传感器信息融合过程

(1)信号的获取。多传感器信号获取的方法很多,可根据具体情况采取不同的传感器获取被测对象的信号。图形景物信号的获取一般可利用电视摄像系统或电荷耦合器件(CCD),将外界的图形景物信息采集进入电视摄像系统或经过电荷耦合器件变化的光通量转换成变化的电信号,再经 A/D 转换后进入计算机系统。工程信号的获取一般采用工程上的专用传感器,将非电量信号或电信号转换成 A/D 转换器或计算机 I/O 口能接收的电信号,在计算机中进行处理。

(2)信号预处理。在信号获取过程中,一方面由于各种客观因素的影响,在检测到的信号中常常混合有噪声;另一方面经过 A/D 转换后的离散时间信号除含有原来的噪声外,又增加了 A/D 转换噪声。因此,在对多传感器信号融合处理前,有必要对传感器输出信号进行预处理,尽可能地去除这些噪声,提高信息的信噪比。信号预处理的方法主要有均值、滤波、消除趋势项、坏点剔除等。

（3）特征提取。对来自传感器的原始信息进行特征提取，特征可以是被测对象的各种物理量。

（4）融合计算。数据融合计算的方法较多，主要有数据相关技术、估计理论和识别技术等。

13.1.3　多传感器信息融合系统的结构

多传感器信息融合的结构分为串联、并联和混合三种方式，如图 13-2 所示。串联融合时，当前传感器要接收前一级传感器的输出结果，每个传感器既有接收处理信息的功能，又有信息融合的功能，各个传感器的处理同前一级传感器输出的信息形式有很大关系。最后一个传感器综合了所有前级传感器输出的信息，得到的输出为串联融合系统的结论。

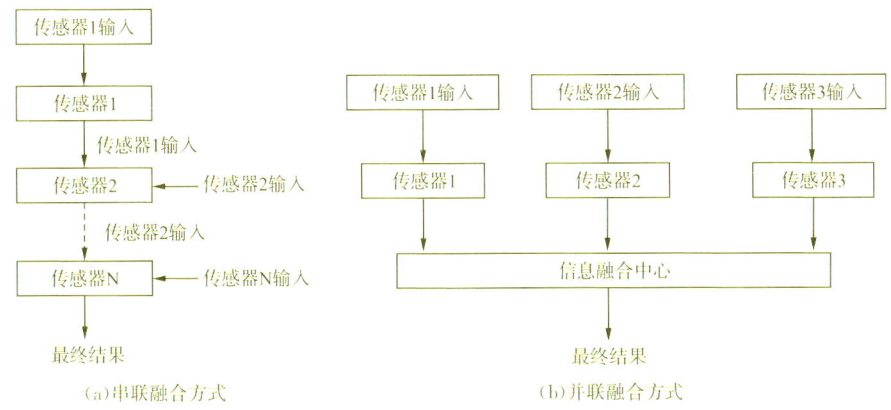

图 13-2　多传感器信息融合结构形式

并联融合时，各个传感器直接将各自的输出信息传输到传感器融合中心，传感器之间没有影响，融合中心对各信息按适当的方法综合处理后，输出最终结果。

将串联融合和并联融合方式结合组成混合融合方式，或总体串联局部并联，或总体并联局部串联。此种方式一般用于大型或者对检测精度要求较高的检测控制系统中。

13.1.4　多传感器信息融合技术的应用

多传感器信息融合技术应用广泛，特别是在智能检测、工业过程监视、机器人、军事舰船、空中交通管制等高科技领域中，起着至关重要的作用。

（1）智能检测。消除单个或单类传感器检测的不确定性，提高智能检测系统的可靠性，获得对检测对象更准确的认识。

（2）工业过程监视。识别引起系统状态超出正常运行范围的故障条件，并据此触发若干报警器。目前，数据融合技术已在核反应堆和石油平台监视系统中获得应用。

（3）机器人。传感器融合技术在机器人特别是移动机器人领域有着广泛的应用。自主移动的机器人在未知或动态的环境中工作时，将多传感器提供的数据精心融合，从而准确快速地感知环境信息。而工业机器人更是靠多传感器融合的技术模拟人的智能作业，实现精确的定位和操作。

（4）军事舰船。传感器信息融合是提高海军舰船目标识别能力和战斗力的有效手段。海军舰船的各类传感器信号（如雷达、红外、激光等）的融合，将综合和解释所有当前的信息，达到准确快速的军事反应能力。

模块
13

(5)空中交通管制。在目前的空中交通管制系统中,主要由雷达和无线电提供空中图像,并由空中交通管制器承担数据融合的任务。

13.2　智能式传感器

20世纪80年代中期以来,微处理器技术迅猛发展,并与传感器密切结合,使传感器不仅具有传统的检测功能,而且具有存储、判断和信息处理的功能。由微处理器和传感器相结合构成的新型传感器,即智能式传感器。智能式传感器是一种以微处理器为核心单元,具有检测、判断和信息处理等功能的传感器,是传感器集成化与微处理器相结合的产物。

13.2.1　智能式传感器概述

智能式传感器包括传感器的智能化和智能传感器两种主要形式。前者是采用微处理器或微型计算机系统来扩展和提高传统传感器的功能,传感器与微处理器可为两个分立的功能单元,传感器的输出信号经放大调理和转换后由接口送入微处理器进行处理。后者是借助于半导体技术将传感器与信号放大调理电路、接口电路和微处理器等制作在同一块芯片上,即形成大规模集成电路的智能传感器。

智能式传感器具有多功能、一体化、集成度高、体积小、适宜大批量生产、使用方便等优点,它是传感器发展的必然趋势,它的发展将取决于半导体集成化工艺水平的进步与提高。然而,目前广泛使用的智能式传感器,主要是通过传感器的智能化来实现的。

智能式传感器系统主要由传感器、微处理器及相关电路组成,如图13-3所示。传感器将被测的物理量、化学量转换成相应的电信号,送到信号调制电路中,经过滤波、放大、A/D转换后送达微处理器。微处理器对接收的信号进行计算、存储、数据分析处理后,一方面通过反馈回路对传感器与信号调理电路进行调节,以实现对测量过程的调节和控制;另一方面将处理的结果传送到输出接口,经接口电路处理后按输出格式、界面定制输出数字化的测量结果。微处理器是智能传感器的核心,由于微处理器充分发挥各种软件的功能,使传感器智能化,大大提高了传感器的性能。

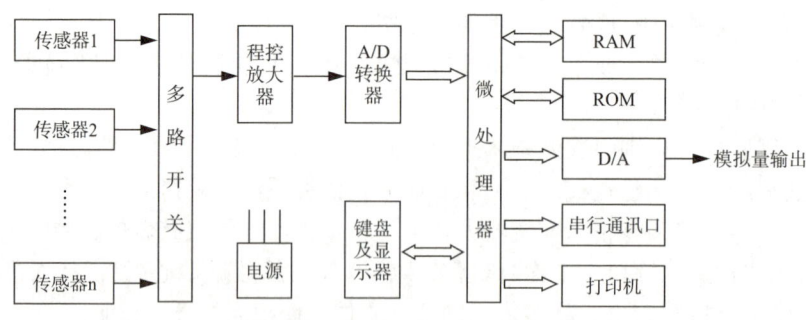

图13-3　智能式传感器构成

智能式传感器是通过模拟人的感官和大脑的协调动作,结合长期以来测试技术的研究和实际经验而提出来的。从构成上看,智能式传感器是一个典型的以微处理器为核心的计算机检测系统,是一个相对独立的智能单元。智能式传感器有以下功能:

（1）具有逻辑判断、统计处理功能。可对检测数据进行分析、统计和修正，还可进行线性、非线性、温度、噪声、响应时间、交叉感应以及缓慢漂移等的误差补偿，提高了测量准确度。

（2）具有自诊断、自校准功能。普通传感器需要定期检验和标定，以保证它在正常使用时有足够的准确度，这些工作一般要求将传感器从使用现场拆卸送到实验室或检验部门进行。对于在线测量传感器出现异常则不能及时诊断。智能式传感器可在接通电源时进行开机自检，可在工作中进行运行自检，并可实时自行诊断测试，以确定哪一组件有故障，提高了工作可靠性。

（3）具有自适应、自调整功能。可根据待测物理量的数值大小及变化情况自动选择检测量程和测量方式，提高了检测适用性。

（4）具有组态功能。可实现多传感器、多参数的复合测量，给出能够较全面反映物质运动规律的信息，扩大了检测与使用范围。如美国加利福尼亚大学研制的复合液体传感器，可同时测量介质的温度、流速、压力和密度。复合力学传感器，可同时测量物体某一点的三维振动加速度（加速度传感器）、速度（速度传感器）、位移（位移传感器）。

（5）具有记忆、存储功能。可进行检测数据的随时存取，加快了信息的处理速度。

（6）具有数据通信功能。智能式传感器具有数据通信接口，能与计算机直接联机，相互交换信息，提高了信息处理的质量。用通信网络以数字形式进行双向通信，这也是智能式传感器关键标志之一。

智能式传感器的出现对硬件性能原本苛刻的要求有所减轻，而靠软件帮助可以使传感器的性能大幅度提高。同一般传感器相比，智能式传感器有以下几个显著特点：

（1）精度高。由于智能式传感器具有信息处理的功能，因此通过软件不仅可以修正各种确定性系统误差（如传感器输入输出的非线性误差、温度误差、零点误差、正反行程误差等），而且还可以适当地补偿随机误差，降低噪声，从而使传感器的精度大大提高。

（2）稳定、可靠性好。集成传感器系统小型化，消除了传统结构的某些不可靠因素，改善整个系统的抗干扰性能；同时它还有诊断、校准和数据存储功能，对于智能结构系统还有自适应功能，具有良好的稳定性。

（3）检测与处理方便。智能式传感器不仅具有一定的可编程自动化能力，可根据检测对象或条件的改变，相应地改变量程及输出数据的形式，而且输出数据可通过串行或并行通信线直接送入远程计算机进行处理。

（4）功能广。智能式传感器可以实现多传感器多参数综合测量，通过编程扩大测量与使用范围，而且可以有多种形式输出（如 RS232 串行输出、PIO 并行输出、IEEE—488 总线输出以及经 D/A 转换后的模拟量输出等），适配各种应用系统。

（5）性能价格比高。在相同精度条件下，多功能智能式传感器与单一功能的普通传感器相比，性价比高，尤其是在采用比较便宜的单片机后更为明显。

13.2.2　智能式传感器的应用

随着信息时代的高速发展，智能式传感器的应用也越来越广泛。例如：在工业 4.0 时代，要用传感器来监视和控制生产过程中的参数，使设备保持正常的工作状态；在智能家居领域，智能式传感器是实现用户和家居单品（灯光、电视、冰箱、音响等）互动的基础；在无人驾驶中，需要通过智能式传感器对交通和环境数据进行采集和处理，这样才能保证汽车在道路上安全行驶。下面我们介绍几种智能式传感器实例。

1. 智能式压力传感器

智能式压力传感器如图 13-4 所示,由主传感器、辅助传感器、微机硬件系统(数字信号处理器)三部分构成。主传感器为压力传感器,由它来测量被测压力参数。辅助传感器为温度传感器和环境压力传感器。微机硬件系统(数字信号处理器)用于对传感器输出的微弱信号进行放大、处理、存储和与计算机通信。

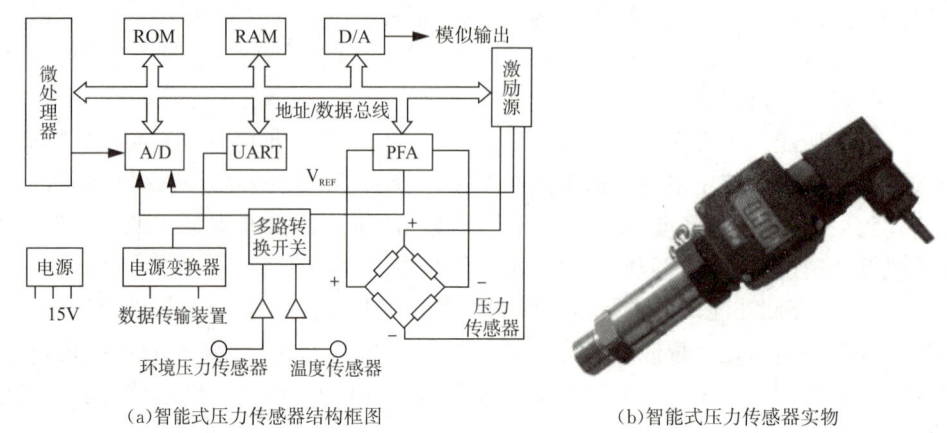

(a)智能式压力传感器结构框图　　　　　(b)智能式压力传感器实物

图 13-4　智能压力传感器

2. 便携式气象参数测试仪

便携式气象参数测试仪是一台计算型智能传感器系统,便于携带,使用方便,测量精度高。其结构和实物如图 13-5 所示,主要由风速/风向传感器、温度/湿度传感器、气压传感器、单片机、接口电路等构成,可实现风向、风速、温度、湿度、气压的传感器信号采集,显示各种参数过程曲线、最大值、最小值、平均值,并对其进行处理,为客户带来更便捷、更直观的操作体验。

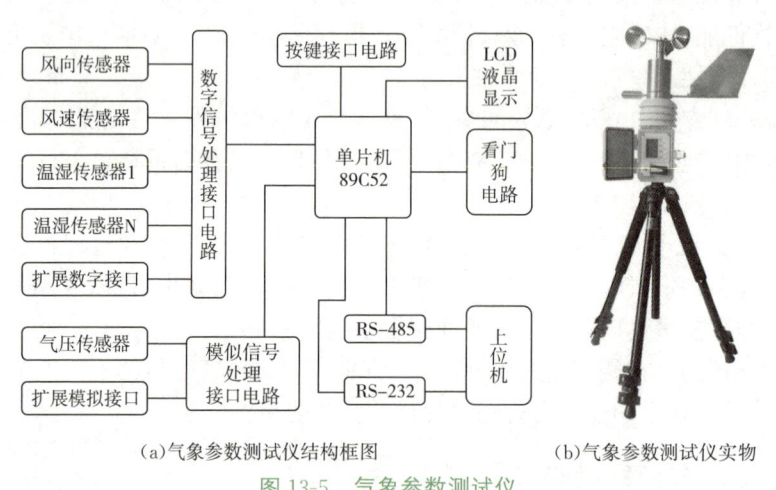

(a)气象参数测试仪结构框图　　　　　(b)气象参数测试仪实物

图 13-5　气象参数测试仪

3. 汽车制动性能检测仪

汽车制动性能的检测有路试法和台试法。台试法用得较多,它通过在制动试验台上对汽车进行制动力的测量,并以车轮制动力的大小和左右车轮制动力的差值来综合评价汽车的制动性能。汽车制动性能检测仪结构和实物如图 13-6 所示,由左轮、右轮制动力传感器及数据采集、处理与输出系统组成。

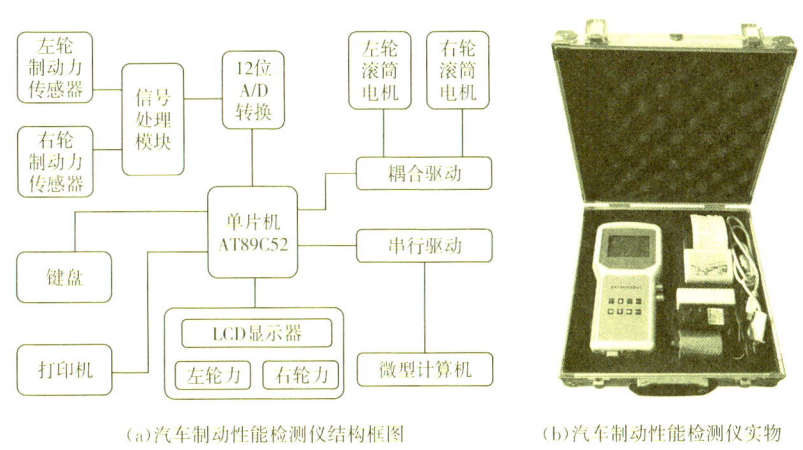

（a）汽车制动性能检测仪结构框图　　　　　　（b）汽车制动性能检测仪实物

图 13-6　汽车制动性能检测仪

汽车置于制动检测台上，其左轮、右轮压下到位开关，使两个到位开关闭合接通，此时单片机得到信号，判断汽车已经到位，于是发出一个控制信号，该信号经耦合驱动电路使检测台上的左轮、右轮滚筒电机得电，带动车轮一起转动，滚筒的粘砂滚筒摩擦系数近似于真实路面，可以模拟车辆在路面上行驶。此时，开始测取阻滞力并显示，约 5 秒后，阻滞力采集完毕，并存储记忆。单片机便发出另一信号，使制动指示灯点亮，司机看见该灯点亮后，踩下制动踏板，车轮制动器产生的制动力矩阻碍滚筒转动，车轮的制动力作用在滚筒上，该力通过力臂传给测力传感器，经过信号变换，由单片机测量出车轮的制动力，最大制动力在 LCD 上显示出来并保持。在刹车踩下后并逐渐加力过程中，如果左轮、右轮中某一轮先被抱死，则发出控制信号使该轮的抱死指示灯点亮，同时停止滚筒转动，完成一个检测过程。

13.3　多传感器应用实例

1. 传感器在汽车中的应用

汽车类型繁多，结构比较复杂，其组成大体可分为发动机、底盘和电气设备三大部分，每一部分均安装有许多检测和控制用的传感器。

汽车启动时，电动汽油泵将汽油从油箱内吸出，由滤清器滤出杂质后，经喷油器喷射到空气进气管中，与适当比例的空气均匀混合，再分配到各气缸中。混合气由火花塞点火而在气缸内迅速燃烧，推动活塞，带动连杆、曲轴作回转运动。曲轴运动通过齿轮机构驱动车轮使汽车行驶起来。以上工作过程均是在电控单元 ECU（Electronic Control Unit）控制下进行的。ECU 的外形及内部原理框图如图 13-7 所示。为方便介绍汽车用传感器，我们将汽车的传感器系统分为空气系统、燃油系统、点火系统、传动系统和其他系统。

（1）空气系统中的传感器。

为了得到最佳的燃烧状态和最小的排气污染，必须对油气混合气中的空气燃油比例（空燃比）进行精确的控制。空气系统中传感器的作用是计量和控制发动机燃烧所需要的空气量。

经空气滤清器过滤的新鲜空气经空气流量传感器测量之后进入进气管，与喷油器喷射的汽油混合后才进入气缸。ECU 根据车速、功率（载重量、爬坡等）等不同运行状况，控制电磁调节

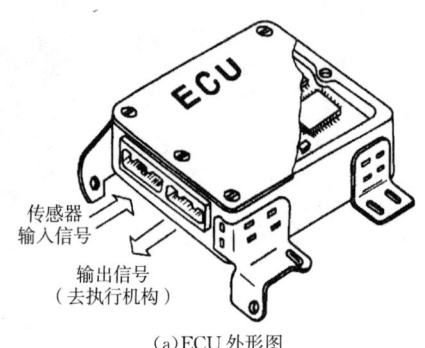

(a)ECU 外形图

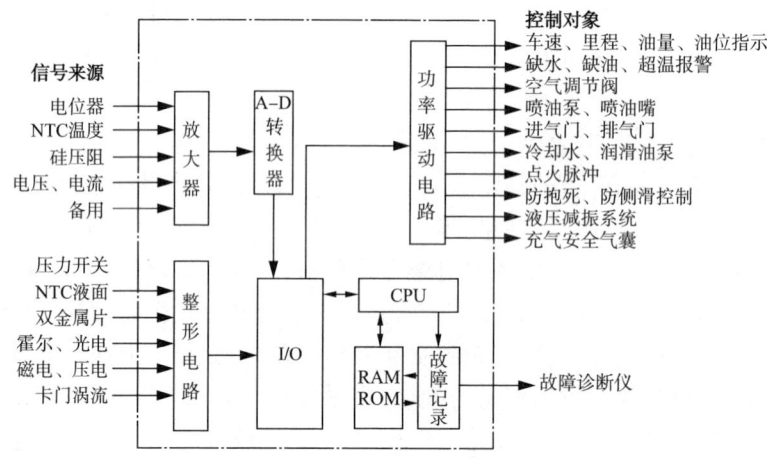

(b)ECU 内部原理框图及输入/输出信号

图 13-7　ECU 外形及内部原理框图

阀的开合程度来增加或减少空气流量。空气流量传感器有多种类型,使用较多的有热丝式气体测速仪以及下面介绍的卡门涡流流量计。

卡门涡流流量计结构如图 13-8 所示。在进气管中央设置一只直径为 d 的圆锥体(涡流发生器)。锥底面与流体流速方向垂直。当流体流过锥体时,由于流体和锥体之间的摩擦,在锥体的后部两侧交替地产生旋涡,并在锥体下游形成两列涡流,该涡流称为卡门涡流。由于两侧旋涡的旋转方向相反,所以下游的流体产生振动。

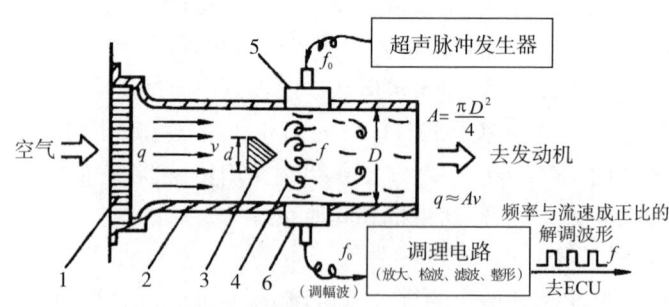

1—气流整流栅　2—进气管　3—涡流发生锥体　4—卡门空气涡流
5—超声波发生器探头　6—超声波接收器探头

图 13-8　卡门涡流流量计结构原理图

测量出卡门涡流的频率 f，经过一定的换算，即可获得流体的流速。通过公式 $q=Av$（A 为进气管的横截面积），可以计算吸入发动机的空气体积量。测量涡流频率 f 的方法有光电式和超声波式，图 13-8 示出的卡门空气流量计采用的是超声波频率测量方式。

超声波发生器、接收器安装在卡门涡流流量发生器后部。卡门涡流引起流体的密度变化（涡流中的空气密度高），超声波发生器接收到的超声波为卡门涡流调幅后的调幅波，经过检波器、低通滤波器和整形电路，就可以得到低频调制脉冲信号 f。进气量越多，则脉冲频率越高。

卡门涡流流量计旁边还安装有 NTC 热敏电阻式气温传感器，用于测量进气温度，以便修正因气温引起的空气密度变化。当汽车从平原行驶到高原时，大气压力和含氧量发生变化，因此，还必须采用半导体压阻式固态传感器测量大气压力，以便增加进气量。

空气进气量还与加速踏板有关。驾驶员通过操作加速踏板控制进气道的节气门开度，以改变进气流通截面面积，从而控制进气量，由此控制发动机的功率。ECU 必须知道节气门的开度，才能控制喷油器的喷油量。节气门的开度可以利用圆盘式电位器来检测。油门踏板踏下时，带动电位器转轴，输出 $0\sim5V$ 的电压反馈给 ECU，从而控制进气量。

（2）燃油系统中的传感器。

燃油系统的作用是供给气缸内燃烧所需的汽油。在燃油泵的作用下，汽油从油箱吸出，再经调压器将燃油压力调整到比进气压力高 $250\sim300KPa$，然后由分配管分配到各气缸对应的喷油器上。油压的测量采用压阻式压力传感器。油压信号送到 ECU，ECU 根据货物载重量及爬坡度、加速度、车速度等负载条件和运行参数，调整燃油泵及喷油器中的电磁线圈通电时间（占空比），以控制喷油量。

例如，在怠速状态（发动机在未带负载的情况下空转）时，加速踏板处于松开状态，节气门开度很小，ECU 检测出开度大小，控制喷油器喷出少而浓的混合气；在大负载时，由于加速踏板被踩下较多，节气门开度增大，喷油器喷出大量加浓的混合气；在加速时，节气门突然开大，喷油器必须在瞬间喷出加浓的混合气。

燃油温度会影响燃油的黏稠度及喷射效果，所以通常采用 NTC（有时也采用 PTC）热敏电阻温度传感器来测量油温。汽车还会在排气管前瑞安装一只氧传感器。当排气中的氧含量不足时，由 ECU 控制增大空燃比，改变油气浓度，提高燃烧效率，减少黑烟污染。

（3）点火系统中的传感器。

发动机火花塞点火时刻的正确性关系到发动机输出功率、效率及排气污染等重要参数，可以利用霍尔传感器来取得曲轴转角和确定点火时刻的方法。点火提前角必须根据发动机转速来确定。

发动机曲轴角度可以利用电磁感应原理来测量，电磁转速表的输出脉冲频率与发动机转速成正比。发动机转速越快，ECU 输出的点火时刻就必须逐渐提前，使混合油气在气缸中燃烧得更加充分，减小黑烟，并得到最大转矩。但如果提前角太大，油气可能在发动机中产生爆燃，爆燃次数多时，易损坏发动机。新型汽车的气缸壁上均安装有一只压电式爆燃检测传感器。如果发生爆燃，立即减小提前角。在发动机缸体中还安装有一只缸压传感器，用于测量燃烧压力，以得到最佳燃烧效果。

（4）传动系统中的传感器。

为了检测汽车的行驶速度和里程数，ECU 将曲轴转速信号与车轮周长进行适当的换算，可以得到车速和公里数。为了让驾车者从烦琐的换挡和离合器操作中解脱出来，ECU 还可以根据行驶状态,在自动控制传动比的同时,调节油路和气路,以达到最佳的换挡点、最大的效率、最小的耗油量和污染。

汽车在行驶过程中还必须保持驱动车轮在冰雪等易滑路面上的稳定性并防止侧偏力的产生,故在前后四个车轮中安装有车轮速度传感器。当发生侧滑时,ECU 分别控制有关车轮的制动控制装置及发动机功率,提高行驶的稳定性和转向操作性。

当汽车紧急刹车时,使汽车减速的外力主要来自地面作用于车轮的摩擦力,即所谓的地面附着力。地面附着力的最大值出现在车轮接近抱死而尚未抱死的状态。这就必须设置一个防抱死制动系统(ABS)。ABS 由车轮速度传感器、ECU 以及电液控制阀等组成。ECU 根据车轮速度传感器来的脉冲信号控制电液制动系统,使各车轮的制动力满足少量滑动但接近抱死的制动状态,以使车辆在紧急刹车时不致失去方向性和稳定性。

为了减小汽车在道路上的颠簸,提高舒适性,ECU 还能根据四个车轮的独立悬挂系统受力情况,控制油压系统,调节四个车轮的高度,跟踪地面的变化,保持轿厢的平稳。

(5)其他车用传感器。

汽车中还设置了电位器式油箱油位传感器、热敏电阻式缺油报警传感器、双金属片式润滑机油缺油报警传感器、机油油压传感器、冷却水水温传感器、车厢烟雾传感器、空调自启动温度传感器、车门未关紧报警传感器、保险带未系传感器、雨量传感器等。汽车在维修时还需要另外一些传感器来测试汽车的各种特性,例如一氧化碳、氨氢化合物测试仪以及专用故障测试仪等,有兴趣的读者可参阅汽车方面的资料。

2. 传感器在机器人中的应用

机器人是由计算机控制的机器,它的动作机构具有类似人的肢体及感官的功能,动作程序灵活易变,有一定程度的智能,工作时可以不依赖人的操纵。机器人传感器在机器人的控制中起了非常重要的作用,正因为有了传感器,机器人才具备了类似人类的知觉功能。

机器人传感器与人类感觉有相似之处,因此可以认为机器人传感器是对人类感觉的模仿。表 13-1 所示的是机器人传感器的分类及应用。要说明的是,并不是表中所列的传感器都用在一个机器人身上,有的机器人只用到其中一种或几种,如有的机器人突出视觉,有的机器人突出触觉等。

表 13-1　机器人传感器的分类及应用

类别	检测内容	应用目的	传感器件
明暗觉	是否有光,亮度多少	判断有无对象,并得到定量结果	光敏管、光电断续器
色觉	对象的色彩及浓度	利用颜色识别对象的场合	彩色摄影机、滤色器、彩色 CCD
位置	物体的位置、角度、距离	物体空间位置,判断物体移动	光敏阵列、CCD 等
形状觉	物体的外形	提取物体轮廓及固有特征,识别物体	光敏阵列、CCD 等
接触觉	与对象是否接触,接触的位置	决定对象位置,识别对象形态,控制速度,安全保障,异常停止,寻径	光电传感器、微动开关、薄膜接点、压敏高分子材料
压觉	对物体的压力、握力、压力分布	控制握力,识别握持物,测量物体弹性	压电元件、导电橡胶、压敏高分子
力觉	机器人有关部件(如手指)所受外力及转矩	控制手腕移动,伺服控制,正确完成作业	应变片、导电橡胶

续表

类别	检测内容	应用目的	传感器件
接近觉	与对象物是否接近,接近距离,对象面的倾斜	控制位置,寻径,安全保障,异常停止	光传感器、气压传感器、超声波传感器、电涡流传感器、霍尔传感器
滑觉	垂直于握持面方向物体的位移,旋转重力引起的变形	修正握力,防止打滑,判断物体重量及表面状态	球形接点式、光电式旋转传感器、角编码器、振动检测器

机器人传感器分为内部参数检测传感器和外部参数检测传感器两大类。

内部参数检测传感器以机器人本身的坐标来确定其位置。通过内部参数检测传感器,机器人可以了解自己的工作状态,调整和控制自己按照一定的位置、速度、加速度和轨迹进行工作。图 13-9 所示为一种球坐标工业机器人控制驱动原理和外观图。

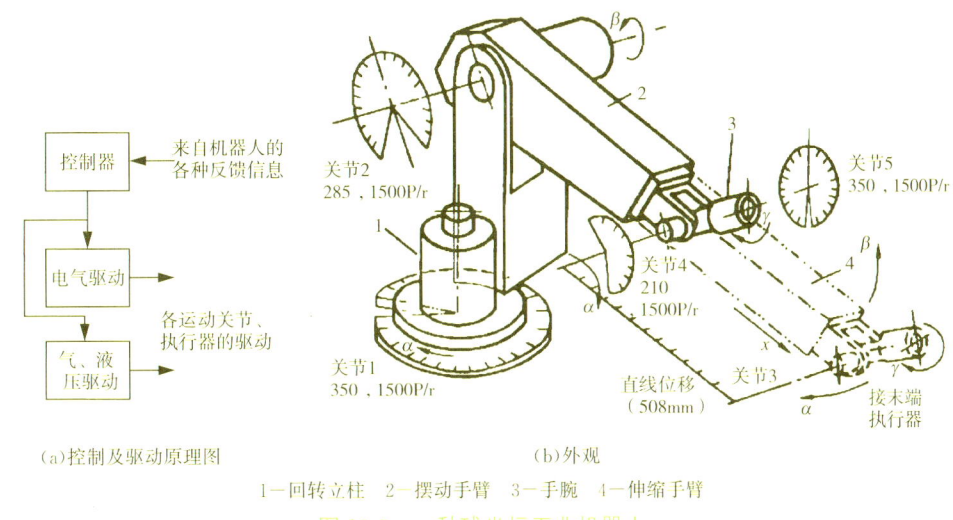

(a)控制及驱动原理图　　　　　　　(b)外观

1—回转立柱　2—摆动手臂　3—手腕　4—伸缩手臂

图 13-9　一种球坐标工业机器人

图 13-9 中,回转立柱对应于关节 1 的回转角度,摆动手臂对应关节 2 的俯仰角度,手腕对应关节 4 的上下摆动角度,手腕又对应关节 5 的横滚(回绕手爪中心旋转)角度,伸缩手臂对应关节 3 的伸缩长度等均由位置检测传感器(常用角编码器)检测出来,并反馈给计算机,计算机通过复杂的坐标计算,输出位置定位指令,结果经电气驱动或气液驱动,使机器人的末端执行器——手爪最终能正确地落在指令所规定的空间点上。例如:手爪夹持的是焊枪,则机器人就成为焊接机器人,在汽车制造厂中,这种焊接机器人广泛用于车身框架的焊接;如手爪本身就是一个夹持器,则成为搬运机器人。

外部检测传感器的功能是让机器人能识别工作环境,很好地执行如取物、检查产品质量、控制操作动作等,使机器人对环境有自校正和适应能力。外部检测传感器通常包括触觉、接近觉、视觉、听觉、嗅觉和味觉等传感器。例如:在图 13-9 中,在手爪中安装上触觉传感器后,手爪就能感知被抓物的重量,从而改变夹持力;在移动机器人中,通过接近传感器可以使机器人在移动时绕开障碍物等。

下面着重介绍机器人中的压觉、滑觉、接触觉、接近觉和视觉传感器。

(1)压觉传感器。

压觉传感器位于手指握持面上,用来检测机器人手指握持面上承受的压力大小和分布。图 13-10 为硅电容压觉传感器阵列结构示意图。硅电容压觉传感器阵列由若干个电容器均匀地排列成一个简单的电容器阵列。当手指握持物体时,传感器受到外力的作用,作用力通过表皮层和垫片层传到电容板上,从而引起电容 C 的变化,其变化量随作用力的大小面而变,经转换电路输出电压反馈给计算机,经与标准值比较后输出指令给执行机构,使手指保持适当握紧力。

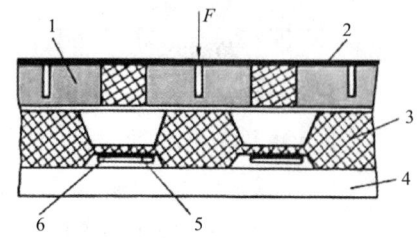

1—柔性垫片层　2—表皮层　3—硅片　3—衬底
5—SiO$_2$　6—电容极板

图 13-10　硅电容压觉传感器阵列
结构示意图

(2)滑觉传感器。

机器人的手爪要抓住属性未知的物体,必须对物体作用最佳大小的握持力,以保证既能握住物体不产生滑动滑落,还不至于因用力过大而使物体产生变形而损坏。在手爪间安装滑觉传感器就能检测出手爪与物体接触面之间相对运动(滑动)的大小和方向。

光电式滑觉传感器只能感知一个方向的滑觉(一维滑觉),若要感知二维滑觉,可采用球形滑觉传感器,如图 13-11 所示。该传感器有一个可自由滚动的球,球的表面是用导体和绝缘体按一定规格布置的网格,在球表面安装有接触器。当球与被握持物体相接触时,如果物体滑动,将带动球随之滚动,接触器与球的导电

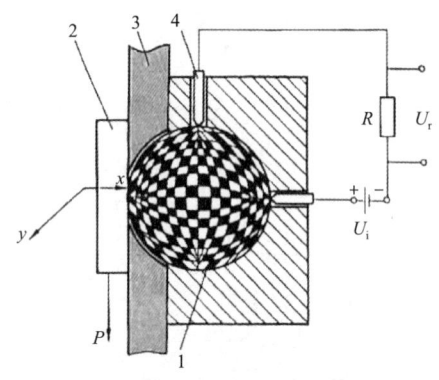

1—滑动球　2—被抓物　3—软衬　4—接触器

图 13-11　球形滑觉传感器

区交替接触从而发出一系列的脉冲信号 U。脉冲信号的个数及频率与滑动的速度有关。球形滑觉传感器所测量的滑动不受滑动方向的限制,能检测全方位滑动。在这种滑觉传感器中,也可将两个接触器改用光电传感器代替,滚球表面制成反光和不反光的网格,可提高可靠性,减少磨损。

(3)PVDF 接触觉传感器。

有机高分子聚二氟乙烯(PVDF)是一种具有压电效应和热释电效应的敏感材料,是人们用来研制仿生皮肤的主要材料,利用 PVDF 可以制成接触觉、滑觉、热觉的传感器。PVDF 薄膜厚度只有几十微米,具有优良的柔性及压电特性。

当机器人的手爪表面开始接触物体时,接触时的瞬时压力使 PVDF 因压电效应产生电荷,经电荷放大器产生脉冲信号,该脉冲信号就是接触觉信号。

当物体相对于手爪表面滑动时引起 PVDF 表层的颤动,导致 PVDF 产生交变信号,这个交变信号就是滑觉信号。

当手爪抓住物体时,由于物体与 PVDF 表层有温差存在,产生热能的传递,PVDF 的热释电效应使 PVDF 极化,而产生相应数量的电荷,从而有电压信号输出,这个信号就是热觉信号。

(4)接近觉传感器。

接近觉传感器用于感知一定距离内的场景状况,所感应的距离范围一般为几毫米至几十毫米,也可达几米。接近觉为机器人的后续动作提供必要的信息,供机器人决定以怎么样的速度通过对象或避让该对象。常用的接近觉传感器有电磁式、光电式、电容式、超声波式、红外式、微

波式等多种类型。

①电磁式接近觉传感器。常用的电磁式接近觉传感器有电涡流式传感器和霍尔式传感器。这类传感器用以感知近距离的、静止物体的接近情况。电涡流式对非金属材料构成的物体无法感知,霍尔式对非磁性材料构成的物体无法感知,选用时可根据具体要求而定。

②光电式接近觉传感器。光电式接近觉传感器采用发射—反射式原理,这种传感器适合于判断有无物体接近,而难于感知物体距离的数值。另一个不足之处是物体表面的反射率等因素对传感器的灵敏度有较大的影响。

③超声波接近觉传感器。超声波接近觉传感器既可以用一个超声波换能器兼做发射和接收器件;也可以用两只超声波换能器,一只作为发射器,另一只作为接收器。超声波接近觉传感器除了能感知物体有无外,还能感知物体的远近距离,且不受环境因素(如背景光)的影响,也不受物体材料、表面特性等限制,因此适用范围较大。

(5)视觉传感器。

机器人也需要具备类似人的视觉功能。带有视觉系统的机器人可以完成许多工作,如判断亮光、火焰、识别机械零件、进行装配作业、安装修理作业、精细加工等。在图像处理技术方面已经由一维信息处理发展到二维、三维复杂图像的处理。将景物转换成电信号的设备是光电检测器,最常用的光电检测器是固态图像传感器。固态图像传感器包括线阵 CCD 图像传感器和面阵 CCD 图像传感器。

判别物体的位置和形状包含的信息有距离信息、明暗信息和色彩信息,前两个信息是主要的,只有当景物是彩色的或者必须对彩色信号进行处理时,才考虑彩色信息。视觉传感可应用到喷漆机器人的视觉系统中,能使末端执行器即喷漆枪跟随物体表面形状的起伏不断变换姿态,提高喷漆质量和效率。

3. 传感器在智能楼宇中的应用

智能楼宇或智能建筑是信息时代的产物,是计算机及传感器应用的重要方面。人们利用系统集成方法,将计算机技术、通信技术、信息技术、传感器技术与建筑艺术有机结合起来,通过对楼宇中的各种设备进行自动监控,对信息资源的管理、对使用者的信息服务及建筑物三者进行优化组合,使智能楼宇具有安全、高效、舒适、便利、灵活的特点。

智能楼宇采用网络化技术,把通信、消防、安防、门禁、能源、照明、空调及电梯等各个子系统统一到设备监控站(IP 网络平台)上。集成的楼宇管理系统能够使用网络化、智能化、多功能化的传感器和执行器,传感器和执行器通过数据网和控制网联结起来,与通信系统一起形成整体的楼宇网络,并通过宽带网与外界沟通。

人们对生活品质的追求越来越高,计算机与传感器技术在智能楼宇中的应用也会越来越广泛。下面简要介绍传感器在智能楼宇中的几个典型应用。

(1)空调系统的监控。

空调系统监控的目的是既要提供温度、湿度适宜的环境,又要求节约能源。其监控范围为制冷机、热力站、空气处理设备(空气过滤、热湿交换)、送排风系统、变风量末端(送风口)等,其原理框图如图 13-12 所示。

现代空调系统均具有完整的制冷、制热、通风(暖通)功能,它们都在传感器和计算机的监控下工作。在制冷机和热力站的进出口管道上,均需设置温度、压力传感器,系统根据外界气温的变化,控制它们的工作。在新风口和回风口处,需安装差压传感器,当它们的过滤网堵塞时,压

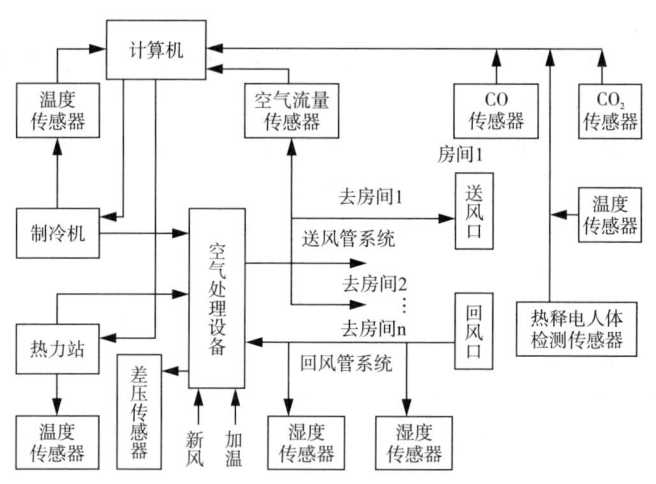

图 13-12 空调系统监控原理框图

差开关动作,给系统发出报警信号。在送风管道上,需安装空气流量传感器,当风量探头在空气处理设备开动后仍未测得风量时,将给系统发出报警信号。在回风管上,需安装湿度传感器,当回风湿度低于设定值时,系统将开启加湿装置。在各个房间内须安装 CO(气敏电阻)和 CO_2(红外吸收光谱式)传感器,当房间内的空气质量趋向恶劣时,将向智能楼宇的计算机中心发出报警信号,以防事故发生。在各个办公室内还可以安装热释电人体检测传感器;当该房间内长时间没有人的活动迹象时,自动关闭空调器;也可以设定为在早晨自动启动空调系统,在下班后关闭空调系统。

(2)给排水系统。

给排水系统的监控和管理也由现场监控站和管理中心来实现,其最终目的是实现管网的合理调度。也就是说,无论用户水量怎样变化,管网中各个水泵都能及时改变其运行方式,保持适当的水压,实现泵房的最佳运行;监控系统还随时监视大楼的排水系统,并自动排水;当系统出现异常情况或需要维护时,系统将产生报警信号,通知管理人员处理。给排水系统的监控主要包括:水泵的自动启停控制、水位流量、压力的测量与调节;用水量和排水量的测量;污水处理

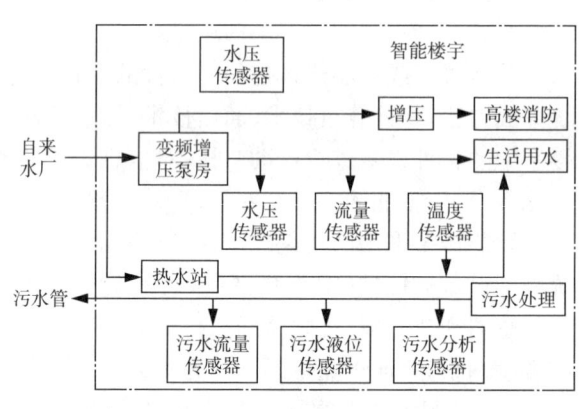

图 13-13 给排水系统监控原理框图

设备运转的监视、控制、水质检测;节水程序控制;故障及异常状况的记录等。给排水系统监控的原理框图如图 13-13 所示。现场监控站内的控制器按预先编制的软件程序来满足自动控制的要求,即根据水箱和水池的高、低水位信号来控制水泵的启、停及进水控制阀的开关,并且进行溢水和停水的预警等。当水泵出现故障时,备用水泵则自动投入工作,同时发出报警信号。

(3)供配电与照明系统监控。

智能楼宇的最大特点之一是节能,而照明系统在整个楼宇的用电量中占有很大的比例。作为一个大型高级建筑物,灯光系统控制水平的高低直接反映了大楼的智能化水平。供配电系统

对电压、电流、视在功率、功率因数、频率等指标参数进行监视，并自动进行功率因数补偿；为了节电，当传感器长期感应不到有人走动时，自动关闭该区域的灯光照明；还可采取检测天气情况，在连续若干个晴天后的凌晨才浇灌花园等诸多节电措施。

当楼宇内的供配电出现故障时，传感器和计算机必须在极短的时间里向监控中心报告故障的部位和原因，供电系统将立即启动 UPS 或自备发电机，向重要供电对象（例如计算机系统）提供电力，以免系统崩溃。

（4）火灾监视、控制系统。

火情、火灾报警传感器主要有感烟传感器、感温传感器以及紫外线火焰传感器。从物理作用上区分，可分为离子型、光电型；从信号方式区分，可分为开关型、模拟型及智能型。在重点区域必须设置多种传感器，同时对现场的火情加以监测，以防误报警，还应及时将现场数据经控制网络向控制系统汇总。获得火情后，系统就会采取必要的措施，经通信网络向有关职能部门报告火情，并对楼宇内的防火卷帘门、电梯、灭火器、喷水头、消防水泵、电动门等联动设备下达启动或关闭的命令，以使火灾得到即时控制；还可启动公共广播系统，引导人员疏散。

（5）门禁、防盗系统。

出入口控制系统又叫门禁管理系统，是对楼宇内外的出入通道进行智能管理的系统，门禁系统属公共安全管理系统范畴。在楼宇内的主要管理区、出入口、电梯厅、主要设备控制中心机房、贵重物品的库房等重要部位的通道口，安装门禁控制装置，由中心控制室监控。单门门禁控制单元示意图如图 13-14。

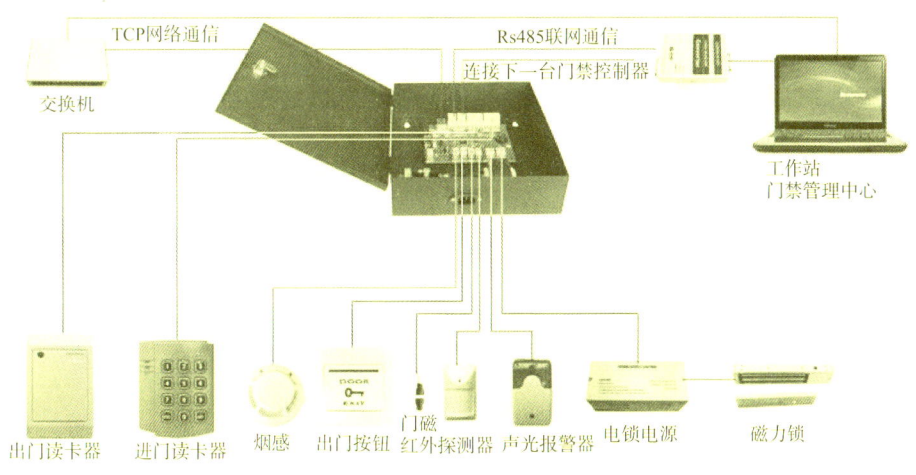

图 13-14　单门门禁控制单元示意图

各门禁控制单元一般由门禁读卡模块、智能卡读卡器、指纹识别器（目前部分高档小区还有视网膜识别器、手机刷卡、人脸识别等）、电控锁、磁力锁（磁铁、干簧管、无线报警发射模块）或电动闸门、开门按钮等系统部件组成。人员通过受控制的门或通道时，必须在门禁读卡器前出示代表其合法身份的授权卡、密码后才能通行。

楼宇中应设置紧急按钮等报警装置。当出现紧急情况，如当发生强行开门（称为入侵报警）、非善意闯入、遭遇持械匪徒威胁时，可实现紧急报警。当发生火警时，系统自动取消全部的门禁控制，并打开紧急疏散通道门（断电失磁）。

智能楼宇通常在重要通道上方安装电视监控系统。电视监控系统也属公共安全管理系统范畴,在人们无法或不宜直接观察的场合,实时、形象和真实地反映被监视的可疑对象画面。一台监视器可分割成十几个区域,以供工作人员观察十几个摄像探头的信号,并自动将画面存储于计算机的硬盘内。当画面静止不变时,所占用的字节数极少,可存储一个月以上的画面;当画面发生变化时,可给工作人员发出提示信号。使用计算机便于调阅在此期间任何时段的画面,还可放大、增亮、锐化有关的细节。

在一些无人值守的部位,根据重要程度和风险等级要求,例如金融、贵重物品库房、重要设备机房、主要出入口通道等常需周界或定方位保护。周界和定方位保护可同时使用压电、红外、微波、激光、振动、玻璃破碎等传感器。高灵敏度的探测器获得侵入物的信号,以有线或无线的方式传送到中心控制值班室,在建筑模拟图形屏上显示出报警位置,使值班人员能及时、形象地获得发生事故的信息。

(6)停车监控系统。

在智能楼宇内,多配置有地下车库。车库综合管理系统监控车辆的进入,指示停车位置,禁止无关人员闯入,自动登录车牌号码。图 13-15 为停车监控系统原理框图。

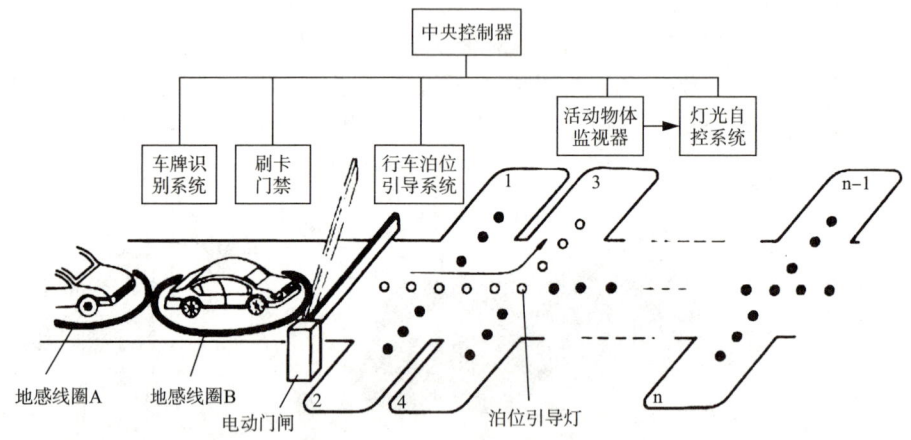

图 13-15　停车监控系统原理框图

在一些系统中,使用感应读卡器,可以在一米的距离外读出进出车辆的信息。还有一些系统使用图像传感器。当车辆驶近入口时,地感线圈(电涡流线圈)感应到车辆的速度、长度,并启动 CCD 摄像机,将车牌影像摄入,并送到车牌图像识别器,形成进入车辆的车牌数据。车牌数据与停车凭证数据(凭证类型、编号、进库日期、时间)一起存入管理系统的计算机内,并分配停车泊位,同时在管理系统的显示器上即时显示该车位被占用的信息。

当管理系统允许该车辆进入后,电动车闸栏杆自动开启。进库的车辆在停车引导灯的指挥下,停到规定的位置。若车库停车满额,库满灯亮,拒绝车辆入库。

当传感器检测到某停车区域无人时,自动关闭该区域的灯光照明。

章节习题

1. 单项选择题

(1)一个现代化电厂的检测、控制系统应该采用(　　　)。

A. PC 仪器　　　　B. 智能仪器　　　　C. 自动检测系统　　　　D. 自动化仪器

(2)在计算机的检测系统中,对多个传感器送来的信号分时、快速轮流读取的采样方式称为(　　)。

A. 抽样检测　　　　B. 快速检测　　　　C. 数字滤波　　　　D. 巡回检测

(3)在楼宇因火灾而断电时,(　　)不应失电解锁。

A. 卷帘门　　　　B. 通道门　　　　C. 防盗门　　　　D. 电梯轿厢门

(4)下列关于智能传感器的功能,描述错误的是(　　)。

A. 自检功能　　　　B. 自校功能　　　　C. 自补偿功能　　　　D. 自动抗干扰功能

(5)下列关于智能传感器与传统传感器功能对比,错误的是(　　)。

A. 具有信号调理功能　　　　　　　B. 具有自诊断、自校准功能

C. 具有自适应、自调整功能　　　　D. 具有记忆、存储功能

(6)多传感器数据融合是对来自不同传感器的信息进行(　　),以产生对被测对象统一的最佳估计。

A. 分析和综合　　　B. 分类　　　　C. 分解和选择　　　　D. 误差处理

(7)数据融合的核心是(　　)。

A. 多传感器系统　　　　　　　B. 多源信息

C. 协调优化和综合处理　　　　D. 得到准确的数据

2. 简答题

(1)什么叫智能式传感器?

(2)智能式传感器的主要功能是什么?

(3)与传统传感器相比,智能式传感器具有哪些特点?

(4)什么是数据融合? 简述数据融合的特性和优点。

(5)数据融合的意义是什么?

📗 扩展阅读

华为海思

2004 年 10 月,华为创办海思公司,它的前身是华为集成电路设计中心。这也正式拉开了华为的手机芯片研发之路。2009 年华为推出了第一款面向公开市场的 K3 处理器,定位跟展讯、联发科一起竞争,而华为自己的手机没有使用。因为 K3 产品不够成熟以及不适的销售策略,这款芯片并没有成功。

2012 年,海思推出 K3V2 处理器,这一次应用于华为手机中,而且是定位旗舰的 Mate1、P6 等机型。2012 年,手机处理器已经开启多核进程,海思抢在德州仪器和高通之前推出 K3V2,成为世界上第二颗四核处理器,并且它也为麒麟 910 奠定了基础。麒麟 910 首次集成了海思自研的 Balong710 基带。麒麟 910 宣告海思的处理芯片正式进入 SoC 时代,也是华为第一款被大众接受的芯片。

2014 年 9 月,麒麟 925 芯片的高端定位被市场认可,后续的麒麟 935、麒麟 960、麒麟 970、麒麟 980、麒麟 990 芯片均取得成功,麒麟芯片成为世界上最好的芯片之一。

模块 14　人工智能导论

学习目标

知识目标

1. 了解人工智能的概念、起源及其发展史。
2. 了解人工智能的主要应用领域。
3. 了解专家系统、智能机器人及机器学习。

能力目标

1. 能正确理解什么是人工智能。
2. 能对人工智能系统进行简单分析。

　　人工智能主要研究用人工的方法和技术，模仿、延伸和扩展人的智能，实现机器智能。人工智能的长期目标是实现达到人类智力水平的人工智能。1956 年人工智能诞生以来，取得了许多令人兴奋的成果，在很多领域得到了广泛的应用。本模块将对人工智能学科作一简要的介绍，包括发展历史、研究内容、研究方法以及主要的应用领域。

14.1　什么是人工智能

　　人工智能是极具挑战性的领域。伴随着大数据、类脑计算和深度学习等技术的发展，人工智能的浪潮又一次掀起。目前信息技术、互联网等领域几乎所有主题和热点，如搜索引擎、智能硬件、机器人、无人机和工业 4.0，其发展突破的关键环节都与人工智能有关。

　　1956 年，四位年轻学者麦卡锡（McCarthy J）、明斯基（Minsky M）、罗彻斯特（Roch－ester N）和香农（Shannon C）共同发起和组织召开了用机器模拟人类智能的夏季专题讨论会。会议邀请了包括数学、神经生理学、精神病学、心理学、信息论和计算机科学领域的十名学者参加，为期两个月。此次会议在美国的新罕布什尔州的达特茅斯（Dartmouth）召开，也称为达特茅斯夏季讨论会。

　　会议上，科学家运用数理逻辑和计算机的成果，提供关于形式化计算和处理的理论，模拟人类某些智能行为的基本方法和技术，构造具有一定智能的人工系统，让计算机去完成需要人的智力才能胜任的工作。其中，明斯基的神经网络模拟器、麦卡锡的搜索法、西蒙（Simon H）和纽厄尔（Newell A）的"逻辑理论家"成为讨论会的三个亮点。

在达特茅斯夏季讨论会上,麦卡锡提议用人工智能作为这一交叉学科的名称,定义为制造智能机器的科学与工程,标志着人工智能学科的诞生。半个多世纪来,人们从不同的角度、不同的层面给出对人工智能的定义。下面介绍四种对人工智能的定义。

14.1.1　类人行为方法

库兹韦勒(Kurzweil R)提出人工智能是一种创建机器的技艺,这种机器能够执行需要人的智能才能完成的功能。这与图灵测试的观点很吻合,是一种类人行为定义的方法。1950 年,图灵(Turing A)提出图灵测试,并将"计算"定义为:应用形式规则,对未加解释的符号进行操作。

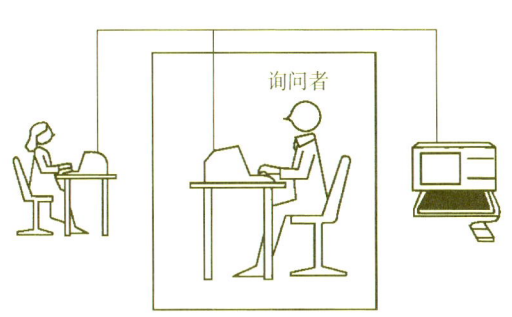

图 14-1 给出了图灵测试的示意图,将一个人与一台机器置于一间房间中,而与另外一个人分隔开来,并把后一个人称为询问者。询问者不能直接见到屋中任一方,也不能与其说话,因此他不知道到底哪一个实体是机器,只可以通过一个类似终端的文本设备与其联系。然后让询问者仅根据通过这个仪器提问收到的答案辨别出哪个是计算机,哪个是人。如果询问者不能区别出机器和人,那么根据图灵的理论,就可以认为这个机器是智能的。

图 14-1　图灵测试

图灵测试具有直观上的吸引力,成为许多现代人工智能系统评价的基础。如果一个系统已经有可能在某个专业领域实现了智能,那么就可以通过把它对一系列给定问题的反应与人类专家的反应相比较来对其进行评估。

图灵测试也引发了很多争议,其中最著名的是塞尔(Searle J)的"中文屋论证"。塞尔设想自己被锁在一间屋子里,给了他大批的中文文本,塞尔本人对中文一窍不通,既不会写也不会说,甚至也不能将中文文本与日文中的汉字和平假名或片假名一样的图形相区别。这时他又得到了与这个中文文本相联系的英文规则书,由于塞尔的母语是英文,所以他认为自己可以轻易地理解并把握这本规则书。

接下来,塞尔将接收到屋外传来的英文指令和中文问题,指令教他怎样将规则书与中文文本联系起来,得到答案。当塞尔对规则书和脚本足够熟悉的时候,就可以熟练地输出处理编写后的中文答案。一般人也难以区分塞尔与母语讲中文的人,但是事实上,塞尔认为整个过程中他根本不懂、不理解中文,只是执行规则书上的"程序"。这种行为在中国人看来是与计算机用中文作答没有什么区别的,但却成功地通过了图灵测试,并不具有理解中文的智能。基于这一点,塞尔认为即使机器通过了图灵测试,也不一定说明机器就真的像人一样有思维和意识。

14.1.2　类人思维方法

1978 年,贝尔曼(Bellman R E)提出人工智能是那些与人的思维、决策、问题求解和学习等有关活动的自动化。主要采用的是认知模型的方法——关于人类思维工作原理的可检测的理论。为确定人类思维的内部是怎样工作的,可以有两种方法:通过内省或者通过心理学实验。一旦有了关于人类思维足够精确的理论,就可能把这种理论用计算机程序实现。如果该程序的输入/输出和实时行为与人的行为相一致,这就证明该程序可能按照人类模式运行。例如,纽厄尔和西蒙开发了"通用问题求解器"GPS。他们并不满足于仅让程序能够正确地求解问题,而是更关心对程序的推理步骤轨迹与人对同一个问题的求解步骤的比较。作为交叉学科的认知科学,把来自人工智能的计算机模型与来自心理学的实验技术相结合,试图创立一种精确而且可检验的人类思维工作方式理论。

20 世纪 50 年代末,在对神经元的模拟中提出了用一种符号来标记另一些符号的存储结构模型,这是早期的记忆块(Chunks)概念。80 年代初,纽厄尔(Newell A)认为,通过获取任务环境中关于模型问题的知识,可以改进系统的性能,记忆块可以作为对人类行为进行模拟的模型基础。通过观察问题求解过程,获取经验记忆块,用其代替各个子目标中的复杂过程,可以明显提高系统求解的速度。由此奠定了经验学习的基础。1987 年,纽厄尔、莱尔德(Laird J)和罗森布鲁姆(Rosenbloom P S)提出了一个通用解题结构 SOAR,并希望该解题结构能实现各种弱方法。SOAR 是 State,Operator and Result 的缩写,即状态、算子和结果之意,意味着实现弱方法的基本原理是不断地用算子作用于状态,以得到新的结果。SOAR 是一种理论认知模型,它既从心理学角度对人类认知建模,又从知识工程角度提出一个通用解题结构。SOAR 的学习机制是由外部专家的指导来学习一般的搜索控制知识。外部指导可以是直接劝告,也可以是给出一个直观的简单问题。系统把外部指导给定的高水平信息转化为内部表示,并学习搜索记忆块。

14.1.3　理性思维方法

1985 年,查尼艾克(Charniak E)和麦克德莫特(McDermott D)提出人工智能是用计算模型研究智力能力。这是一种理性思维方法。一个系统如果能够在它所知范围内正确行事,它就是理性的。古希腊哲学家亚里士多德(Aristotle)是首先试图严格定义"正确思维"的人之一,他将其定义为不能辩驳的推理过程。他的三段论方法给出了一种推理模式,当已知前提正确时总能产生正确的结论。例如,专家系统是推理系统,所有的推理系统都是智能系统,所以专家系统是智能系统。这些思维法则被认为支配着心智活动,对它们的研究创立了"逻辑学"研究领域。

19 世纪后期至 20 世纪早期发展起来的形式逻辑给出了描述事物的语句以及事物之间关系的精确的符号。到了 1965 年,原则上已经有程序可以求解任何用逻辑符号描述的可解问题。在人工智能领域中传统上所谓的逻辑主义希望通过编制逻辑程序来创建智能系统。

这种逻辑方法有两个主要问题。首先,把非形式的知识用形式的逻辑符号表示是不容易做到的,特别是当这些知识不是 100% 确定的时候。其次,"原则上"可以解决一个问题与实际解决问题之间有很大的不同,甚至对于仅有几十条事实的问题进行求解,如果没有一定的指导来选择合适的推理步骤,都可能耗尽任何计算机的资源。

14.1.4　理性行为方法

尼尔森(Nilsson N J)认为人工智能关心的是人工制品中的智能行为。这种人工制品主要指能够动作的智能体(Agent)。行为上的理性指的是已知某些信念,执行某些动作以达到某个目标。智能体可以看作是可以进行感知和执行动作的某个系统。在这种方法中,人工智能可以认为就是研究和建造理性智能体。

在"理性思维"方法中,它所强调的是正确的推理。做出正确的推理有时被作为理性智能体的一部分,因为理性行动的一种方法是进行逻辑分析并推出结论。另外,正确的推理并不是理性的全部,因为在有些情景下,往往没有某个行为一定是正确的,而其他的是错误的,也就是说没有可以证明是正确的应该做的事情,但是还必须要做某件事情。

当知识是完全的,并且资源是无限的时候,就是所谓的逻辑推理。当知识是不完全的,或者资源有限时,就是理性的行为。理性思维和行为常常能够根据已知的信息(知识、时间和资源等)做出最合适的决策。

简言之,人工智能主要研究用人工的方法和技术,模仿、延伸和扩展人的智能,实现机器智能。人工智能的长期目标是实现达到人类智力水平的人工智能。

14.2　人工智能的起源与发展历史

人类对智能机器的梦想和追求可以追溯到三千多年前。早在我国西周时代(公元前1066—前771年),就流传有关巧匠偃师献给周穆王艺伎的故事。东汉(公元25—220年)时张衡发明的指南车是世界上最早的机器人雏形。

古希腊斯吉塔拉人亚里士多德(公元前384—前322年)的《工具论》,为形式逻辑奠定了基础。布尔(Boole)创立的逻辑代数系统,用符号语言描述了思维活动中推理的基本法则,被后世称为"布尔代数"。这些理论基础对人工智能的创立发挥了重要作用。

人工智能的发展历史,可大致分为孕育期、形成期、基于知识的系统、神经网络的复兴和智能体的兴起。

14.2.1　人工智能的孕育期

人工智能的孕育期大致可以认为是在1956年以前的时期。这一时期的主要成就是数理逻辑、自动机理论、控制论、信息论、神经计算和电子计算机等学科的建立和发展,为人工智能的诞生准备了理论和物质的基础。这一时期的主要贡献包括:

(1)1936年,图灵创立了理想计算机模型的自动机理论,提出了以离散量的递归函数作为智能描述的数学基础,给出了基于行为主义的测试机器是否具有智能的标准,即图灵测试。

(2)1943年,心理学家麦克洛奇(McCulloch W S)和数理逻辑学家皮兹(Pitts W)在《数学生物物理公报(Bulletin of Mathematical Biophysics)》上发表了关于神经网络的数学模型。这个模型,现在一般称为M-P神经网络模型。他们总结了神经元的一些基本生理特性,提出神经元形式化的数学描述和网络的结构方法,从此开创了神经计算的时代。

(3)1945年,冯·诺依曼(von Neumann J)提出的存储程序概念,1946年研制成功的第一台电子计算机ENIAC,为人工智能的诞生奠定了物质基础。

(4)1948年,香农发表了《通讯的数学理论》,这标志着一门新学科——信息论——的诞生。他认为人的心理活动可以用信息的形式来进行研究,并提出了描述心理活动的数学模型。

(5)1948年,维纳(Wiener N)创立了控制论。它是一门研究和模拟自动控制的生物和人工系统的学科,标志着人们根据动物心理和行为科学进行计算机模拟研究和分析的基础已经形成。

模块 14

14.2.2　人工智能的形成期

人工智能的形成期大约从 1956 年开始到 1969 年。这一时期的主要成就包括 1956 年在美国的达特茅斯大学召开的为期两个月的学术研讨会,提出了"人工智能"这一术语,标志着这门学科的正式诞生,还有包括在定理机器证明、问题求解、LISP 语言、模式识别等关键领域的重大突破。这一时期的主要贡献包括:

(1)1956 年,纽厄尔和西蒙的"逻辑理论家"程序,该程序模拟了人们用数理逻辑证明定理时的思维规律。该程序证明了怀特海德(Whitehead)和卢素(Russell)的《数学原理》一书中第二章中的 38 条定理,后来经过改进,又于 1963 年证明了该章中的全部 52 条定理。这一工作受到了人们高度的评价,被认为是计算机模拟人的高级思维活动的一个重大成果,是人工智能的真正开端。

(2)1956 年,塞缪尔(Samuel)研制了跳棋程序,该程序具有学习功能,能够从棋谱中学习,也能在实践中总结经验,提高棋艺。它在 1959 年打败了塞缪尔本人,又在 1962 年打败了美国一个州的跳棋冠军。这是模拟人类学习过程的一次卓有成效的探索,是人工智能的一个重大突破。

(3)1958 年,麦卡锡提出表处理语言 LISP,它不仅可以处理数据,而且可以方便地处理符号,成为人工智能程序设计语言的重要里程碑。目前 LISP 语言仍然是人工智能系统重要的程序设计语言和开发工具。

(4)1960 年,纽厄尔、肖(Shaw)和西蒙等研制了通用问题求解程序 GPS,它是对人们求解问题时的思维活动的总结。他们发现人们求解问题时的思维活动包括三个步骤:①制定出大致的计划;②根据记忆中的公理、定理和解题计划,按计划实施解题过程;③在实施解题过程中,不断进行方法和目的的分析,修正计划。其中他们首次提出了启发式搜索的概念。

(5)1965 年,鲁滨逊(Robinson J A)提出归结法,被认为是一个重大的突破,也为定理证明的研究带来了又一次高潮。

(6)1968 年,斯坦福大学费根鲍姆(Feigenbaum E A)等成功研制了化学分析专家系统 DENDRAL,被认为是专家系统的萌芽,是人工智能研究从一般思维探讨到专门知识应用的一次成功尝试。

知识表示采用了奎廉(Quillian J R)提出的特殊的结构:语义网络。明斯基在 1968 年从信息处理的角度对语义网络的使用做出了很大的贡献。

此外还有很多其他的成就,如 1956 年乔姆斯基(Chomsky N)提出的文法体系等。正是这些成就,使得人们对这一领域寄予了过高的希望。1958 年,卡耐梅隆大学(CMU)的西蒙预言,不出 10 年,计算机将会成为国际象棋的世界冠军,但是一直到了 1998 年这一预言才成为现实。

20 世纪 60 年代,麻省理工学院(MIT)一位教授提道:"在今年夏天,我们将开发出电子眼。"然而,直到今天,仍然没有通用的计算机视觉系统可以很好理解动态变化的场景。70 年代,很多人相信大量的机器人很快就会从工厂进入家庭。直到今天,服务机器人才开始进入家庭。

14.2.3　低潮期

人工智能快速发展了一段时期后,遇到了很多的困难,遭受了很多的挫折。如鲁滨逊的归结法的归结能力是有限的,证明两个连续函数之和还是连续函数时,推了十万步还没有推出来。

人们曾以为只要用一部字典和某些语法知识即可很快地解决自然语言之间的互译问题,结果发现并不那么简单,甚至闹出笑话。如英语句子"The spirit is willing but the flesh is weak"(心有余而力不足),译成俄语再译成英语竟成了"The wine is good but the meat is spoiled"(酒是好的,肉变质了)。这里遇到的问题是单词的多义性问题。那么人类翻译家为什么可以翻译好这些句子,而机器为什么不能呢?二者的差别在哪里呢?主要原因在于翻译家在翻译之前首先要理解这个句子,但机器不能,它只是靠快速检索、排列词序等一套办法进行翻译,并不能"理解"这个句子,所以错误在所难免。1966 年,美国国家研究委员会一份顾问委员会的报告指出"还不存在通用的科学文本机器翻译,也没有很近的实现前景"。美国政府资助的所有学术性翻译项目都被取消了。

罗森布拉特(Rosenblatt F)于 1957 年提出了感知器。它是一个具有一层神经元、采用阈值激活函数的前向网络,通过对网络权值的训练,可以实现对输入矢量的分类。感知器收敛定理使罗森勃拉特的工作取得圆满的成功。20 世纪 60 年代,感知器神经网络好像可以做任何事。1969 年,明斯基和佩珀特(Papert S)合写的《感知器》书中利用数学理论证明了单层感知器的局限性,引起全世界范围削减神经网络和人工智能研究经费,人工智能走向低谷。

14.2.4 基于知识的系统

1965 年,斯坦福大学的费根鲍姆和化学家勒德贝格(Lederberg J)合作研制出 DEN—DRAL 系统。1972—1976 年,费根鲍姆又成功开发出医疗专家系统 MYCIN。此后,许多著名的专家系统相继研发成功,其中较具代表性的有探矿专家系统 PROSPECTOR、青光眼诊断治疗专家系统 CASNET、钻井数据分析专家系统 ELAS 等。20 世纪 80 年代,专家系统的开发趋于商品化,创造了巨大的经济效益。

1977 年,美国斯坦福大学计算机科学家费根鲍姆在第五届国际人工智能联合会议上提出知识工程的新概念。他认为,"知识工程是人工智能的原理和方法,对那些需要专家知识才能解决的应用难题提供求解的手段。恰当运用专家知识的获取、表达和推理过程的构成与解释,是设计基于知识的系统的重要技术问题。"知识工程是一门以知识为研究对象的学科,它将具体智能系统研究中那些共同的基本问题抽取出来,作为知识工程的核心内容,使之成为指导具体研制各类智能系统的一般方法和基本工具。

知识工程的兴起,确立了知识处理在人工智能学科中的核心地位,使人工智能摆脱了纯学术研究的困境,使人工智能的研究从理论转向应用,从基于推理的模型转向知识的模型,使人工智能的研究走向了实用。

为了适应人工智能和知识工程发展的需要,日本在 1981 年宣布了第五代电子计算机的研制计划。其研制的计算机的主要特征是具有智能接口、知识库管理和自动解决问题的能力,并在其他方面具有人的智能行为。由于这一计划的提出,形成了一股热潮,促使世界上重要的国家都开始制定对新一代智能计算机的开发和研制计划,使人工智能进入了一个基于知识的兴旺时期。

14.2.5 神经网络的复兴

1982 年,美国加州工学院物理学家霍普菲尔德(Hopfield J J)使用统计力学的方法来分析

模块 14

网络的存储和优化特性，提出了离散的神经网络模型，从而有力地推动了神经网络的研究。1984 年，霍普菲尔德又提出了连续神经网络模型。

20 世纪 80 年代，神经网络复兴的真正推动力是反向传播算法的重新研究。该算法最早由 Bryson 于 1969 年提出。1986 年，鲁梅尔哈特（Rumelhart D E）和麦克莱伦德（Mc-Clelland J L）等提出并行分布处理（Parallel Distributed Processing，PDP）的理论，致力于认知的微观结构的探索，其中多层网络的误差传播学习法，即反向传播算法广为流传，引起人们极大的兴趣。世界上许多国家掀起了神经网络研究的热潮。从 1985 年开始，专门讨论神经网络的学术会议规模逐步扩大。1987 年在美国召开了第一届神经网络国际会议，并发起成立国际神经网络学会（INNS）。

14.2.6　智能体的兴起

20 世纪 90 年代，随着计算机网络、计算机通信等技术的发展，关于智能体（Agent）的研究成为人工智能的热点。1993 年，肖哈姆（Shoham Y）提出面向智能体的程序设计。1995 年，罗素（Russell S）和诺维格（Norvig P）出版了《人工智能》一书，提出"将人工智能定义为对从环境中接收感知信息并执行行动的智能体的研究"。所以，智能体应该是人工智能的核心问题。斯坦福大学计算机科学系的海斯-罗斯（Hayes-Roth B）在 IJCAI'95 的特约报告中谈道："智能体既是人工智能最初的目标，也是人工智能最终的目标。"

在人工智能研究中，智能体概念的回归并不仅仅是因为人们认识到了应该把人工智能各个领域的研究成果集成为一个具有智能行为概念的"人"，更重要的原因是人们认识到了人类智能的本质是一种社会性的智能。要对社会性的智能进行研究，构成社会的基本构件"人"的对应物"智能体"理所当然地成为人工智能研究的基本对象，而社会的对应物"多智能体系统"也成为人工智能研究的基本对象。

我国的人工智能研究起步较晚。智能模拟纳入国家计划的研究始于 1978 年。1984 年召开了智能计算机及其系统的全国学术讨论会。1986 年起把智能计算机系统、智能机器人和智能信息处理（含模式识别）等重大项目列入国家高技术研究 863 计划。1997 年起，又把智能信息处理、智能控制等项目列入国家重大基础研究 973 计划。进入 21 世纪后，在最新制定的《国家中长期科学和技术发展规划纲要（2006—2020 年）》中，"脑科学与认知科学"已列入八大前沿科学问题之一。信息技术将继续向高性能、低成本、普适计算和智能化等主要方向发展，寻求新的计算与处理方式和物理实现是未来信息技术领域面临的重大挑战。

1981 年起，我国相继成立了中国人工智能学会（CAAI）、全国高校人工智能研究会、中国计算机学会人工智能与模式识别专业委员会、中国自动化学会模式识别与机器智能专业委员会、中国软件行业协会人工智能协会、中国智能机器人专业委员会、中国计算机视觉与智能控制专业委员会以及中国智能自动化专业委员会等学术团体。1989 年首次召开了中国人工智能联合会议（CJCAI）。1987 年创刊了《模式识别与人工智能》杂志。2006 年创刊了《智能系统学报》和《智能技术学报》杂志。2011 年创刊了国际刊物 *International Journal of Intelligence Science*。

中国的科技工作者已在人工智能领域取得了具有国际领先水平的创造性成果。其中，以吴文俊院士关于几何定理证明的"吴氏方法"最为突出，已在国际上产生重大影响，并荣获 2001 年国家科学技术奖最高奖励。现在，我国已有数以万计的科技人员和大学师生从事不同层次的人工智能研究与学习。人工智能研究已在我国深入开展，它必将为促进其他学科的发展和我国的现代化建设做出新的重大贡献。

14.3　人工智能研究的内容及领域

人工智能是一门新兴的边缘学科，是自然科学和社会科学的交叉学科，它汲取了自然科学和社会科学的最新成果，以智能为核心，形成了具有自身研究特点的新的体系。人工智能的研究涉及广泛的领域，包括知识表示、搜索技术、机器学习、求解数据和知识不确定问题的各种方法等。人工智能的应用领域包括专家系统、博弈、定理证明、自然语言理解、图像理解和机器人等。人工智能也是一门综合性的学科，它是在控制论、信息论和系统论的基础上诞生的，涉及哲学、心理学、认知科学、计算机科学、数学以及各种工程学方法，这些学科为人工智能的研究提供了丰富的知识和研究方法。图 14-2 给出了和人工智能有关的学科以及人工智能的研究和应用领域的简单图示。

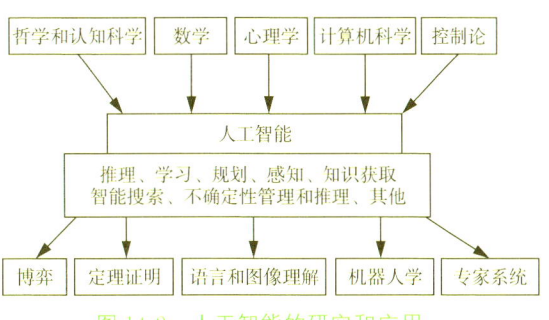

图 14-2　人工智能的研究和应用

随着人工智能技术的发展，现如今几乎各种技术的发展都涉及人工智能技术，人工智能技术已经渗透到许多领域，应用范围主要包括以下几个方面。

（1）符号计算。

计算机最主要的用途之一就是科学计算。科学计算可分为两类：一类是纯数值的计算，通常是对函数、公式的求值；另一类是符号计算，也称代数运算，这种运算是对符号进行运算，并且符号可以代表整数、有理数、实数和复数，也可以代表多项式、函数、集合等。

（2）模式识别。

模式识别就是通过计算机对数据样本进行特征提取，并用数学方法来研究模式的自动处理和判读。这里常说的模式是指文字、语音、生物特征、数字水印等环境与客体的结合体。

（3）机器翻译。

机器翻译是通过计算机把一种自然语言转换成另一种自然语言的过程，用以完成这一过程的软件系统叫作机器翻译系统。它是计算语言学（Computational Linguistics）的一个分支，涉及计算机、认知科学、语言学、信息论等学科，是人工智能的终极目标之一，具有重要的科学研究价值。

（4）机器学习。

机器学习是机器具有智能的重要标志，同时也是机器获取知识的根本途径。机器学习是一个难度较大的研究领域，它与认知科学、神经心理学、逻辑学等学科都有着密切的联系，并对人工智能的其他分支，如专家系统、自然语言理解、自动推理、智能机器人、计算机视觉、计算机听觉等方面，也会起到重要的推动作用。

（5）逻辑推理与定理证明。

逻辑推理是人工智能研究中最持久的领域之一，其中特别重要的是要找到一些方法，只把注意力集中在一个大型数据库中的有关事实上，留意可信的证明，并在出现新信息时适时修正这些证明。

（6）自然语言处理。

自然语言的处理是人工智能技术应用于实际领域的典型范例，经过多年艰苦努力，这一领域已获得了大量令人瞩目的成果。目前该领域的主要课题是：计算机系统如何以主题和对话情境为基础，注重大量的常识——世界知识和期望作用，生成和理解自然语言。

（7）分布式人工智能。

分布式人工智能在 20 世纪 70 年代后期出现，是人工智能研究的一个重要分支。分布式人工智能系统一般由多个智能体（Agent）组成，每一个 Agent 又是一个半自治系统，Agent 之间以及 Agent 与环境之间进行并发活动，并通过交互来完成问题求解。

（8）计算机视觉。

计算机视觉主要研究的是使计算机具有通过二维图像认知三维环境信息的能力，这种能力不仅包括对三维环境中物体形状、位置、姿态、运动等几何信息的感知，还包括对这些信息的描述、存储、识别与理解。

（9）专家系统。

专家系统是目前人工智能中最活跃、最有成效的一个研究领域，它是一种具有特定领域内大量知识与经验的程序系统。人类专家因其丰富的知识，能够高效、快速地解决相应领域的众多问题，基于这一事实，让计算机程序学习并使其灵活运用这些知识，也就能解决人类专家所解决的问题，而且能帮助人类专家发现推理过程中出现的差错。

14.4　人工智能研究的主要学派

在人工智能 60 多年的研究过程中，由于人们对智能本质的理解和认识不同，形成了人工智能研究的多种不同的途径。不同的研究途径具有不同的学术观点，采用不同的研究方法，形成了不同的研究学派。目前在人工智能界主要的研究学派有符号主义、连接主义和行为主义等学派。符号主义方法以物理符号系统假设和有限合理性原理为基础；连接主义方法是以人工神经网络模型为核心；行为主义方法侧重研究感知—行动的反应机制。

14.4.1　符号主义

符号主义学派也称为功能模拟学派。主要观点认为智能活动的基础是物理符号系统，思维过程是符号模式的处理过程。

纽厄尔和西蒙在 1976 年的美国计算机学会（ACM）图灵奖演说中，对物理符号系统假设进行了总结，他们指出：展现一般智能行为的物理系统其充要条件是它是一个物理符号系统。充分性表明智能可以通过任意合理组织的物理符号系统来得到。必要性表明一个有一般智能的主体必须是一个物理符号系统的一个实例。物理符号系统假设的必要性要求，一个智能体不管它是人、外星人还是计算机，都必须通过在符号结构上操作的物理实现来获得智能。

一般智能行为表示人类活动中的相同的动作和行为。在物理极限内，系统将展示适合于其目的的行为，并适应于它所在环境的要求。

在后来的许多年中,人工智能和认知科学都在这个假设所描绘的领域中进行了大量的研究。物理符号系统假设导致了三个重要的方法论方面的保证:①符号的使用以及符号系统作为描述世界的中介;②搜索机制的设计,尤其是启发式搜索,用来探索这些符号系统能够支持的可能推理的空间;③认知体系结构的分离,这里的意思是假定一个合理设计的符号系统能够提供智能的完整的因果理由,不考虑其实现的方法。基于这样的观点,最后人工智能变成经验式和构造式的学科,它试图通过建立智能的工作模型来理解智能。

以符号主义的观点看,知识表示是人工智能的核心,认知就是处理符号,推理就是采用启发式知识及启发式搜索对问题求解的过程,而推理过程又可以用某种形式化的语言来描述。符号主义主张用逻辑的方法来建立人工智能的统一理论体系,但是存在"常识"问题以及不确定性事物的表示和处理问题。因此,受到其他学派的批评。

通常被称为"经典的人工智能"是在符号主义观点指导下开展研究的。经典的人工智能研究中又可以分为认知学派和逻辑学派。认知学派以西蒙、明斯基和纽厄尔等为代表,从人的思维活动出发,利用计算机进行宏观功能模拟。逻辑学派以麦卡锡和尼尔森等为代表,主张用逻辑来研究人工智能,即用形式化的方法描述客观世界。

14.4.2　连接主义

基于神经元和神经网络的连接机制和学习算法的人工智能学派是连接主义(Connectionism),亦称为结构模拟学派。这种方法研究能够进行非程序的、可适应环境变化的、类似人类大脑风格的信息处理方法的本质和能力。这种学派的主要观点认为,大脑是一切智能活动的基础,因而从大脑神经元及其连接机制出发进行研究,搞清楚大脑的结构以及它进行信息处理的过程和机理,可望揭示人类智能的奥秘,从而真正实现人类智能在机器上的模拟。

该方法的主要特征表现在:以分布式的方式存储信息,以并行方式处理信息,具有自组织、自学习能力,适合于模拟人的形象思维,可以比较快地得到一个近似解。正是这些特点,使得神经网络为人们在利用机器加工处理信息方面提供了一个全新的方法和途径。但是这种方法不适合于模拟人们的逻辑思维过程,并且人们发现,已有的模型和算法也存在一定的问题,理论上的研究也有一定的难点。因此单靠连接机制解决人工智能的全部问题也是不现实的。

连接主义的代表性成果是1943年麦克洛奇和皮兹提出的一种神经元的数学模型,即 M-P 模型,并由此组成一种前馈网络。可以说 M-P 是人工神经网络最初的模型,开创了神经计算的时代,为人工智能创造了一条用电子装置模拟人脑结构和功能的新的途径。从此之后,神经网络理论和技术研究的不断发展,并在图像处理、模式识别等领域的重要突破,为实现连接主义的智能模拟创造了条件。

14.4.3　行为主义

行为主义学派又称为行为模拟学派,认为智能行为的基础是"感知—行动"的反应机制。基于智能控制系统的理论、方法和技术,研究拟人的智能控制行为。

1991 年,布鲁克斯(Brooks R A)提出了无须知识表示的智能和无须推理的智能,他认为智能只是在与环境交互作用中表现出来,不应采用集中式的模式,而是需要具有不同的行为模块与环境交互,以此来产生复杂的行为。他认为任何一种表达方式都不能完善地代表客观世界中的真实概念,因而用符号串表示智能过程是不妥当的。这在许多方面是行为心理学在人工智能中的反映。基于行为的基本观点可以概括为：

(1)知识的形式化表达和模型化方法是人工智能的重要障碍之一。

(2)智能取决于感知和行动,应直接利用机器对环境作用后,以环境对作用的响应为原型。

(3)智能行为只能体现在世界中,通过与周围环境交互而表现出来。

(4)人工智能可以像人类智能一样逐步进化,分阶段发展和增强。

布鲁克斯这种基于行为(进化)的观点开辟了人工智能研究的新途径。以这些观点为基础,布鲁克斯研制出了一种机器虫,用一些相对独立的功能单元,分别实现避让、前进和平衡等基本功能,组成分层异步分布式网络,取得了一定的成功,特别是为机器人的研究开创了一种新的方法。

行为主义思想提出后引起了人们广泛的关注,有人认为布鲁克斯的机器虫在行为上的成功并不能产生高级控制行为,指望让机器从昆虫的智能进化到人类的智能只是一种幻想。尽管如此,行为主义学派的兴起,表明了控制论和系统工程的思想将进一步影响人工智能的发展。

上述三种研究方法从不同的侧面研究了人的自然智能,与人脑的思维模型有着对应的关系。粗略地划分,可以认为符号主义研究抽象思维,连接主义研究形象思维,而行为主义研究感知思维。研究人工智能的三大学派、三条途径各有所长,要取长补短,综合集成。

14.5　人工智能的应用

当前,几乎所有的科学与技术的分支都在共享着人工智能领域所提供的理论和技术。这里列举一些人工智能经典的、有代表性和有重要影响的应用领域。

14.5.1　专家系统

1. 专家系统概述

专家系统(Expert System)是一类具有专门知识和经验的计算机智能程序系统,通过对人类专家的问题求解能力的建模,采用人工智能中的知识表示和知识推理技术来模拟通常由专家才能解决的复杂问题,达到具有与专家同等解决问题能力的水平。这种基于知识的系统设计方法是以知识库和推理机为中心而展开的,即

专家系统＝知识库＋推理机。

它把知识从系统中与其他部分分离开来。专家系统强调的是知识而不是方法。很多问题没有基于算法的解决方案,或算法方案太复杂,采用专家系统可以利用人类专家拥有的丰富知识。因此专家系统也称为基于知识的系统(Knowledge-Based Systems)。一般来说,一个专家系统应该具备以下三个要素：

(1)具备某个应用领域的专家级知识。

(2)能模拟专家的思维。

(3)能达到专家级的解题水平。

20世纪80年代以来,在知识工程的推动下,涌现出了不少专家系统开发工具,如 EMY-CIN、CLIPS(OPS5、OPS83)、G2、KEE、OKPS等。专家系统与传统的计算机程序的主要区别见表14-1。

表 14-1 专家系统与传统的计算机程序的主要区别

列项	传统的计算机程序	专家系统	列项	传统的计算机程序	专家系统
处理对象	数字	符号	系统修改	难	易
处理方法	算法	启发式	信息类型	确定性	不确定性
处理方式	批处理	交互式	处理结果	最优解	可接受解
系统结构	数据和控制集成	知识和控制分离	适用范围	无限制	封闭世界假设

建造一个专家系统的过程可以称为"知识工程",它是把软件工程的思想应用于设计基于知识的系统。知识工程包括以下几个方面:

(1)从专家那里获取系统所用的知识(知识获取)。

(2)选择合适的知识表示形式(知识表示)。

(3)进行软件设计。

(4)以合适的计算机编程语言实现。

2. 专家系统的特点

专家系统使用某个领域的实际专家经常使用的领域知识来求解问题,通常适合于完成那些没有公认的理论和方法、数据不精确或信息不完整、人类专家短缺或专门知识十分昂贵的诊断、解释、监控、预测、规划和设计等任务。一般专家系统具有以下特点:

(1)启发性。专家系统能够运用专家的知识和经验进行推理、判断与决策。利用启发式信息找到问题求解的捷径。

(2)透明性。专家系统能够解释本身的推理过程,并回答用户提出的问题,使用户能够理解它的推理过程,提高用户对系统的信赖感和结果的可靠性。

(3)灵活性。一般专家系统的体系结构都采用了知识库与推理机相分离的构造原则,彼此既有联系,又相互独立。当对知识库进行增、删、修改或更新时,灵活方便,对推理程序不会造成大的影响。

(4)交互性。专家系统一般采用交互方式进行人机通信,这种交互性既有利于系统从专家那里获取知识,又便于用户在求解问题时输入条件或事实。

(5)实用性。专家系统是根据具体应用领域的问题开发的,针对性强,具有非常良好的实用性。

(6)易推广。专家系统使人类专家的领域知识突破了时间和空间的限制,专家系统的知识库可以永久保存,并可复制任意多的副本或在网上供不同地区或部门的人们使用,从而使专家的知识和技能更易于推广和传播。

3. 专家系统的基本结构

专家系统的基本结构如图 14-3 所示,其中箭头方向为信息流动的方向。专家系统通常由人机交互界面、知识库、推理机、解释器、综合数据库和知识获取六个部分构成。

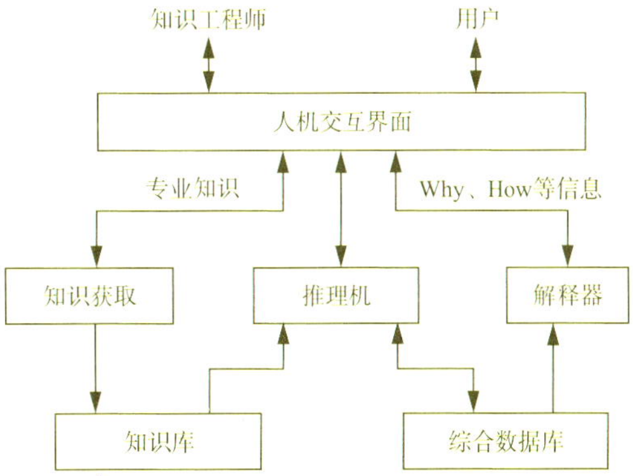

知识库是问题求解所需要的领域知识的集

图 14-3 专家系统的基本结构

合,包括基本事实、规则和其他有关信息。知识的表示形式可以是多种多样的,包括框架、规则和语义网络等。知识库中的知识源于领域专家,是决定专家系统能力的关键,即知识库中知识的质量和数量决定着专家系统的质量水平。知识库是专家系统的核心组成部分。一般来说,专家系统中的知识库与专家系统程序是相互独立的,用户可以通过改变、完善知识库中的知识内容来提高专家系统的性能。

推理机是实施问题求解的核心执行机构,它实际上是对知识进行解释的程序,根据知识的语义,对按一定策略找到的知识进行解释执行,并把结果记录到动态库的适当空间中。推理机的程序与知识库的具体内容无关,即推理机和知识库是分离的,这是专家系统的重要特征。它的优点是对知识库的修改无须改动推理机,但是纯粹的形式推理会降低问题求解的效率。将推理机和知识库相结合也不失为一种可选方法。

知识获取负责建立、修改和扩充知识库,是专家系统中把问题求解的各种专门知识从人类专家的头脑中或其他知识源那里转换到知识库中的一个重要机构。知识获取可以是手工的,也可以采用半自动知识获取方法或自动知识获取方法。

人机交互界面是系统与用户进行交流时的界面。通过该界面,用户输入基本信息、回答系统提出的相关问题。系统输出推理结果及相关的解释也是通过人机交互界面。

综合数据库也称为动态库或工作存储器,是反映当前问题求解状态的集合,用于存放系统运行过程中所产生的所有信息,以及所需要的原始数据,包括用户输入的信息、推理的中间结果和推理过程的记录等。综合数据库中由各种事实、命题和关系组成的状态,既是推理机选用知识的依据,也是解释机制获得推理路径的来源。

解释器用于对求解过程做出说明,并回答用户的提问。两个最基本的问题是"Why"和"How"。解释机制涉及程序的透明性,它让用户理解程序正在做什么和为什么这样做,向用户提供了一个关于系统的认识窗口。在很多情况下,解释机制是非常重要的。为了回答"为什么"得到某个结论的询问,系统通常需要反向跟踪动态库中保存的推理路径,并把它翻译成用户能接受的自然语言表达方式。

14.5.2 数据挖掘

数据挖掘是人工智能领域中一个令人激动的成功应用,它能够满足人们从大量数据中挖掘出隐含的、未知的、有潜在价值的信息和知识的要求。对数据拥有者而言,在他的特定工作或生活环境里,要实现自动发现隐藏在数据内部的、可被利用的信息和知识这些目标,需要有大量的原始数据、明确的挖掘目标、相应的领域知识、友善的人-机界面,以及寻找合适的开发方法。挖掘结果供数据拥有者决策使用,必须得到拥有者的支持、认可和参与。

目前,数据挖掘在市场营销、银行、制造业、保险业、计算机安全、医药、交通和电信等领域已经有许多成功案例。目前具有代表性的数据挖掘工具或平台有美国 SAS 公司的 SAS Enterprise Miner、IBM 公司的 Intelligent Miner、Solution 公司的 Clementine、加拿大 Cognos 公司的 Scenario、美国大数据公司 Palantir、中国科学院计算技术研究所智能信息处理重点实验室开发的大数据挖掘云引擎 CBDME 等。

14.5.3 自然语言处理

自然语言处理研究计算机通过人类熟悉的自然语言与用户进行听、说、读、写等交流技术,是一门与语言学、计算机科学、数学、心理学和声学等学科相联系的交叉性学科。自然语言处理研究内容主要包括：语言计算（语音与音位、词法、句法、语义和语用等各个层面上的计算）、语言资源建设（计算词汇学、术语学、电子词典、语料库和知识本体等）、机器翻译或机器辅助翻译、汉语和少数民族语言文字输入输出及其智能处理、中文手写和印刷体识别、中文语音识别及文语转换、信息检索、信息抽取与过滤、文本分类、中文搜索引擎和以自然语言为枢纽的多媒体检索等。

中文信息处理（包括对汉语以及少数民族语言的信息处理）在我国信息领域科学技术进步与产业发展中占有特殊位置，推动着我国信息科技与产业的发展。如王选的汉字激光照排（两次获得国家科技进步一等奖）、联想汉卡（获国家科技进步一等奖）、刘迎建的汉王汉字输入系统（获国家科技进步一等奖）、陈肇雄的机器翻译系统（获国家科技进步一等奖）、丁晓青的清华文通汉字 OCR 系统（获国家科技进步二等奖）等。这些体现着鲜明的自主创新精神的成果，既是我国中文信息处理事业发展历程的见证，同时也将为该学科未来的继续蓬勃发展提供宝贵的精神财富。

我们已经进入以互联网为主要标志的海量信息时代。一个与此相关的严峻事实是，数字信息有效利用已成为制约信息技术发展的一个全局性瓶颈问题。自然语言处理无可避免地成为信息科学技术中长期发展的一个新的战略制高点。《国家中长期科学和技术发展规划纲要》指出，我国将促进"以图像和自然语言理解为基础的'以人为中心'的信息技术发展，推动多领域的创新"。

14.5.4　智能机器人

1. 智能机器人概述

智能机器人是一种自动化的机器，具有相当发达的"大脑"，具备一些与人或生物相似的智能能力，如感知能力、规划能力、动作能力和协同能力，是一种具有高度灵活性的自动化机器。随着人们对机器人技术智能化本质认识的加深，机器人技术开始向人类活动的各个领域渗透。结合这些领域的应用特点，人们发展了各式各样的具有感知、决策、行动和交互能力的特种机器人和各种智能机器，如移动机器人、微机器人、水下机器人、医疗机器人、军用机器人、空间机器人和娱乐机器人等。

在我国的西周时期（公元前 1066—前 771 年），传说巧匠偃师献给周穆王一个能歌善舞的机器人"能倡者"。"能倡者"是人类文字记录中第一个真正的"类人机器人"：人之形加人之情，而且肝胆、心肺、脾脏、肠胃等五脏俱全。东汉时期张衡的指南车、三国时期诸葛亮的木牛流马等，都是现代机器人的早期雏形。

国外对机器人的设想和探索也可以追溯到古代。工业革命以后，从早期对机器人的幻想逐步过渡到自动机械的研制。1886 年，法国作家利尔亚当在其小说《未来夏娃》中将外表像人的机器起名为"安德罗丁（Android）"，它由以下四部分组成：

(1) 生命系统（平衡、步行、发声、身体摆动、感觉、表情和调节运动等）。

(2) 造型解质（关节能自由运动的金属覆盖体，一种盔甲）。

(3) 人造肌肉（在上述盔甲上有肉体、静脉和性别等身体的各种形态）。

(4) 人造皮肤（含有肤色、机理、轮廓、头发、视觉、牙齿和手爪等）。

1920 年，捷克作家恰佩克（Capek K）发表了科幻剧本《罗萨姆的万能机器人》。在剧本中，恰佩克把捷克语"Robota"写成了"Robot","Robota"是奴隶的意思。该剧预告了机器人的发展对人类社会的悲剧性影响，引起了大家的广泛关注，被当成机器人一词的起源。

恰佩克提出的是机器人的安全、感知和自我繁殖问题。科学技术的进步很可能引发人类不希望出现的问题产生。为了防止机器人伤害人类，科幻作家阿西莫夫于 1940 年提出了"机器人三原则"：

(1)机器人不应伤害人类。

(2)机器人应遵守人类的命令，与第一条违背的命令除外。

(3)机器人应能保护自己，与第一条相抵触者除外。

这是给机器人赋予的伦理性纲领。机器人学术界一直将这三项原则作为机器人开发的准则。

1967 年，在日本召开的第一届机器人学术会议上，提出了两个有代表性的机器人定义。一是森政弘(Masahiro Mori)与合田周平提出的："机器人是一种具有移动性、个体性、智能性、通用性、半机械半人性、自动性和奴隶性七个特征的柔性机器。"从这一定义出发，森政弘又提出了用自动性、智能性、个体性、半机械半人性、作业性、通用性、信息性、柔性、有限性和移动性十个特性来表示机器人的形象。另一个是加藤一郎提出的具有如下三个条件的机器称为机器人：

(1)具有脑、手、脚等三要素的个体。

(2)具有非接触传感器(用眼、耳接受远方信息)和接触传感器。

(3)具有平衡觉和固有觉的传感器。

机器人的定义是多种多样的，其原因是它具有一定的模糊性。动物一般具有上述这些要素，所以在把机器人理解为仿人机器的同时，也可以广义地把机器人理解为仿动物的机器。

1954 年，美国德沃尔(Devol G)设计开发了第一台可编程的工业机器人。1962 年，美国 Unimation 公司的第一台机器人 Unimate 在美国通用汽车公司投入使用，这标志着第一代机器人的诞生。从 20 世纪 60 年代到 70 年代中期的十几年期间，美国政府并没有把工业机器人列入重点发展项目，只是在几所大学和少数公司开展了一些研究工作。70 年代后期，美国政府和企业界虽有所重视，但在技术路线上仍把重点放在研究机器人软件及军事、宇宙、海洋和核工程等特殊领域的高级机器人的开发上，致使日本的工业机器人后来居上，并在工业生产的应用上及机器人制造业上很快超过了美国，产品在国际市场上形成了较强的竞争力。进入 80 年代之后，美国才感到形势紧迫，政府和企业界才对机器人真正重视起来，政策上也有所体现，一方面鼓励工业界发展和应用机器人，另一方面制定计划、提高投资，增加机器人的研究经费，把机器人看成美国再次工业化的特征，使美国的机器人迅速发展。80 年代中后期，随着各大厂家应用机器人的技术日臻成熟，第一代机器人的技术性能越来越满足不了实际需要，美国开始生产带有视觉、触觉的第二代机器人，并很快占领了美国 60% 的机器人市场。尽管美国在机器人发展史上走过一条重视理论研究，忽视应用开发研究的曲折道路，但是美国的机器人技术在国际上仍处于领先地位。其技术全面、先进，适应性也很强。

1967 年，日本川崎重工业公司从美国 Unimation 公司引进机器人及其技术，建立起生产车间，并于 1968 年试制出第一台川崎的"尤尼曼特"机器人。日本机器人产业迅速发展起来，经过短短的十几年，到 20 世纪 80 年代中期，已一跃而成为"机器人王国"，其机器人的产量和安装的台数在国际上跃居首位。日本机器人的发展经过了 60 年代的摇篮期，70 年代的实用期，到 80 年代进入普及提高期，并正式把 1980 年定为"产业机器人的普及元年"，开始在各个领域广泛推广使用机器人。

机器人现在已被广泛地用于生产和生活的许多领域,按其拥有智能的水平可以分为三个层次:

(1)工业机器人。它只能死板地按照人给它规定的程序工作,不管外界条件有何变化,自己都不能对程序也就是对所做的工作做相应的调整。如果要改变机器人所做的工作,必须由人对程序做相应的改变,因此它是毫无智能的。

(2)初级智能机器人。它和工业机器人不一样,具有像人那样的感受、识别、推理和判断能力。可以根据外界条件的变化,在一定范围内自行修改程序,也就是它能适应外界条件变化对自己做相应调整。不过,修改程序的原则由人预先给予规定。这种初级智能机器人已拥有一定的智能,虽然还没有自动规划能力,但这种初级智能机器人也开始走向成熟,达到实用水平。

(3)高级智能机器人。它和初级智能机器人一样,具有感觉、识别、推理和判断能力,同样可以根据外界条件的变化,在一定范围内自行修改程序。所不同的是,修改程序的原则不是由人规定的,而是机器人自己通过学习,总结经验来获得修改程序的原则。所以它的智能高出初级智能机器人。这种机器人已拥有一定的自动规划能力,能够自己安排自己的工作。这种机器人可以不要人的照料,完全独立地工作,故称为高级自律机器人。这种机器人也开始走向实用。

从广义上理解所谓的智能机器人,它给人最深刻的印象是一个独特的进行自我控制的“活物”。其实,这个自控“活物”的主要器官并没有像真正的人那样微妙而复杂。智能机器人具备形形色色的内部信息传感器和外部信息传感器,如视觉、听觉、触觉和嗅觉。除具有传感器外,它还有效应器,作为作用于周围环境的手段。这就是筋肉,或称为自整步电动机,它们使手、脚、鼻子和触角等部件动起来。

智能机器人之所以叫智能机器人,是因为它有相当发达的“大脑”。在脑中起作用的是中央计算机,这种计算机与操作它的人有直接的联系。最主要的是,这样的计算机可以进行按目的安排的动作。正因为这样,我们才说这种机器人是真正的智能机器人,尽管它们的外表可能有所不同。智能机器人能够理解人类语言,用人类语言同操作者对话,在它自身的“意识”中单独形成了一种使它得以“生存”的外界环境——实际情况的详尽模式。它能分析出现的情况,能调整自己的动作以达到操作者所提出的全部要求,能拟定所希望的动作并在信息不充分的情况下和环境迅速变化的条件下完成这些动作,具有自适应的能力。

2. 机器人视觉系统

机器人视觉系统是指用计算机来实现人的视觉功能,也就是用计算机来实现对客观的三维世界的识别。人类接收的信息70%以上来自视觉,人类视觉为人类提供了关于周围环境最详细可靠的信息。人类视觉所具有的强大功能和完美的信息处理方式引起了智能研究者的极大兴趣,人们希望以生物视觉为蓝本研究一个人工视觉系统用于机器人中,期望机器人拥有类似人类感受环境的能力。机器人要对外部世界的信息进行感知,就要依靠各种传感器,在机器人的众多感知传感器中,视觉系统提供了大部分机器人所需的外部世界信息。因此视觉系统在机器人技术中具有重要的作用。

(1)视觉系统分类。

依据视觉传感器的数量和特性,目前主流的移动机器人视觉系统有单目视觉、双目立体视觉、多目视觉和全景视觉等。

①单目视觉。单目视觉系统只使用一个视觉传感器。单目视觉系统在成像过程中由于从

三维客观世界投影到 N 维图像上,从而损失了深度信息,这是此类视觉系统的主要缺点。尽管如此,单目视觉系统由于结构简单、算法成熟且计算量较小,在自主移动机器人中已得到广泛应用,如用于目标跟踪、基于单目特征的室内定位导航等。同时,单目视觉是其他类型视觉系统的基础,如双目立体视觉、多目视觉等都是在单目视觉系统的基础上,通过附加其他手段和措施而实现的。

②双目立体视觉。双目视觉系统由两个摄像机组成,利用三角测量原理获得场景的深度信息,并且可以重建周围景物的三维形状和位置,类似人眼的体视功能,原理简单。双目视觉系统需要精确地知道两个摄像机之间的空间位置关系,而且场景环境的 3D 信息需要两个摄像机从不同角度,同时拍摄同一场景的两幅图像,并进行复杂的匹配,才能准确得到立体视觉系统,能够比较准确地恢复视觉场景的三维信息,在移动机器人定位导航、避障和地图构建等方面得到了广泛的应用。然而,立体视觉系统的难点是对应点匹配的问题,该问题在很大程度上制约着立体视觉在机器人领域的应用前景。

③多目视觉。多目视觉系统采用三个或三个以上摄像机,三目视觉系统居多,主要用来解决双目立体视觉系统中匹配多义性的问题,提高匹配精度。多目视觉系统最早由莫拉维克(Moravec H)研究,他为"Stanford Cart"研制的视觉导航系统采用单个摄像机的"滑动立体视觉"来实现;雅西达(Yachida M)提出了三目立体视觉系统解决对应点匹配的问题,真正突破了双目立体视觉系统的局限,并指出以边界点作为匹配特征的三目视觉系统中,其三元匹配的准确率比较高;艾雅(Ayache N)提出了用多边形近似后的边界线段作为特征的三目匹配算法,并用到移动机器人中,取得了较好的效果。三目视觉系统的优点是充分利用了第三个摄像机的信息,减少了错误匹配,解决了双目视觉系统匹配的多义性,提高了定位精度。但三目视觉系统要合理安置三个摄像机的相对位置,其结构配置比双目视觉系统更烦琐,而且匹配算法更复杂,需要消耗更多的时间,实时性更差。

④全景视觉。全景视觉系统是具有较大水平视场的多方向成像系统,其突出优点是具有较大的视场,可以达到 360°,这是其他常规镜头无法比拟的。全景视觉系统可以通过图像拼接的方法或者通过折反射光学元件实现。图像拼接的方法使用单个或多个相机旋转,对场景进行大角度扫描,获取不同方向上连续的多帧图像,再用拼接技术得到全景图。美国南加州大学的斯特恩(Stein F)利用旋转摄像机获得 360°平线信息为机器人提供定位信息;清华大学的刘亚利用 360°旋转的摄像机拼接出镶嵌有运动目标的全景图,并对运动目标进行跟踪。图像拼接形成全景图的方法成像分辨率高,但拼接算法复杂,成像速度慢,实时性差。折反射全景视觉系统由 CCD 摄像机、折反射光学元件等组成,利用反射镜成像原理,可以观察周围 360°场景,成像速度快,能达到实时要求,具有十分重要的应用前景,可以应用在机器人导航中。日本大阪大学利用锥面反射镜研制出了 COPIS 全景视觉系统,为移动机器人提供定位、避障和导航。全景视觉系统本质上也是一种单目视觉系统,也无法直接得到场景的深度信息。其另一个缺点是获取的图像分辨率较低,并且图像存在很大的畸变,从而会影响图像处理的稳定性和精度。在进行图像处理时首先需要根据成像模型对畸变图像进行校正,这种校正过程不但会影响视觉系统的实时性,而且还会造成信息的损失。另外,这种视觉系统对全景反射镜的加工精度要求很高,若双曲反射镜面的精度达不到要求,利用理想模型对图像校正则会存在较大偏差。目前,利用全景视觉最为成功的典型实例是 RoboCup 足球比赛机器人。

⑤混合视觉系统。混合视觉系统吸收各种视觉系统的优点,采用两种或两种以上的视觉系

统组成复合视觉系统，多采用单目或双目视觉系统，同时配备其他视觉系统。日本早稻田大学研制的机器人 BUGNOID 的混合视觉系统由全景视觉系统和双目立体视觉系统组成，其中全景视觉系统提供大视角的环境信息，双目立体视觉系统配置成平行的方式，提供准确的距离信息；CMU 的流浪者机器人（Nomad）采用混合视觉系统，全景视觉系统由球面反射形成，提供大视角的地形信息，双目视觉系统和激光测距仪检测近距离的障碍物；清华大学的朱志刚使用一个摄像机研制了多尺度视觉传感系统 POST，实现了双目注视、全方位环视和左右两侧的时空全景成像，为机器人提供了导航。混合视觉系统具有全景视觉系统视场范围大的优点，同时又具备双目视觉系统精度高的长处，但是该类系统配置复杂，费用比较高。

（2）定位技术。

机器人研究的重点转向能在未知、复杂和动态环境中独立完成给定任务的自主式移动机器人的研究。自主式移动机器人的主要特征是能够借助于自身的传感器系统实时感知和理解环境，并自主完成任务规划和动作控制，而视觉系统则是其实现环境感知的重要手段之一。典型的自主移动机器人视觉系统应用包括室内机器人自主定位导航、基于视觉信息的道路检测、基于视觉信息的障碍物检测与运动估计以及移动机器人视觉伺服等。

移动机器人导航中，实现机器人自身的准确定位是一项最基本、最重要的功能。移动机器人常用的定位技术包括以下几种：

①基于航迹推算的定位技术。航迹推算（Dead-Reckoning，DR）是一种使用最广泛的定位手段。该技术的关键是要能测量出移动机器人单位时间间隔走过的距离，以及在这段时间内移动机器人航向的变化。

②基于信号灯的定位方法。该系统依赖一组安装在环境中已知的信号灯，在移动机器人上安装传感器，对信号灯进行观测。

③基于地图的定位方法。该系统中机器人利用对环境的感知信息对现实世界进行建模，自动构建一个地图。

④基于路标的定位方法。该系统中机器人利用传感器感知到的路标的位置来推测自己的位置。

⑤基于视觉的定位方法。利用计算机视觉技术实现环境的感知和理解从而实现定位。

（3）自主视觉导航。

机器人自主视觉导航是目前世界范围内人工智能、机器人学和自动控制等学科领域内的研究热点。传统机器人自主导航依赖轮式里程计、惯性导航装置（IMU）和 GPS 卫星定位系统等进行定位。而轮式里程计在车轮打滑情况下会产生较大误差，惯性导航装置（IMU）在长距离导航中受误差累积影响会造成定位精度下降，GPS 定位技术在外星球探测或室内封闭环境应用中受到诸多限制。因此，基于双目立体视觉的定位算法成为解决轮式里程计和惯性导航装置定位误差的可行方法。另外，机器人自主导航需要对周围环境进行实时动态的感知和重建，并构建地图用于导航和避障。传统的地形感知多使用激光雷达、声呐、超声和红外等传感器及相关方法，激光雷达功耗、体积较大，不适用于小型移动机器人，超声、红外传感器作用距离有限且易受干扰，而采用被动光学传感器的视觉方法，体积功耗小，信息量丰富。因此，基于视觉方法进行地形感知与地图构建具有广阔的应用前景。

（4）视觉伺服系统。

最早基于视觉的机器人系统采用的是静态"look and move"形式，即先由视觉系统采集图像并进行相应处理,然后通过计算估计目标的位置来控制机器人运动。这种操作精度直接与视觉传感器、机械手及控制器的性能有关,使得机器人很难跟踪运动物体。到 20 世纪 80 年代,计算机及图像处理硬件得到发展,视觉信息可用于连续反馈,于是人们提出了基于视觉的伺服控制形式。这种方式可以克服模型(包括机器人、视觉系统和环境)中存在的不确定性,提高了视觉定位或跟踪的精度。

可以从不同的角度如反馈信息类型、控制结构和图像处理时间等方面对视觉伺服机器人控制系统进行分类。从反馈信息类型的角度,机器人视觉系统可分为基于位置的视觉控制和基于图像的视觉控制。前者的反馈偏差在 3D Cartesian 空间进行计算,后者的反馈偏差在 2D 图像平面空间进行计算。从控制结构的角度,机器人视觉系统可分为开环控制系统和闭环控制系统。开环控制的视觉信息只用来确定运动前的目标位姿,系统不要求昂贵的实时硬件,但要求事先对摄像机和机器人进行精确标定。闭环控制的视觉信息用作反馈,这种情况下能抵抗摄像机与机器人的标定误差,但要求快速视觉处理硬件。根据视觉处理的时间可将系统分为静态和动态两类。

根据摄像机的安装位置可分为"Eye in Hand"安装方式和其他安装方式。前者在摄像机与机器人末端之间存在固定的位置关系,后者的摄像机则固定于工作区的某个位置。最近也有人把摄像机安装在机械手的腰部,即具有一个自由度的主动性。根据所用摄像机的数目可分为单目、双目和多目等。根据摄像机观测到的内容可分为 EOL 和 ECL 系统。EOL 系统中摄像机只能观察到目标物体;ECL 系统中摄像机同时可观察到目标物体和机械手末端,这种情况的摄像机一般固定于工作区,其优点是控制精度与摄像机和末端之间的标定误差无关,缺点是执行任务时,机械手会挡住摄像机视线。

根据是否用视觉信息直接控制关节角,可分为动态"Look and Move"系统和直接视觉伺服系统。前者的视觉信息为机器人关节控制器提供设定点输入,由内环的控制器控制机械手的运动;后者用视觉伺服控制器代替机器人控制器,直接控制机器人关节角。由于目前的视频部分采样速度不是很高,加上一般机器人都有现成的控制器,所以多数视觉控制系统都采用双环动态方式。此外,也可根据任务进行分类,如基于视觉的定位、跟踪或抓取等。

视觉伺服的性能依赖于控制回路中所用的图像特征。特征包括几何特征和非几何特征。机械手视觉伺服中常见的是采用几何特征。早期视觉伺服中用到的多是简单的局部几何特征,如点、线、圆圈、矩形和区域面积等以及它们的组合特征。其中点特征应用最多。局部特征虽然得到了广泛应用,而且在特征选取恰当的情况下可以实现精确定位,但当特征超出视域时则很难做出准确的操作。特别是对于真实世界中的物体,其形状、纹理、遮挡情况、噪声和光照条件等都会影响特征的可见性,所以单独利用局部特征会影响机器人可操作的任务范围。近来有人在视觉控制中利用全局的图像特征,如特征向量、几何矩、图像到直线上的投影、随机变换和描述子等。全局特征可以避免局部特征超出视域所带来的问题,也不需要在参考特征与观察特征之间进行匹配,适用范围较广,但定位精度比用局部特征低。总之,特征的选取没有通用的方法,必须针对任务、环境和系统的软硬件性能,在时间、复杂性和系统的稳定性之间进行权衡。早期的视觉控制机器人,一般取图像特征的数目与机器人的自由度相同。例如,威尔斯(Wells)和斯塔特森(Standersons)要求允许的机器人自由度数一定要等于特征数。这样可以保证图像雅可比矩阵是方阵,同时要求所选的特征是合适的,以保证图像雅可比矩阵非奇异。

14.5.5　模式识别

模式识别(Pattern Recognition)是指对表征事物或现象的各种形式的信息进行处理和分析,以便对事物或现象进行描述、辨认、分类和解释的过程。模式是信息赖以存在和传递的形式,诸如波谱信号、图形、文字、物体的形状、行为的方式和过程的状态等都属于模式的范畴。人们通过模式感知外部世界的各种事物和现象,这是获取知识、形成概念和做出反应的基础。

早期的模式识别研究强调仿真人脑形成概念和识别模式的心理和生理过程。20 世纪 50 年代,罗森布拉特(Roseblatt F)提出的感知器既是一个模式识别系统,也是把它作为人脑的数学模型来研究的。但随着实际应用的需要和计算技术的发展,模式识别研究多采用不同于生物控制论、生理学和心理学等方法的数学技术方法。1957 年,周绍康首先提出用决策理论方法对模式进行识别。1962 年,纳拉西曼(Narasimhan R)提出模式识别的句法方法。此后美籍华人学者傅京孙深入地开展了这方面的研究,并于 1974 年出版了第一本专著《句法模式识别及其应用》。现代发展的各种模式识别方法基本上都可以归纳为决策理论方法和结构方法两大类。

随着信息技术应用的普及,模式识别呈现多样性和多元化趋势,可以在不同的概念粒度上进行。其中生物特征识别成为模式识别研究活跃的领域,包括语音识别、文字识别、图像识别和人物景象识别等。生物特征的身份识别技术,如指纹(掌纹)身份识别、人脸身份识别、签名识别、虹膜识别和行为姿态身份识别也成为研究的热点,通过小波变换、模糊聚类、遗传算法、贝叶斯(Bayesian)理论,支持向量机等方法进行图像分割、特征提取、分类、聚类和模式匹配,身份识别成为确保经济安全、社会安全的重要工具。

14.5.6　分布式人工智能

分布式人工智能(Distributed Artificial Intelligence)研究一组分布的、松散耦合的智能体(Agent)如何运用它们的知识、技能和信息,为实现各自的或全局的目标协同工作。20 世纪 90 年代以来,互联网的迅速发展为新的信息系统、决策系统和知识系统的发展提供了极好的条件,它们在规模、范围和复杂程度上增加极快,分布式人工智能技术的开发与应用越来越成为这些系统成功的关键。

分布式人工智能的研究可以追溯到 20 世纪 70 年代末期。早期分布式人工智能的研究主要是分布式问题求解,其目标是创建大粒度的协作群体,它们之间共同工作以对某一问题进行求解。1983 年,休伊特(Hewitt C)和他的同事研制了基于 ACTOR 模型的并发程序设计系统。ACTOR 模型提供了分布式系统中并行计算理论和一组专家或 ACTOR 获得智能行为的能力。1991 年,Hewitt 提出开放信息系统语义,指出竞争、承诺、协作和协商等性质应作为分布式人工智能的科学基础,试图为分布式人工智能的理论研究提供新的基础。1983 年,马萨诸塞大学的莱塞(Lesser V R)等研制了分布式车辆监控测试系统 DVMT。1987 年,加瑟(Gasser L)等研制了 MACE 系统,这是一个实验型的分布式人工智能系统开发环境。MACE 系统中每一个计算单元都称作智能体,它们具有知识表示和推理能力,智能体之间通过消息传送进行通信。

20 世纪 90 年代以来,智能体和多智能体系统成为分布式人工智能研究的主流。智能体可以看作是一个自动执行的实体,它通过传感器感知环境,通过效应器作用于环境。智能体的BDI 模型,是基于智能体的思维属性建立的一种形式模型,其中 B 表示 Belief(信念),D 表示Desire(愿望),I 表示 Intention(意图)。多智能体系统即由多个智能体组成的系统,研究的核心是如何在一群自主的智能体之间进行行为的协调。多智能体系统可以构成一个智能体的社会，其形式包括群体、团队、组织和联盟等，具有更大的灵活性和适应性，更适合开放和动态的世界环境，成为当今人工智能研究的热点。

14.5.7　互联网智能

如果说计算机的出现为人工智能的实现提供了物质基础，那么互联网的产生和发展则为人工智能提供了更加广阔的空间，成为当今人类社会信息化的标志。互联网已经成为越来越多人的"数字图书馆"，人们普遍使用 Google、百度等搜索引擎，为自己的日常工作和生活服务。

语义 Web(Semantic Web)追求的目标是让 Web 上的信息能够被机器可理解，从而实现 Web 信息的自动处理，以适应 Web 信息资源的快速增长，更好地为人类服务。语义 Web 提供了一个通用的框架，允许跨越不同应用程序、企业和团体的边界共享和重用数据。语义 Web 是 W3C 领导下的协作项目，有大量研究人员和业界伙伴参与。语义 Web 以资源描述框架（RDF）为基础。RDF 以 XML 作为语法、URI 作为命名机制，将各种不同的应用集成在一起。

语义 Web 成功地将人工智能的研究成果应用到互联网，包括知识表示、推理机制等。人们期待未来的互联网是一本按需索取的百科全书，可以定制搜索结果，可以搜索隐藏的 Web 页面，可以考虑用户所在的位置，可以搜索多媒体信息，甚至可以为用户提供个性化服务。

14.5.8　博弈

博弈(Game Playing)是人类社会和自然界中普遍存在的一种现象，如下棋、打牌、战争等。博弈的双方可以是个人、群体，也可以是生物群或智能机器，各方都力图用自己的智慧获取成功或击败对方。博弈过程可能产生庞大得惊人的搜索空间，要搜索这些庞大而且复杂的空间需要使用强大的技术来判断备择状态、探索问题空间。这些技术被称为启发式搜索。博弈为人工智能提供了一个很好的实验场所，可以对人工智能的技术进行检验，以促进这些技术的发展。

在人工智能发展史上，1956 年塞缪尔研制了跳棋程序，打败了自己；1997 年 5 月 11 日，IBM"深蓝"计算机战胜了国际象棋大师卡斯帕罗夫(Kasparov G)；2006 年 8 月 9 日，在北京举办的首届中国象棋人机大赛中，计算机以 3 胜 5 平 2 负的微弱优势战胜人类象棋大师。

下棋是一个典型的智力问题，求解过程通常是一个启发式搜索过程。下棋博弈中，以棋盘的全部格局作为状态，以合法的走步为操作，以启发式知识作导航，在一个状态空间内寻找到获胜的路径。博弈中的棋局易于在计算机中表示，根本不需要表征更复杂问题所必需的复杂格式。博弈的简单性使测试博弈程序没有任何经济和道德上的负担。状态空间搜索是大多数博弈研究的基础。

14.5.9　机器学习

1. 简单的学习模型

学习能力是人类智能的根本特征，人类通过学习来提高和改进自己的能力。学习的基本机制是设法把在一种情况下成功的表现行为转移到另一类似的新情况中去。1983 年，西蒙对学习定义如下：能够让系统在执行同一任务或同类的另外一个任务时比前一次执行得更好的任何改变。这个定义虽然简洁，却指出了设计学习程序要注意的问题。学习包括对经验的泛化：不仅是重复同一任务，而且领域中相似的任务都要执行得更好。因为感兴趣的领域可能很大，学习者通常只研究所有可能例子中的一小部分;从有限的经验中,学习者必须能够泛化并对域中未见的数据正确地推广。这是个归纳的问题,也是学习的中心问题。在大多数学习问题中,不管采用哪种算法,能用的数据不足以保证最优的泛化。学习者必须采取启发式的泛化,也就是说,他们必须选取经验中对未来更为有效的部分。这样的选择标准就是归纳偏置。

从事专家系统研究的学者认为,学习就是知识获取。因为在专家系统的建造中,知识的自动获取是很困难的。所以知识获取似乎就是学习的本质。也有的观点认为,学习是对客观经验表示的构造或修改。客观经验包括对外界事物的感受,以及内部的思考过程,学习系统就是通过这种感受和内部的思考过程来获取对客观世界的认识。其核心问题就是对这种客观经验的表示形式进行构造或修改。从认识论的观点看,学习是事物规律的发现过程。这种观点将学习看作从感性知识到理性知识的认识过程,从表层知识到深层知识的泛化过程,也就是说,学习是发现事物规律,上升形成理论的过程。

总结以上观点,可以认为学习是一个有特定目的的知识获取过程,通过获取知识、积累经验、发现规律,系统性能得到改进、系统实现自我完善和自适应环境。图 14-4 给出了简单的学习模型。

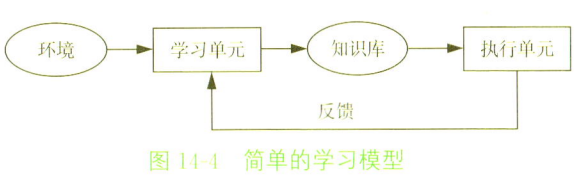

图 14-4　简单的学习模型

(1)环境。

环境是指系统外部信息的来源,它可以是系统的工作对象,也可以包括工作对象和外界条件。例如,在控制系统中,环境就是生产流程或受控的设备。环境就是为学习系统提供获取知识所需的相关对象的素材或信息。如何构造高质量、高水平的信息,对学习系统获取知识的能力有很大影响。

信息的水平是指信息的抽象化程度。高水平信息比较抽象,适用于更广泛的问题;低水平信息比较具体,只适用于个别的问题。如果环境提供较抽象的高水平信息,则针对比较具体的对象,学习环节就要补充一些与该对象相关的细节。如果环境提供较具体的低水平信息,即在特殊情况执行任务的实例,学习环境就要由此归纳出规则,以便用于完成更广的任务。

信息的质量是指对事物表述的正确性、选择的适当性和组织的合理性。信息质量对学习难度有明显的影响。例如,若向系统提供的示例能准确表述对象,且提供示例的次序又有利于学习,则系统易于进行归纳。若示例中有噪声或示例的次序不太合理,则系统就难以对其进行归纳。

一般情况下,一个人的学习过程总是与他所处的环境以及他所具备的知识有关。同样,机器学习过程也与外界提供的信息环境以及机器内部所存储的知识库有关。

(2)学习单元。

学习单元处理环境提供的信息,相当于各种学习算法。学习单元通过对环境的搜索获得外部信息,并将这些信息与执行环节所反馈的信息进行比较。一般情况下,环境提供的信息水平与执行环节所需的信息水平之间往往有差距,经分析、综合、类比和归纳等思维过程,学习单元从这些差距中获取相关对象的知识,并将这些知识存入知识库中。

(3)知识库。

知识库用于存放由学习环节所学到的知识。知识库中常用的知识表示方法有谓词逻辑产生式规则、语义网络、特征向量、过程和框架等。

（4）执行单元。

执行单元处理系统面临的现实问题，即应用知识库中所学到的知识求解问题，如智能控制、自然语言理解和定理证明等，并对执行的效果进行评价，将评价的结果反馈回学习环节，以便系统进一步地学习。执行单元的问题复杂性、反馈信息和执行过程的透明度都对学习环节有一定的影响。

当执行单元解决当前问题后，根据执行的效果，要给学习环节反馈一些信息，以便改善学习单元的性能。对执行单元的效果评价一般有两种方法：一种评价方法是用独立的知识库进行这种评价，如 AM 程序用一些启发式规则评价所学到的新概念的重要性；另一种方法是以外部环境作为客观的执行标准，系统判定执行环节是否按这个预期的标准工作，并由此反馈信息来评价学习环节所学到的知识。

2. 什么是机器学习

机器学习是研究机器模拟人类的学习活动，获取知识和技能的理论和方法，以改善系统性能的学科。图 14-5 给出了基于符号机器学习的一般框架。

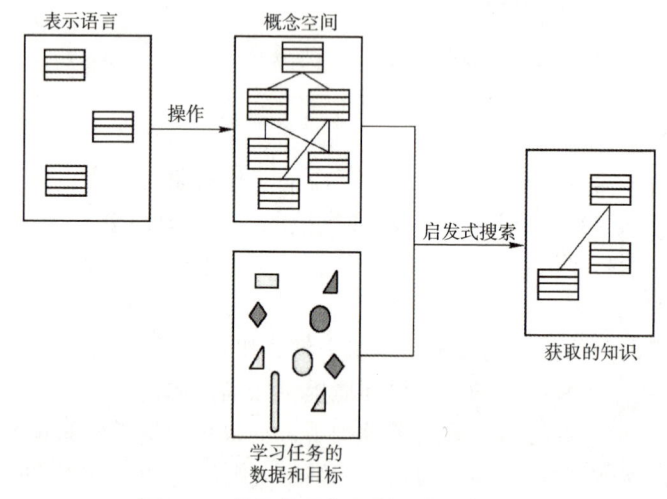

图 14-5　基于符号机器学习的一般框架

（1）学习任务的数据和目标。我们表征学习算法的一个主要方式就是看学习的目标和给定的数据。例如，概念学习算法中，初始状态是目标类的一组正例（通常也有反例），学习的目标是得出一个通用的定义，它能够让学习程序辨识该类的未来的实例。与这些算法采用大量数据的方法相反，基于解释的学习试图从单一的训练实例和预先给定的特定领域的知识库中推出一个一般化的概念。

许多学习算法的目标是一个概念，或者物体的类的通用描述。学习算法还可以获取计划，求解问题的启发式信息，或者其他形式的过程性知识。

（2）学到的知识的表示。机器学习程序利用各种知识表示方法，描述学到的知识。例如，对物体分类的学习程序可能把这些概念表示为谓词演算的表达式，或者它们可能用结构化的表示，如框架或对象。计划可以用操作的序列来描述，或者用三角表来描述。启发式信息可以用问题求解规则来表示。

（3）操作的集合。给定训练实例集，学习程序必须建立满足目标的泛化、启发式规则或者计划。这就需要对表示进行操作的能力。典型的操作包括泛化或者特化符号表达式、调整神经网络的权值,或者其他方式对程序表示的修改。

(4)概念空间。上面讨论的表示语言和操作定义了潜在概念定义的空间。学习程序必须搜索这个空间来寻找所期望的概念。概念空间的复杂度是学习问题困难程度的主要度量。

(5)启发式搜索。学习程序必须给出搜索的方向和顺序,并且要用好可用的训练数据和启发式信息来有效地搜索。

机器学习研究的目标有三个,即人类学习过程的认知模型、通用学习算法以及构造面向任务的专用学习系统的方法。

(1)人类学习过程的认知模型。研究人类学习机理的认知模型,这种研究对人类的教育及开发机器学习系统都有重要的意义。

(2)通用学习算法。通过对人类学习过程的研究,探索各种可能的学习方法,建立起独立于具体应用领域的通用学习算法。

(3)构造面向任务的专用学习系统。这一目标是解决专门的实际问题,并开发完成这些专门任务的学习系统。

3. 机器学习的方法

机器学习的方法主要有归纳学习、类比学习、分析学习、发现学习、遗传学习和连接学习。过去对归纳学习研究最多,主要研究一般性概念的描述和概念聚类,提出了 AQ 算法、变形空间算法和 ID3 算法等。类比学习是通过目标对象与源对象的相似性,从而运用源对象的求解方法来解决目标对象的问题。分析学习是在领域知识指导下进行实例学习,包括基于解释的学习、知识块学习等。基于解释的学习是从问题求解的一个具体过程中抽取出一般的原理,并使其在类似情况下也可利用。因为将学到的知识放进知识库,简化了中间的解释步骤,可以提高今后的解题效率。发现学习是根据实验数据或模型重新发现新的定律的方法。遗传学习起源于模拟生物繁衍的变异和达尔文的自然选择,把概念的各种变体当作物种的个体,根据客观功能测试概念的诱发变化和重组合并,决定哪种情况应在基因组合中予以保留。连接学习是神经网络通过典型实例的训练,识别输入模式的不同类别。

强化(Reinforcement)学习是指从环境状态到行为映射的学习,以使系统行为从环境中获得的累积奖励值最大。在强化学习中,我们设计算法来把外界环境转化为最大化奖励量的方式的动作。强化思想最先来源于心理学的研究。1911 年桑戴克(Thorndike E L)提出了效果律(Law of Effect):一定情景下让动物感到舒服的行为,就会与此情景增强联系(强化),当此情景再现时,动物的这种行为也更易再现;相反,让动物感觉不舒服的行为,会减弱与情景的联系,此情景再现时,此行为将很难再现。1989 年,瓦特金(Watkins C)提出了 Q 学习,把时序差分和最优控制结合在一起,开始了强化学习的深入研究。

14.5.10　大数据智能

1. 大数据概述

大数据本质上是人类社会数据积累从量变到质变的必然产物,是在信息高速公路基础上的进一步升级和深化,提升人工系统智能水平的重要途径,对人类社会的发展具有极其重大的影响和意义。

大数据是一个体量特别大、数据类别特别多的数据集,并且这样的数据集无法用传统软件工具对其内容进行抓取、管理和处理。大数据首先是数据体量(Volumes)大,一般规模在 10TB

模块
14

左右,但在实际应用中,很多企业用户把多个数据集放在一起,已经形成了 PB 级的数据量。其次是数据类别(Variety)多,数据来自多种数据源,数据种类和格式日渐丰富,包括半结构化和非结构化数据。再次是数据处理速度(Velocity)快,在数据量非常庞大的情况下,也能够做到数据的实时处理。最后一个特点是数据真实性(Veracity)高,企业越发需要有效的信息以确保其真实性及安全性。大数据是需要新处理模式才能具有更强的决策力、洞察发现力和流程优化能力的海量、高增长率和多样化的信息资产。

随着云计算、云存储和物联网等技术广泛应用,人们通过搜索引擎等获取信息,寻找知识,构建知识图;人类的各种社会互动、沟通,社交网络和传感器也正在生成海量数据;商业自动化导致海量数据存储,但用于决策的有效信息又隐藏在数据中,如何从数据中发现知识,大数据挖掘技术应运而生。

2. 当人工智能遇上大数据

大数据的发展离不开人工智能,而任何智能的发展,都是一个长期学习的过程,且这一学习的过程离不开数据的支持。近年来人工智能之所以能取得突飞猛进的进展,正是因为这些年来大数据的持续发展。随着各类感应器和数据采集技术的发展,人类开始获取以往难以想象的海量数据,同时,也开始在相关领域拥有更深入、更详尽的数据。而这些数据,都是训练相关领域"智能"的基础。

与以前的众多数据分析技术相比,人工智能技术立足于神经网络,并在此基础上发展出多层神经网络,从而可以进行深度机器学习。与传统算法相比,这一算法不像线性建模,需要假设数据之间的线性关系之类多余的假设前提,而是完全利用输入的数据自行模拟和构建相应的模型结构。这一算法特点决定了它是更为灵活的依据不同的输入来训练数据而拥有的自优化特性。

在计算机运算能力取得突破以前,这样的算法几乎没有实际应用的价值(因为运算量实在是太大了)。在十几年前,用神经网络算法计算一组并不海量的数据,辛苦等待几天都不一定会有结果。但如今,高速并行运算、海量数据、更优化的算法,打破了这一局面,并共同促成了人工智能发展的突破。

人工智能是研究可以理性地进行思考和执行动作的计算模型的学科,它是人类智能在计算机上的模拟。人工智能作为一门学科,经历了孕育、形成和发展等几个阶段,并且还在不断地发展。尽管人工智能也创造出了一些实用系统,但我们不得不承认这些系统远未达到人类的智能水平。

知识表示、推理、学习、智能搜索和数据与知识的不确定性处理是人工智能的基本研究领域,人工智能的典型应用领域包括专家系统、数据挖掘、自然语言处理、智能机器人、模式识别、分布式人工智能、互联网智能和博弈等。

人工智能的研究途径主要有以符号处理为核心的方法、以网络连接为主的连接机制方法,以及以感知和动作为主的行为主义方法等。这些方法的集成和综合已经成为当今人工智能研究的一个趋势。

进入 21 世纪后,互联网的普及和大数据的兴起又一次将人工智能推向新的高峰。基于大数据、信息空间(Cyberspace)的知识自动化将开拓人类向人工智能世界进军,深度开发大数据和智力资源,深化农业和工业的智能革命。脑科学、认知科学和人工智能等学科交叉研究的智能科学将指引类脑计算的发展,实现人类水平的人工智能。

章节习题

1. 什么是人工智能？它的研究目标是什么？

2. 什么是图灵测试？讨论图灵关于计算机软件"智能"标准的不足。

3. 人工智能程序和传统的计算机程序之间有什么不同？

4. 人工智能研究有哪些主要的学派？各有什么特点？

5. 人工智能学科已创建 50 多年，列举你所知道的成功应用以及失败的教训。

6. 未来人工智能的可能突破有哪些方面？

7. 人工智能的长期目标是人类水平的人工智能，我们应该如何努力实现这个目标？

8. 什么是智能机器人？简述它的视觉系统。

9. 什么是机器学习？简述机器学习的方法。

10. 结合当前人工智能及大数据的发展，谈谈你身边的大数据。

扩展阅读

中国天眼

500 米口径球面射电望远镜(Five-hundred-meter Aperture Spherical Telescope)，简称 FAST，被誉为"中国天眼"。FAST 由我国天文学家南仁东先生于 1994 年提出构想，历时 22 年建成，于 2016 年 9 月 25 日落成启用。是由中国科学院国家天文台主导建设，具有我国自主知识产权、世界最大单口径、最灵敏的射电望远镜。

FAST 是国家科教领导小组审议确定的国家九大科技基础设施之一，2007 年 7 月 10 日经国家发改委正式批复 FAST 立项后进入可行性研究阶段。由中国科学院和贵州省人民政府共同建设。"中国天眼"工程由主动反射面系统、馈源支撑系统、测量与控制系统、接收机与终端及观测基地等几大部分构成。FAST 是世界上最大口径的射电望远镜，与号称"地面最大的机器"的德国波恩 100 米望远镜相比，灵敏度提高约 10 倍；与排在阿波罗登月之前、被评为人类 20 世纪十大工程之首的美国 Arecibo 300 米望远镜相比，其综合性能提高约 10 倍。作为世界最大的单口径望远镜，FAST 将在未来 20～30 年保持世界一流设备的地位。

FAST 的设计技术方案除了在观测中性氢线及其他厘米波段谱线、开展从宇宙起源到星际物质结构的探讨、对暗弱脉冲星及其他暗弱射电源的搜索、高效率开展对地外理性生命的搜索等 6 个方面实现科学和技术的重大突破外，作为一个多学科基础研究平台，还有能力将中性氢观测延伸至宇宙边缘，观测暗物质和暗能量，寻找第一代天体。截至 2019 年 8 月，FAST 已发现 132 颗优质的脉冲星候选体，其中有 93 颗已被确认为新发现的脉冲星。2020 年 1 月 11 日，FAST 通过国家验收，投入正式运行。

参考文献

［1］朱强,江荧,翟志永. 智能制造概论［M］. 北京：机械工业出版社,2023.

［2］李琼砚,路敦民,程朋乐. 智能制造概论［M］. 北京：机械工业出版社,2022.

［3］马玉山. 智能制造工程理论与实践［M］. 北京：机械工业出版社,2021.

［4］胡春龙. 工业机器人操作与编程［M］. 西安：西北大学出版社,2023.

［5］梁森. 自动检测与转换技术［M］. 北京：机械工业出版社,2019.

［6］胡寿松. 自动控制原理［M］. 北京：科学出版社,2019.

［7］吴旗. 传感器与自动检测技术［M］. 北京：高等教育出版社,2019.

［8］俞云强. 传感器与检测技术［M］. 北京：高等教育出版社,2019.

［9］史忠植. 人工智能导论［M］. 北京：机械工业出版社,2019.

［10］于建明,叶茵. 智能控制与检测技术［M］. 北京：机械工业出版社,2023.